Symphonie pour un nouveau monde, au-delà de la dualité esprit-matière

D/2021/4910/67 ISBN : 978-2-8061-0628-5

Grand'Place, 29
B-1348 Louvain-la-Neuve

www.editions-academia.be

Karma Sherab Norbu et Alain Jorissen

Symphonie pour un nouveau monde, au-delà de la dualité esprit-matière

ACADEMIA

Remerciements

Nos remerciements s'adressent au professeur J. Donnet (Université de Louvain) pour avoir communiqué des copies de ses articles concernant la notion de réincarnation dans la culture grecque antique, ainsi qu'à Michel Lejeune pour sa lecture approfondie d'une version préliminaire du texte et pour ses commentaires érudits. Merci à N.T. pour son aide dans la réalisation des figures, et à Bernard d'Espagnat dont son ouvrage précurseur *À la recherche du réel* [96] constitua une source d'inspiration fascinante.

Avant-propos : Science et religion dogmatiques, responsables d'un assèchement spirituel ?

Je veux être libre, sans aucune limitation, pour le bénéfice de tous les êtres sensibles, afin de les amener à être à leur tour libres et sans limitations.

Cette citation, extraite des *Enseignements du Mahamoudra* ([349], p. 17) du 12e Khentin Tai Situpa (le détenteur, avec le Karmapa, de la lignée Karma Kagyu du bouddhisme tibétain), explique l'essence de la *bodhicitta,* définie comme le souhait d'atteindre l'Éveil pour le bien de tous les êtres. Elle constitue la motivation qui nous conduisit à écrire cet ouvrage. La formation d'un physicien, combinée à l'étude et la pratique du bouddhisme tibétain, offre des clés pour appréhender tant l'univers extérieur (celui de la matière exploré par la physique et l'astrophysique) que l'univers intérieur (celui de l'esprit exploré par la pratique bouddhiste). Il nous a paru utile de partager notre double expertise, pour le bien de tous les êtres.

L'Éveil constitue notre destination finale à tous. Et la pratique du *Mahamoudra*, l'un des enseignements clés du bouddhisme tantrique (associé au *véhicule de diamant* –

vajrayana en sanscrit), constitue une voie rapide pour l'atteindre, par la réalisation de la nature ultime de notre esprit.

Nous avons pourtant bâti nos vies et notre civilisation occidentale sur une illusion. L'illusion de la réalité suprême de l'ego et de son existence intrinsèquement liée au corps physique. De là découle l'illusion de la prédominance de la matière sur l'esprit. Les synchronicités découvertes par C. Jung, ces coïncidences improbables entre un état psychique et un événement externe chargé de signification pour l'expérienceur, sont pourtant une brèche dans la forteresse du matérialisme qui a porté notre civilisation occidentale depuis près de quatre siècles. Certes, celui-ci nous a conduit à des sommets technologiques, notamment en matière médicale, qui ont allégé nos souffrances physiques en nous procurant un bien-être indéniable. Mais ce matérialisme nous a en même temps éloigné de la spiritualité, comme le schématise la figure 0.1, dont l'idée est empruntée à D. Radin [297]. Le bouddhisme, qui diffuse aujourd'hui dans la société occidentale, nous offre un moyen de refaire converger ces deux branches du savoir. En effet, il existe sur la voie des pratiquants très avancés (tel le yogi tibétain Milarepa ayant vécu au tournant des 11e et 12e siècles) un stade nommé « une seule saveur » (voir la figure 5.4 du chapitre 5, à partir de la deuxième terre des *bodhisattva*[1]) que Tai Situ ([349], pp. 44-45) appelle également « matière-esprit », et dans lequel il subsiste très peu de dualité (c'est-à-dire de distinction entre matière et esprit, entre sujet et objet, entre moi et les autres, etc.). Plus près de nous, le psychologue Carl Jung et le physicien Wolfgang Pauli, par le biais des synchronicités, ont eux aussi eu l'intuition de l'existence d'une réalité sous-jacente qu'ils ont appelée *Unus Mundus,* et dans laquelle matière et esprit ne possèdent qu'« une seule saveur ». Et enfin, à son tour, la métaphysique associée à la physique quantique, dans sa version de l'onde pilote de Bohm, conclut pareillement à l'existence d'un niveau sous-jacent à la réalité sensorielle, et à ce niveau plus profond, matière et esprit s'unissent au travers du concept d'information-connaissance. Nous verrons au fil des chapitres qui vont suivre la signification exacte à attribuer à ces affirmations.

---

[1] Littéralement, les « pratiquants de la *bodhicitta* », l'aspiration à l'Éveil.

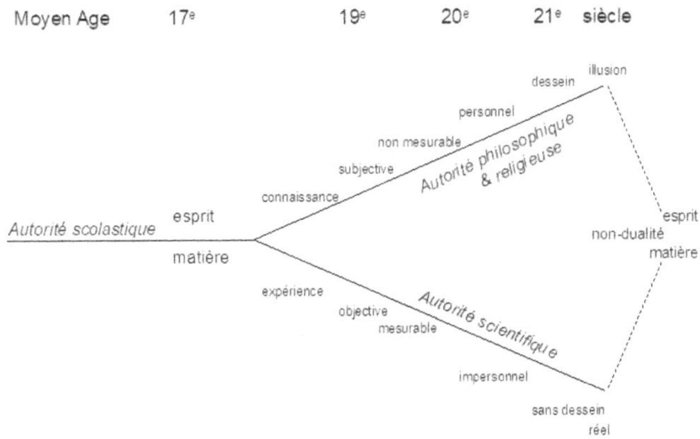

Figure 0.1 La divergence croissante entre les concepts d'esprit et de matière au fil des siècles, et leur re-convergence à l'époque contemporaine.

La fracture qui existe aujourd'hui en Occident entre matière et esprit, telle que représentée sur la figure 0.1, est la conséquence d'une graduelle évolution des idées depuis le Moyen Âge, époque à laquelle ces deux concepts n'étaient pas aussi dissociés qu'ils le sont aujourd'hui. La vie spirituelle au Moyen Âge se résumait, pour l'énorme majorité, à suivre les préceptes catholiques qui promettent le paradis éternel au croyant fidèle. De ce point de vue, la vie est assez simple, puisque la religion offre des réponses « préfabriquées » aux questions métaphysiques. La situation va se compliquer au 16e siècle avec la décadence du clergé, dont le cas le plus emblématique fut celui de Rodrigo Borgia, alias le Pape Alexandre VI, qui eut plusieurs enfants et qui organisa une désormais célèbre nuit orgiaque le 31 octobre 1501. Face à cette dérive, le peuple et les intellectuels perdent confiance non seulement en le clergé mais aussi par extension en les solutions spirituelles proposées par l'Église, de sorte qu'un nouveau courant intellectuel prend naissance pour répondre aux questions métaphysiques. Ce courant met en avant l'observation de la nature et l'expérimentation, couplées au raisonnement logico-déductif : la science moderne naît au siècle des Lumières, et sa méthode est formalisée par Descartes en 1637 dans son fameux *Discours de la méthode* [109] qui constitue, aux temps modernes, le point de départ de cette fracture matière-esprit (figure 0.1). Cette fracture s'est accompagnée d'un lent glissement du concept d'esprit vers celui d'illusion et de subjectivité. Ce glissement sémantique accompagne l'évolution de la science occidentale vers un matérialisme de plus en plus prononcé. Il en découle un « désenchantement du monde » puisque l'esprit n'y occupe plus le rôle privilégié qu'il tenait dans certaines philosophies du passé (le platonicisme par exemple, comme nous le verrons à la section 4.7) ou orientales (le bouddhisme par exemple ; sections 1.3 et 4.9). Dans la culture scientifique occidentale contemporaine, l'esprit est généralement considéré comme une propriété émergente de la matière (section 5.2) : la majorité des neurobiologistes contemporains affirme qu'il suffit, pour faire émerger l'esprit de la matière, que cette dernière se structure en un assemblage suffisamment complexe de neurones. Cette position matérialiste a bien évidemment pour conséquence de rejeter la spiritualité aux oubliettes. Or, comme l'écrit Simone Weil dans une lettre[2] du 23 janvier 1941 à Déodat Roché, « nous sommes à une époque où la plupart des gens sentent confusément, mais vivement, que ce que l'on nommait au 16e siècle les "lumières" constitue – y compris la science – une nourriture spirituelle insuffisante ; mais ce sentiment est en train de conduire l'humanité par les plus mauvais chemins. Il est urgent de se reporter, dans le passé, aux époques qui furent favorables à cette forme de vie spirituelle dont ce qu'il y a de plus précieux dans les sciences et les arts constitue simplement un reflet un peu dégradé. » Comme le souligne également Benoît Beyer de Ryke dans sa préface à un texte de Maître Eckhart[3] [235], « l'intérêt pour Maître Eckhart et la mystique rhénane n'a cessé de croître au cours de ces dernières années. Signe que, dans notre Occident sécularisé, la demande de spiritualité n'a pas disparu. » La science, dont

---

[2] Consultable dans son intégralité sur https://fr.wikisource.org/wiki/Lettre_de_Simone_Weil_à_Déodat_Roché.

[3] Qui vécut entre ~1260 et ~1328 dans la région de Cologne.

on ne peut nier l'influence bénéfique sur le bien-être matériel des individus, connaît aujourd'hui à son tour des dérives dans ses applications technologiques[4], conduisant en particulier à cet assèchement spirituel évoqué par Benoît Beyer de Ryke et Simone Weil. Les réponses aux questions métaphysiques pour lesquelles la science fut inventée au siècle des Lumières ne furent pas trouvées, la science ne fournissant que des réponses aux « *comment* », et très rarement aux « *pourquoi* » (section 4.8). Mais c'est surtout le réductionnisme, l'un des piliers de la méthode cartésienne (section 4.4), selon lequel les propriétés d'un tout résultent uniquement des propriétés de ses composantes, qui entraîna des conséquences funestes, en particulier l'individualisme effréné. Ce dernier est à l'origine d'un malaise grandissant dans la société occidentale[5]. La science moderne, qui assoit ses fondements sur la méthode cartésienne, a permis de considérablement alléger les tâches pénibles, ce qui favorisa l'éclosion des capacités créatives de l'Homme. Et pourtant, de manière paradoxale, c'est la vision réductrice de l'Homme et du monde, au cœur de la méthode cartésienne, qui est la cause de nos problèmes grandissants en matière économique, écologique et morale. En effet, la conception que nous avons de nous-mêmes et de notre relation au monde constitue les racines de nos valeurs, et nos valeurs déterminent non seulement nos actions immédiates, mais aussi, sur le long terme, les valeurs de notre société. Ces dérives socié-

---

[4] On peut citer dans ce contexte l'utilisation militaire de la technologie nucléaire (Hiroshima, Nagasaki), les accidents nucléaires civils (Tchernobyl, Fukushima), les catastrophes chimiques (Bhopal), les catastrophes sanitaires (perturbateurs endocriniens, néonicotinoïdes « tueurs d'abeilles », pesticides et amiante cancérigènes), la dégradation de la couche d'ozone par les composants chimiques chloro-fluoro-carbonés (CFC)... Mais le plus funeste dans ce contexte est le rôle des lobbies industriels qui engendrent l'« ignorance stratégique » par le financement de recherches destinées à créer le doute sur les effets délétères de leurs produits. En ce sens, l'idéologie religieuse à l'œuvre juste avant le siècle des Lumières et qui eut pour effet de contrer les progrès de la physique et de l'astronomie (procès en inquisition de Galilée par exemple) fut au 20e siècle remplacée par l'idéologie économique. Voir à ce sujet par exemple l'ouvrage de Naomi Oreskes et Erik M. Conway, *Les marchands du doute* [263].

[5] Le modèle social européen, pourtant à l'origine solidaire et progressiste, fut ces dernières décennies mis à mal par les théories néo-libérales dans une Europe politique toujours sous l'influence des idées thatchériennes.

tales avaient déjà été pressenties par William Blake (1757-1827), poète et visionnaire anglais incompris à son époque. Blake les attribue au dualisme cartésien séparant matière et esprit (section 4.1). Kathleen Raine, poétesse anglaise grande spécialiste de Blake [300], écrit ceci à son sujet [301] :

> Pour Blake, l'erreur radicale de la civilisation moderne, qui a commencé peut-être avec Aristote et que l'on a aujourd'hui universellement acceptée dans nos sociétés laïques, consiste dans la séparation existant entre l'esprit et son objet, la nature. Le message inspiré, mais incompris, de Blake ne tendait à rien de plus ni de moins qu'à proclamer et prouver que cette séparation avait des conséquences désastreuses pour l'homme et qu'il fallait restaurer l'unité originelle de l'être en qui les mondes extérieur et intérieur ne sont qu'un.

Science sans conscience n'est que ruine de l'âme.

Rabelais, *Pantagruel*, 1532

Les valeurs culturelles de nos sociétés occidentales dérivent essentiellement du slogan publicitaire inventé par Francis Bacon (1561-1626) : « Knowledge is power » (le savoir, c'est le pouvoir). De fait, cette orgueilleuse volonté de dominer la nature constitue la marque de fabrique de la science et de la société occidentales. Cette volonté de domination de l'individu sur le monde extérieur (constitué de la nature inanimée et des autres individus) est naturelle dans le contexte du réductionnisme selon lequel le tout n'est rien de plus que la somme de ses parties. Dans ce contexte réductionniste, on cherchera par exemple à comprendre les propriétés d'un atome à partir des propriétés de ses constituants, électrons et noyau, ce dernier lui-même constitué de neutrons et protons, eux-mêmes constitués de quarks. De plus, l'esprit est considéré comme propriété émergente d'un assemblage complexe d'atomes. Évidemment, le réductionnisme suppose implicitement le caractère local de la nature : en l'absence de localité serait caduque l'idée selon laquelle l'étude des constituants élémentaires et localisés d'un système complexe permet la compréhension de ce système.

L'un des objectifs du présent ouvrage est de montrer que le réductionnisme est désormais en décalage avec l'expérience physique (en particulier par suite de la découverte de *particules intriquées qui imposent un caractère non-local à la nature ;* section 7.1), et qu'il constitue donc une aberration à abandonner au plus vite. C'est donc un message issu de la physique, celle-là même qui contribua à définir notre modèle de société actuel, qui permettra *in fine* de construire un futur basé sur une nouvelle méthode scientifique et un nouveau paradigme (chapitre 10), qui fera la part belle à la solidarité, à l'interdépendance et à la transcendance de la dualité, à l'image de ce que nous révèle le monde microscopique au travers des particules intriquées. Ce modèle basé sur l'interdépendance est celui-là même qui fut prôné par la toute grande majorité des courants de pensée de l'humanité depuis ses origines. À commencer par les chamans dont l'activité est centrée sur l'union de l'homme et de la nature [334]. Avec le bouddhisme ensuite, dont l'interdépendance est l'une des clés de voûte (section 9.4).

Il est bien évident que si chaque être intègre intimement dans son schéma de pensée (et donc de vie) la notion d'interdépendance – à savoir l'idée que les actes qu'il pose ont un impact sur ses semblables, et donc en retour sur lui-même – il développera alors un sens aigu de la responsabilité vis-à-vis de chaque acte posé. Idéalement, ce changement de paradigme implique une attitude altruiste, mais l'égoïsme a la vie dure. Il existe pourtant une voie efficace pour que l'altruisme force le pas sur l'égoïsme : c'est l'adhésion au concept de réincarnation (chapitre 2), qui revient sur le devant de la scène par le biais des expériences de mort provisoire décrites au chapitre 1. Dans ce contexte, ce que nous ne faisons pas spontanément par altruisme, nous commencerons par le faire par égoïsme, laissant le temps au sentiment altruiste de s'imposer progressivement. En effet, si la réalité de la réincarnation – centrale dans le bouddhisme tibétain – s'intégrait elle aussi à nos nouveaux schémas de pensée, renouant avec une tradition vieille de 2500 ans (chapitre 2), cet effet boomerang de nos actions présentes sur notre état futur devient particulièrement manifeste. Pour ne prendre que l'exemple emblématique du réchauffement climatique, dès lors que nous sommes convaincus de revenir sur la Terre dans une incarnation future, il est évident que notre attitude face au futur changera radicalement. *Nous n'héritons pas de la terre de nos ancêtres, nous l'empruntons à nos enfants* est sans doute la maxime écologiste par excellence. Comment ne pas y adhérer, si au final, nous *serons* (au sens propre) nos (arrières-)petits-enfants ? Ne devient-il pas dès lors inévitable de privilégier un mode d'existence durable, ne fût-ce que pour se protéger soi-même, avant même que de protéger les autres ?

Les concepts de réductionnisme (dans son sens de « non-interdépendance ») et d'extinction radicale de la conscience à la mort physique, toutes deux remises en question par les développements récents décrits dans cet ouvrage, conduisaient à l'hédonisme[6] effréné, soit la recherche du plaisir individuel et l'évitement du déplaisir comme objectif de l'existence humaine. C'est cette attitude, allant de pair avec le capitalisme effréné (l'accumulation d'argent à tout prix, comme moyen de satisfaction des désirs supposés conduire au bonheur), qui génère les multiples déséquilibres sociaux, éthiques et écologiques que nous subissons aujourd'hui dans la société occidentale (chapitre 9 de [338], [384]).

Le vrai bonheur, c'est d'avoir la liberté de ne pas satisfaire ses désirs.

Le présent ouvrage se construit sur la juxtaposition de deux démarches qui se révèleront convergentes. D'une part, nous verrons que les découvertes récentes de la physique nous imposent de réviser notre conception d'une réalité considérée jusqu'ici comme objective et indépendante de l'observateur (chapitre 7), comme cela fut déjà souligné par Brian Greene en 2005 [144]. Aujourd'hui nous pensons au contraire que la réalité livrée par nos appareils de mesure et nos sens est bien plus difficile à interpréter (parce qu'elle im-

---

[6] Il est amusant de constater que l'Inde également possédait son école des hédonistes, athée et non bouddhiste, qui ne donne de la valeur qu'au témoignage des sens et recommande que l'on fasse tout ce que dictent le désir et l'intérêt personnel. Cette école rejette les écritures hindouistes, les pratiques spirituelles, ainsi que les notions de réincarnation et de cause – conséquence des actes posés intentionnellement (*karma*).

plique notamment des composantes non locales au travers des particules intriquées) et pourrait même être considérée comme illusoire. Il semble exister en effet un niveau de réalité sous-jacent à cette réalité sensorielle (section 7.1.3), caractérisé par une forte interdépendance entre les objets décrits par la physique (section 9.4), au point qu'interdépendance et relations semblent constituer la nature ultime de concepts comme l'espace, la matière et les particules (section 7.2). Quant à la conscience, bien qu'il n'y ait pas unanimité quant au rôle exact qu'elle joue en physique quantique (section 8.2), il serait en tout cas urgent d'élargir la méthode cartésienne afin de lui permettre d'inclure dans ses protocoles des méthodes permettant d'appréhender par l'expérimentation directe (introspection et méditation ?) le rôle que joue la conscience dans l'univers (chapitre 10).

D'autre part, empruntant la démarche du bouddhisme explorant le monde de l'esprit, une conclusion semblable est atteinte : la réalité livrée par nos sens est illusoire et constitue une fabrication de notre esprit, tandis que la réalité ultime est celle, transcendante et non-conceptuelle, de la nature de notre esprit, soit la vacuité comme la nomme le bouddhisme. Le sujet du présent essai est donc double, et se résume à tenter d'apporter des réponses aux deux questions suivantes : d'une part, y a-t-il en effet une réalité ultime sous-jacente à la réalité sensorielle (cette dernière devenant dès lors illusoire), et d'autre part, la réalité ultime proposée par la démarche bouddhiste possède-t-elle un équivalent dans la démarche physique ? Comme ces deux démarches font usage d'outils et de méthodes très différents et s'inscrivent dans des contextes très différents – celui de l'exploration de l'univers externe par la physique d'une part, et celui de l'exploration de l'univers interne de l'esprit par les pratiques méditatives bouddhistes d'autre part –, leurs présentations respectives seront dans une première étape bien séparées, avant d'évaluer leurs possibles convergences dans une seconde étape (chapitre 9), non sans avoir préalablement identifié la méthodologie la plus appropriée à une telle confrontation. Nous compléterons l'exposé de ces convergences par l'évocation des synchronicités jungiennes (chapitre 6), qui suggèrent également l'identité des mondes de la matière et de l'esprit (chapitre 8). Jung et son comparse physicien Wolfgang Pauli appelèrent ce substrat matière-esprit l'*Unus Mundus*. Les phénomènes synchronistiques (ou *coïncidences chargées de sens*) sont caractérisés par la coïncidence significative d'un phénomène physique objectif avec un état psychique de l'observateur sans qu'on puisse imaginer une raison ou un mécanisme de causalité évident. « Synchronicité » signifie donc non seulement « en même temps » mais aussi « avec le même sens ». On peut exclure le fait que cette coïncidence signifiante puisse être le résultat du seul hasard précisément parce que le phénomène externe possède ce caractère signifiant si spécifique que le sujet peut le mettre en relation immédiate avec sa pensée de l'instant. On peut exclure également l'action du principe de causalité comme origine de la synchronicité, puisque la causalité lie deux phénomènes matériels externes[7]. La principale bizarrerie d'une synchronicité est donc bien le fait de voir sa « cause » dans le sujet (via un état psychique spécifique) et son « effet » dans un phénomène externe, en « résonance signifiante » avec cet état psychique. La synchronicité est à ce titre un phénomène liant esprit et matière ; or pareille relation est difficilement compréhensible dans le cadre du paradigme cartésien dualiste qui postule qu'esprit et matière sont d'une nature fondamentalement différente (la *res cogitans – la substance pensante* – opposée à la *res extensa* – la matière, *substance extensive occupant l'espace*). Ou encore comme l'écrit Jung [196] en relation avec sa découverte des synchronicités (chapitre 6) : « on est habitué à considérer que le concept de "sens" implique un phénomène ou un contenu physique dont on ne suppose pas qu'il puisse exister également à l'extérieur de notre *psyché* [...] Lorsque l'on considère l'hypothèse qu'un même sens (transcendant) peut se dévoiler à la fois dans la *psyché* humaine et dans l'arrangement d'un événement simultané extérieur et indépendant, alors on entre en conflit avec nos idées scientifiques et épistémologiques traditionnelles. » Les phénomènes de synchronicité sont avec ceux liés aux

---

[7] Le concept de « causalité » dont il est question ici concerne par définition uniquement les causes matérielles agissant dans l'espace-temps « externe » par opposition aux causes psychiques « internes » à l'observateur.

particules intriquées[8] les deux principales brèches apparues récemment dans le paradigme cartésien dualiste et réductionniste.

Comme le fit D. Bohm [44,47] avant nous, ces brèches nous conduiront naturellement à défendre un paradigme « holistique » opposé au réductionnisme. Ce retour vers l'unité amène également la remise à l'honneur de la pensée intuitive (chapitre 10) complémentaire à notre mode de pensée logico-déductif habituel. Les ponts entre physique et bouddhisme mènent non seulement à la réalité ultime, mais aussi à une morale de vie plus altruiste qui accompagne sa quête. Car un changement de paradigme dans notre conception du monde s'accompagne nécessairement d'un changement de paradigme éthique.

Il ne faut pas s'étonner dès lors que, selon le mécanisme du balancier auquel l'humanité est habituée, le temps soit venu d'un retour à la spiritualité, mais une spiritualité éclairée par la rationalité. Il ne saurait être question d'un retour à l'obscurantisme, ce que certains lecteurs pourraient craindre à la lecture de ces lignes. Ce n'est pas parce que le champ d'investigation se modifie (l'esprit au lieu de la matière) que la raison et l'esprit critique doivent être mis au placard, que du contraire. Le Bouddha lui-même n'a-t-il pas dit : « Et, même ce que j'enseigne, ne le croyez pas. Quoi que vous entendiez, testez-le, essayez de l'expérimenter, ceci est la manière d'enseigner du Bouddha » ? Ou encore : « Agissez comme les joailliers qui examinent l'or en le martelant, en le coupant, en le vérifiant de différentes façons. Voyant si cet or est vrai ou faux en le chauffant. Exactement de la même manière, ne croyez pas, n'acceptez pas mon enseignement simplement parce que vous avez du respect ou de l'amour envers moi. Ce n'est pas une raison suffisante pour croire en mon enseignement. Il faut que vous le mettiez en pratique et que vous le testiez. Si vous avez le sentiment qu'il est pratique, si vous sentez que cela apporte bonheur et santé dans votre

---

[8] Comme nous le détaillerons à la section 7.1.1, les particules intriquées sont des paires de particules spatialement séparées mais dont les propriétés physiques sont intimement connectées (dans le sens où la mesure d'une propriété de l'une des particules affecte instantanément l'autre) par un lien encore nimbé de mystère.

cœur et dans votre esprit, alors vous pourrez à ce moment même l'accepter et le suivre. En pratiquant peu à peu, vous comprendrez si c'est vraiment bénéfique ou non. Si cela ne vous attire pas, alors laissez tomber, il n'y aura pas d'objection. »

Un retour à une spiritualité individuelle dégagée de toute foi dogmatique, mais inspirée par des méthodes éprouvées : voilà la vraie voie vers le bonheur.

Le vrai bonheur ne peut être atteint que par la compréhension et la transformation de notre esprit. La méditation est l'outil de cette transformation.

Le présent ouvrage s'adresse aux lecteurs possédant déjà une connaissance élémentaire du bouddhisme et de la physique quantique. Dans le cas contraire, nous recommandons au lecteur de s'entourer d'ouvrages de base concernant la mécanique quantique (par exemple [97,143,177,208,214,266, 319,340,346]) et le bouddhisme (par exemple [40,98,99,199, 217,333,354]).

Nous terminerons cette préface par un avertissement important. Le présent essai présente des risques méthodologiques dans la mesure où il tente de poser des ponts entre deux disciplines *a priori* disjointes, à savoir la physique d'une part et le bouddhisme d'autre part, possédant chacune leur vocabulaire, leur contexte culturel et leur méthodologie propres. Nous y reviendrons de manière approfondie à la section 9.1, où nous montrerons que ces deux disciplines convergent vers l'idée qu'il existe deux niveaux de réalité : une réalité explicite explorée par la physique, mais qui contient en germe une réalité plus profonde, pleinement explorée par les techniques bouddhistes. Mais la réalité ultime, où le dualisme esprit-matière s'efface, transcende cette distinction.

L'analyse de cette question du réalisme physique divise encore aujourd'hui la communauté des physiciens spécialistes de la question [139]. Bien que physicien, Alain Jorissen n'appartient cependant pas à cette catégorie de spécialistes. Nous avons donc tenté dans la mesure de ce que permet un ouvrage de vulgarisation de présenter certains des points de vue en lice sur cette question. Mais il est impossible de présenter une vue exhaustive de la question sans entrer dans une technicité rédhibitoire. Inspirés par le débat actuel entre physiciens, nous avons donc choisi une ligne de pensée orientée par les enseignements bouddhistes et la métaphysique qui en découle. Sherab Norbu pratique en effet la méditation depuis une dizaine d'années, étudiant la voie du *Mahamoudra* [349] sous la guidance de maîtres qualifiés de la lignée Karma Kagyu du bouddhisme tibétain, qui via les Karmapa et les Tai Situpa, remonte aux grands maîtres des 10e et 11e siècles que furent Tilopa, Naropa, Maitrepa, Marpa Lotsawa, Milarepa et Gampopa. Toute erreur qui pourrait exister dans le texte à ce sujet est cependant notre seule responsabilité. La paire Alain Jorissen et Sherab Norbu représente en quelque sorte la dualité mental-intuition à transcender !

Puissent les réflexions qui vont suivre apporter bénéfice aux lecteurs !

1. L'épidémie de morts imminentes

J'étais soudain dans la lumière et c'était beau !
Je n'avais aucun sentiment d'identité distincte.
J'étais dans la lumière et un avec elle.
J'entrai dans l'arc de pur amour doré et de lumière.
Cette radiation d'amour me pénétra et aussitôt je faisais partie d'elle et elle faisait partie de moi.

Margot Grey, *Return from death* [148], pp. 46 et 48

Au cours de la longue histoire des tentatives de l'homme pour comprendre son propre environnement [...] il y eut une lacune ou omission, si singulière que sa simple mention possède un air de paradoxe. Et pourtant il est strictement correct de dire que l'homme n'a encore jamais appliqué les méthodes de la science moderne au problème qui le concerne de la manière la plus profonde – à savoir si oui ou non sa personnalité comporte un quelconque élément qui survit à la mort corporelle.

Frederic W.H. Myers, *Human personality and its survival of bodily death*, ed. Suzi Smith, University Books, New Hyde Park (New York), 1961 (édition originale 1903)

De quel papillon cette vie terrestre
est-elle donc la chenille ?

Victor Hugo

1.1 Expériences de mort imminente

Notre histoire commence donc par cette « épidémie » de « morts imminentes[1] » dont l'Occident fut informé en 1976 par l'ouvrage du Dr Raymond Moody *La vie après la vie* [252]. Cet ouvrage rassemblant des dizaines de témoignages de personnes ayant vu la mort de très près fut l'un des coups de boutoir porté au modèle matérialiste du monde occidental, car selon ce modèle leur conscience aurait dû cesser de fonctionner puisqu'ils étaient cliniquement morts, alors qu'il n'en fut rien : ces « expérienceurs » ramenèrent des souvenirs de ce voyage aux confins de la mort. Nous verrons plus tard (chapitre 7) d'autres lézardes dans nos certitudes sur notre manière de voir le monde, plus abstraites celles-là, car provenant d'expériences récentes de physique. Mais dans les deux cas, il s'agit d'un appel clair à modifier notre conception de la réalité. Dans la culture scientifique occidentale contemporaine, l'esprit est généralement considéré comme une propriété émergente de la matière (section 5.2). La majorité des neurobiologistes contemporains affirme qu'il suffit pour faire émerger l'esprit de la matière que cette dernière se structure en un assemblage suffisamment complexe de neurones comme c'est le cas dans notre cerveau[2]. Or, comme nous allons le voir, les expériences de mort provisoire (EMP) contredisent ce paradigme puisque dans ces situations, le cerveau ne donne plus aucun signe d'activité électrique (électro-encéphalogramme plat) alors que les expérienceurs en ramèneront des souvenirs très précis qui se trouveront confirmés par les vivants (médecins, infirmières) présents autour d'eux et s'activant à les ramener à la vie. Mais commençons, pour les lecteurs non familiers avec les EMPs, par la description du déroulement d'une expérience de mort provi-

---

[1] Nous privilégierons dans la suite la terminologie « expérience de mort provisoire » (EMP) plutôt que « expérience de mort imminente » comme traduction de l'anglais « *near-death experience* » (NDE), pour les raisons qui seront détaillées à la section 1.4.

[2] Nous verrons à la section 5.2 qu'une autre brèche dans ce modèle occidental de la conscience (et en particulier des capacités cognitives et d'apprentissage y associées) liée nécessairement au cerveau est également apparue par la réalisation que certains organismes unicellulaires possèdent des capacités d'apprentissage.

soire typique, dans laquelle ont été rassemblés tous les ingrédients rapportés par les expérienceurs. Ce récit s'inspire de celui composé par le Dr Moody ([252], pp. 27-29), et la possibilité même d'être en mesure de constituer pareil récit typique (semblable à celui composé par le Dr Jean-Jacques Charbonier [77]) atteste de la convergence de ces témoignages, par-delà les différences de sexe, de culture et de convictions religieuses.[3] Toutes les expériences ne contiennent cependant pas nécessairement l'ensemble des éléments présentés ci-dessous (voir la Table 1 de [272] qui fournit les proportions de ces différentes phases rencontrées parmi 55 patients), dont l'ordre d'apparition peut également légèrement varier.

Alors qu'une personne mourante atteint le point de détresse physique maximale, elle entend le médecin présent constater son décès. Commence alors l'audition d'un son désagréable (sonnerie ou bourdonnement), et la personne se retrouve soudainement hors de son corps, tout en restant dans son environnement immédiat. Elle voit donc son propre corps comme un spectateur extérieur, et assiste aux tentatives de réanimation. À ce stade, elle se trouve dans un état de grand désarroi émotionnel. Après un moment, elle retrouve son calme à mesure qu'elle s'habitue à ce nouvel état, constatant qu'elle possède un corps mais d'une nature toute différente et offrant des potentialités bien moins limitatives que celles du corps physique. Bientôt des phénomènes nouveaux apparaissent : la personne se sent entraînée à grande vitesse au travers d'un tunnel très sombre, et perçoit une lumière à son extrémité, qui grandit rapidement. En même temps, des êtres viennent à son secours pour l'épauler. Parmi ceux-ci se trouvent fréquemment des êtres chers disparus. À son approche, la lumière au bout du tunnel dégage une sensation d'amour d'une intensité jamais éprouvée dans le corps physique. Cette lumière apparaît être une entité consciente, qui de manière non verbale pose la question *Qu'as-tu fait de ta vie ?,* demandant ainsi au nouvel arrivant d'évaluer lui-même la qualité de sa vie sur le plan de l'amour et de la compassion. L'être de lumière présente une

[3] Birk Engmann ([125], chapitre 3.2) propose cependant une description détaillée de quelques différences culturelles.

revue panoramique et simultanée des événements marquants de la vie du mourant. À un moment, celui-ci ressent la sensation d'une barrière entre la vie passée sur Terre et une nouvelle vie. À ce stade plusieurs variantes existent : soit il est donné au visiteur un bref aperçu de cette nouvelle vie dans cet environnement inattendu quoique des plus sereins, et il lui est donné le choix de son futur, soit il lui est fait comprendre qu'il doit poursuivre sa vie sur la Terre, soit enfin il conclut lui-même qu'une bonne raison, généralement altruiste, le pousse à revenir sur Terre, quoiqu'il regrette de devoir quitter cet état où il se sent si bien, car il est comblé par un sentiment de joie, d'amour et de paix. Il réintègre alors rapidement son corps physique. Le « revenant » essaye ensuite de partager cette expérience avec d'autres, mais a des difficultés à trouver les bons mots pour exprimer les émotions ressenties dans son état hors du corps, qui s'avèrent être indicibles. En outre, la réaction de ses interlocuteurs, qu'elle soit d'incrédulité ou de moquerie, ne le conforte pas dans sa tentative de partager son expérience. Il se plonge alors dans un mutisme relatif à cette expérience, qui a cependant transformé profondément sa manière d'appréhender la vie et la mort, ses relations avec autrui, et ses priorités dans l'existence. Souvent il change de profession, privilégiant désormais l'humanitaire et les services à la communauté, ou alors se passionne pour la physique, la philosophie ou la spiritualité. Plusieurs illustrations des éléments de ce récit apparaîtront dans la suite du présent chapitre.

La difficulté pour le monde médical en particulier, et scientifique en général, d'accepter la réalité de ces témoignages est facile à comprendre. Aux aspects culturels qui seront développés au chapitre suivant consacré à la réincarnation (qui constitue en quelque sorte la suite de l'histoire EMP) s'ajoute le fait que nous plongeons ici au cœur de phénomènes éminemment intimes et non reproductibles, qui se laissent donc très difficilement apprivoiser par une exploration en laboratoire (le programme AWARE – AWAreness during REsuscitation – dirigé par Sam Parnia [272] en constitue cependant une première exploration en laboratoire ; la description de ces expériences sera présentée plus loin dans le présent chapitre). Les phénomènes EMPs, basés sur un témoignage unique *a posteriori,* se situent donc à l'opposé des phénomènes appréhendés par la science expérimentale habituelle. On serait donc naturellement tenté de s'en méfier, étant donné qu'ils pourraient simplement être le fruit de l'aspiration naturelle de la plupart des humains à une certaine forme de survivance après la mort [125]. Nous devons en effet nous méfier de notre propre inclination à souhaiter que ces phénomènes existent.

Il y a néanmoins quatre arguments qui nous suggèrent d'accorder du crédit à ces phénomènes. Tout d'abord, la cohérence interne des témoignages, qui font toujours intervenir les mêmes éléments, comme cela fut souligné ci-dessus. Ensuite, et en corollaire du premier argument, le fait que l'on trouve des témoignages d'EMPs dans beaucoup de cultures et à de nombreuses époques : depuis le récit du soldat Er dans la *République* de Platon[4], à la mythologie du fleuve Styx comme frontière perceptible du pays des morts, jusqu'au magnifique *Bardo Thödröl* de la tradition bouddhiste tibétaine, véritable manuel à l'usage du mourant (que nous évoquerons plus bas). En particulier, comme le dit Sogyal Rinpoché ([333], p. 435) : « Le message essentiel que rapportent, à leur retour, ceux qui ont fait l'expérience d'une rencontre avec la mort, ou avec l'"être de lumière" est exactement le même que celui que nous délivrent le Bouddha et les enseignements sur les *bardo*[5] : les qualités essentielles dans la vie sont l'amour et la connaissance, la compassion et

---

[4] Nous détaillerons ce mythe à la section 2.3.3. Certains auteurs (par exemple [125], p. 18) ont préféré voir dans le récit de Platon une signification purement métaphorique à la transmigration des âmes « pouvant être considérée comme un concept figurant le développement du nouveau à partir de l'ancien. Futur et passé, développement et destruction sont liés par des cycles éternels. [...] La transmigration des âmes n'est pas une invention de Platon. Elle est profondément connectée aux rituels de chasse des peuples indigènes, et ramène à un niveau de la société humaine qui précède de beaucoup la période hellénistique classique. » L'analyse des origines historiques du concept de réincarnation que nous présentons à la section 2.2 montrera cependant que l'hypothèse ci-dessus proposée par Engmann [125], toute séduisante qu'elle soit (par le lien qu'elle établit entre les cycles naturels jour – nuit, été – hiver et le cycle vie – mort – vie) n'est pas correcte, car il est possible d'identifier dans les textes sacrés indiens (*Upanishads*) l'époque de l'histoire de l'humanité où ce concept fait son apparition, et cette époque est bien postérieure à celle des *rituels de chasse des peuples indigènes* supposément préhistoriques.

[5] Littéralement « état intermédiaire », entre la vie passée et la suivante.

la sagesse. » Cette convergence suscite indéniablement l'intérêt et ne peut laisser indifférent. Une caractéristique essentielle des EMPs est donc qu'elles laissent une trace durable sur la personnalité de l'individu, qui généralement modifie ses priorités dans la vie. Voici un extrait d'un témoignage EMP rapporté par Sylvie Déthiollaz et Claude Charles Fourrier ([110], p. 169) : « Cette expérience provoqua en moi des changements profonds dans mon comportement et ma manière d'appréhender la vie. Des valeurs orientées vers l'humanisme et l'écologie s'installèrent en moi. Tout mon système religieux d'alors s'est profondément modifié. Il n'est plus basé sur des croyances, mais sur la connaissance et l'intuition. Depuis ce phénomène étrange, je n'ai aucun doute que l'au-delà existe et que nous soyons tous immortels. Désormais, je ne ressens plus aucune crainte envers la mort. »

Le troisième argument qui nous suggère d'accorder du crédit aux EMPs est le fait que ces expériences laissent des traces objectivables dans le comportement de l'individu qui les a vécus, nous offrant ainsi un moyen de contrôle, quoiqu'indirect. Évidemment, il convient de distinguer la réalité du témoignage (par opposition à une mystification ou une supercherie) de la réalité du phénomène lui-même : ces témoignages EMPs constituent-ils réellement une indication en faveur de la survivance de l'esprit après la mort physique[6] ? Sans entrer dans les détails d'un long débat, nous sommes tentés de répondre par l'affirmative à cette question, sur la base précisément des convergences entre le déroulement type d'une EMP moderne occidentale et le témoignage générique offert par le *Bardo Thödröl*, qui va beaucoup plus loin, puisqu'il décrit l'entrée de l'esprit dans un nouveau corps, généralement à ce stade sous la forme d'un œuf ou d'un ovule fécondé ! Cette transition est décrite à la

[6] Il faut signaler ici que le journaliste Stéphane Allix, qui s'est beaucoup intéressé aux questions relatives aux EMPs, avance l'hypothèse ([9], chapitre 16) que les EMPs ne sont pas simplement les premiers stades du processus de mort, précisément parce que les expérienceurs reviennent à la vie, et qui plus est, avec une vision de la vie totalement transformée qui les pousse vers un mode de vie plus altruiste ou curieux comme nous le soulignions ci-dessus. Il s'agirait plutôt d'un processus d'évolution vers une conscience plus élargie, c'est-à-dire d'une forme d'« Éveil spirituel ».

section 1.2. C'est la raison pour laquelle les témoignages divers et variés en faveur de la réincarnation offrent un autre éclairage, complémentaire en quelque sorte, à celui des EMPs [53,152,161,231,313,343,344]. Le chapitre 2 y sera donc consacré.

Le quatrième argument que l'on peut avancer pour conforter l'interprétation des EMPs comme un signe de la survivance d'une forme de conscience à la mort du corps physique est très indirect, quoique parfaitement logique dans le présent contexte : il se fonde sur une interprétation de la schizophrénie ainsi que des crimes perpétrés par des personnes reconnues irresponsables de leurs actes, comme résultat de la « possession » mentale d'un vivant par une entité défunte n'ayant pas effectué sa transition vers la « lumière » selon les termes du *Livre Tibétain des Morts,* le *Bardo Thödröl Chenmo* que nous décrirons à la section 1.2 ci-dessous. Ce sujet très sensible qui touche à la psychiatrie et au droit pénal ne sera pas développé ici ; nous renvoyons le lecteur intéressé à l'ouvrage très documenté de Anne Deligné *L'emprise des âmes* [106].

1.2 Le *Bardo Thödröl,* le livre tibétain des morts

Le *Bardo Thödröl Chenmo,* le *Livre Tibétain des Morts* [128] tel qu'il est appelé un peu abusivement en Occident, son titre exact étant *La libération par l'écoute dans les états intermédiaires,* décrit les états rencontrés lors de la transition mort-renaissance. Les « états intermédiaires » par lesquels transitent les êtres non éveillés sont appelés *bardo* en tibétain (*antarabhâva* en sanscrit). Certains de ces états peuvent être rapprochés des états modifiés de conscience de l'Occident (section 5.3 et [110,226]). Le bouddhisme tibétain, dit du « véhicule de diamant » (*vajrayana*[7] en sanscrit),

[7] Philippe Cornu [89] note que tous les courants bouddhistes n'acceptent pas cette notion de *bardo.* Le bouddhisme *theravâda* (petit véhicule) par exemple n'accepte pas cette notion, en particulier en ce qui concerne les trois *bardo* de transition entre la mort et la renaissance. Pour ses adeptes, la renaissance suit immédiatement l'instant de la mort. Et cela malgré le fait que la notion de *bardo* est exposée dès les premiers siècles dans de nom-

recense six *bardo* [357]. Les trois premiers sont associés à la vie, et les trois suivants aux processus liés à la mort :

- *bardo* de la vie entre la naissance et la mort ;
- *bardo* du rêve ;
- *bardo* de la méditation ;
- *bardo* du moment de la mort ;
- *bardo* de la dharmata (ou de la Vérité en Soi) ;
- *bardo* du devenir (entre la mort et la naissance).

La description qui suit est empruntée à Philippe Cornu [89]. Entre le moment de la conception et le début du processus de mort se déroule le *bardo* naturel de la vie, qui correspond à notre état de conscience de veille habituel. Il existe cependant des ruptures dans cet état de veille habituel que sont l'entrée dans le sommeil et le rêve ou en méditation. Se trouvent donc insérés au *bardo* de la vie le *bardo* du sommeil vécu chaque nuit et le *bardo* de la méditation expérimenté par les méditants absorbés dans la sagesse. Le moment de la mort constitue une autre discontinuité de la conscience. Entre le début du processus de la mort et la fin effective de la vie se déroule le *bardo* du moment de la mort. Il est suivi du *bardo* de la Vérité en Soi (sanscrit *dharmata,* « Vérité en Soi » ou « nature intrinsèque de la réalité ») puis du *bardo* du devenir qui dure jusqu'à la conception de la vie suivante.

Le but du *Bardo Thödröl Chenmo* est de fournir au défunt les instructions lui permettant de reconnaître la nature illusoire des visions parfois terrifiantes expérimentées à ce moment et de l'aider à s'en libérer, ouvrant ainsi la voie vers l'Éveil.

Tous les moments de rupture que constitue la transition entre deux *bardo* successifs présentent des points communs. C'est particulièrement vrai pour le *bardo* du sommeil et celui du moment de la mort : les processus y sont semblables,

---

breuses écoles du bouddhisme ancien, dans certains *sutra* et surtout dans les *Abhidharma* du nord de l'Inde (*Abhidharmakosha* de Vasubandhu, *Abhidharmasamuccaya* d'Asanga ; voir section 4.9.3).

quoique réversibles et partiels pour le *bardo* du sommeil. Aussi les yogis se préparent-ils à la mort en pratiquant le yoga du sommeil de Naropa [256]. À l'inverse de la conception, où s'unissent graduellement les éléments psychophysiques du futur être (et notamment les *bindu,* « gouttes essentielles » d'énergie subtile, selon le *Bardo Thödröl,* blanche-masculine et rouge-féminine, en provenance du père et de la mère respectivement), la mort constitue la dissolution progressive de ces mêmes éléments dans l'ordre inverse. Selon la tradition bouddhiste, une première dissolution, dite grossière, concerne les aspects physiques de l'individu : l'élément terre se dissout (le corps s'immobilise), puis l'eau (arrêt de la circulation), le feu (refroidissement) et enfin l'air (cessation de la respiration). Pour la médecine occidentale, la fin de la respiration et l'arrêt du cœur, immédiatement suivis de l'arrêt de l'activité électrique du cerveau (électro-encéphalogramme plat), constituent le moment de la mort clinique. Le commentaire de Tsongkhapa ([256], pp. 194-195) au sujet des six yogas de Naropa indique clairement que des visions de forte clarté et d'obscurité sont associées à ces phases grossières de dissolution des éléments. On peut probablement rapprocher ces visions de celles rapportées lors des EMPs, notamment celle de la lumière au bout d'un tunnel, comme nous l'avons décrit plus haut. Pourtant, selon le bouddhisme, le processus n'est pas achevé. La conscience va être le siège de dissolutions subtiles : les émotions vont se dissiper tandis que l'essence subtile issue du père et celle issue de la mère se réunissent au cœur pour s'y dissoudre, libérant l'esprit de la gangue des tendances habituelles. Se manifeste alors la claire lumière, l'esprit pur dans sa nudité, vide et lumineux correspondant au *bardo* de la Vérité en Soi (*dharmata*). Cet instant crucial est mis à profit par les yogis[8] qui y reconnaissent leur nature

---

[8] Les yogis en question sont les pratiquants du *Dzogchen* (« La grande perfection », pratique de l'école bouddhiste Nyingma [273]) et plus particulièrement du *thögal,* la pratique de luminosité propre à ce véhicule. Ils sont les seuls à pouvoir mettre à profit la manifestation lumineuse des déités paisibles et courroucées décrites dans le *Livre Tibétain des Morts,* qui sont le déploiement de leur propre esprit de sagesse. Pour les autres, ce *bardo* se résume à des sons puissants, des flashes lumineux effrayants, qui passent avec la rapidité des étoiles filantes. Ils se retrouvent alors dans le *bardo* suivant, celui du devenir.

éveillée et s'y fondent, se libérant ainsi définitivement des renaissances en atteignant la bouddhéité. Les autres s'évanouissent et se réveillent bientôt dans le *bardo* suivant qui est celui du devenir, semblable à un rêve où, séparés du cadavre, dotés d'un corps subtil et poursuivis par les images hallucinantes suscitées par leurs habitudes karmiques passées, ils vont endurer de nombreux tourments et chercher refuge dans une nouvelle matrice... et renaître. Entre la mort et la renaissance, quarante-neuf jours au plus se déroulent, dit-on, mais la durée de ces « jours » est incertaine et varierait selon chacun.

Ces informations tirées du *Bardo Thödröl* sont évidemment lourdes de significations en matière de survivance d'une forme de conscience après la mort physique, et donc en matière de nature de cette conscience elle-même, qui ne peut dans ces conditions être considérée comme une émanation de la matière (ou plus précisément du cerveau, comme soutenu aujourd'hui par les neurosciences[9]). Cette consé-

---

9 On qualifie aussi cette propriété d'*émergente* (par exemple [75], p. 211). Une propriété émergente est une propriété qui n'est pas présente au niveau élémentaire des constituants d'un système mais qui apparaît au niveau supérieur, global, et qui peut se déduire des propriétés des constituants élémentaires du système. Par exemple, le caractère gazeux, solide ou liquide d'une collection de particules en est une propriété émergente. Cette propriété émergente ne fait intervenir rien d'extérieur aux atomes et molécules elles-mêmes, puisque l'état de la matière est calculable à partir des principes physiques et des propriétés atomiques et moléculaires. Il existe cependant des propriétés globales d'un système qui ne sont pas émergentes, dans la mesure où elles ne sont pas déductibles des propriétés des constituants élémentaires. Le principe d'exclusion de Pauli (voir section 7.2.4), qui indique qu'il ne peut y avoir plus d'un électron dans le même état quantique, est un exemple de pareille propriété globale non émergente, puisque ce principe ne peut se déduire des propriétés d'un électron isolé. On peut donc dire que le principe d'exclusion de Pauli constitue un contre-exemple à la puissance de la méthode réductionniste prônée par Descartes (section 4.4) : « Pour comprendre le fonctionnement d'un système, divisons-le en ses parties », écrivait-il, « et étudions-en ses propriétés élémentaires ». La compréhension du système global émergera alors de la compréhension du fonctionnement de ses parties. Pour le réductionnisme, la compréhension d'un objet composite (tel qu'un vélo, une molécule, un corps humain) ne nécessite que la compréhension du fonctionnement de ses parties. Il s'agit d'un ingrédient essentiel de la méthodologie de la physique, qui fut cruciale dans la grande majorité des progrès réalisés dans cette discipline au cours du siècle écoulé. L'émergence constitue en quelque sorte le négatif du réductionnisme.

quence est potentiellement si importante – la conscience obéissant dès lors à une sorte de loi de conservation, comme la physique en connaît aujourd'hui pour la charge électrique et la masse-énergie – que nous consacrerons le chapitre suivant à une discussion de la question de la réincarnation, qui constitue une autre facette de cette problématique.

1.3 Le modèle des huit consciences selon le bouddhisme tibétain, et sa relation avec le *Bardo Thödröl*

Pour bien comprendre le principe de conservation de la conscience que suggère le *Bardo Thödröl,* il nous faut nous plonger dans le modèle des huit consciences développé par le bouddhisme tibétain, car on peut légitimement se poser la question de la nature de ce qui transite par le *bardo,* et qui passe ainsi d'une vie à l'autre, sans le support du cerveau ! De nombreuses recherches ont tenté, en Occident, d'élucider la nature de la conscience. Certes, des progrès intéressants y ont été réalisés, comme nous le verrons au chapitre 5, puisque les neurosciences ainsi que la biologie alliée à la physique quantique ouvrent de nouvelles pistes intéressantes. En Orient où la question de la nature de l'esprit a toujours été au cœur des préoccupations des sages, bouddhistes en particulier, elle fut l'objet de multiples expérimentations grâce aux techniques méditatives affinées pendant plus de deux millénaires, comme le prouve cette stance d'introduction au *Traité distinguant conscience individuelle et sagesse*[10] ([205], pp. 17-31), texte de

---

Comme cela sera examiné à la section 5.2, la question centrale au sujet de la conscience dans la science occidentale contemporaine est celle-ci : la conscience est-elle une propriété émergente de l'organisation des neurones en réseaux neuronaux constituant le cerveau ? En d'autres termes, une conscience est-elle totalement descriptible en termes des particules élémentaires (protons, neutrons, électrons) dont est constitué le cerveau ou y a-t-il quelque chose de plus ? Plus précisément, la conscience résulte-t-elle d'un arrangement particulier de particules élémentaires, et si oui, quelles sont les propriétés définissant un tel arrangement ? Ces questions ne possèdent pas de réponse aujourd'hui (voir [172,279] pour deux points de vue opposés).

[10] Dans ce titre, la *sagesse* (sanscrit *jnana*) désigne la connaissance (ou *conscience*) *primordiale*, non duelle, et ce terme s'oppose à la *conscience individuelle*, duelle, qui nous empêche d'avoir connaissance de l'ultime, car cette conscience individuelle génère la perception d'apparences trompeuses.

l'école bouddhiste Karma Kagyu, écrit par le troisième Karmapa Rangjoung Dorjé (1289-1339) :

> Après m'en être pleinement remis à l'écoute et à la réflexion,
>
> Dans la solitude je me suis retiré
>
> Afin de m'appliquer à la discipline de la méditation.
>
> Ce qui s'est fait jour de cette façon, je vais ici l'exprimer.

Ces pratiques méditatives ont donc donné naissance, au sein du bouddhisme *mahayana* (dit du « Grand Véhicule »), à une conception de l'esprit déduite de l'expérience. Il y est enseigné que, quoique l'esprit soit ultimement « un », la conscience présente, chez les êtres ordinaires non éveillés, huit aspects dotés chacun de caractéristiques propres, que nous allons maintenant brièvement passer en revue. La description qui suit est inspirée du *Traité des 5 sagesses et des 8 consciences* de Thrangou Rimpoché ([205], pp. 34-43), lui-même commentaire du *Traité distinguant conscience individuelle et sagesse* dont il fut question ci-dessus.

Les cinq premières de ces huit consciences sont simplement les consciences sensorielles, liées aux organes sensoriels, soit les consciences visuelle, auditive, olfactive, gustative et tactile. Ces consciences perçoivent les propriétés correspondantes des objets extérieurs (formes, sons, odeurs, saveurs, et le champ du tangible), mais sans leur ajouter de qualification conceptuelle et émotionnelle telle que bon ou mauvais, agréable ou désagréable, ou encore avion ou voiture... car les cinq premières consciences sont des *consciences non conceptuelles de perception directe.* Bien qu'elles puissent fonctionner simultanément (nous ne sommes pas sourds lorsque nous sommes en train de voir ; d'où la nécessité d'introduire cinq consciences sensorielles distinctes), elles sont occasionnelles, car elles sont l'assemblage de perceptions momentanées successives (la conscience visuelle d'une forme ne surgit que pour

---

La conscience individuelle est un terme général, qui recouvre les huit types de consciences identifiables par l'observation de soi, qui seront décrites dans la suite de cette section. L'adjectif « individuel » est ici à considérer à la fois dans le sens de « contraire à primordial » et « de soi ».

un instant, immédiatement suivie de la conscience visuelle d'une autre forme ; dans l'obscurité totale, pendant le sommeil ou lorsque l'on ferme les yeux, la conscience visuelle cesse d'opérer).

La qualification conceptuelle est ajoutée ensuite par la sixième conscience, la conscience mentale. Pour bien comprendre la différence entre les cinq consciences sensorielles et la conscience mentale, considérons l'exemple suivant. Alors que la conscience visuelle perçoit la face (visible) d'un objet rectangulaire ceinturé d'une fente sur ses quatre côtés et muni d'une petite barre préhensible à mi-hauteur, la conscience mentale lui associera le concept « porte », ainsi qu'éventuellement une image mentale de sa face arrière invisible, les instructions pour l'ouvrir, etc. Les 5 consciences sensorielles sont comme un muet dont la vue est intacte : il voit toutes sortes de choses, mais ne peut les décrire. À l'inverse, la conscience mentale peut être comparée à un aveugle qui possède la faculté de parler : il est capable de décrire les choses, mais pas de les percevoir directement. La conscience mentale est temporaire tout comme les cinq consciences sensorielles (puisque la conscience mentale s'arrête pendant le sommeil profond, ou lors d'une méditation non conceptuelle).

La septième conscience, dite « conscience voilée », fonctionne en tant que saisie fondamentale du soi. C'est une conscience subtile, dans le sens qu'elle n'a pas besoin de générer spécifiquement la pensée « Est-ce moi ? » pour produire ses résultats, puisqu'elle est permanente (elle demeure présente pendant un évanouissement, une méditation non conceptuelle, ou le sommeil profond). Présente de façon latente et continue, elle appréhende un soi à tout moment, que les consciences sensorielles soient actives ou non. Elle se distingue de la conscience mentale, où le sentiment du soi est fortement conscient, en produisant un voile permanent faisant obstacle à la sagesse de la non-existence du soi. En ce sens, la conscience voilée représente l'obstacle essentiel à écarter pour obtenir l'Éveil.

La huitième conscience se nomme « conscience-substrat » ou « conscience-base » (sanscrit *alaya vijnana*). Elle constitue la base de toutes les autres consciences dualistes, elles-mêmes à la base du *samsara*[11]. Comme l'explique très clairement le vénérable Thrangou Rinpoché dans son *Traité des 5 sagesses et des 8 consciences* ([205], p. 101), la huitième conscience est responsable de toutes les apparences illusoires et trompeuses du *samsara*. Chez un être non éveillé, du fait que la nature de l'esprit n'est pas reconnue, la conscience-substrat saisit la clarté de l'esprit en tant qu'autre, donnant naissance aux phénomènes extérieurs. Les choses nous semblent vraiment être externes, apparaissant en qualité d'*objets*. C'est pour cette raison que la huitième conscience est appelée « conscience-substrat » puisque c'est d'elle que s'élèvent les expériences de l'esprit. Quant à l'aspect de vacuité de l'esprit, elle le saisit en tant que « soi » ou « moi », donnant naissance au « phénomène intérieur » qu'est le soi *(sujet)*. Tous ces phénomènes issus de la conscience-base nous apparaissent vraiment comme s'ils étaient réels. C'est en elle également que s'imprime le karma, c'est pourquoi elle est également nommée « conscience d'acquisition ». C'est là que se déposent les conditionnements qui, tôt ou tard, en resurgiront. Ces conditionnements demeurent un certain temps au niveau de la huitième conscience avant d'en émerger à titre de résultat. On peut comparer la huitième conscience à l'océan et les sept autres aux vagues apparaissant à sa surface : toutes les semences karmiques déposées dans la huitième conscience par nos actions (motivées) finissent par germer en se manifestant sous la forme de phénomènes appréhendés par les sept autres consciences. Cependant, s'il n'y avait que sept consciences, les pensées s'élèveraient puis s'évanouiraient sans rien laisser derrière elles qui permette le développement des qualités nécessaires à l'atteinte de l'état de bouddha. L'accroissement du mérite se produit précisément parce que les actes et pensées bénéfiques sont comme des bonnes graines semées dans la conscience-substrat. C'est la huitième conscience individualisée (*alaya vijnana*) qui persiste au travers du *bardo* du devenir, lors du processus de mort et renaissance, comme cela sera expliqué ci-dessous. Cette huitième conscience (qu'en psychologie occidentale on pourrait assimiler à l'inconscient)

---

[11] Le *samsara* est la ronde des existences des êtres non-éveillés emportés par le cycle vie-mort-renaissance. Voir la section 4.9.2 pour une explication plus détaillée.

est une conscience individualisée et non pas encore la conscience primordiale *(jnana)* associée à l'union tout à la fois de la sagesse, de la connaissance et de la compassion sans limites. Lorsqu'est atteint l'état de bouddha, la conscience-substrat, transformée en sagesse ultime, prend fin et laisse la place à la conscience primordiale *(jnana* ou *amala jnana,* aussi appelée *Esprit de Bouddha* dans l'*Uttara Tantra* [204]).

On peut à ce stade légitimement se poser la question suivante : parmi les huit consciences décrites plus haut, quelle est donc celle qui traverse le *bardo* ? C'est en fait la conscience-substrat, support des marques karmiques comme indiqué plus haut, qui constitue la réponse à cette question. Cette conscience-substrat ne cesse donc pas de fonctionner avec la mort du corps physique. Pour que prenne fin le *samsara,* la ronde des existences, il faut précisément réaliser la non-existence du *moi.* À ce moment est atteint l'état de bouddha, et la conscience-substrat, qui porte les graines karmiques se transmettant d'une existence à la suivante, se transforme alors en sagesse ultime.

Le mot *réincarnation* est par conséquent inapproprié pour décrire la continuité de la conscience-substrat d'une vie à la suivante, puisqu'il n'y a pas de *moi* individualisé qui migre de l'ancien corps vers le nouveau. Les Tibétains préfèrent donc le mot *yangsi,* qui signifie « *qui vient à nouveau à l'existence* ». Cette notion de réincarnation paraît très exotique aux Occidentaux d'aujourd'hui, essentiellement parce qu'elle fut éliminée du dogme chrétien (qui façonna la culture occidentale) par le second concile de Constantinople en 553. La position de l'Église chrétienne (antique et moderne) sur la question de la réincarnation sera examinée en détail aux sections 2.1 et 2.3.5. Pour les lecteurs qui souhaitent en savoir plus sur l'origine historique de la résistance culturelle opposée par les Occidentaux au concept de réincarnation, nous consacrons le chapitre 2 à cette question. Cependant, celui-ci constitue une parenthèse dans le fil de notre réflexion, et pourra être omis par les lecteurs qui le souhaitent sans que cela ne porte préjudice à la bonne compréhension de la suite.

En réalité, cette réticence de l'opinion occidentale contemporaine à adhérer au concept de réincarnation pourrait n'être que superficielle. Il s'avère par exemple qu'elle est acceptée par de nombreux psychiatres sous couvert d'anonymat [101], malgré le best-seller de l'un d'entre eux [375] ! Face aux nombreux témoignages de patients sous hypnose ramenant des souvenirs de vies antérieures, il est difficile pour les psychiatres de ne pas considérer sérieusement cette hypothèse, quoiqu'ils hésitent à dévoiler publiquement leur inclination à admettre la réalité de la réincarnation. Le lecteur intéressé pourra également lire le surprenant récit de Stéphane Allix *Lorsque j'étais quelqu'un d'autre* [8] dans lequel un rêve éveillé le conduit à une vision d'une vie antérieure dont une minutieuse enquête ultérieure révèlera ensuite l'exactitude des détails visionnés. De même, comme nous l'écrivions au début de ce chapitre, les nombreux témoignages d'expériences aux frontières de la mort de l'ère « moderne », popularisés dans les années 1970 par les ouvrages du Dr Moody [252,253], constituent une autre ouverture essentielle vers le concept de réincarnation.

1.4 Retour sur les EMPs et ses interprétations alternatives

C'est à une étude du Dr Jean-Jacques Charbonier [77] qu'est empruntée la terminologie *expérience de mort provisoire* (EMP) utilisée ici plutôt que l'habituelle *expérience de mort imminente* (EMI) comme traduction de *near-death experience* (NDI). Le Dr Charbonier démontre en effet que l'état des *expérienceurs* alors qu'ils ressentirent ces expériences hors du commun correspond bien à celui de mort clinique, définie par l'arrêt du cœur et donc de l'irrigation cérébrale en oxygène et sucre. Cet état est objectivé par l'enregistrement d'une activité électrique neuronale nulle, soit un électro-encéphalogramme plat. Il convient de souligner cependant que cet état ne correspond pas encore à la mort cérébrale proprement dite (qui surviendra plusieurs minutes plus tard si le cœur ne redémarre pas), mais plutôt à l'entrée dans le coma. Des techniques de mesure de la consommation d'énergie du cerveau – au moyen d'un PET-scan (tomographie par émission de positrons) – indiquent que l'activité métabolique cérébrale est, au moment de l'entrée dans le coma, encore de l'ordre de 60 % de la valeur correspondant à l'activité cérébrale lors de l'état de veille habituel [219]. L'état de mort cérébrale correspond au contraire à une activité métabolique de 0 %, état dont jamais personne n'a pu revenir ! Les témoignages EMP sont donc des témoignages de revenants du coma (mort clinique), plutôt que de morts cérébrales. L'analyse par PET-scan requiert l'ingestion d'une substance légèrement radioactive ; il est donc fort peu envisageable de réaliser cet examen lors d'une EMP !

Le Dr Charbonier démonte point par point les arguments souvent avancés par les sceptiques [5,35,125] qui veulent attribuer les sensations ressenties lors des EMPs à l'activité d'un cerveau défaillant privé d'oxygène et saturé en gaz carbonique. Nous n'entrerons pas ici dans ces considérations techniques médicales pour insister plutôt sur un argument de nature logique, donc naturellement beaucoup plus convaincant. L'argument repose sur des témoignages d'un phénomène récemment découvert et qui semble prendre de l'ampleur : les expériences de « mort partagée » ou « perceptions mortuaires », décrites avec force détails dans trois ouvrages publiés simultanément ([76] pp. 17-30, [254,290]) quelques années plus tard. Il s'agit d'expériences semblables aux EMPs, mais vécues cette fois par des personnes en parfaite santé, et qui, au moment du décès d'un proche, l'accompagnent jusqu'à un point où le retour est encore possible. Dans ces cas, les sensations vécues par les accompagnants sont identiques à celles décrites par les expérienceurs d'EMPs, alors même que ces accompagnants ne sont ni sous l'emprise d'anesthésiants, ni connectés à un cerveau défaillant privé d'oxygène et saturé en gaz carbonique.

Par ailleurs, les expériences de sortie de corps associées aux EMPs sont souvent rapprochées des effets de vision autoscopique externe causés par la stimulation du gyrus angulaire droit (situé entre le lobe pariétal et le lobe temporal droit, dans la zone appelée jonction temporo-pariétale), comme cela fut découvert par hasard par le Docteur Olaf Blanke de l'Hôpital Universitaire de Genève [37,38]. Lors d'une procédure consistant à stimuler électriquement une zone du cerveau d'une patiente épileptique, afin de localiser et de détruire le centre épileptogène d'où diffusaient ses crises, celle-ci s'est écriée tout à coup qu'elle se voyait d'en haut ! On pourrait penser dès lors que cette cause neurologique puisse expliquer les témoignages d'EMPs ainsi que les expériences de sortie de corps. Il s'agirait d'un défaut d'intégration par le cerveau des informations provenant de différentes sources sensorielles (visuelles, tactiles et celles informant sur la posture et les mouvements du corps). Selon Blanke, lorsque le gyrus angulaire droit est stimulé artificiellement ou par une pathologie de type épileptique ou migraineuse, le cerveau générerait une image délocalisée du corps, projetée en face, derrière ou sous lui. Pourtant, des études (par exemple [11]) ont montré que les personnes qui vivaient des sorties de corps spontanées ou volontaires (par exemple Monroe [251], ou [10] chapitre 6, [11,56,77,110,111]) ne présentaient pas de signes pathologiques distinctifs (voir par exemple le bilan de santé de Monroe excluant toute tendance à l'épilepsie [251], p. 280). De plus, contrairement à ce que décrivent ceux qui vivent des sorties de corps spontanées ([110], pp. 42-68), la patiente de Blanke ne voyait que la partie inférieure de son corps (les jambes), ne voyait pas l'environnement (la pièce dans laquelle elle se trouvait), et surtout, le phénomène ne survenait pas si la patiente avait les yeux fermés ([38], [110] p. 201). Le phénomène observé par le Dr Blanke n'est donc pas de même nature que les expériences de sortie de corps rapportées par des sujets neurologiquement sains. Dans le cadre des décorporations associées aux EMPs (pour lesquelles le qualificatif « sain » est évidemment sujet à caution !), certains sujets sont en mesure de décrire non seulement leur corps comme s'ils se trouvaient au-dessus de celui-ci, mais également des détails précis impossibles à visualiser sans avoir eu la possibilité d'un éloignement physique. Des expériences permettant d'objectiver ce phénomène sont en cours dans plusieurs hôpitaux, qui ont installé des écrans plats tournés vers le plafond au sommet d'armoires hautes, et diffusant des images en continu ([77], pp. 100-110). Si des expérienceurs EMP rapportent à l'issue de leur expérience les images vues sur ces écrans, il s'agirait d'une confirmation éclatante du phénomène de survie de la conscience hors du corps. Cependant, il se pourrait que la conscience désincarnée ne soit pas en mesure de percevoir les images cinématographiques qui mettent en œuvre le phénomène de persistance rétinienne, absente si la perception ne passe pas par la rétine et le nerf optique. D'autre part, les résultats d'une expérience similaire à grande échelle (15 hôpitaux aux États-Unis, Grande-Bretagne et Autriche, impliquant 140 patients ayant survécu à un arrêt cardiaque) ont été décrits récemment ; il s'agit du programme AWARE – AWAreness during REsuscitation – dirigé par Sam Parnia [272]. Cette étude faisait intervenir des images fixes sur papier disposées face vers le haut au sommet d'étagères situées dans les hôpitaux aux endroits où les patients sont traités pour des arrêts cardiaques. Sur ces 140 patients, 55 répondent positivement à la question « Vous rappelez-vous de quelque chose s'étant déroulé durant votre état d'inconscience ?[12] » Parmi ceux-ci, seuls 9 présentent un score positif quant au vécu d'une EMP, et deux parmi ceux-ci ont conservé des souvenirs visuels et auditifs de leur expérience. Malheureusement, leur arrêt cardiaque eut lieu dans une zone de l'hôpital dépourvue d'étagères avec photos tournées vers le plafond (ce fut le cas pour 78 % des arrêts cardiaques). L'expérience d'objectivation de ces souvenirs visuels n'est donc pas concluante. À la lumière de cette expérience pourtant d'une ampleur inégalée jusqu'ici (15 hôpitaux, 140 patients), on conçoit donc la difficulté que présente l'étude scientifique de ces phénomènes. Nous sommes donc contraints de maintenir le conditionnel dans la phrase qui suit : la possibilité d'une conscience déconnectée du cerveau, rapportée par les expérienceurs d'EMPs, si elle se confirmait, entraînerait des conséquences très profondes sur notre vision de l'homme et de l'univers. Ces témoignages EMP constituent en effet une brèche fondamentale dans l'édifice matérialiste de l'Occident : ces témoignages sont en effet susceptibles de conduire à l'idée que *l'esprit peut survivre en dehors de tout support matériel* [356]. Si cela est vrai, il nous faut abandonner le paradigme matérialiste selon lequel l'esprit constitue une propriété émergente de la matière lorsque celle-ci est organisée en réseau neuronal. Tout ceci nous impose un changement radical de point de vue, puisqu'il est vraisemblable alors que l'esprit soit directement du ressort de la physique fondamentale plutôt que de la neurobiologie ! Pareille conclusion possède des implications importantes sur

---

[12] Les auteurs de l'étude se demandent eux-mêmes si cette formulation auto-contradictoire de la question n'a pas conduit à une difficulté dans sa compréhension par les patients !

la nature du lien entre matière et esprit débattue par la philosophie (chapitre 4). En particulier, elle privilégierait le monisme (section 4.3) qui affirme que matière et esprit émanent d'un même substrat.

1.5 Y a-t-il des EMPs négatives ?

Une question importante préoccupa les chercheurs analysant les témoignages d'EMPs : pourquoi certaines EMPs sont-elles négatives, alors que la grande majorité (au moins de celles qui furent jamais relatées) laisse un sentiment très positif à l'expérienceur ? Les chercheurs ([10] pp. 48-50, [77,311]) insistent sur le fait qu'aucune corrélation entre le caractère positif ou négatif d'une EMP et des paramètres tels que l'âge, le sexe, la profession, la condition sociale ou les convictions religieuses... n'a pu être établie à ce jour. Il s'agit là d'un échec frustrant pour les chercheurs. C'est sans compter sur les enseignements bouddhistes, qui peuvent jeter une lumière nouvelle sur cette question : le seul paramètre clé déterminant la nature positive ou négative de l'EMP est l'état d'esprit de l'expérienceur au moment où il la vit ! Si tel est bien le cas, il n'est pas étonnant dès lors qu'aucune corrélation avec des paramètres « objectifs » n'ait jamais pu être mise en évidence. En fait, selon l'enseignement du Vénérable Khenchen Thrangu Rimpoche au sujet du *Bardo Thödröl* [203], les expériences vécues dans le *bardo* entre la vie et la prochaine renaissance sont les reflets des pensées présentes dans notre esprit à ce moment.

Figure 1.1 *Chenrezig* (sanscrit *Avalokiteshvara*), le Bouddha de la Compassion.

Si ces pensées sont encore fortement influencées par les émotions négatives associées aux poisons de l'esprit (avarice, orgueil…) ayant prévalu lors de notre vie incarnée, alors l'EMP risque fort d'être négative. Notons que même dans ces cas, le souvenir qui subsiste de cette expérience est la volonté de s'amender en développant connaissance et amour inconditionnel. C'est précisément l'un des objectifs des méthodes de méditation enseignées par le bouddhisme tibétain dans le cadre du *Dzogchen* [273], du *Mahamoudra* [40,48,201,349], ou du Bouddha de la Compassion [48] *Avalokiteshvara* –

Chenrezig (figure 1.1), à pratiquer dans cette existence incarnée afin de chasser les émotions perturbatrices de nos pensées et de les remplacer par des vertus transcendantes (sanscrit *paramita*). Dans ces conditions, la qualité de l'EMP ne serait que le reflet de l'état spirituel de l'expérienceur, état spirituel à concevoir comme le niveau acquis sur cette voie de la transformation des émotions perturbatrices en vertus transcendantes (la même idée, à savoir que notre état de développement spirituel influence notre perception de la réalité, se retrouve dans l'histoire de la rencontre entre Asanga et le Bouddha Maitreya[13] présentée à la section 4.9.3).

La méditation spécifique du Bouddha de la Compassion pratiquée dans le cadre du véhicule de diamant du bouddhisme tibétain, tout en suscitant cette transformation des émotions perturbatrices impures en vertus transcendantes pures, possède un autre niveau de lecture [48]. Par une visualisation spécifique, le pratiquant crée au-dessus de lui la représentation mentale du Bouddha de la Compassion *Chenrezig*, une entité mentale qui présente toutes les caractéristiques de l'« Être de lumière » rencontrée par les expérienceurs EMPs : il est visualisé sous l'apparence d'un cristal rayonnant une lumière d'amour inconditionnel et de son visage apaisant émane de la compassion pour tous les êtres. Au fil de la pratique, ce qui n'était au début qu'une simple visualisation doit s'enrichir d'une impression de réelle présence. Comment expliquer à la fois ces profondes similitudes entre *Chenrezig* et l'« Être de lumière » et la transformation d'une visualisation en sentiment de réelle présence ? Le plus simplement qui soit : selon les enseignements bouddhistes, *Chenrezig* et l'Être de lumière constituent tous deux la nature fondamentale de notre esprit. Nous développerons cette idée à la section suivante 1.6.

Le grand lama Ringou Tulkou explique à Stéphane Allix ([7], p. 281) la relation entre la qualité de nos pensées et la qualité de l'expérience du *bardo*, confirmant l'analyse qui précède :

> [...] dans le *bardo*, indépendamment des cultures, l'expérience est différente d'une personne à l'autre. Comment cela se traduit-il pour le mourant ? Nous

[13] *Maitreya* est le prochain Bouddha à apparaître sur la Terre.

> l'avons vu, bien des choses se manifestent : des bruits, de jolis sons, des formes de différentes couleurs, formes soit effrayantes, soit très agréables, mais je dirais que les descriptions des formes perçues n'ont, en soi, pas grande importance. Chaque personne en perçoit de différentes, en fonction de son propre karma, de ses propres tendances, de ses propres habitudes. Le message principal, à mon avis, c'est que quoi qu'il se produise, quoi qu'il apparaît d'effrayant ou de terrible, il faut comprendre que c'est nous qui provoquons ces visions. Ces images sont l'émanation de nos propres manifestations, les expressions de notre propre esprit. Ainsi, il est inutile d'avoir peur. Et dans le même esprit, si on est confronté à des formes ou des bruits très agréables, très attirants et beaux, il est également dit qu'il ne faut pas s'y attacher parce que c'est aussi la manifestation de notre propre esprit. Une fois que vous avez compris ça, vous avez compris la nature du *bardo*.

Une illustration de ces propos est fournie par Jeanne Guesné [150], experte dans l'art des sorties de corps :

> Une constatation s'avère fondamentale dans ce nouvel état de l'Être : la moindre pensée s'actualise instantanément. C'est-à-dire que si vous pensez « chat », le chat est là, « rose », la rose est là. Mais si vous pensez « serpent », « lion », le serpent, le lion seront là également, avec une réalité impressionnante. Je vous laisse imaginer quelles terreurs, quelles paniques en découlent.

Dans ce domaine où toute preuve « objective » (au sens cartésien) est difficile, voire impossible à obtenir, toute convergence de témoignages doit être considérée comme un moyen d'étayer l'ensemble de cet édifice (ce « problème de la preuve » sera rediscuté au chapitre 10 dans le contexte de la « science étendue » visant à inclure l'apport des expériences spirituelles). À ce titre, il est important de mentionner qu'un témoignage absolument semblable est rapporté par Robert A. Monroe, dont il fut déjà question précédemment. Robert Monroe peut sortir de son corps à volonté. Expérimentant ce nouvel état désincarné, il rapporte ceci ([251], p. 121) :

> Dans ces mondes où les pensées ne sont pas seulement des choses, mais sont toute chose, en ce y compris soi-même, nos poisons et perfections sont notre

> propre création. Si vous êtes un tueur sans merci, vous risquez de rejoindre cette partie du Locale II[14] où tout est de la même facture. Ceci représentera réellement l'enfer pour ces personnes, dans la mesure où il ne s'y trouvera aucune victime innocente et sans défense. [...] Votre destination en enfer ou au paradis du Locale II semble être totalement déterminée par ce que vos motivations, émotions, et moteurs de votre personnalité ont de plus constant et profond (voire même inconscient). Les plus forts et les plus constants parmi ces facteurs déterminent votre « maison » lorsque vous accédez à cet univers.

John Lilly, qui explora ses états de conscience dans un environnement de privation sensorielle totale (immergé à l'exception de la tête, en combinaison de plongée, dans un tank obscur, insonorisé et à la température du corps) ne dit pas autre chose (introduction à [226]) : « Dans le domaine de l'esprit, ce qui est imaginé vrai est vrai ou le devient, dans des limites à découvrir expérientiellement ou expérimentalement. Ces limites sont de nouvelles frontières à transcender. Dans le domaine de l'esprit, il n'y a pas de limites. » Ces quatre témoignages (Ringou Tulkou, Jeanne Guesné, Robert Monroe et John Lilly) sont en tous points semblables, ce qui renforce leur crédibilité.

... Le Paradis n'est pas un espace et ce n'est pas non plus une durée dans le temps. Le Paradis, c'est simplement d'être soi-même parfait.

[...]

Sois persuadé, Jonathan, que tu commenceras à toucher au Paradis à l'instant même où tu accèderas à la vitesse absolue. [...] La vitesse absolue, mon enfant, c'est l'omniprésence.

Richard Bach, *Jonathan Livingston le Goéland* [17]

La plausibilité des témoignages EMP est également renforcée si l'on admet que notre conscience de veille (habituelle) n'est qu'un état de conscience parmi beaucoup d'autres, tels que la conscience du rêve, la conscience du

---

[14] Un endroit visité par la conscience désincarnée caractérisé précisément par la prédominance des formes-pensées. Voir aussi à ce sujet la section 5.3 et ci-dessous.

sommeil profond, la conscience de la méditation profonde, la conscience du moment de la mort, et la conscience de l'état intermédiaire vie-mort, toutes explorées par les méditants tibétains [203], notamment Naropa, telles qu'il les décrivit dans son texte fameux *Les Six yogas de Naropa* [256]. Ce texte est particulièrement précis à cet égard, quoiqu'il ne saurait être question de pratiquer ces six yogas sans la guidance d'un maître hautement qualifié. John Lilly [226] et Robert Monroe [251] ont également tenté de classifier à leur manière ces états de conscience variés. Nous y reviendrons à la section 5.3.

Enfin, il convient de souligner que la tradition tibétaine connaît depuis bien longtemps les expérienceurs de mort provisoire, appelés *délok* ou *délog,* soit « celui qui est revenu de la mort » ([100,107,288], [333] pp. 432-433). Le récit [107] du « voyage » que la *délog* Dawa Drolma effectua pendant 5 jours, alors qu'elle était dans un état volontaire de catalepsie profonde proche de la mort, est véritablement saisissant. Elle visita tant les enfers que les « champs purs » (les paradis en quelque sorte) associés aux déités tibétaines. Alexandra David-Neel, cette grande dame qui explora le Tibet au début du 20e siècle, donne d'une autre *délog* la description suivante ([100], pp. 38-39) :

> Une femme que je rencontrai dans le village de Tsawarong et qui, quelques années auparavant, était demeurée pendant toute une semaine inanimée, racontait qu'elle s'était trouvée agréablement étonnée par la légèreté et l'agileté de son nouveau corps qui se mouvait avec une rapidité extraordinaire. Il lui suffisait de vouloir se transporter dans un endroit pour y être immédiatement rendue, elle pouvait traverser les rivières en marchant sur l'eau, passer à travers les murailles, etc. Une seule chose lui était impossible, c'était de trancher un cordon de matière presque impalpable qui la rattachait à son ancien corps qu'elle voyait parfaitement, étendu sur sa couche. Ce cordon s'allongeait indéfiniment, mais gênait sa locomotion. « Elle s'y empêtrait », disait-elle.

Insistons sur le fait que ce texte fut écrit en 1929, à une époque où l'Occident n'était pas encore au fait des récits d'expérienceurs EMP. Pourtant, la similitude avec les récits modernes est frappante, et nous incite à accorder du crédit à ces récits venant d'époques et de cultures si différentes. Par ailleurs, il est significatif que Robert Monroe décrive en termes presque exactement semblables ses incursions dans ce monde étrange qu'il appelle *Locale II* au cours de ses sorties hors du corps ([251], p. 74) : « Locale II est un état d'existence où tout ce que nous nommons pensée est la source de l'existence. C'est la force vitale créative qui produit l'énergie, assemble la “matière” en forme, et procure des canaux de perception et de communication [...]. Ainsi vous *pensez*, ainsi vous êtes [...]. Vous pensez au mouvement, et il se réalise. »

L'Intelligence à Hermès :

(...) Réfléchis d'après toi-même ; ordonne à ton âme d'aller en Inde, et elle y est plus vite que ton ordre ; ordonne-lui d'aller vers l'Océan, et elle y sera aussitôt, non en passant d'un lieu à un autre, mais instantanément. Ordonne-lui de monter dans le ciel, et elle n'aura pas besoin d'avoir des ailes (...)

Hermès Trismégiste, *Livre Premier, XI,* traduction par Louis Ménard, Paris, Guy Trédaniel / Éditions de la Maisnie, 2011, p. 78.

Disponible en ligne sur le site http://remacle.org/bloodwolf/erudits/hermestrismegiste/livre1.htm#XI

Le *Livre Tibétain des Morts* (*Bardo Thödröl*), dans sa description du corps mental subsistant après la mort du corps physique, dit exactement la même chose ([128], p. 142) : « Tu peux te transporter instantanément à l'endroit que tu désires. Il te suffit d'y penser pour y être. Cela te prend le temps qu'il faut à un homme pour étendre et replier son bras. Mais ne désire ni ne repousse ces pouvoirs. Tu peux accomplir tout ce à quoi tu penses. Il n'y a aucune action qui ne te soit possible. »

Une autre similitude – celle relative à la présence du « cordon d'argent » – apparaît entre le récit ci-dessus rapporté par Alexandra David-Neel et celui qui va suivre, rapporté par Kenneth Ring ([311], pp. 253-254). Il concerne un médecin du 20e siècle, le Dr R.B. Hout, possédant très probablement des capacités de médium et qui écrit ce qui suit à propos du décès de sa tante :

Mon attention fut attirée [...] juste au-dessus de son corps physique, par quelque chose en suspension dans l'atmosphère à peu près à une soixantaine de centimètres au-dessus du lit. Je n'ai tout d'abord distingué rien de plus que le vague contour d'une substance brumeuse semblable à du brouillard. Il semblait n'y avoir là, en suspension, qu'une brume immobile. Mais, comme je regardais, peu à peu cette vapeur inexplicable prit du volume, devint plus dense, compacte, et se condensa sous mes yeux. Puis je fus ahuri de voir se dessiner des contours précis pendant que cette substance brumeuse prenait une forme humaine.

Je compris rapidement que je voyais un corps ressemblant au corps physique de ma tante [...] Le corps astral restait en suspension, horizontalement, à moins d'un mètre au-dessus de sa contrepartie physique [...] J'ai continué de regarder et [...] le corps de l'esprit me sembla devenu complet. Je distinguais nettement ses traits. Ils étaient similaires à ceux du visage physique, mais rayonnaient de paix et exprimaient la vigueur au lieu de la vieillesse et la douleur. Les yeux étaient fermés comme sur un sommeil paisible et une luminosité paraissait irradier du corps de l'esprit.

Tandis que j'observais le corps de l'esprit en suspension, mon attention fut attirée, de nouveau intuitivement, par une substance argentée qui ruisselait de la tête du corps physique vers celle de l'esprit du double. Puis je vis la corde de liaison entre les deux corps. Et, tout en regardant, je me disais intérieurement [...] : la corde d'argent ! J'en comprenais la signification pour la première fois. Cette corde d'argent était la corde de connexion entre les corps physique et spirituel, de même que le cordon ombilical relie l'enfant à sa mère. [...] Sa couleur était celle d'un rayonnement lumineux translucide et argenté. Elle semblait vibrer sous l'effet d'une énergie intense. Je voyais des pulsations lumineuses la parcourir depuis le corps physique en direction de l'esprit du double. [...]

1.6 EMPs et lumière

Avec les témoignages d'EMP apparaissent comme nous l'avons vu ci-dessus des récits d'une singulière étrangeté par rapport à nos sensations quotidiennes. Dans notre conscience de veille habituelle, temps et espace semblent posséder une existence immuable et absolue, fondatrice de la physique newtonienne classique, comme l'écrit Newton dans ses *Principia* : « Le temps absolu, vrai et mathématique, en lui-même et de sa propre nature, coule uniformément sans relation à rien d'extérieur. » Au contraire, dans le contexte des EMPs, le temps et l'espace semblent abolis, comme illustré par ce témoignage (voir aussi celui de Joan Halifax dans [364], p. 251) :

Je me suis trouvé dans un espace, pendant un certain temps,
alors que, si j'ose dire, toute notion d'espace
ou de temps était abolie

Réponse de l'enquêté (49) à la question du Dr K. Ring
Quelle notion du temps aviez-vous pendant toute
cette expérience [EMP] ? [311], p. 102

Carl Jung a lui-même vécu une expérience d'agonie vers septante ans. En la décrivant dans son ouvrage autobiographique *« Ma vie » Souvenirs, rêves et pensées* ([193], p. 338), il fait un commentaire semblable au précédent au sujet de la perception du temps : « [...] je ne peux décrire ce que j'ai vécu que comme la béatitude d'un état intemporel, dans lequel passé, présent, avenir ne font plus qu'un. Tout ce qui se produit dans le temps y était concentré en une totalité objective. Rien n'était plus séparé dans le temps ni ne pouvait être mesuré par des concepts temporels. [...] Un tout indescriptible dans lequel on est fondu et que cependant on perçoit avec une totale objectivité. »

Pour le physicien, ces témoignages sont interpellants car ils rappellent la relativité du concept de temps introduite par Einstein dans sa théorie de la relativité restreinte. Celle-ci nous a en effet rendu familière la relativité des notions de simultanéité et de longueur (car dépendant du mouvement relatif entre observateurs), nous forçant donc à abandonner le point de vue newtonien d'un temps absolu pour le remplacer par un « temps propre » à chaque observateur. Avec ces témoignages d'EMPs, la perception du temps rappelle donc celle de la physique relativiste : un temps à l'écoulement propre à l'observateur, et à la limite un présent permanent (c'est-à-dire une absence de temporalité) pour un photon (« particule de lumière ») qui se déplace à la vitesse de la lumière. Est-ce dès lors un hasard si une composante essentielle de ces témoignages d'EMPs est celle d'une lumière enveloppante ? Il est en effet fréquent que les récits d'expérienceurs pour lesquels le temps ralentit, voire s'arrête, fassent également intervenir une lumière intense et enveloppante, parfois même une lumière dans laquelle se fond l'expérienceur ([310], pp. 69-70) :

> On ne peut pas l'exprimer avec des mots. La lumière devient vous, et vous devenez la lumière ; je pourrais dire : « J'étais paix, j'étais amour. » J'étais l'éclat de la lumière. Elle faisait partie de moi [...] C'était évident à mes yeux. Vous êtes connaissance totale, et tout fait partie de vous ; c'est... c'est si beau. C'était l'éternité. C'est comme si j'avais toujours été là et que je doive y rester toujours, comme si mon existence sur terre ne représentait qu'un bref instant.

Cette situation n'est pas sans rappeler la consigne de méditation (« Demeurez dans la grande luminosité non conceptuelle ») de l'école *shentong* du bouddhisme tibétain (section 4.9.3) et le fait que cette luminosité est la manifestation de la sagesse-connaissance fondamentale et de l'amour-compassion, tous associés à la nature ultime de l'esprit (« Esprit de Bouddha »). Pour clôturer cette mise en relation des témoignages de morts ou mourants avec des phénomènes lumineux, Sogyal Rinpoche, par son récit de la mort de son maître Jamyang Khyentse durant l'été 1959, nous montre que la claire lumière du *bardo* de la Vérité en Soi (*dharmata,* le deuxième *bardo* de la transition mort-naissance ; section 1.2) conduit à des manifestations bien tangibles, visibles par les nombreuses personnes présentes à ce moment ([333], p. 355) :

> Le soir était tombé lorsque nous lavâmes le corps, l'habillâmes et le transportâmes de la chambre au temple principal du palais. Une foule de gens s'y trouvait déjà, défilant autour du temple en signe de respect. Un événement extraordinaire se produisit alors. Une lumière incandescente et laiteuse, semblable à un léger brouillard lumineux, apparut et se répandit partout peu à peu. À l'extérieur du temple du palais se trouvaient quatre puissantes lumières électriques. D'habitude, à ce moment de la journée, elles brillaient fortement car il faisait déjà sombre à

> sept heures du soir. Elles furent cependant éclipsées par cette lumière mystérieuse. [...] Un des maîtres présents nous dit alors qu'une telle manifestation de lumière indique, d'après les tantra, qu'un être entre dans la Bouddhéité.

Cet événement est d'autant plus étonnant qu'il confère un sens littéral aux termes de Clarté, Luminosité, Claire Lumière, tous associés à la nature fondamentale de l'esprit, non seulement dans la tradition bouddhiste [333], mais aussi dans les textes gnostiques chrétiens (sections 3.1 et 8.4) comme le *Livre des Secrets de Jean (*[228], Nag Hammadi II 25,16) : « Seigneur ! Toutes les âmes seront donc sauvées dans la lumière pure ? »

Dans presque toutes les religions apparaît cette association Lumière-Esprit-Être, comme nous le synthétiserons à la section 8.4. Pensons par exemple au texte de la Genèse biblique (I.3) « Que la lumière soit ». La lumière apparaît ainsi selon la Genèse comme l'essence la plus intime du monde. Cette idée pourrait d'ailleurs remonter à Platon et ses disciples qui développèrent une métaphysique de la lumière au travers de la parabole de la grotte ([154], pp. 219 *sqq.*). Selon les témoignages mystiques des religions les plus diverses, l'esprit décrit en tant que lumière ne constitue pas une métaphore, mais résulte d'une expérience intime de son essence ultime. C'est le cas également dans les traditions chamaniques du monde entier, qui parlent aussi d'illumination (*qaumanEq* chez les Eskimo Iglulik [159] p. 28, [303] ou chez les chamans Jivaro [159], p. 29), et qui correspond au sens littéral à la fois de l'apparition d'une lumière rayonnante autour d'eux, et à leur capacité à percevoir dans l'obscurité ce que les hommes ordinaires ne peuvent voir. Tout comme c'est le cas pour le corps de félicité (*sambhogakaya)* du bouddhisme tibétain (section 4.9.3), cette lumière n'est pas visible de tous, mais seulement des êtres ayant acquis eux aussi une certaine réalisation (d'autres chamans par exemple). Il existe une autre similitude entre les traditions chamaniques et bouddhistes : le voyage chamanique commence par l'entrée dans le monde d'en bas au travers d'un trou dans le sol ou le plancher, et cette structure qui prend la forme d'un tunnel est représentée symboliquement dans des masques portés par les Esquimaux ou dans certaines peintures d'Indiens Hopi ([159] pp. 35-36). Et dans ce dernier cas, la peinture est très similaire aux mandalas bouddhistes, qui constituent une représentation symbolique de l'univers.

Poursuivant leurs pratiques chamaniques,
ils en viennent à réaliser que ce que la plupart des gens décrivent
comme la « réalité » touche à peine la grandeur,
la puissance et le mystère de l'univers.
[...]
Ils parlent en compréhension mutuelle avec les personnes qui
ont vécu des expériences de mort imminente, et voient de l'espoir
là où les autres peuvent voir du sans espoir.
Ils ont tendance à se transformer dès lors qu'ils découvrent
l'incroyable sûreté et amour de l'univers normalement caché.
L'amour cosmique qu'ils rencontrent de manière répétée dans
leurs voyages s'exprime de manière croissante
dans leur vie quotidienne.

Michael Harner, *The way of the shaman* [159] pp. xvii-xviii

Nous reviendrons plus longuement sur cette association entre lumière et esprit à la section 8.4.

2. Réincarnation : la notion millénaire de la survie de la conscience à la mort du corps physique

À l'instant de la mort, l'âme accède aux mêmes mystères que ceux des grands initiés.

Plutarque, *de Anima* VI, II, 5-7

Plus nous avançons dans la connaissance du karma et de la réincarnation, plus grandes sont nos chances de vivre nos vies de telle sorte que nous ne les regretterons jamais.

Shanti Devi, citée par Sture Lönnerstrand, *Shanti Devi, l'enfant réincarnée* [231], p. 169

Il faut considérer la renaissance (sous ses diverses formes de réincarnation, résurrection et transformation) comme l'une des idées les plus anciennes de l'espèce humaine.

Carl G. Jung, *L'âme et le soi – Renaissance et individuation*, Albin Michel, Paris, 1990

Nous avons vu au chapitre précédent que les EMPs remettent en cause la vision matérialiste du monde prévalant en Occident, par le support qu'elles apportent à l'idée d'un

« après » à la vie ([6,7,36,72,76,77,110,148,150,252,253,254, 270,271,272,290,310,311,312,324,359,360,361,362,363]).

Pour cette raison, ces témoignages ont du mal à y être acceptés. Mais il y a à cela une autre raison encore : la suite de l'histoire des EMPs, à savoir la réintégration de la conscience[1] du défunt à un nouveau corps (souvent appelée « réincarnation »), ne fait pas (ou plus !) partie de la culture occidentale. Ce chapitre va révéler, d'une part, que cette situation constitue une anomalie, car ce concept est présent dans la plupart des cultures humaines [161], et d'autre part, que l'origine de cette anomalie occidentale est à trouver dans la tradition chrétienne[2] qui a prévalu en Occident depuis 2000 ans.

2.1 Prévalence du concept de réincarnation dans de nombreuses cultures et l'anomalie chrétienne conciliaire

Le concept de temps revêt un sens différent chez celui qui croit en la réincarnation. Celui-là ne sent pas qu'il est limité, pressé par le temps comme les autres hommes. Devant le temps qui passe, il est un homme libre. Comme Shanti Devi, il sait que sa véritable essence est celle d'un esprit éternel et impalpable qui va d'un corps à l'autre, et dont la vraie demeure se situe au-delà du temps et de l'espace, dans un éternel présent.

Sture Lönnerstrand, *Shanti Devi, l'enfant réincarnée* [231], pp. 167-168

C'est dans la philosophie bouddhiste[3] que le concept de réincarnation est le plus central, bien évidemment. Il suffit pour

[1] La notion de conscience n'ayant pas le même sens en Orient et en Occident, il sera nécessaire d'en donner une définition plus précise. Cela sera fait au chapitre 5 pour l'Occident comme cela fut le cas à la section 1.3 pour l'Orient bouddhiste.

[2] Une analyse détaillée de cette question peut être trouvée dans un texte du père jésuite L. Bukowski [58]. Puisque cette analyse fut écrite avant l'accès aux textes apocryphes, elle présente cependant de ce fait une vision parcellaire de la situation.

[3] Ainsi que dans la philosophie jaïniste plus ancienne, que nous ne détaillerons cependant pas ici.

s'en convaincre de consulter *Le Livre Tibétain des Morts* [128], un « manuel du mort » aidant sa conscience à réaliser au mieux le « grand passage » du corps ancien mourant au corps nouveau qui va naître (section 1.3). Il semble bien cependant que cette doctrine fût présente en Inde bien avant le Bouddha historique (623-543 avant J.-C.), comme nous l'évoquerons à la section 2.2.

Il convient de signaler d'emblée que les diverses philosophies et religions accordent des concepts subtilement différents à la notion de survivance de la conscience au-delà de la mort du corps physique. Le bouddhisme par exemple, n'admettant pas l'existence d'un soi permanent assimilable à une « âme » (section 1.3), ne peut envisager sa transmigration d'un corps à un autre dans un sens identique à celui que les Grecs désignaient par métempsycose (littéralement *transmigration de l'âme*). Le concept de réincarnation bouddhiste sera donc d'office beaucoup plus subtil que le concept grec de métempsycose. Comme indiqué à la section 1.3, le bouddhisme *mahayana* considère que c'est la conscience-base, support des marques karmiques, qui passe d'un corps à l'autre au travers des *bardo* associés à la mort.

Les gnostiques chrétiens des origines perpétuaient la notion de métempsycose empruntée à la tradition grecque (que nous décrirons à la section 2.3), qui aurait pu elle-même subir certaines influences de l'Orient, peut-être via la Scythie (section 2.3.1). En effet, les initiés gnostiques pensaient que la réincarnation était le sort destiné à ceux dont l'âme n'était pas parvenue à rejoindre le divin grâce à la gnose[4] (union qu'ils appelleront la *résurrection* !). Cela est attesté par de nombreux textes gnostiques. En voici un premier exemple, extrait de l'*Évangile de Philippe* ([222] §63), un évangile apocryphe d'inspiration gnostique :

> Ou bien on est de ce monde ou bien on est ressuscité
>
> ou encore dans les mondes intermédiaires.
>
> Plaise à Dieu que je ne m'y trouve pas.
>
> En ce monde il y a du bon et il y a du mauvais.

---

[4] La gnose signifie dans ce contexte « connaissance intérieure ».

> Ce qui est bon n'est pas seulement bon,
>
> ce qui est mauvais n'est pas seulement mauvais.
>
> Mais au-delà de ce monde, il y a quelque chose de vraiment mauvais,
>
> c'est le monde intermédiaire, les mondes des morts.
>
> Pendant que nous sommes dans ce monde
>
> il serait juste d'acquérir la résurrection
>
> afin que libre à l'égard de la chair nous connaissions le repos
>
> et que nous ne devenions pas des esprits errants dans le monde intermédiaire.
>
> Beaucoup se perdent en chemin.
>
> Il est bon de s'éveiller au monde avant que l'homme ne s'y égare.

Ce passage de l'*Évangile de Philippe* mentionne le terme de *résurrection*, mais ce terme véhicule dans le contexte gnostique un sens différent de celui retenu par l'Église conciliaire, puisque la « résurrection » gnostique, soit l'union au divin, a lieu du vivant de l'adepte, tandis que pour l'Église, la résurrection aura lieu à la fin des temps. Ce glissement sémantique sera l'une des causes (mais certainement pas la seule !) de l'opposition entre ces « sectes » et l'Église. Dès le premier concile de Constantinople en 380-381, qui a livré le résumé dogmatique des conciles précédents, le credo chrétien est défini : « nous attendons la résurrection des morts et la vie du monde à venir ». Tertullien, l'un des Pères de l'Église (né vers 160 à Carthage et mort vers 220 à Carthage), écrivait à la fin de sa vie, dans son traité *De resurrectione carnis* (*De la résurrection de la chair*) : « L'espoir des chrétiens est dans la résurrection des morts ». La croyance en la réincarnation est donc incompatible avec le dogme de la résurrection des morts à la fin des temps et à l'incarnation de l'âme du défunt dans son corps terrestre à l'heure du jugement universel. Pour les gnostiques au contraire, la résurrection est entendue au sens de l'éveil de l'âme au divin, qui doit se produire *pendant la vie,* grâce à la gnose. Cette idée est particulièrement bien exprimée dans un autre extrait de l'*Évangile de Philippe* ([222], § 90) : « Ceux qui disent qu'on va d'abord mourir et ressusciter ensuite se trompent. Celui qui n'est pas ressuscité avant de mourir ne connaît rien, il mourra. » Il est intéressant de faire le parallèle entre cette affirmation de l'*Évangile de Philippe* et la conclusion, beaucoup plus pragmatique, tirée par le Dr Olivier Chambon de son analyse de témoignages EMPs ([72], p. 131) : « Il y a des gens qui vivent comme des morts-vivants, uniquement avec des automatismes et des habitudes [...] Et ce sont ceux-là les vrais morts, en fait, parce que leur conscience n'a pas été suffisamment éveillée pour célébrer la vie [...] »

D'autres textes gnostiques faisant partie de l'ensemble retrouvé à Nag Hammadi en 1945 sont très clairs sur le sujet de la réincarnation. Voici une traduction des auteurs (à partir de la version anglaise [21]) d'un extrait du *Livre des Secrets de Jean* (Nag Hammadi II 25,16 – II 27,21 – voir aussi [228]) :

> Tous les Hommes boivent l'élixir d'oubli et se retrouvent dans un état d'ignorance. Certains sont en mesure de transcender l'ignorance grâce à l'Esprit de vie qui est descendu sur eux. Ces âmes seront sauvées et deviendront parfaites, c'est-à-dire échapperont au cycle des renaissances. Jean demande à Jésus ce qui se passe pour ceux qui ne sont pas sauvés ainsi. Ils sont projetés dans l'oubli et dans la prison[5]. La seule échappatoire pour ces âmes, poursuit Jésus, est d'émerger de l'oubli et d'acquérir la connaissance. Cette âme doit en suivre une autre dans laquelle l'Esprit de vie réside, parce qu'elle sera sauvée par cet Esprit. Alors jamais plus elle ne sera poussée dans un corps.

Cet extrait du *Livre des Secrets de Jean* rappelle la tradition platonique (section 2.3.3) du transfert des âmes au travers du fleuve Styx où elles boivent l'élixir d'oubli. Il existe d'autres similitudes entre les textes gnostiques et les idées platoniciennes ([202], pp. 183-190), notamment la relation qui est faite dans l'*Évangile de Judas* entre les âmes et les étoiles ([202], §43) : « Chacun de vous a sa propre étoile », tandis que dans le *Timée* (41d-42b) de Platon est décrite la

---

[5] Le terme gnostique désignant un « nouveau corps ».

façon dont les âmes sont assignées aux étoiles par le créateur du monde :

> [...] revenu au cratère dans lequel il avait auparavant composé par un mélange l'âme de l'univers, il s'employa à fondre le reste des ingrédients utilisés antérieurement [...]. Après avoir mélangé le tout, il divisa le mélange en autant d'âmes qu'il y a d'astres, et il affecta chaque âme à un astre.

Mais les similitudes que nous relevons dans ce préambule s'étendent également aux époques plus récentes et aux cultures plus lointaines. On notera par exemple que la notion de corps subtils associés à l'état post-mortem (comme indiqué par exemple dans le témoignage de la *délog* tibétaine rapporté par Alexandra David-Neel ou dans le témoignage du Dr Hout, tous deux cités au chapitre 1) se retrouve dans la littérature des Pères de l'Église chrétienne. On trouve par exemple dans le volume XLVI (colonnes 107-108) des *Patrologia Graeca*[6] consacré à Grégoire de Nysse (vers 331-394) le texte suivant : « Tu verras cette enveloppe corporelle, maintenant dissoute par la mort, tissée à nouveau à partir de ses propres éléments, non selon la constitution actuelle, épaisse et lourde, mais en une trame plus légère et éthérée, de façon que ton corps bien-aimé te soit présent, rétabli en une beauté meilleure et plus gracieuse. »

Ces doctrines furent ensuite rejetées par l'Église conciliaire, lors du deuxième concile de Constantinople en 553, décrétant, dans le premier anathème contre Origène (~185 – ~253), pourtant mort depuis trois siècles que « quiconque défendrait la doctrine de la pré-existence de l'âme et l'opinion subséquente de leur restauration serait frappé d'anathème » ([128], p. 234)[7]. Nous discuterons en détail la position (complexe) d'Origène à la section 2.3.5 ci-dessous.

---

[6] La *Patrologia Graeca* constitue l'édition de référence des textes grecs des Pères de l'Église. C'est une collection majeure de textes antiques et médiévaux contenant les écrits des Pères de l'Église et d'autres auteurs ecclésiastiques publiée par Jacques Paul Migne entre 1857 et 1866. Le volume 46 est disponible à l'adresse http://books.google.com/books?id=fvfuD2TKz_wC .

[7] Également consultable via la bibliothèque de textes chrétiens en ligne http://www.ccel.org/ccel/schaff/npnf214.xii.ix.html. Le titre complet de cette œuvre d'Origène est *Dénonciation et réfutation de la gnose au nom menteur* (*Adversus haereses* en latin).

L'abandon dans la tradition catholique de la croyance en la réincarnation est souvent présentée comme remontant à cette époque (voir [153] pour une étude critique détaillée de cette affirmation). L'enfouissement de manuscrits gnostiques (parmi lesquels l'*Évangile de Philippe* et *Le Livre des Secrets de Jean* cités plus haut) à Nag Hammadi, en haute Égypte, eut lieu à l'époque troublée juste postérieure à Origène, lorsque des conflits théologiques importants opposaient les différentes obédiences des premiers chrétiens (gnosticisme, origénisme, nestorianisme, mandéisme, églises de Pierre et Paul...), à une époque où la doctrine chrétienne faisait encore l'objet de vifs débats. Il est possible que la communauté gnostique en possession de ces manuscrits décida de les cacher pour se protéger des attaques de l'Église conciliaire qui perdurent encore aujourd'hui. Par la voix du Pape Jean-Paul II ([183] §9, [184]), l'Église catholique contemporaine a rappelé son opposition au concept de réincarnation :

> Comment imaginer une vie au-delà de la mort ? D'aucuns ont envisagé des formes diverses de réincarnation : en fonction du déroulement de notre vie antérieure, nous recevrions une nouvelle existence sous une forme plus noble ou plus humble, jusqu'à atteindre la purification complète. Cette croyance, profondément enracinée dans certaines religions orientales, indique elle-même que l'homme n'entend pas se résigner au caractère inéluctable de la mort. Il est convaincu qu'il possède une nature essentiellement spirituelle et immortelle.
>
> La révélation chrétienne exclut la réincarnation et parle d'un accomplissement que l'homme est appelé à réaliser au cours d'une seule existence terrestre. L'homme réalise l'accomplissement de son destin par le don sincère de soi, don qui n'est rendu possible que par sa rencontre avec Dieu. C'est en Dieu que l'homme trouve la pleine réalisation de lui-même : ceci constitue la vérité révélée par le Christ. L'homme s'accomplit en Dieu, qui vient à sa rencontre par son Fils éternel. Grâce à la venue de Dieu sur la terre, le temps humain, qui a commencé à la Création, a atteint sa plénitude. « La plénitude du temps » est en fait l'éternité, car c'est en effet Celui qui est éternel, Dieu lui-même. Entrer dans la « plénitude du

> temps » signifie donc atteindre la fin du temps et en dépasser les limites, pour trouver l'accomplissement du temps dans l'éternité de Dieu.

L'argumentation du Pape est la même que celle du père australien Bede Griffiths (cité par le Dalaï-Lama [99], p. 105) : « [Le Père Griffiths] disait que, du point de vue chrétien, la croyance en la renaissance minerait la foi et la pratique du chrétien. Quand vous acceptez que cette vie, que votre existence individuelle a été directement créée par le Créateur, qu'elle en est le don direct, cela crée immédiatement un lien très spécial entre vous, créature individuelle, et le Créateur. Ce rapport personnel direct donne un sentiment de proximité et d'intimité avec votre Créateur. Croire en la renaissance ébranlerait ce lien spécial avec le Créateur. »

Un autre argument important, apparenté au précédent, avancé à l'encontre de la réincarnation par le credo chrétien, est que cette idée de réincarnation implique un dualisme radical entre l'âme et le corps (voir sections 4.1 et 4.3), alors que le credo chrétien adhère plutôt à l'« union substantielle de l'âme et du corps », selon les termes d'Aristote repris par Thomas d'Aquin. De ce monisme chrétien (section 4.3) découle donc le concept théologique fondamental qui n'est pas l'« immortalité de l'âme », principe dualiste, mais bien la « résurrection des morts », un principe unitaire ou moniste (qui pour les non-chrétiens n'est pas moins choquant que ne l'est la réincarnation pour les non-bouddhistes !). La raison d'être de ce concept moniste de résurrection des morts est tirée de l'histoire de Jésus lui-même : la résurrection du corps de Jésus – la première occurrence de résurrection – ne fut ni un retour à la vie terrestre ni une migration de l'âme dans un autre corps (« réincarnation »). Ce concept de résurrection est explicité dans la première lettre de Saint Paul aux Corinthiens (1 Corinthiens 15, 21-23) : « car, de même que la mort est venue par un homme, de même la résurrection des morts vient par un homme. De même qu'en effet tous les hommes meurent parce qu'ils sont liés à Adam, de même tous revivront par le Christ. »

Et pourtant, un passage de l'*Évangile de Matthieu* (11,14 ; voir aussi Matthieu 17, 10-13) est souvent cité en faveur de la croyance en la réincarnation à l'époque de Jésus : « Et lui [Jean le Baptiste], si vous voulez m'en croire, il est cet Élie qui doit revenir. » Cette parole est une référence aux prophéties de l'Ancien Testament qui prédisaient le « retour d'Élie le prophète avant que n'arrive le jour grand et redoutable de Yahvé » [Malachie, 3:23]. Sur cette question en particulier d'allusions possibles au concept de réincarnation dans les Évangiles, les avis des exégètes sont partagés, certains soutenant qu'il convient d'interpréter ces textes de manière plus symbolique que littérale ([114], p. 304 et notes 73-77 ; aussi [58] pp. 82, 84 et 88 ; [153] pp. 217-219). Il est clair cependant que certains des auteurs romains ultérieurs, principalement Plotin (204-270), qui imprégnèrent la théologie chrétienne en gestation, défendront l'idée de réincarnation comme nous le verrons ci-dessous (section 2.3.5). Tous ne le feront pas cependant (tels Saint Irénée évêque de Lyon, Saint Hippolyte, Tertullien, Clément d'Alexandrie, Augustin d'Hippone – Saint Augustin, Saint Grégoire de Nysse, Saint Jean Chrysostome, Lactance), comme cela fut discuté par le père jésuite L. Bukowski [58].

Pour terminer cette introduction sur une note plus polémique, il est également envisageable que les églises monothéistes rejettent le concept de réincarnation pour une raison beaucoup plus cynique, alors même que leur branche ésotérique continue à le chérir et à le considérer comme un savoir ancien à révéler à ceux qui cherchent les vérités universelles au cœur de leur tradition. En effet, la religion exotérique (révélée) peut apparaître inutile dès lors que l'initié à la tradition ésotérique réalise par sa recherche introspective ou méditative que la nature divine est enfouie au plus profond de chaque être. De nombreux témoignages d'EMPs justifient en effet les craintes nourries par les Églises à l'égard de ces *libres penseurs de la spiritualité*. À propos de son état d'esprit envers son Église, une femme ayant subi une EMP raconte ([311], pp. 166-167) :

> J'ai l'impression de n'être plus vraiment une *disciple*. Ainsi, quand ils prescrivent : « Vous devez faire ceci ou cela », je n'obéis plus. Parce que maintenant, je dois faire ce que *moi* je crois bien. Je me fie plus à *mes* sentiments qu'à *leurs* commandements. Je fais ce que je dois faire. Et personne ne me dira jamais : « Vous êtes excommuniée ». Parce que *personne* n'a le droit de m'exclure de *mon* église, nul n'a ce pouvoir sinon Dieu. Ce que je veux dire, c'est que cela

> m'a donné confiance en moi, en ce que je crois personnellement, ce que je ressens [...]. Je suis devenue bien plus individualiste. Je ne suis pas une disciple. Je suis libre penseuse.

Ce témoignage, qui se conclut par ce cri « Je suis libre penseuse », peut par ailleurs être considéré comme une illustration du sens à donner au qualificatif *laïque* dans l'expression *spiritualité laïque* qui décrit bien les réflexions du présent essai. Et voici encore deux autres témoignages encore plus durs à l'égard des Églises ([311], p. 176) : « [Avant] j'étais assez croyant, mais d'une manière superficielle. J'étais plus ou moins emberlificoté dans le *rituel* et les *cérémonials* de la religion. Mais après, j'ai rapidement pris conscience que le rituel et tout ça ne rimaient vraiment à rien ; que ce qui importe, c'est la foi et sa signification intérieure profonde. »

Et voici l'opinion similaire d'un expérienceur, non-croyant avant son EMP ([311], pp. 176-177) : « J'ai de toute façon toujours eu des problèmes en face des religions. Et, après cette expérience, à mesure que le temps passait, que cette transformation se faisait jour, je trouvais que communier, se confesser, se rendre dans un endroit pour prier, respecter le vendredi Saint ou d'autres choses de ce genre n'était non seulement pas nécessaire mais que le faire représentait un blocage pour ce qui était supposé se passer en réalité. C'est pourquoi je suis sans confession religieuse. »

À cette opposition de l'église catholique au concept de réincarnation [58], il faut ajouter l'opposition des neurosciences, qui considèrent la conscience comme une propriété émergente du cerveau (comme cela sera discuté à la section 5.2). Dans ce contexte, l'arrêt de l'activité cérébrale implique alors nécessairement l'arrêt de la conscience. Ces deux courants sont assez rassembleurs pour expliquer pourquoi le concept de réincarnation est si peu populaire aujourd'hui en Occident. Et en corollaire, pourquoi les EMPs, qui sont sans doute un argument empirique en faveur de la réincarnation[8],

---

[8] En toute rigueur, puisque les expérienceurs sont revenus à la vie, leur expérience est forcément partielle, et rien n'indique que l'EMP se serait

sont également difficiles à admettre dans ce contexte culturel, quoique la situation évolue rapidement, probablement à cause de l'abondante littérature sur le sujet.

2.2 Origine du concept de réincarnation

Certains auteurs épinglent dans le Rig *Véda* (ou *Livre des Hymnes*, l'un des plus anciens textes indo-aryens, composé probablement entre 1500 et 1200 avant J.-C.), les versets 4 et 5 de l'hymne 12 de la section 8.1 [309] comme indicatifs de l'existence du concept de réincarnation à cette époque reculée :

> Que ton âme arrive pour l'œuvre sainte, pour la force, pour la vie,
> pour voir longtemps le soleil !
> Que nos Pères, que la race des Dévas lui donne cette âme ; que nous retrouvions par lui la vie et les sens !

Une analyse minutieuse des différentes traductions [73,308,309,336 p.32,379] de ces versets ne confirme cependant pas cette thèse (voir par exemple la discussion qui en est faite dans [161], pp. 85-95). La première référence indiscutable à la réincarnation apparaît beaucoup plus tardivement (quoiqu'avant l'avènement du bouddhisme), entre 900 et 600 avant J.-C. ([262], pp. 10-17), dans la *Brihadâranyaka Upanishad*, l'une des plus anciennes *Upanishads*. Il est intéressant de constater que cette apparition est quasiment contemporaine des mythes orphiques, où elle est présente également comme nous le verrons à la section 2.3.1. À la section 4.3.36 de la *Brihadâranyaka Upanishad*, on peut lire[9] en effet [255] : « Et lorsque (le corps) devient faible à cause du grand âge, ou à cause de la maladie, à ce moment cette personne, après s'être séparée de ses membres, comme une mangue, une figue ou un fruit pippala

---

poursuivie par une nouvelle incarnation. Voir à ce sujet la note 6 du chapitre 1.

[9] 3.36. *And when (the body) grows weak through old age, or becomes weak through illness, at that time that person, after separating himself from his members, as an Amra (mango), or Udumbara (fig), or Pippala-fruit is separated from the stalk, hastens back again as he came, to the place from which he started, to (new) life.*

se sépare de sa tige, se hâte à nouveau comme il vint, vers l'endroit d'où il commença, vers une (nouvelle) vie. »

L'absence du concept de réincarnation au sein des *Véda* est également confirmée par la *Chândogya Upanishad* (légèrement postérieure aux *Rig Véda*). La section V,3 de cette *Upanishad*[10] met en scène Svetaketu, qui, à l'issue de l'étude des *Véda* auprès de son père le brahmin Uddalaka, se rend à la cour d'un roi. Le roi lui pose alors cinq questions qu'il considère essentielles, parmi lesquelles celle du devenir de l'âme après la mort et celle de l'origine de l'âme à la naissance. Svetaketu répond que ces questions ne furent pas abordées par ses études, ce qui laisse supposer en effet que les *Véda* n'abordent pas la question de la réincarnation (comme le concluent également L. Bukowski [58], p. 69 et L. Guyénot [153], pp. 81-85).

Deux conclusions se dégagent de cette analyse des origines indiennes du concept de réincarnation. En premier lieu, le concept ne semble pas remonter à la préhistoire indienne, comme cela fut parfois suggéré ([125], p. 18), puisqu'il ne semble pas présent dans le texte le plus ancien (le *Rig Véda*). En second lieu, et cette coïncidence n'est peut-être pas fortuite, son apparition en Inde a lieu au moment où apparaissent les mythes orphiques qui convoient le même concept, comme nous le verrons à la section 2.3.1. De la même manière, nous verrons que dans la Grèce antique, le concept de réincarnation n'était pas présent à l'époque des mythes d'Homère et d'Hésiode (remontant au 8e siècle avant J.-C.), même si les néo-platoniciens des premiers siècles de notre ère tentèrent ensuite de démontrer le contraire [114].

2.3 Historique du concept de réincarnation en Occident

La doctrine de la réincarnation revêt, dans des courants fondamentaux de la spiritualité grecque, une importance qui n'a pas toujours été reconnue à sa juste mesure. Par ailleurs, on a parfois

---

[10] Disponible en ligne sur http://www.sacred-texts.com/hin/sbe01/index.htm. Cette scène est également décrite dans la *Brihadâranyaka Upanishad VI, 2.*

*montré une hâte téméraire à suggérer que l'irruption de cette doctrine découlerait d'une influence de la pensée indienne. [...] Il me plaisait d'ouvrir mon exposé par ces considérations [...], car elles sont révélatrices d'*a priori *liés, de manière inconsciente, au conditionnement culturel occidental : il était difficile, jusque dans un passé récent, d'admettre que cette conception de la survie fût aussi spontanée, aussi naturelle, aussi « normale » que d'autres points de vue ; et la domination du christianisme avait fait partiellement perdre de vue l'appartenance de cette conception à notre patrimoine antique.*

Daniel Donnet, *Aux sources pré-chrétiennes de l'Occident : Aspects de la réincarnation dans la pensée grecque* [114], pp. 285-286

2.3.1 L'orphisme

C'est vers le 6e siècle avant J.-C. que la croyance en la réincarnation (nommée métempsycose dans le contexte grec) apparaît dans le monde grec au travers de l'orphisme [114,250]. Son origine n'est pas connue avec certitude, même si l'orphisme lui-même est probablement originaire de Thrace [250], une région située au nord de la Grèce. L'orphisme est associé au mythe d'Orphée dont l'épisode le plus célèbre est la descente aux enfers du héros à la recherche de son épouse Eurydice. Le jour même de ses noces avec Orphée, Eurydice est mordue par un serpent. Elle en meurt et descend au royaume des enfers. Orphée, inconsolable, y descend à sa suite et grâce à sa musique endort Cerbère, le monstrueux chien à trois têtes qui en garde l'entrée. Orphée peut alors approcher le dieu des enfers Hadès et son épouse Perséphone. Grâce à sa musique, Orphée parvient à faire fléchir Hadès, qui le laisse repartir avec Eurydice à la condition qu'elle le suive en silence et qu'il ne se retourne ni ne lui parle tant qu'ils n'auront pas atteint tous deux le monde des vivants. Alors qu'Orphée s'apprête à sortir des enfers, n'entendant plus les pas de sa bien-aimée et impatient de la revoir, il se retourne imprudemment, la perdant à jamais. Ce mythe d'Orphée et celui, apparenté, de Dionysos, donnèrent naissance à une théologie initiatique. On peut affirmer pour résumer (voir par exemple [250] pour le raisonnement détaillé) que la doctrine orphique est une doctrine de salut consécutive à une souillure originelle ; l'âme est condamnée à un cycle de réincarnations dont seule l'initiation pourra la faire sortir, pour la conduire vers une survie bienheureuse où l'humain rejoint le divin. L'orphisme suggère donc que la vie permet d'expier le poids des fautes antérieures. On peut donc percevoir l'orphisme comme une doctrine qui met en parallèle *réincarnation* et *punition*, la condition humaine étant considérée comme une prison[11]-punition, dont l'âme doit s'évader afin d'accéder à la condition divine ([114], p. 287).

Comme illustration des affirmations ci-dessus, D. Donnet ([114], note 5) propose l'extrait de textes orphiques suivant : « (parce que) changeant selon les cycles du temps, l'âme des humains passe dans les animaux, de l'un à l'autre ; tantôt elle naît comme un cheval, tantôt comme brebis ou encore comme oiseau affreux à voir ; tantôt, d'autre part, c'est un corps de chien avec sa voix grave, et la race des serpents froids qui rampent sur la terre régie par Zeus », et dans le même ordre d'idées ([265], pp. 144-145) : « Quand l'âme des bêtes et des oiseaux a jailli hors de leur corps et que leur vie les a quittés, cette âme [...] voltige [...] jusqu'à ce qu'un autre animal la ravisse, mêlée au souffle de l'air ».

Il est possible que ce concept de métempsycose présent dans les mystères orphiques ait été inspiré par les philosophies orientales[12] comme semblent l'indiquer de nombreux parallèles avec les anciens textes sacrés (*Upanishads*) présents dans le papyrus de Derveni[13], découvert en 1962 en Macédoine et remontant au 4e siècle avant J.-C. [286]. Les contacts entre la Grèce et l'Inde ont pourtant été longtemps compliqués par le fait que la Perse, ennemie héréditaire des

---

[11] Le terme *prison* sera également utilisé dans ce sens par les gnostiques (voir chapitre 3 ; aussi la note 5 ci-dessus).

[12] Le lecteur ne manquera pas de s'étonner de la contradiction entre cette affirmation et celle de D. Donnet reprise au frontispice de la présente section ! Cependant, l'affirmation de D. Donnet fait référence à l'ouvrage de H.S. Long de 1948 [229], qui ne pouvait avoir connaissance des conclusions récemment dégagées de l'analyse du papyrus de Derveni découvert en 1962. Donnet admet cependant une influence indienne sur les penseurs de la période romaine.

[13] Version en ligne disponible à http://chs.harvard.edu/CHS/article/display/2273

Grecs, se trouvait entre les deux civilisations[14]. Il faut attendre les conquêtes d'Alexandre le Grand, en 326 avant J.-C., pour que le monde grec et le monde indien soient en contact soutenu.

Sur le plan doctrinal, il existe une telle similitude entre l'hindouisme et la culture grecque, tant au niveau du concept d'âme *(âtman)* que de celui de la renaissance de l'âme, que l'influence entre ces deux cultures est fort plausible. Comme déjà signalé ci-dessus, on ne peut cependant en dire autant pour le bouddhisme, dans la mesure où la nature de la substance qui transmigre est très différente pour les grecs et hindouistes d'une part, et les bouddhistes d'autre part. Dans le premier cas, c'est l'âme qui transmigre, et cette âme constitue une entité attachée à une personnalité qui garde son identité. Dans le cas du bouddhisme, cela n'est pas possible puisque la doctrine bouddhiste soutient l'inexistence du soi (chapitre 1). L'entité qui transmigre (la *conscience-base)* est d'une nature beaucoup plus subtile, et cette nuance à elle seule pourrait suffire à annihiler l'hypothèse d'une origine commune aux deux traditions, grecque et bouddhiste[15]. Nous avons donné quelques détails à ce sujet à la section 2.1.

Un rapprochement inattendu, qui aura son importance dans la suite de notre réflexion, a été proposé par Mircea Eliade

---

[14] Comme nous le mentionnerons un peu plus bas, certains auteurs [123,153,249] ont cependant suggéré que les peuples scythes, situés au nord de la Perse dans une région s'étendant du nord de la Grèce au plateau tibétain, ont pu avoir une influence culturelle plus importante que soupçonné précédemment sur la culture hellénistique, notamment en lui insufflant des influences chamaniques. Il n'est peut-être pas anodin dans ce contexte que l'orphisme, qui contient les premières traces du concept de réincarnation en Occident, soit originaire de Thrace [250], région justement située entre la Grèce et la Scythie.

[15] Bien que la notion de conscience-base (huitième conscience), celle qui est transférée d'une vie à la suivante, fut enseignée par le Bouddha dès l'origine, cet enseignement fut réservé aux pratiquants les plus avancés. Les septième et huitième consciences furent exclues des premiers commentaires de l'enseignement du Bouddha, et n'y furent réintégrées que tardivement, à partir du 4e siècle après J.-C., dans les traités d'Asanga et de Vasubandhu, fondateurs de l'école de l'esprit seul *cittamatra* (section 4.9.3). Dès lors, nier la filiation entre les traditions bouddhiste et grecque sur la base d'un argument lié à l'inexistence de la notion de conscience-base dans la tradition grecque ne paraît pas tenable, dans la mesure où ce concept fut popularisé tardivement dans la tradition bouddhiste ([205], pp. 11-14).

([123], p. 40 et notes 3-4). Il lie le rite orphique d'initiation par l'escalade cérémonielle d'une échelle (symbolisant l'ascension de l'initié vers le domaine céleste divin) aux pratiques chamaniques de Scythie[16]. Plus récemment, M. Martin [240] montre que plusieurs éléments constitutifs du mythe d'Orphée permettent clairement de le rapprocher du personnage du chaman. L'importance des pratiques chamaniques pour la compréhension de la culture grecque antique fut à l'origine soulignée par Karl Meuli [249] (voir aussi [153,240] pour deux études plus récentes, et la fin du chapitre 1 pour l'énoncé de convergences sommaires entre chamanisme et bouddhisme). À ces pratiques chamaniques est liéc une école de mages-chamans qualifiés d'« hyperboréens[17] », à laquelle appartenaient notamment Aristée de Proconnèse (vers 600 avant J.-C.), Épiménide de Crète (vers 595 avant J.-C.), Phérécyde de Syros (vers 550 avant J.-C.), Abaris le Scythe (vers 540 avant J.-C. ?), et Hermotime de Clazomènes (vers 500 avant J.-C.). Cette école anticipe le pythagorisme, puisque Pythagore reçut des enseignements de Phérécyde de Syros vers 550 avant J.-C. Fortement influencé par l'orphisme, Phérécyde de Syros est le premier philosophe grec identifié à mentionner l'immortalité de l'âme et son retour successif dans des incarnations terrestres. Il est en outre décrit par Diogène Laërce comme un grand mage ([113], Livre I, chapitre XI – Phérécyde, 116) : « On raconte de lui une foule de choses merveilleuses : ainsi il aperçut un jour, en se promenant sur le rivage de Samos, un navire qui cinglait à pleines voiles, et prédit qu'il allait bientôt s'engloutir ; le bâtiment sombra en effet sous ses yeux. Une autre fois, après avoir bu de l'eau d'un puits, il prédit qu'au bout de trois jours il y aurait un tremblement de terre, ce qui eut lieu en effet. » Cette filiation entre Phérécyde et Pythagore, et les enseignements associés, semblent importants pour Pythagore puisque Apollonios écrivit dans ses *Histoires merveilleuses :* « À Épiménide, Aristéas, Hermotime, Abaris et Phérécyde a succédé Pythagore, fils de

---

[16] Région située au nord et à l'est de la Grèce, comprenant le rivage septentrional de la mer Noire, les régions entourant la mer Caspienne, et s'étendant à l'est jusqu'à la Chine, bordée au sud-est par le plateau tibétain et au nord par la Sibérie.

[17] C'est-à-dire occupant les contrées du nord.

Mnésarchos, qui se lança dans l'étude assidue des sciences mathématiques, et des nombres en particulier, mais ne voulut jamais, même par la suite, renoncer à l'art de faiseur de miracles de Phérécyde. »

2.3.2 Pythagore

Cette filiation revendiquée pour (par ?) Pythagore avec les mages qui l'ont précédé, couplée au fait qu'il voyagea énormément dans le monde antique, et s'initia à nombre de religions ésotériques, de la Chaldée à l'Égypte, comme l'indique Diogène Laërce ([113], Livre VIII, chapitre I – Pythagore, 3)[18], peut sans doute éclairer un fait particulièrement important pour notre propos sur la réincarnation, à savoir que Pythagore prétendait se souvenir de ses vies antérieures ([113], Livre VIII, chapitre I – Pythagore, 4-5) :

> Voici, d'après Héraclide de Pont[19], ce qu'il racontait lui-même sur son compte : il avait autrefois été Éthalide, que l'on disait fils de Mercure ; ce dieu lui ayant promis de lui accorder tout ce qu'il voudrait, excepté l'immortalité, il avait demandé à conserver pendant sa vie et après sa mort la mémoire de tout ce qui lui arriverait ; et en effet, vivant et mort, il avait gardé le souvenir de toutes choses. Il avait ensuite passé dans le corps d'Euphorbe et avait été blessé par Ménélas ; aussi Euphorbe déclarait-il qu'il avait été précédemment Éthalide, que Mercure lui avait donné la conscience des migrations de son âme, et qu'il se rappelait dans quelles plantes, dans quels animaux elle avait successivement passé, ce qu'elle avait éprouvé aux enfers, ce qu'elle avait vu endurer aux autres. Après la mort d'Euphorbe son âme avait passé dans le corps d'Hermotime, et celui-ci, pour prouver qu'il avait été Euphorbe, était allé au temple

---

18 « [...] jeune et désireux de s'instruire, il quitta sa patrie et se fit initier à tous les mystères des Grecs et des Barbares. Ainsi il alla en Égypte avec une lettre de recommandation de Polycrate pour Amasis. Antiphon dit, dans le traité des Hommes célèbres par leur vertu, qu'il apprit la langue égyptienne et s'aboucha ensuite avec les Chaldéens et les Mages. De là il passa en Crète où il descendit avec Épiménide dans l'antre de l'Ida. Il avait également pénétré dans les sanctuaires de l'Égypte et étudié les secrets de la religion dans les ouvrages sacrés. »

19 Héraclide de Pont vécut au 3e siècle avant J.-C.

> d'Apollon dans le quartier des Branchides, et avait montré le bouclier qu'y avait consacré Ménélas. C'était, disait-il, à son retour de Troie que Ménélas avait consacré ce bouclier, maintenant pourri et dont il ne restait plus que la plaque d'ivoire. Hermotime mort, il était devenu Pyrrhus, le pêcheur de Délos, et, gardant un souvenir exact du passé, il se rappelait alors avoir été d'abord Éthalide, puis Euphorbe, ensuite Hermotime et enfin Pyrrhus. Après la mort de Pyrrhus il était devenu Pythagore et avait conservé les mêmes souvenirs.

Ce texte est particulièrement troublant, d'autant qu'il n'est pas isolé. On trouve également écho de ce témoignage chez Porphyre, au 3e siècle après J.-C. (*Vie de Pythagore*, chapitre 45, cité par [114], note 24) : « Il se référait à ceux qu'il avait été précédemment, disant qu'il avait d'abord été Euphorbe, en deuxième lieu Aethalide, en troisième lieu Hermotime, en quatrième lieu Pyrrhus, et maintenant Pythagore. Par quoi il démontrait que l'âme est immortelle et que, chez ceux qui sont en état de purification, elle parvient au souvenir de l'ancienne vie. » Donnet ([114], pp. 289-290) en donne une interprétation intéressante :

> [il convient de] distinguer l'expérience qui pourrait être à l'origine de l'anecdote, et la forme amplifiée que celle-ci aurait prise par la suite. Pour ce qui est de l'origine, il faut rappeler que la confrérie pythagoricienne pratiquait le culte de la mémoire et s'imposait les exercices y afférents[20], et que Pythagore était connu, de la plus haute antiquité, pour sa puissance de concentration ; quant à la technique mise en œuvre par les Pythagoriciens, et dont nous pouvons prendre idée par une description recueillie par Porphyre[21], elle présente d'étroites analogies avec les méthodes pratiquées actuellement en sophrologie ou en hypnose : résistance aux « pensées parasites » qui nous assiègent malgré nous, [... soit la] « purification du mental » [...]. Ces méthodes et pratiques ne

[20] Comme indiqué par Jamblique, *Vie de Pythagore*, chapitre 29 de la traduction anglaise de Thomas Taylor, éditée par J.M. Watkins, Londres, 1818 ; texte disponible en ligne sur https://classicalastrologer.files.wordpress.com/2012/12/iamblichus-the-pythagorean-life-1.pdf

[21] Vie de Pythagore, chapitres 46-47

> sont en rien dépendantes d'un degré avancé de civilisation technique ; du reste les yogis les connaissaient de temps immémoriaux.

On remarquera que la technique invoquée ci-dessus n'est autre que la méditation de pacification de l'esprit (*shine* en tibétain, *samatha* en sanscrit). Donnet poursuit :

> Or qu'arrive-t-il lorsqu'on atteint, par la concentration, un niveau intense d'apaisement mental ? Il arrive qu'affleurent dans le champ de la conscience des éléments, des souvenirs qui auparavant étaient enfouis, cadenassés, dans le subconscient. Et il se peut parfois que certains de ces souvenirs ne puissent être logiquement reliés à la vie actuelle[22] : si cela n'implique pas de soi un renvoi à une vie antérieure, car d'autres explications sont possibles[23], il reste que pour des personnes qui baignent dans la foi en la réincarnation, c'est là une explication qu'elles vont spontanément privilégier : au demeurant, cette interprétation a encore cours à l'heure actuelle dans les régressions dans le temps en hypnose. Nous proposons donc, à titre d'hypothèse plausible, qu'on trouve à la base du « miracle » mnémonique attribué à Pythagore le vécu d'une profonde intériorisation.
>
> Vient ensuite la vulgarisation de cette expérience : le récit franchit l'enceinte du temple, et se gonfle de premières enflures ; de « Pythagore a des souvenirs remontant à des vies antérieures », on passe à « Pythagore se souvient de ses vies antérieures » ; puis viennent les inévitables « amplifications épiques » : des précisions sont apportées qui, comme par hasard, renvoient pour une bonne part au patrimoine culturel de la Grèce, trahissant notamment par là leur caractère de fiction [...].

Nous avons répercuté ici les fragments essentiels du raisonnement de D. Donnet qui nous paraît constituer une excellente explication de ces faits qui semblent mêler mythes et réalités dans la biographie du personnage central qu'est Pythagore dans l'histoire du concept de métempsycose.

---

[22] D. Donnet renvoie ici à la note 17, page 36 de son travail [115] auquel nous n'avons malheureusement pas eu accès.
[23] *Ibidem, pp.* 36-37.

En matière de métempsycose, Empédocle (~490-~430 avant J.-C.) est le deuxième nom qui s'impose parmi les philosophes présocratiques, qui à l'instar de Pythagore, affirme ([112], fragment 117) « [...] j'ai déjà été garçon et fille, et arbrisseau et oiseau et dans la mer un muet poisson.[24] »

2.3.3 Platon

Platon (428 ou 427-348 ou 347 avant J.-C.) hérite lui aussi largement de l'orphisme et du pythagorisme, et il y a, dans ses œuvres, abondance de matière au sujet de la réincarnation, qui est abordée dans le *Ménon* (81b-d), le *Phédon* (70c, 72abe, 81b-e, 82a, 107d, 113e), le *Phèdre* (248de, 259cd), le *Gorgias* (525c), les *Lois* (870d, 872de), le *Timée* (90b-92c) et tout particulièrement dans le mythe du soldat Er (*République*, X, 614b-621d). Nous résumons brièvement ci-dessous l'histoire du soldat Er[25] (pour les autres extraits, nous renvoyons le lecteur vers l'analyse effectuée par D. Donnet [114]) :

> Er, fils d'Arménios, était mort dans une bataille ; dix jours plus tard, comme les cadavres déjà putréfiés étaient enlevés, le sien fut retrouvé intact. On le porta chez lui pour l'ensevelir, mais le douzième jour, alors qu'il était étendu sur le bûcher, il revint à la vie ; quand il eut repris ses sens il raconta ce qu'il avait vu là-bas. Aussitôt que son âme était sortie de son corps, elle avait cheminé avec beaucoup d'autres, et elles étaient arrivées en un lieu divin où se voyaient dans la terre deux ouvertures situées côte à côte. Dans le ciel, deux autres ouvertures leur faisaient face. Au milieu étaient assis des juges qui, après avoir rendu leur sentence, ordonnaient aux justes de prendre à droite la route qui montait à travers le ciel, après leur avoir attaché par devant un écriteau contenant leur jugement ; et aux méchants de prendre à gauche la route descendante, portant eux aussi, mais par derrière, un écriteau où étaient marquées toutes leurs actions. Comme il s'approchait à son tour, les juges lui dirent qu'il devait être pour les hommes le messa-

---

24 Traduction française tirée de http://remacle.org/bloodwolf/philosophes/empedocle/oeuvre.htm

25 Traduction inspirée de http://remacle.org/bloodwolf/textes/er.htm

> ger de l'au-delà, et ils lui recommandèrent d'écouter et d'observer tout ce qui se passait en ce lieu. Il y vit donc les âmes qui s'en allaient, une fois jugées, par les deux ouvertures correspondantes du ciel et de la terre ; par les deux autres des âmes entraient, qui d'un côté montaient des profondeurs de la terre, couvertes d'ordure et de poussière, et de l'autre descendaient, pures, du ciel ; et toutes ces âmes qui sans cesse arrivaient semblaient avoir fait un long voyage ; elles gagnaient avec joie la prairie et y campaient comme dans une assemblée de fête. Celles qui se connaissaient se souhaitaient mutuellement la bienvenue et s'enquéraient, les unes qui venaient du sein de la terre, de ce qui se passait au ciel, et les autres qui venaient du ciel, de ce qui se passait sous terre. Celles-là racontaient leurs aventures en gémissant et en pleurant, au souvenir des maux de toutes sortes qu'elles avaient endurées ou vu endurer, au cours de leur voyage souterrain – voyage dont la durée est de mille ans –, tandis que celles-ci, qui venaient du ciel, parlaient de plaisirs délicieux et de visions d'une extraordinaire splendeur.

Ce texte (et sa suite que nous ne mentionnerons pas ici, mais qui établit le catalogue des punitions, fonction des actes néfastes commis, et qui raconte ensuite comment s'établit l'attribution des conditions de vie future) est souvent présenté comme la première description connue dans la littérature d'un épisode de mort provisoire. Il y a certes des similitudes avec les descriptions modernes décrites au chapitre 1, mais aussi des différences notables : en particulier, le jugement des actes réalisé par des juges extérieurs n'est jamais présent dans les témoignages modernes. Au contraire, les expérienceurs EMP insistent sur le fait qu'ils sont eux-mêmes juges de leurs actes, éventuellement assistés de l'« être de lumière » bienveillant et compatissant. Suivant en cela Donnet [114] et Engmann [125], on peut légitimement s'interroger sur la réalité de l'aventure d'Er (d'autant que ni Er ni son père Armenios n'apparaissent jamais dans aucun autre récit antique), et avancer l'hypothèse que ce récit ait en réalité servi de justification à l'éthique de Platon. Par l'intermédiaire de l'histoire d'Er décrivant le jugement dans l'au-delà, Platon suscite une vie empreinte d'éthique ici-bas. Le message de Platon est que nous devons dès maintenant nous exercer à la réflexion philosophique pour être à même, quand l'heure viendra, d'opérer le choix d'une bonne vie future (*République*, X, 618c-d, selon la traduction reprise en [114]) :

> voilà pourquoi chacun d'entre nous, laissant de côté toute autre étude, doit surtout se préoccuper de rechercher et de cultiver celle-là seule [c'est-à-dire la philosophie] : peut-être sera-t-il capable de reconnaître et de découvrir ce qui le rendra apte et habile à discerner vie bonne et vie mauvaise pour choisir [...] la meilleure [...] ; [...] de la sorte [...] il sera capable de choisir entre la vie mauvaise et la vie bonne, appelant mauvaise celle qui conduira l'âme à devenir plus injuste, et bonne celle qui la rendra plus juste.
>
> Et si chaque fois qu'un homme vient à la vie, il pouvait s'astreindre sainement à la philosophie, et si le sort ne lui assignait pas, pour le choix, un des derniers numéros, il aurait ses chances [...] non seulement d'être heureux ici-bas, mais aussi de faire le voyage de ce monde vers l'autre et de retour vers celui-ci, non par l'âpre sentier souterrain, mais par la voie lisse du ciel.

Il y a donc clairement un lien dans ce mythe entre l'éthique et la réincarnation. Quelle que soit la réalité que l'on accorde au récit de Platon au sujet du soldat Er, il n'en reste pas moins que l'idée de réincarnation est centrale dans la pensée de Platon.

Il est intéressant de noter que ce lien entre éthique et réincarnation est également présent dans les philosophies orientales, au travers du concept de *karma*. Ce concept, qui affleurait déjà dans les mystères orphiques, se retrouve dans l'extrait ci-dessus de *La République* (ainsi que *République*, 620 : « En effet, c'était d'après les habitudes de la vie précédente que, la plupart du temps, elles [c'est-à-dire les âmes] faisaient leur choix[26] »), ou encore dans le Phédon (81-82) : « chaque espèce d'âme verra son lieu de destination déterminé par similitude avec son occupation ordinaire, ceux chez

---

[26] Cette affirmation reprend une idée largement exprimée dans le *Bardo Thödröl*, le *Livre Tibétain des Morts* [128], à condition de remplacer le concept d'âme par celui de conscience-base (huitième conscience) dans le contexte des huit consciences (section 1.3).

qui dominent les appétits grossiers du corps subissent la métempsycose en animaux libidineux, comme les ânes ; ceux chez qui domine la colère ou la tyrannie se réincarnent en bêtes de proie (loups, faucons, éperviers) ; ceux chez qui domine la raison se réincarnent en animaux paisibles et sociaux (abeilles, fourmis). »

Dans la pensée grecque, la réincarnation est donc considérée comme un processus de purification, permettant l'ascension de la matière au divin. En l'absence de purification, elle est une régression dans la chair animale. Nous terminerons donc cette analyse succincte de la pensée grecque par un extrait du *Phédon* (29-31), qui résume parfaitement la situation :

> Si donc c'est en cet état de pureté que l'âme s'est séparée du corps, l'âme s'en va vers ce qui est semblable à elle, vers ce qui est invisible, divin, immortel et sage, et quand elle y est arrivée, elle est heureuse, délivrée de l'erreur, de la folie, des craintes, des amours sauvages et de tous les autres maux de l'humanité, et, comme on le dit des initiés, elle passe véritablement avec les dieux le reste de son existence. [...] Mais si c'est en étant souillée et sans être purifiée que l'âme se sépare du corps, [...] l'âme est alourdie et tirée en arrière vers le monde visible par la crainte de l'invisible et, comme on dit, de l'Hadès. Elle hante les monuments et les tombeaux, où l'on a même vu de ténébreux fantômes d'âmes, pareils aux spectres de ces âmes qui n'étaient pas pures en quittant le corps et qu'on peut voir, précisément, parce qu'elles participent du visible. [...] et il est vraisemblable aussi que ce ne sont pas les âmes des bons, mais celles des méchants qui sont forcées d'errer dans ces lieux en punition de leur façon de vivre antérieure, qui était mauvaise. Et elles errent jusqu'au moment où leur amour de l'élément corporel auquel elles sont rivées les enchaîne de nouveau dans un corps. Et alors elles sont, comme il est naturel, emprisonnées dans des natures qui correspondent à la conduite qu'elles ont eue pendant la vie.

Il est important de noter à ce stade que le grand disciple de Platon qu'était Aristote (384-322 avant J.-C.) rejette l'idée de la transmigration des âmes, car ce rejet constitue la conséquence de sa doctrine de la « jonction naturelle et substantielle de l'âme avec le corps » exposée dans son traité *De anima.* Nous avons déjà indiqué à la section 2.1 que l'adhésion du credo chrétien à ce monisme constitue également la base du rejet par l'église de la notion de réincarnation.

2.3.4 La tradition juive

Une analyse détaillée de la doctrine de la réincarnation dans le contexte juif est présentée par le rabbin Moïse Gaster dans l'*Encyclopaedia of Religion and Ethics* ([160], p. 435, article « Transmigration ») dans lequel il affirme qu'« il ne fait aucun doute que ces théories sont extrêmement anciennes dans le judaïsme. »

Les principales sources au sujet de la réincarnation dans la tradition juive sont les actes de Simon le Mage (évoqué par les *Actes des Apôtres* 8, 9-25 ; aussi [179], §670), l'historien juif Flavius Josèphe (dans son ouvrage *La guerre des Juifs* [129] livre III, pp. 372-375 ; tome II, p. 166), et enfin l'ouvrage *Sha'ar Ha'Gilgulim* (*La porte des réincarnations*) inspiré du *Sefer Ha Zohar* (section *Mishpatim*), le *Livre de la Splendeur*, l'un des ouvrages les plus importants de la Kabbale. Le *Zohar* est très clair sur le sujet de la transmigration des âmes (*Zohar* 2.99, cité par [85]) :

> Toutes les âmes sont sujettes aux jugements de la transmigration, mais les hommes ne connaissent pas le dessein du Très-Haut à leur égard. Ils ne savent pas qu'ils sont appelés à être jugés tant lors de leur entrée en ce monde qu'en le quittant. Ils ne savent pas combien de transmigrations et de jugements mystérieux ils auront à subir ; combien d'âmes et d'esprits qui entrent en ce monde ne retourneront pas au palais du Divin Roi. Les âmes doivent retourner à la Substance Absolue dont elles émergèrent. Mais pour accomplir ceci, elles doivent développer toutes les perfections, dont le germe est planté en elles ; et si elles n'ont pas réalisé cet accomplissement au cours d'une vie, elles doivent en commencer une autre, une troisième, et ainsi de suite, jusqu'à ce qu'elles acquièrent la condition qui les rend aptes à la réunion avec Dieu.

Dans ses célèbres *Antiquités judaïques*, Flavius Josèphe explique que les Pharisiens, l'une des trois principales écoles de la philosophie juive, semblaient croire à la possibilité d'une nouvelle vie sur terre pour ceux qui auraient été vertueux, et cette idée de la réincarnation comme récompense rejoint les idées de Platon (section 2.3.3). Josèphe explique aussi comment les trois principales écoles de la philosophie juive, les Sadducéens, les Pharisiens et les Esséniens, considéraient l'immortalité. Pour ce qui est des Esséniens, dans *La Guerre des Juifs*, Flavius Josèphe indique que ceux-ci croyaient en la préexistence de l'âme – fondement de tout enseignement sur la réincarnation. Il est vraisemblable que les Esséniens furent influencés par des moines bouddhistes qui vivaient au Moyen-Orient au cours des siècles précédant l'ère chrétienne (voir par exemple [88], ou [230], p. 31). Ceux-ci furent envoyés par le roi Ashoka, qui régna sur l'Empire indien en 270 avant J.-C. et pour les quarante années qui suivirent, après que son grand-père Chandragupta l'eut fondé consécutivement à sa victoire sur les armées grecques en Inde, à la mort d'Alexandre le Grand. Ashoka ne cessa d'étendre cet empire jusqu'à ce que, dégoûté par les horreurs de la guerre, il se convertisse au bouddhisme. Cette conversion eut une énorme influence sur celui qui était devenu le plus grand de tous les maîtres de l'Inde ; son esprit dynamique ainsi que son cœur plein de compassion marquèrent bientôt toutes les régions du pays. Ashoka envoya également de nombreux missionnaires en Syrie, en Égypte, en Judée et en Grèce, et il semble possible que des communautés telles que celles des Pythagoriciens en Grèce et des Esséniens en Judée aient fait bon accueil au message bouddhiste. La thèse que Jésus fut proche des Esséniens fut souvent proposée mais reste controversée. Quoiqu'il en soit, il ne serait pas impossible que le « Sermon sur la Montagne » (Matthieu 5,1) ait été fortement inspiré par ce message bouddhiste, puisque le thème bouddhiste de l'amour généreux – « aime ton ennemi » – est tellement contraire à la loi du talion – « œil pour œil » – qui prévalait à cette époque ([161], p. 139 et p. 209). Les relations entre l'Inde et la Grèce se poursuivirent au siècle suivant le règne d'Ashoka, notamment lors du règne de Ménandre (160 à 135 avant J.-C. ; sanscrit Milinda), roi indo-grec, célèbre pour ses discours avec le moine Nagasena.

2.3.5 Les premiers siècles de l'ère chrétienne et la gnose

Selon Donnet [114], la montée du christianisme a pour effet collatéral de renforcer la spécificité de la spiritualité païenne, de sorte que les thèses pythagoriciennes et platoniciennes concernant la métempsycose retrouvent le devant de la scène. Au cours des premiers siècles de l'ère chrétienne, nombreux sont donc les penseurs qui défendent le concept de réincarnation : Plutarque (~46-~125), Celse (qui vécut au 2e siècle, dont on n'a conservé que la réfutation due à Origène), Plotin (205-270), Basilide (2e siècle), Porphyre (234-~305), Jamblique (~242-325), et Salloustios le philosophe (4e siècle). Pour beaucoup de ces penseurs de l'école néo-platonicienne, l'opposition au christianisme est motivée par le fait que celui-ci prétend détenir la vérité, toute la vérité, rien que la vérité, alors que la tradition philosophique en vigueur jusque là privilégiait l'alliance de la morale avec la réflexion philosophique plutôt qu'avec la foi.

La mouvance gnostique est une autre école de pensée, contemporaine de l'école néo-platonicienne, dans laquelle la réincarnation s'affirme, d'une manière assez complexe de surcroît. La pensée gnostique (qui sera développée au chapitre 3) fait en effet une distinction nette entre le dieu des juifs (celui de la Genèse et de l'Ancien Testament : Élohim ou Jéhovah), et le Dieu transcendant et ineffable [215], que les gnostiques nomment *Monade,* ou *l'Un*. En effet, pour les gnostiques, le dieu de la Genèse est une sorte d'imposteur maléfique, un démiurge (généralement nommé Yaldabaôth) ayant (mal) créé notre monde imparfait et rempli de souffrance. Il créa notre monde après avoir capté une petite parcelle de l'inspiration du Dieu transcendant. Le dieu de la Genèse est un dieu vengeur, acharné contre l'espèce humaine (après avoir créé Adam et Ève et les avoir placés au paradis, il leur interdit l'essentiel : l'accès à la connaissance ! [187]), incompatible avec un Dieu bon et compatissant. Le *Livre des Secrets de Jean* [228] détaille cette cosmogonie gnostique. Par suite de la présence de la souffrance en ce monde, il convient donc de se détacher du monde. Cette place prépondérante accordée par les gnostiques à la souffrance du monde constitue une similitude intéressante avec la doctrine bouddhiste. Les gnostiques, comme les bouddhistes, imaginent en effet qu'il existe au sein de l'homme une parcelle lumineuse du vrai Dieu (l'Esprit de Bouddha des bouddhistes), qu'il convient de retrouver et de développer, afin de s'affranchir de ce monde imparfait et de transcender vie et mort pour atteindre l'Éveil. Dans le contexte de la pensée gnostique, l'Éveil bouddhiste est équivalent à la réalisation de l'*homme spirituel, pneumatique* ou *gnostique,* celui qui possède la gnose, c'est-à-dire la connaissance de l'existence de cette parcelle du vrai divin en chacun de nous.

Avec le gnosticisme, nous abordons une tradition dont les origines se perdent dans la nuit des temps (car on y retrouve des influences judéo-chrétiennes, hellénistiques au travers du platonisme, et même des influences du polythéisme babylonien ; [153] p. 233 et [185] pp. 3-27), et qui est pourtant encore vivace à notre époque [317], notamment au travers de la pensée jungienne[27] (aussi [66], pp. 63-72). Cette universalité des idées gnostiques, incluant le concept de réincarnation, justifie la large place qui leur est faite dans le présent ouvrage. Ces idées gnostiques sont présentes autour de la Méditerranée dès le 1er siècle, voire même dans les enseignements de Jésus, puisque les Évangiles de Philippe, Thomas et Maria de Magdala attribuent à Jésus des paroles très clairement gnostiques (voir chapitre 3). Avant 1977, la seule source de notre compréhension des idées gnostiques antiques était celle des chrétiens « orthodoxes » critiquant les sectes « déviantes », telles les gnostiques. Parmi ces chrétiens critiquant les gnostiques figure par exemple l'évêque Irénée de Lyon (vers 185 après J.-C.). Mais depuis 1977, et la traduction en anglais de la librairie de Nag Hammadi, la situation a radicalement changé, car cette collection de textes du 4e siècle découverte en 1945 dans la ville égyptienne éponyme nous offre un accès direct aux textes gnostiques originaux, parmi lesquels les Évangiles apocryphes de Philippe, Thomas, Maria de Magdala, l'*Évangile secret de Marc*, le *Livre des secrets de Jean*, et la *Pistis Sophia* (ce qui signifie *Foi et Sagesse*, manuscrit gnostique découvert au 18e siècle en Égypte).

---

27 http://www.francoise-bonardel.com/interventions/colloques-et-conferences/jung-et-le-renouveau-gnostique-contemporain/ (consulté le 3 août 2021).

Les gnostiques nomment les réincarnations des « transvasements » (*métaggismoï*), des sortes de transfert de prison en prison[28], de corps en corps. L'extrait qui suit de la *Pistis Sophia* nous éclaire sur la réincarnation telle qu'elle apparaît dans la doctrine gnostique comme un cheminement vers l'union au divin [*Pistis Sophia,* Ch. 147][29] :

> Qu'arrive-t-il à un homme qui n'a pas commis de péchés, et a fait le bien de manière persistante, mais n'a pas rencontré les Mystères ? [...] L'âme de cet homme bon recevra une coupe emplie de pensées et de connaissance-sagesse, ainsi que de sobriété. Et cette âme sera insérée dans un corps qui ne pourra ni dormir ni se souvenir à cause de la coupe de sobriété qu'elle a reçue. Mais elle se questionnera de manière persistante au sujet des mystères de la Lumière jusqu'à ce qu'elle les trouve et, sur décision de la Vierge de Lumière, se voit capable de recevoir la Lumière pour toujours [c'est-à-dire de réaliser l'union avec le divin].

La gnose est donc une philosophie ou une science du salut fondée sur une *connaissance de soi*. On peut appeler gnosticisme (ou gnose) toute doctrine ou toute attitude religieuse fondée sur la théorie ou sur l'expérience de l'obtention du Salut par la connaissance ([294], p. 185). Pour le gnostique, connaissance de soi est connaissance de Dieu ([268], p. 171). Cette doctrine rappelle évidemment la maxime « Connais-toi toi-même... » gravée sur le fronton du Temple d'Apollon à Delphes, à laquelle il est tentant d'ajouter... « et tu connaîtras l'univers et les dieux. » En simplifiant à l'extrême, on pourrait dire que la religion professée par le clergé est une religion de *foi*, tandis que celle des initiés gnostiques repose sur la *connaissance*. Pour les gnostiques, ce n'est donc pas le péché mais l'ignorance qui constitue le problème fondamental de la vie, et la meilleure manière de traiter ce problème est d'emprunter le chemin de la connaissance de soi plutôt que celui de la foi. Cette connaissance à acquérir tient en quelques mots : chaque homme possède en lui une parcelle divine qu'il lui faut reconquérir. Et cette parcelle divine ap-

---

28 Le terme gnostique pour désigner le corps terrestre.

29 http://gnosis.org/library/pistis-sophia/ps152.htm

partient au vrai Dieu, transcendant et ineffable, et non au démiurge vengeur de l'Ancien Testament qui a créé et qui régit notre monde de souffrances[30]. Le cosmos gnostique, déserté par la bonté puisque la vraie divinité y est absente, est donc un concept fondamentalement négatif. L'homme y est en exil, et ne possède pour seul salut que le retour au royaume du vrai Dieu.

Ce concept dualiste suggère des influences du platonisme [330] au sein du gnosticisme, qui reprend en effet au platonisme l'idée de l'existence de deux mondes selon la parabole de la grotte ([154], pp. 219 *sqq.*) : un monde spirituel, parfait par essence, et un monde matériel, reflet imparfait, voire fondamentalement mauvais du monde spirituel. Le but du gnosticisme sera toujours de ramener les âmes égarées du monde matériel vers le monde spirituel. Mais nous verrons plus loin (section 9.5) que le gnosticisme professe également que la réalité ultime est non duelle, et en ce sens rejoint nombre de courants mystiques de l'histoire (bouddhisme tantrique, soufisme, Kabbale). C'est précisément parce que cette convergence existe et qu'elle jouera un rôle central dans notre conclusion que nous consacrons ici une large discussion aux idées gnostiques.

Ces idées gnostiques se développent donc parallèlement au christianisme de l'Église primitive, qu'Origène contribua pour une large part à façonner. Origène vécut à Alexandrie entre 185 et 254 après J.-C., à l'époque où la pensée gnostique fleurissait dans cette même ville. La position d'Origène en relation avec la réincarnation et la pré-existence des âmes est complexe [153], parce qu'il tenta de réconcilier les anciennes idées indo-européennes (bouddhisme et platonisme) sur la réincarnation avec le concept nouveau de résurrection (« une-vie/un-salut ») des chrétiens de Rome. Ancré dans la

30 Toutes les mouvances gnostiques antiques s'accordent sur une interprétation inversée du mythe d'Éden. Les gnostiques prennent en effet le parti du serpent (Lucifer), contre le démiurge qui entendait interdire à Adam et Ève l'accès au fruit de la connaissance. Une hypothèse intéressante quant à l'origine de cette inversion est fournie par la relation probable entre la Genèse et le texte sumérien relatif au mythe d'*Enki et Ninhursag* [187], ce dernier étant correctement compris par les gnostiques mais pas par les transcripteurs de la Genèse, à dessein ou non.

tradition hellénistique et influencé par les néo-platoniciens et les gnostiques, Origène fit de son mieux pour incorporer le concept de réincarnation dans le nouveau dogme qui requérait la croyance en la résurrection de Jésus comme seule voie vers le salut par la résurrection humaine ([58], pp. 83-85). Un bon résumé de la pensée d'Origène est proposé par Inge ([178], p. 17, p. 19, traduction française de [161], p. 235) :

> Origène enseigna la pré-existence de l'âme. L'âme est immatérielle et, par conséquent, n'a ni commencement, ni fin [...] Cette foi platonicienne est si convaincante pour lui qu'il ne peut retenir son étonnement à propos des croyances frustes des traditionalistes sur la fin des temps et la résurrection des morts. Les prédictions des Évangiles ne peuvent avoir été faites de manière littérale. Comment des corps matériels peuvent-ils se recomposer, puisque chacune de leurs particules passe par de très nombreux autres corps ? À quel corps ces molécules appartiennent-elles ? C'est pourquoi il dit, avec mépris, que les hommes tombent ainsi dans les plus grandes profondeurs de l'absurdité pour se réfugier dans la pieuse certitude que « tout est possible avec Dieu »...
>
> Quant à la « conflagration » [la fin du monde], Origène, comme on le sait, suivit les enseignements des stoïciens [...], c'est-à-dire qu'il pensait qu'il y aurait des successions de mondes différents. [...] Origène maintint qu'il existait un progrès constant. Chaque monde ordonné est meilleur que le précédent. [...] Tous les esprits furent créés innocents, tous doivent finalement retrouver leur perfection originelle. L'éducation des Âmes se continue à travers des mondes successifs.

La similitude de la pensée d'Origène avec, à la fois, celle de Platon et celle des kabbalistes du *Zohar*, est absolument frappante, puisque toutes trois professent l'idée d'un progrès accompagnant les vies successives. C'est aussi le cas de la doctrine bouddhiste du *karma*, quoique dans ce cas, l'évolution ne soit pas toujours forcément dans le sens d'un progrès.

Avant de poursuivre au chapitre suivant par une longue discussion des idées gnostiques, la revue sommaire présentée ici des diverses doctrines en relation avec la réincarnation qui eurent cours dans l'histoire de l'humanité, on ne peut qu'être frappé par la cohérence de pensée qui prévalut dans les nombreuses cultures que nous venons de discuter. Le concept de réincarnation était donc largement répandu en Occident jusqu'au 4e siècle de notre ère, parmi les néo-platoniciens, les kabbalistes et les sectes gnostiques, avant de disparaître suite au 2e concile de Constantinople en 553 qui prononça l'anathème contre Origène[31].

[31] La question de savoir ce que condamna exactement le 2e concile de Constantinople dans la pensée d'Origène est complexe, et nous renvoyons le lecteur intéressé à l'étude détaillée qui est faite de cette question dans les références [153], pp. 221-226 et [161], pp. 251-257.

3. La gnose : plus proche du bouddhisme que du catholicisme

Jésus ne s'est pas révélé tel qu'il est en réalité,
mais il s'est révélé selon la capacité de ceux qui veulent
Le voir.
[...]
Quelques-uns qui se connaissent eux-mêmes L'ont connu.

Évangile de Philippe, § 26 [222]

Connais-toi toi-même [et tu connaîtras l'univers et les dieux]

Socrate, et fronton du temple de Delphes

[ce dont] les religions ont été ou sont coupables, c'est surtout de faire croire à l'Homme qu'il est séparé du « Divin » et qu'il a besoin d'une autorité extérieure pour retrouver ce contact, autorité extérieure qui, de ce fait, détient le pouvoir. C'est d'autonomie dans notre rapport avec le « Divin » dont nous avons surtout besoin, c'est de réapprendre que la divinité est en nous qui est urgent.

Dr Véronique Baudoux, *Divine sexualité : le corps... une porte vers l'âme* [23]

La situation qui se dégage de la discussion esquissée au chapitre précédent est finalement celle d'un combat idéologique qui eut lieu au début du christianisme, et que l'on pourrait résumer comme suit : Philippe, Thomas, Marie Madeleine et les autres contre Paul, c'est-à-dire l'opposition entre le courant idéologique gnostique d'une part, et celui qui donnera naissance au catholicisme d'autre part. Le premier courant défend l'idée d'un « Dieu est en vous » et soutient que la réincarnation se produit tant que la parcelle divine intérieure n'est pas pleinement reconnue par l'individu (qui comprend alors qu'il est une partie du Tout), tandis que l'autre courant, celui qui donnera naissance au catholicisme, soutient que « Dieu est parmi vous » et place son credo dans la résurrection des morts. Dans la mesure où la secte de Paul l'emporta, la réincarnation disparut du paysage chrétien. Or, avec le retour des textes gnostiques dans le courant du 20e siècle, grâce aux découvertes de Qumran (sur les rives de la Mer Morte) et Nag Hammadi (en Haute-Égypte), nous pouvons désormais apprécier combien l'histoire culturelle de l'Occident aurait été différente si les gnostiques l'avaient emporté sur Paul, tant les idées gnostiques apparaissent semblables aux concepts bouddhistes.

On constate, en effet, plus d'une symétrie troublante entre le tantrisme et le grand courant mystériosophique occidental dans lequel ont conflué, au début de l'ère chrétienne, la gnose, l'hermétisme, l'alchimie gréco-égyptienne et les traditions des mystères.

Mircea Eliade, *Le yoga, immortalité et liberté,* Paris, Fayot, 1954, p. 205

Comme support aux convergences apparaissant entre les concepts bouddhistes et gnostiques[1], trois textes sont présentés ci-dessous qui révèlent des similitudes frappantes entre eux, les deux premiers sont des textes gnostiques, le troisième est extrait de la *Chandogya Upanishad,* un texte

---

[1] Nous nous contentons ici de dresser des parallèles conceptuels, sans chercher à en éclaircir les causes historiques, la question étant en effet controversée selon les experts. Elaine Pagels ([268], p. xxi) et Edward Conze [88] semblent les seuls à considérer comme plausible une réelle *filiation* entre ces deux philosophies. Une analyse ultérieure a également été présentée par K.C. Lang [218].

pré-bouddhiste (section 2.2) mais dont les idées sont reprises dans le bouddhisme :

Jésus disait :
Si l'on vous demande : d'où êtes-vous ?
Dites-leur :
Nous sommes nés de la Lumière,
là où la Lumière naît d'elle-même,
elle se tient droite
et se révèle dans leur image.
Si l'on vous demande : qui êtes-vous ?
Répondez :
Nous sommes ses fils
et nous sommes les bien-aimés du Père, le Vivant.
Si l'on vous interroge :
Quel est le signe de votre Père qui est en vous ?
dites-leur :
C'est un mouvement et un repos.

Évangile de Thomas § 50 [223]

L'Accomplissement rend l'Homme insaisissable et invisible.
Si on Le voyait on L'enfermerait dans les limites
de ce qu'on peut voir.
Pour connaître la grâce d'une véritable communion avec Lui,
il faut se revêtir de claire lumière.
Dans cette lumière nous verrons Sa lumière.

Évangile de Philippe § 106 [222]

La lumière qui brille au-delà de ce ciel, au-delà de tout, dans les plus hauts mondes, au-delà desquels il n'y a pas de plus hauts, est en vérité la même lumière qui brille à l'intérieur de l'homme.

Chandogya Upanishad III, 13, 7, cité par [223], pp. 147-148

Ces similitudes, qui seront développées dans la suite de ce chapitre, peuvent dès à présent se résumer ainsi :

- La lumière joue un rôle central dans les deux courants de pensée (aussi section 8.4) ;
- Chaque être possède en lui une parcelle divine ;
- Les mystères antiques constituent une initiation à la méditation qui ouvre la porte vers l'expérience vivante de la mort ;
- Les mystères et la méditation œuvrent à la transforma-

tion des poisons de l'esprit en vertus transcendantes ;
- La réincarnation est synonyme d'enchaînement au cycle mort-renaissance dont il faut se libérer car ce cycle est également synonyme de souffrance.

3.1 Le rôle central de la lumière et la parcelle divine intérieure

Le texte ci-dessus extrait de l'*Évangile de Thomas* est particulièrement explicite à ce sujet. À la triple question « D'où venons-nous, qui sommes-nous, où allons-nous ? », il faut répondre sans hésiter : je viens de la lumière, je suis lumière, je retourne à la lumière[2]. C'est la seule réalité qui demeure au milieu des apparences en perpétuel changement. Les gnostiques disent que c'est la parcelle du vrai Dieu, le Plérôme, présente en chaque homme, mais non forcément révélée, que les bouddhistes appellent l'Esprit de Bouddha et parfois aussi la Claire Lumière. « Claire » renvoie à la vacuité tandis que « lumière » renvoie à la luminosité, la pure conscience innée. La Claire Lumière est donc la réalisation directe de l'union de la conscience non-née et de la vacuité, et cette réalisation directe est synonyme d'Éveil. L'Éveil bouddhiste est synonyme d'union avec le divin chez les gnostiques. Ceux-ci recherchent cette parcelle divine qui se niche en eux[3] par l'introspection pouvant aller jusqu'à l'expérience

---

[2] Il est intéressant de remarquer également que la rencontre avec la lumière est aussi présente dans les EMPs (chapitre 1), et qu'elle est interprétée selon les convictions religieuses du mourant.

[3] Il faut relever ici que ce message a pu être présent également dans les écrits de Paul, notamment dans son Épître aux Colossiens (1, 26-27). Les traductions diffèrent cependant les unes des autres, ce qui rend l'interprétation difficile. La traduction de Fillion (1889 ; d'après http://www.magnificat.ca/textes) par exemple est proche de l'esprit gnostique : [1,26] *le mystère qui a été caché aux siècles et aux générations, mais qui maintenant a été manifesté à Ses saints* [1,27] *auxquels Dieu a voulu faire connaître quelles sont les richesses de la gloire de ce mystère parmi les Gentils, à savoir,* le Christ en vous, *l'espérance de la gloire*. Par contre, la traduction proposée par le Bible de Jérusalem est toute autre : [1,26] *ce mystère resté caché depuis les siècles et les générations et qui maintenant vient d'être manifesté à Ses saints :* [1,27] *Dieu a bien voulu leur faire connaître de quelle gloire est riche ce mystère chez les païens : c'est* le Christ parmi vous*! l'espérance de la gloire!* Cet unique changement de mots (« en vous » devenant « parmi vous ») modifie totalement le sens profond du

mystique. Comme nous le verrons à la section 3.2 ci-dessous, les mystères antiques ont canalisé les méthodes pratiques visant à réaliser cette union avec le divin qui, dans ce contexte, doit être entendu dans le sens général de « transcendant tous les concepts », comme c'est le cas pour l'Esprit de Bouddha, qui ne peut être appréhendé que par la méditation sur la vacuité, car il n'est pas descriptible par des mots ou des concepts. Plus simplement, il s'agit de la nature fondamentale de notre esprit, qui chez les êtres ordinaires que pour la plupart nous sommes, est obscurcie par les voiles de l'ignorance[4] engendrée par notre soumission aux émotions, *in fine* engendrée par l'attachement à notre ego. Tous nous possédons cet Esprit de Bouddha, quoique l'épaisseur du voile qui le recouvre soit plus ou moins important, mais lorsque les voiles de l'ignorance disparaissent, alors s'épanouissent les qualités et l'activité des êtres éveillés[5]. L'épaisseur de ce voile est fonction du degré d'avancement sur la voie spirituelle, à entendre ici dans le sens de la voie vers la ré-union avec la nature fondamentale de l'esprit. Puisque le gnosticisme se construit sur la reconnaissance

---

message. Le théologien Thomas Merton (1915-1968) confirme l'interprétation de Fillion lorsqu'il écrit dans son ouvrage *Réflexions d'un spectateur coupable* [247] : *Au centre de notre être il y a un point de néant qui n'est pas touché par le péché ni par l'illusion, un point de vérité pure, un point ou une étincelle qui appartient totalement à Dieu, qui n'est jamais à notre disposition, d'où Dieu dispose de nos vies, qui est inaccessible aux fantaisies de notre propre mental ou aux brutalités de notre volonté. Ce petit point de néant et de pauvreté absolue est la plus grande gloire de Dieu en nous. C'est en somme son nom écrit en nous, en tant que notre filiation. C'est comme un diamant pur, brillant de la lumière invisible. Il est en chacun. [...] La porte du ciel est partout.* On y retrouve d'étonnantes similitudes avec la notion d'Esprit de Bouddha enfoui en chacun de nous, soit la nature ultime de notre esprit, lavé de toute souillure et de toutes les illusions. À ce propos, mentionnons également que Jorge Luis Borges écrivit dans son essai *Une défense du fallacieux Basilide* ([49], pp. 40-48) à propos de son œuvre *Trois versions de Judas : Si Alexandrie* [Note des auteurs : là où la pensée gnostique se développa] *au lieu de Rome avait triomphé, les histoires extravagantes et embrouillées que j'ai résumées ici* [Note des auteurs : c'est-à-dire les récits catholiques traditionnels évoqués dans son œuvre *Trois versions de Judas*] *seraient cohérentes, majestueuses et parfaitement ordinaires.*

[4] Citons à nouveau l'*Évangile de Philippe* à ce propos [222], §123 : *l'ignorance est la cause de tout mal.*

[5] Voir aussi à ce sujet à la section 4.9.3 l'extrait *À propos de l'ignorance* du texte *L'émergence de la Foi en l'Absolu* de Paramartha.

d'un fondamental de la nature humaine, il n'est pas étonnant dès lors qu'il imprègne de nombreuses cultures dans l'histoire de l'humanité. Ses principes y transparaissent chaque fois de la manière la plus évidente dans les différents courants mystiques comme le bouddhisme tantrique, le soufisme musulman, la Kabbale juive, ou le mysticisme chrétien et gnostique... L'universalité de ces racines spirituelles fut soulignée par Joseph Campbell dans son ouvrage *The Power of Myth* [61]. Campbell imagine que toutes les religions du monde, tous les rituels et les déités ne sont que les manifestations d'une seule et même vérité transcendante, inconnaissable par l'intellect. Il décrivait le christianisme et le bouddhisme, que l'objet en fût « l'Esprit du Christ » ou « l'Esprit de Bouddha », comme une voie vers un niveau de réalisation qui place l'individu au-dessus des « oppositions binaires » (que nous appelons « dualités ») telles que la dualité du bien et du mal, ou celle du sujet et de l'objet. Nous rencontrons ici deux des idées essentielles qui seront développées plus loin dans cet ouvrage : la non-dualité transcendante (section 9.5), mais aussi les archétypes de Jung, ces concepts qui apparaissent comme des « constantes universelles » au sein de l'humanité (chapitre 6).

Depuis ce jour, une brèche s'est ouverte en moi et je sais qu'elle ne se refermera jamais. Je sais aussi qu'il y a un message central, commun à toutes les révélations religieuses et à toutes les expériences « grandioses » relatées par de nombreux témoins, attestées par de nombreux récits à travers toutes les époques.
Ces témoignages, ces textes sacrés,
ces révélations parlent de la même VÉRITÉ.

Témoignage EMP de Michel, rapporté par [360], pp. 182-187

Jung avait lui aussi des affinités avec la pensée gnostique ([66], pp. 63-72 ainsi que la note 29 du chapitre 2), ce qui révèle la grande unité de notre sujet ! Jung, dans son ouvrage *Les sept sermons aux morts* [197], y mentionne d'emblée le Plérôme (voir aussi [278], pp. 196-198), qui chez les gnostiques désigne le Dieu ineffable et qui désigne chez Jung le lieu où « l'être et la pensée cessent » ([66], p. 64 ; [278], p. 197). Comme les gnostiques, Jung estime que du Plérôme naît le monde des créatures, qui est aussi le monde des dualités et des distinctions, en perpétuelle évolution. À l'inverse, l'*Évangile de Philippe*, dans sa traduction par Jean-Yves Leloup [222], utilise à plusieurs reprises la notion d'archétypes :

> §67. La vérité n'est pas venue dans le monde, nue,
> mais voilée, d'images et d'archétypes,
> on ne peut la recevoir autrement,
> il y a une régénération à travers l'image de la régénération.
> Il faut vraiment renaître à partir de cette image,
> c'est cela ressusciter,
> en passant à travers l'image le fiancé[6] est introduit dans la vérité
> qui est restauration de toutes choses dans leur intégrité.
> Cela convient à ceux qui ne connaissent pas seulement
> les noms du Père, du Fils et de l'Esprit
> mais qui les ont intégrés en eux-mêmes.
> §69. L'Enseigneur [Jésus] disait : « Je suis venu rendre les réalités
> d'en bas semblables aux réalités d'en haut,
> et les réalités du dehors semblables aux réalités du dedans[7].
> Je suis venu les réunir dans cet Espace-Temple où cela
> se manifeste à travers les images et les symboles. »
> Ceux qui disent qu'il y a quelqu'un dans le ciel se trompent
> car Celui qui est apparu est venu des profondeurs
> et Celui à qui les choses cachées appartiennent
> est au-delà de tous les contraires.
> Il est juste de dire que le dedans et le dehors sont un[7].
>
> L'Enseigneur [Jésus] disait : « Mon Père demeure dans le secret. »
> Il a dit : « Entre dans ta chambre, ferme la porte
> et prie ton Père qui est là dans le secret »,
> c'est-à-dire à l'intérieur de ton être[8].

---

[6] du rite de l'union sexuelle sacrée (par exemple [222], p. 52 *sqq.*). Voir aussi la discussion sur ce sujet dans le contexte gnostique à la section 3.3.

[7] Ces passages rappellent la célèbre formule « Ce qui est en bas est comme ce qui est en haut, et ce qui est en haut est comme ce qui est en bas » extraite de la *Table d'émeraude* [165], le texte central de l'hermétisme (voir http://remacle.org/bloodwolf/erudits/hermestrismegiste/etude.htm), censé contenir les enseignements d'Hermès Trismégiste (« trois fois grand »), personnage mythique associé au dieu grec Hermès et au dieu égyptien Thot. Voir à ce sujet la note 7 du chapitre 8.

> Ce qui est à l'intérieur dans le secret de tout, c'est la plénitude[9].
> Au-delà il n'y a rien, elle contient tout.
>
> §124. Les mystères de la Vérité nous sont manifestés dans des formes d'archétypes ou d'images.
>
> §125. Ce qui est digne d'estime et rempli de puissance, nous y pénétrons à travers des images et des signes fragiles. Ces réalités relatives sont peu de choses en effet face à l'Absolu.

Sachant que les extraits de l'*Évangile de Philippe* cités ci-dessus étaient inconnus de Jung, puisque cet Évangile fut découvert à Nag Hammadi en 1945, et que sa traduction en langues européennes ne fut disponible que bien plus tard, il est remarquable de constater la convergence entre ce texte et les idées de Jung, notamment en matière d'unité entre le dedans (le psychisme) et le dehors (la physique), comme nous le développerons au chapitre 6. En poussant le raisonnement plus loin, les archétypes de Jung sont parfois comparés aux déités bouddhistes tels *Chenrézig* (figure 1.1), qui symbolise voire incarne la compassion dans le monde des idées. Ou plus généralement, reprenant les termes de l'*Évangile de Philippe* ci-dessus, les archétypes sont des « images qui manifestent les mystères de la Vérité » dans la réalité ultime transcendant la dualité psychisme - physique. Nous y reviendrons au chapitre 10 dans le cadre de la construction méthodologique d'une « science étendue » capable d'aborder avec la même rigueur les phénomènes extérieurs (de la physique) et intérieurs (de la spiritualité).

---

[8] Voir aussi la note 3 de ce chapitre. Cette affirmation exprime très clairement l'existence de la parcelle divine intérieure.

[9] Le mot « plénitude » est ici la traduction du grec *plerôma*, concept repris par Jung, mais c'est aussi le terme désignant le monde céleste parfait des gnostiques ou règne le Dieu ineffable.

3.2 Les mystères antiques et la tradition bouddhiste tibétaine offrent des pratiques méditatives qui ouvrent vers l'expérience vivante de la mort

Un autre parallèle inattendu relie les traditions bouddhistes et gnostiques (et plus particulièrement leur expression au travers des mystères antiques) ; il s'agit de l'ouverture vers les rives de la mort. Dans la tradition bouddhiste tibétaine du véhicule de diamant (*vajrayana*), les êtres connaissant la réalisation suprême sont en mesure d'explorer à souhait les rives de la mort ([333], pp. 336-337), comme décrit par exemple dans le cadre de la méditation sur *Amitabha*, le Bouddha de lumière illimitée ([128], pp. 51-54). Comme l'indique le *Tantra de la confession immaculée* ([273], p. 413) : « Ce qu'on appelle mort n'est qu'un concept, on est mené dans les champs célestes. » Et encore : « La mort, ce qu'on appelle mort, est un petit Éveil pour le yogi. » Patrul Rimpoché explique que « ceux qui ont conquis la citadelle du corps absolu[10] au cours de leur vie et maîtrisent ainsi la naissance et la mort donnent l'impression de mourir, mais pour eux c'est comme à présent passer d'un endroit à un autre » ([273], p. 413). Parmi ceux-ci, les Karmapas figurent en bonne place. Le premier Karmapa, Dusum Khyenpa (1110-1193), fut le premier à annoncer au préalable les détails de sa réincarnation (lieu, date, famille), et de la sorte inaugura la notion de *tulku,* ou lama réincarné. La lignée des Karmapas est la plus ancienne lignée de *tulku*, et aujourd'hui encore la tradition se perpétue avec les 16e et 17e Karmapas. Les détails de sa prochaine réincarnation sont mentionnés dans une lettre écrite par le Karmapa et remise à un lama proche. La reconnaissance formelle du *tulku* est alors effectuée par un lama qui connut la précédente incarnation. Ce lama demande à l'enfant d'identifier des objets lui ayant appartenu dans sa précédente incarnation. On en trouve des exemples dans le film *Kundun* de Martin Scorsese (1997) au sujet du Dalaï-Lama, ou dans le film *Akong, a remarkable life* de

[10] Le « corps absolu » est le *dharmakaya* (voir section 4.9.3), et ceux qui « ont conquis cette citadelle » ont atteint l'Éveil.

Chico Dall'Inha (2017), à propos de la réincarnation du 16e Karmapa, dont Akong Rimpoche était très proche. Akong y raconte l'histoire suivante. Peu avant le décès du 16e Karmapa, Akong lui demanda s'il pouvait recueillir quelques-unes de ses dents après la crémation afin d'être utilisées comme signe de reconnaissance. Par suite d'un concours de circonstances malheureux, cette collecte des dents ne put cependant se réaliser. Akong raconte que lorsqu'il vit le candidat 17e Karmapa, alors âgé d'environ 6 ans, il lui demanda quel était le signe de reconnaissance qu'Akong avait convenu avec le 16e Karmapa, peu de temps avant sa mort. Le 17e Karmapa passe alors la main sous un tapis et en sort l'une de ses dents de lait. Cette histoire est extraordinaire par sa simplicité et sa sincérité, racontée de la bouche de l'un de ses protagonistes !

Il existe également dans la tradition du Véhicule de Diamant (notamment au sein du corpus d'enseignements regroupés sous le nom de *Dzogchen,* le Chemin de la Grande Perfection [273]) une pratique assez étrange nommée *Po'wo,* ou transfert de la conscience ([333], pp. 306-311 ; [273] pp. 409-424 ; [128], pp. 55-57). Cette pratique, dangereuse[11], est réservée aux seuls initiés (mal réalisée, elle peut entraîner la mort du pratiquant[12]). Il s'agit pour l'initié d'aider le mourant à éviter les renaissances inférieures ([273], p. 411) :

---

[11] On ne saurait trop insister sur le fait que, malgré que ces techniques soient aujourd'hui décrites dans des ouvrages accessibles à tous, il ne saurait être question de tenter de les appliquer sans la guidance d'un maître rôdé à ces pratiques !

[12] Voir par exemple le commentaire de Gesche Lobsang Dargyay dans *Le Bardo Thödröl et sa signification dans la vie religieuse tibétaine* (Bardo Thödröl, *Le Livre Tibétain des Morts*, Paris, Dervy, 1991, p. 54) :

> Lorsqu'on est arrivé à une haute maîtrise de cette méditation, il est possible qu'on meure à l'improviste lorsque [la syllabe] HRI, c'est-à-dire notre propre esprit, ne redescend pas dans notre corps. [...] Pour terminer la méditation, on laisse l'image [du Bouddha] *Amitabha* devenir toute lumière. Celle-ci descend alors dans notre corps et se fond avec lui. Par-là même, l'ouverture du canal subtil central se referme au sommet du crâne et dans cet « entraînement à mourir », tout danger est écarté. [...] Divers signes se manifestent dans notre corps lorsque l'exercice est parfaitement réalisé. Au sommet du crâne apparaît une bulle qui monte et se répand en un liquide. Il est alors possible à cet endroit

> [...] le juste moment pour effectuer le transfert est celui où le souffle extérieur a cessé tandis que le souffle intérieur continue[13]. Si, à cet instant précis, une personne quelconque ayant un tant soit peu l'habitude des instructions sur le transfert en fait usage, le mourant en recevra de grands bienfaits. Cette pratique a le pouvoir, entre autres avantages, de bloquer les renaissances inférieures. C'est une action analogue à celle d'un compagnon qui redirigerait un voyageur sur la bonne route.

Étant donné les autres prodiges réalisés par ces experts en science de l'esprit que sont les lamas tibétains, notamment dans la pratique du *g-Tum-mo* – le yoga du feu intérieur (l'un des six yogas de Naropa [256]) –, dont les résultats ont été objectivés par des mesures montrant l'augmentation significative de la température des extrémités corporelles [30,210], il n'y a pas lieu de mettre en doute la pratique du transfert de conscience *Po'wo*. D'autant qu'une autre tradition millénaire, celle des cultes à mystère de l'Antiquité, révèle des sensations semblables à celles décrites dans le *Bardo Thödröl, le Livre Tibétain des Morts* [128]. Quoique dans le cas des mystères, ces sensations se déroulent dans le contexte d'une *simulation* de la propre mort de l'initié, comme on peut en juger par ce texte du philosophe grec Plutarque qui évoque sans rien révéler (la loi du silence régnait au sujet de ces cérémonies) ce que dut être la « réalité » de l'initiation aux mystères d'Eleusis (*de Anima VI, II, 5-7,* mais ce passage n'est connu que grâce à sa présence dans le *Florilège* de Stobaeus, Anthologia, 4.52.49, cité par [250], pp. 8-9) :

> Sur terre, l'âme est ignorante, à l'exception du moment de la mort. Elle éprouve alors une impression semblable à ceux qui sont initiés aux grands mystères. Pour cette raison, il y a entre les mots τελευταν (la mort) et τελεισθαι (être initié) une exacte correspondance, mot à mot et fait à fait. La première étape consiste en des courses au hasard, des pénibles détours, des marches inquiétantes à travers les ténèbres

---

d'enfoncer sans peine une tige à travers la peau, comme dans un marécage.

[13] C'est le moment où la respiration a cessé mais où le cœur continue de battre.

> et ne conduisant nulle part. Puis, juste avant la fin, la frayeur est à son comble ; tout est frisson, tremblement, sueur froide, épouvante. À la fin cependant, une lumière merveilleuse s'offre aux yeux, on passe dans des lieux purs et des prairies fleuries où retentissent les voix et les danses ; des paroles sacrées, des apparitions divines inspirent un respect religieux. Alors l'homme, dès lors parfait et initié, devenu libre et dénué de tout attachement, célèbre les mystères, une couronne sur la tête ; il vit avec les autres hommes purs et saints ; il voit sur la terre la foule de ceux qui ne sont pas initiés et purifiés s'écraser et se presser dans le bourbier et les ténèbres et, par crainte de la mort, s'attarder dans les maux, faute de croire au bonheur de là-bas.

De même, le héros de *L'âne d'or* d'Apulée dit, de retour de son initiation aux Mystères d'Isis (*Métamorphoses*, livre 11, XXIII, 7)[14] : « J'ai approché les limites de la mort, j'ai foulé le seuil de Proserpine. Au retour, j'ai traversé tous les éléments. Dans la profondeur de la nuit, j'ai vu briller le soleil. »

Quel était donc le but recherché par ces initiés des cultes à mystères ? Florence Quentin, dans *Le Monde des Religions*, publié le 22/06/2012[15], nous propose une réponse intéressante, car elle rejoint notre réflexion sur le concept de réincarnation chez les gnostiques, la grâce qui en résulte, et sa relation avec la mort :

> Traverser les éléments – feu, air, eau et terre – revenait à une véritable purification du corps et de l'âme. Il ne nous reste qu'à imaginer comment le néophyte parvenait au « seuil de Proserpine », celui qui le confrontait à sa propre mort, les cultes à mystères devant surtout être compris comme « une mort volontaire et un salut obtenu par la grâce ». [...]
>
> Les cultes à mystères antiques étaient accessibles indépendamment du statut social, du sexe et de l'âge de l'aspirant et visaient un changement intérieur, une

---

[14] Texte disponible sur le site http://remacle.org/bloodwolf/apulee/metamorphoses11.htm

[15] Disponible sur le site http://www.lemondedesreligions.fr/dyn/imprimer.php?link=/mensuel/2012/54/cultes-a-mysteres-l-ame-purifiee-22-06-2012-2597_189.php

transformation de l'âme. Peut-on parler alors de « guérison » ? Oui, si l'on entend par là l'accès à un nouvel état d'être, à une *métanoïa*[16] souvent décrite comme une mort suivie d'une nouvelle naissance. D'autant plus que ce retournement de l'être s'accomplissait non pas sous le seul chef d'un enseignement – ce qui ne veut pas dire que le savoir y était nié, puisque ces rites symboliques, initiatiques et d'instructions visaient à l'acquisition d'une sagesse –, mais aussi à la suite d'une authentique expérience intérieure. C'est ainsi que le philosophe Aristote disait, à propos des initiés aux mystères, qu'ils n'étaient pas obligés d'apprendre mais qu'ils étaient « touchés », qu'ils « subissaient » ou « éprouvaient ». Rites initiatiques car opératifs donc.

3.3 Les mystères et la méditation œuvrent à la transformation des poisons de l'esprit en vertus transcendantes

Il est une autre similitude entre certaines sectes gnostiques (notamment les Carpocratiens – parfois appelés gnostiques libertins – du nom de leur fondateur Carpocrate, qui vécut à Alexandrie dans la première moitié du 2e siècle après J.-C.) et les bouddhistes tantriques, qui ne transparaît pas dans les textes cités jusqu'ici : il s'agit de la libération des *klesha*, les poisons de l'esprit (notamment le désir sexuel), afin de mieux les transcender, même si la plupart des gnostiques chrétiens préconisaient un ascétisme rigoureux afin de contrôler et de punir un corps porteur du mal comme la matière dont il est fait. Les pratiques les plus avancées des *tantra* bouddhistes ont pour objectif de transmuer les *klesha* en leur correspondant vertueux, mais ces pratiques radicales doivent bien entendu être appliquées avec la plus grande précaution ([40], pp. 266-270). C'est ce qui, au 19e siècle, conféra une aura si sulfureuse au bouddhisme tantrique pour les Occidentaux qui n'en percevaient pas la finalité exacte ([78],[79] pp. 152-153), et aux Carpocratiens dont les

[16] Du grec ancien, signifiant *modifier son esprit,* dans le sens d'expérimenter un processus de rupture psychique et une reconstruction-guérison ensuite.

amours orgiaques[17] paraissaient scandaleux aux yeux des Pères de l'Église ([215], pp. 110-111).

Ce dernier point mérite quelques éclaircissements. Puisque pour les gnostiques, le monde est l'œuvre d'un démiurge qui détourna à son profit la volonté et les intentions du vrai Dieu, les gnostiques rejettent toutes les lois de ce monde et considèrent qu'ils n'ont pas à s'y soumettre. Par conséquent, ils érigeront l'immoralisme en système rationnel, et considèreront l'insoumission totale comme une voie libératrice. En particulier, la loi de propriété des biens et des êtres n'a pas de raison d'être respectée, ce qui a en particulier comme conséquence la communauté intégrale des êtres et des biens, c'est-à-dire des corps et des richesses. Telle était donc, pour les Carpocratiens, la tâche principale des gnostiques : épuiser la substance du mal en le combattant avec ses propres armes. Puisque le mal nous entoure, épuisons-le en le commettant. Cette idée rappelle celle qui prévaut dans le bouddhisme tantrique (« transformer le poison en remède » [79], p. 223), à la différence que dans ce cas, il n'y a plus ni bien ni mal, car l'ego du pratiquant tantrique ayant été dissout, il n'y a plus ni observateur des événements, ni moralisateur. Comme indiqué ci-dessus, dans le cas du bouddhisme tantrique, cette pratique est cependant réservée aux initiés placés sous la conduite d'un maître avisé, car tout dérapage dans l'utilisation de ces pratiques avancées peut conduire à des conséquences funestes.

Cette doctrine des Carpocratiens explique également leur croyance en la métempsycose : si, au cours de cette vie, l'âme n'a pas réussi à tout éprouver avant la mort du corps physique, s'il lui reste des interdits à affronter, une part de mal à épuiser, alors il lui faudra revivre dans un autre corps jusqu'à ce qu'elle ait acquitté son dû à tous les maîtres du cosmos. Cette menace devait inciter les disciples à franchir le cap, c'est-à-dire à acquitter leurs dettes à l'égard du mal, en une seule vie.

---

[17] Ces amours orgiaques des Carpocratiens obéissaient en fait à un rituel ([215], pp. 110-111), que l'on peut sans doute rapprocher du rite de l'union sexuelle sacrée (p. ex. [222], p. 52 *sqq.*) évoqué dans l'*Évangile de Philippe*, d'inspiration gnostique lui aussi. Voir aussi la citation de John Blofeld au chapitre 10.

Cette conception carpocratienne du sexe comme un mal à épuiser ne doit pas occulter le rôle beaucoup plus important joué par l'Amour dans son rôle de vertu transcendante (*paramita*), tant pour les gnostiques (qui s'adonnaient sans doute à des rites de sexualité sacrée ; voir la note 6) que pour les bouddhistes, comme illustré dans cet extrait de l'*Évangile de Philippe* ([222], §110) :

> La vérité est notre mère et la connaissance
> assurance de notre union avec elle.
> Ceux qui ne s'égarent pas, le monde les appelle
> des hommes libres,
> la connaissance de la vérité élève leur cœur,
> les rend libres de tout attachement ;
> c'est l'amour qui les fait agir.
> Celui qui est devenu libre par la connaissance
> se fait serviteur par amour de tous ceux
> qui n'ont pas encore cette connaissance et cette liberté.
> La connaissance les rend capables de cela
> parce qu'ils sont libres de leur liberté même.
> L'Amour ne se prive de rien et ne prend rien,
> c'est la liberté la plus haute, la plus vaste.
> Tout existe par l'amour.
> Il ne dit pas « ceci est mien », mais « ceci est tien ».

L'« homme libre » de ce texte rappelle le *bodhisattva*, « libre de tout attachement » (section 4.9.3), et revenant parmi les hommes par compassion pour les aider à atteindre l'Éveil eux aussi. On retrouve également cette idée du rôle fondamental de l'amour altruiste et de la connaissance[18] dans de

---

[18] On trouvera au chapitre 10 une discussion du rôle que l'amour pourrait même occuper dans le développement d'une future « science étendue ». Au sujet de la quête menée par Jung et Pauli d'une théorie unifiée de la physique et de l'esprit – qu'ils désignent par « psychophysique » (voir chapitre 6) –, Teodorani écrit ([353], p. 91) :

> [Pauli] savait intimement qu'un langage scientifique neutre n'aurait pas suffi à résoudre le problème psychophysique. Il savait que sa vie devait intégrer quelque chose d'important qui allait au-delà du savoir. Ce quelque chose était l'amour qu'il n'était jamais réellement parvenu à vivre avec plénitude. C'était peut-être ce qui l'empêchait de se sentir pleinement en symétrie avec lui-même. La symétrie entre le psychisme et la matière ne suffisait pas, il fallait trouver une harmonie entre le psychisme, la matière et l'Éros, cette force universelle qui ne se limite pas à faire émerger la conscience, mais qui la fait vivre dans sa juste lumière. [...] le désir

nombreux témoignages EMP (chapitre 1). Voici un témoignage extrait des enquêtes du Dr K. Ring ([311], p. 157), lorsque un enquêté tente d'expliquer comment il essaye de mettre en pratique dans sa vie les valeurs que son expérience lui a révélées :

> *L'amour*. Pas nécessairement l'amour romantique d'une femme ou d'un homme. L'amour. S'accomplir soi-même par cet amour en... en *donnant*. Tout autant qu'en recevant. Ce qui sont deux choses différentes. Et, pas vraiment en *pensant*, mais simplement en reconnaissant que... que nous sommes tous dans le même bateau et avons tous des défauts et des qualités, et que nous entraider doit être notre but [...].

Voici un autre témoignage ([311], p. 157), également très proche de la citation de l'*Évangile de Philippe* ci-dessus, et qui émane d'une femme grièvement blessée dans un accident de voiture : « À mon avis, il y a deux choses dans la vie qui incitent les gens à persévérer ou qui, je crois, sont importantes. Pour moi, elles sont ce qu'il y a de plus important. Il s'agit de l'*amour* et de la *connaissance*. » Cette femme pourtant ne se souvient d'aucune EMP. Alors, simples paroles de sagesse universelle ?

3.4 Une connotation négative associée à la réincarnation et au *samsara*

La connotation négative associée à la réincarnation par les gnostiques rappelle le *samsara* bouddhiste, c'est-à-dire la ronde des existences conditionnées empreintes de souffrance (voir la description du quatrième des *quatre préliminaires communs* à la section 4.9.2), dont l'adepte doit se libérer pour atteindre au *nirvana*, l'équivalent bouddhiste de l'union gnostique avec le divin. De même que, pour les gnos-

---

d'union entre la matière et l'esprit, la science et la religion, demeure unilatéral et profondément incomplet s'il est confiné entre les murs abstraits de la seule intellectualité. Chercher l'unité dans l'univers extérieur signifie chercher l'unité et la symétrie au sein de sa propre vie. Exclure l'amour et l'Éros de sa vie, c'est comme exclure l'action du soleil de la photosynthèse.

tiques, c'est un esprit malfaisant – le démiurge de l'Ancien Testament, mal intentionné à l'égard des hommes – qui tend un piège à l'âme pour l'attirer vers le processus conduisant à sa nouvelle incarnation, pour les bouddhistes, cet esprit malfaisant est vu comme une création de l'esprit du mourant lui-même qui, suite aux négativités accumulées dans son existence écoulée [128], le pousse également vers une nouvelle incarnation, alors qu'une vie de pratique méditative (ou la gnose) lui fournirait à ce moment les clés vers l'Éveil. Présentée de cette façon, la similitude entre les deux traditions est frappante.

Au *samsara* bouddhiste est lié le *karma* (voir le troisième des *quatre préliminaires communs* à la section 4.9.2), et il n'est dès lors pas étonnant que l'important texte gnostique qu'est la *Pistis Sophia* décrive un système élaboré, semblable au *karma*, de récompenses et punitions en relation avec la réincarnation. Aux chapitres 144-146[19] de la *Pistis Sophia*, ce texte explique en effet les conséquences des actions passées sur le destin futur, exactement comme le *karma* bouddhiste. Un homme médisant se verra par exemple attribuer un « corps oppressé ». Un voleur reçoit un corps boiteux et aveugle. Un homme fier et présomptueux reçoit un corps horrible et boiteux que chacun regarde avec répugnance. De la sorte, non seulement l'enfer mais aussi la vie terrestre deviennent lieux de punition. Plus loin (dans le fragment du chapitre 147 cité en début de section 2.3.5 ci-dessus), le texte de la *Pistis Sophia* est très clair sur le fait que la réincarnation est l'antithèse de l'union avec le divin (la *résurrection*), en accord avec la doctrine gnostique.

3.5 Bilan

À la lumière de toutes les informations rassemblées dans ce chapitre et le précédent, tentons de dresser un bilan de notre analyse relative à l'exception occidentale contemporaine que constitue l'absence d'adhésion au concept de réincarnation ou de métempsycose. Il a été souligné que ces concepts avaient traversé les millénaires dans les cultures indo-

---

[19] http://gnosis.org/library/pistis-sophia/ps149.htm

européennes, jusqu'en 553 après J.-C., lorsqu'ils furent bloqués en Occident chrétien par le Concile de Constantinople. Ils subsistèrent cependant dans de nombreuses autres cultures, y compris les plus « exotiques », comme l'Égypte (au sein du culte d'Isis et de ses dérivés modernes) ou Tahiti. Cette culture fort éloignée de la pensée occidentale offre un témoignage particulièrement intéressant, ramené de Tahiti par un missionnaire du 19e siècle, et cité par Greenhouse ([145], p. 26) et Ring ([311], p. 253) :

> [Au moment de la mort,] l'âme est attirée hors du corps, d'où elle a été enlevée, pour être lentement et graduellement unie avec le dieu de qui elle était émanée... Les Tahitiens en ont conclu qu'une substance, prenant forme humaine, sortait du cadavre par la tête. Car, parmi les rares privilégiés ayant le don sacré de voyance, certains affirment que peu après l'arrêt de la respiration du corps humain, une vapeur s'élève de la tête et plane un peu au-dessus en lui restant reliée par une corde vaporeuse. La substance, dit-on, augmente peu à peu de volume et prend la forme d'un corps inerte. Quand elle est tout à fait refroidie, la corde de liaison disparaît et l'âme à forme corporelle s'éloigne en flottant, comme emportée par des porteurs invisibles.

Ce texte rappelle non seulement le témoignage du Dr Hout (section 1.6), mais aussi celui de Grégoire de Nysse (section 2.1), ou encore les instructions pour le transfert de conscience (*Po'wo*) chez un mourant ([128], p. 55), avec laquelle la similitude est particulièrement frappante :

> Cette méditation se déroule essentiellement comme la précédente [c'est-à-dire la méditation d'*Amitabha* réalisée par le mourant lui-même ; voir la note 12 ci-dessus], à la différence que le Lama indique au mort comment il doit méditer. Le Lama lui-même entre totalement dans la méditation du mort. Il regarde comment la conscience du mort, en tant que syllabe HRI, s'élève dans le canal subtil central et s'unit au cœur d'*Amitabha* au-dessus du crâne du cadavre. La méditation et la puissante concentration du Lama est une telle aide et un tel appui que le mort n'a qu'à se confier pleinement. Alors son esprit trouve la juste voie à suivre.

Enfin, l'ouvrage de Head et Cranston *Le Livre de la réincarnation* ([161] ; voir aussi [361]) fournit une foule de témoignages de réincarnés de toutes cultures et époques, dont le cas célèbre de Shanti Devi ([152],[161] p. 108, [231]). Citons également le cas surprenant d'une femme anglaise (malheureusement restée anonyme) capable d'écrire des chansons dans une langue inconnue (d'elle-même), identifiée plus tard par des linguistes universitaires comme la langue d'Oc, en usage dans le Midi de la France au 13e siècle [151]. Ces chansons provenaient de rêves effrayants au cours desquels elle revivait les derniers moments des cathares de Montségur. Plus près de nous, le cas de James Leininger, né en Louisiane en 1999, qui rapporta des témoignages de combats aériens américano-japonais lors de la guerre du Pacifique, est bien documenté [221] et fit l'objet de vérifications intéressantes.

Cependant, le fait que le concept de réincarnation se propage de culture en culture n'est pas en soi un gage de véracité. On pourrait en effet citer, à titre de contre-exemple à cet égard, la théorie géocentrique du système solaire, inventée par Aristote au 3e siècle avant J.-C. et perfectionnée par Ptolémée au 2e siècle après J.-C (nous y reviendrons en détail à la section 9.4 et figure 9.1). Celle-ci s'est propagée de la civilisation hellénistique vers l'Europe occidentale médiévale via la civilisation arabe. Malgré cette filiation s'étendant sur plus d'un millénaire et sur deux continents, la théorie géocentrique fut mise en défaut par l'observation des anomalies dans les tables de Cassini prédisant les phénomènes des satellites de Jupiter (Römer 1676), ou encore par la découverte de l'aberration annuelle de la lumière, un effet du mouvement de la Terre autour du Soleil (Bradley 1725) et enfin par la mesure de la parallaxe annuelle des étoiles (Bessel 1838).

Alors disposons-nous au final de faits solides en faveur de la réincarnation ?

L'argument le plus fort émane à notre avis de la tradition bouddhiste tibétaine, selon laquelle les êtres connaissant la réalisation suprême sont en mesure d'explorer à souhait les rives de la mort, comme cela fut décrit à la section 3.2, à quoi on peut ajouter la pratique *Po'wo* du transfert de la conscience. Enfin, les témoignages EMPs (chapitre 1) peuvent également constituer un indice (quoique partiel) en faveur de la réalité de la réincarnation, témoignages qui se complètent et arrivent à leur terme (la renaissance) grâce aux instructions figurant dans le *Bardo Thödröl, le Livre Tibétain des Morts* [128]. Une autre tradition millénaire, celle des cultes à mystère de l'Antiquité, relate des instructions semblables à celles décrites dans le *Bardo Thödröl* (section 3.2).

Par cette longue analyse, nous espérons, sinon avoir convaincu le lecteur de l'universalité du concept de réincarnation tout au long des époques et des cultures, à tout le moins avoir fourni des pistes pour alimenter sa propre réflexion.

4. Écoles philosophiques : La prévalence de l'esprit sur la matière, ou le contraire ?

Pour certains, la Nature est une apparence qui semble réelle, mais l'esprit est la seule réalité. Pour d'autres, la Nature physique est la seule réalité dont l'esprit est un épiphénomène.

A.N. Whitehead, *Nature and Life*, 1934, Cambridge University Press

On rencontre, il est vrai, beaucoup de physiciens, et non des moindres, qui croient encore, globalement, à l'objectivité de la physique. Il s'agit d'un acte de foi. (...) Ainsi, il faut le reconnaître, de par la référence toujours plus explicite à la philosophie opérationaliste qu'elle est amenée à introduire dans ses principes fondamentaux, la science, loin de conforter la notion de réalité indépendante, participe en fait elle aussi, si l'on y regarde de près, à son évacuation.

Bernard d'Espagnat, *À la recherche du réel* [96], p. 242

La probable survivance de la conscience à la mort du corps physique rapportée dans les chapitres qui précèdent nous conduit à imaginer la possibilité de la prévalence de l'esprit sur la matière, ce qui est contraire au courant de pensée matérialiste[1] dominant actuellement en Occident, selon lequel l'esprit est une propriété émergente de la matière lorsque celle-ci s'organise en réseaux neuronaux abrités par le cerveau. La mort du cerveau conduit dès lors à l'arrêt de l'activité de la conscience. Il y eut dans le passé des écoles philosophiques occidentales allant déjà à l'encontre du matérialisme, comme l'idéalisme et le panpsychisme que nous évoquerons dans ce chapitre (sections 4.2 et 4.7). En Orient, baigné par 2500 ans de pratiques méditatives, la situation est encore plus extrême, car non seulement l'esprit y est également considéré comme prévalant sur la matière (en particulier dans l'école de l'*esprit seul* ; sanscrit *cittamatra,* section 4.9.3), mais c'est même l'ensemble de la réalité extérieure qui y est fréquemment présentée comme une propriété émergente de l'esprit !

Mais avant de décrire ces différentes écoles de pensée, une mise en contexte culturelle et historique s'impose. À chaque époque correspond un paradigme dominant quant à la nature de la réalité en général, et à la relation matière-esprit en particulier. Ce paradigme définit également le cadre conceptuel dans lequel la physique opère. Des concepts tels que la *localité* (pas d'action fantomatique à distance, pour reprendre les termes d'Einstein) ou le *réalisme* (c'est-à-dire l'existence d'une réalité extérieure objective) par exemple sont des préjugés (à comprendre dans le sens de « postulats ») philosophiques que la physique décide généralement d'adopter *a priori* avant de déployer son arsenal. Et ces *a priori* philosophiques sont tellement ancrés dans notre mode de pensée occidental que nous en oublions presque l'existence. Il est donc essentiel de les rappeler avant de se lancer dans la description de la vision de la réalité proposée par la physique, qui sera l'objet du chapitre 7. Nous verrons que les expériences récentes décrites dans ce chapitre 7 nous imposent à leur tour un changement de paradigme quant à la nature de la réalité.

Malgré des brèches qui ont pour origine la découverte de « particules intriquées » (section 7.1.1), l'Occident d'aujourd'hui reste

---

[1] Le matérialisme est un cas particulier de *monisme,* comme nous le décrirons aux sections 4.3 et 4.5.

encore profondément influencé par la pensée de René Descartes (1596-1650) développée dans son *Discours de la Méthode* de 1637 [109], sous-titré *Pour bien conduire sa raison et chercher la vérité dans les sciences*. La pensée cartésienne constitue un tournant dans la vision du monde de l'Occident, qui pendant tout le Moyen Âge fut dominée par la pensée magique, analogique et mystique. À l'époque de Descartes, de nombreux penseurs commencent à réaliser que les phénomènes sont explicables par une approche expérimentale combinée à un raisonnement logico-déductif. Ce nouveau mode de pensée constitue la branche inférieure de la figure 0.1. Avant cela, les réponses aux interrogations relatives à l'Homme et à la Nature étaient recherchées dans des approches animiste, magique ou mystique. Cette approche, représentée par la branche supérieure de la figure 0.1, incluait de nombreux vecteurs, dont le plus évident aujourd'hui (car encore actif) est celui de l'introspection-méditation et des sensations associées (sentiment de transcendance, perte de la notion du « moi », développement des intuitions, éventuellement transe chamanique et divination associée [159,289,334]). Mais à ce vecteur méditatif, on peut également ajouter des vecteurs architecturaux (mégalithes de la culture pré-celtique), figuratifs (*mandala* bouddhistes, masques rituels, pétroglyphes et totems d'Amérique et d'Afrique) ou littéraires (récits mythiques cosmogoniques ou épopées liant le prosaïque et le sublime tels les *Véda* [73,308,309,336,379] et les *Upanishads* [262] indiens, l'*Iliade* et l'*Odyssée* grecs, les récits mythiques sumériens [187] ou la *Bible* judéo-chrétienne, ou encore des ouvrages divinatoires comme le *Yi King* chinois). L'ampleur et le vaste nombre de ces vecteurs témoignent de l'importance de cette dimension non-cartésienne dans des sociétés par ailleurs très pragmatiques, ce qui semble signifier que ces vecteurs véhiculent un besoin profond de l'humanité, probablement parce qu'ils permettent de répondre à trois besoins distincts :

- bénéfices pratiques dans la vie quotidienne ;
- satisfaction d'une attente spirituelle ;
- curiosité intellectuelle à propos de la nature.

Tout au long de l'histoire de l'humanité, ces trois besoins fondamentaux ont suscité des efforts majeurs qui se sont cristallisés sous diverses formes. À partir de la Renaissance en Occident, les développements techniques ont pris le dessus sur le mysticisme afin de satisfaire le premier besoin, l'amélioration des conditions de vie au quotidien. La curiosité intellectuelle à propos de la nature s'est transformée en philosophie naturelle (la future *physique*), tandis que l'aspiration spirituelle va donner naissance aux religions et aux courants ésotériques associés.

La philosophie naît dans le monde grec et ionien vers le 6e siècle avant J.-C., lorsque la pensée commence à séparer clairement activités humaines et divines qui jusque là étaient mêlées dans un voile de mythes et de légendes. Les premiers grands courants philosophiques apparaissent alors, sous la houlette de Pythagore, Socrate et Platon, dont il sera question dans le contexte du courant *idéaliste* (section 4.7) mais qui furent déjà évoqués dans le contexte de la métempsycose au chapitre 2. Au même moment, les aspects ésotériques se développent sous la forme des cultes à mystères (étymologiquement, les cultes *initiatiques*) de Demeter, Dionysos, Éleusis et Orphée dans le monde grec, d'Isis et Osiris dans le monde égyptien, et de Mithra plus tard dans le monde latin. Vers le 2e siècle de notre ère, ces cultes initiatiques se transforment en un courant qui va traverser le Moyen Âge occidental sous la forme de l'hermétisme (fondé par le mythique Hermès Trismégiste ; en fait un syncrétisme entre le culte égyptien de Thôth, dieu de la Lune, et le culte grec de Hermès), et de ses branches associées que sont l'alchimie et la sorcellerie. Plusieurs penseurs célèbres adhéreront au courant hermétiste, notamment Giordano Bruno (1548-1600) et Isaac Newton (du moins dans son volet alchimique ; 1643-1727). Plus près de nous, Jung (1875-1961) étudia l'alchimie qu'il considérait, à l'instar de ses prédécesseurs cités ci-dessus, comme une métaphore de la transformation intérieure individuelle.

La tendance aujourd'hui est de considérer l'alchimie comme l'ancêtre de la chimie scientifique, parce qu'elle conduisit à des découvertes qui allaient poser les bases mêmes de la chimie moderne. C'est oublier cependant que l'alchimie était aussi et surtout une alchimie intérieure, c'est-à-dire un moyen symbolique de transformer son esprit en un vecteur aux aspirations aussi nobles que possible. La philosophie alchimiste, qui nous semble aujourd'hui si étrange, postule en réalité une symétrie entre matière et esprit et vise, *in fine*, à créer les bases conceptuelles d'une saisie scientifique unitaire de la sphère physique et de la sphère psychique (voir par exemple [276], pp. 174-176). Parallèlement aux pratiques alchimiques se développent les pratiques de sorcellerie qui, loin de leur connotation négative imprimée par l'Église catholique, étaient en fait une manière de se rapprocher de – voire d'entrer en communion avec – la nature (ne fut-ce que du point de vue des méthodes phyto-thérapeutiques par exemple). Il est significatif que le massacre des sorcières de 1570-1630, orchestré par l'Église catholique, soit juste antérieur au développement de la méthode d'investigation cartésienne, qui constitue donc une cassure nette avec les courants de pensée antérieurs.

Pourtant, parallèlement à la science cartésienne, se poursuivront les activités occultes qui ont pour nom spiritisme ([tentatives de] contact avec les esprits des défunts) et parapsychologie (vision à distance, clairvoyance...), dont les méthodes ne sont pas celles du *Discours de la Méthode* cartésien. Depuis ce moment, ces pratiques sont donc qualifiées d'irrationnelles, c'est-à-dire ne faisant pas usage de la raison. Cette qualification n'est pas fausse, puisque ces pratiques font au contraire appel au volet intuitif et non-conceptuel de la pensée humaine. Mais sont-elles pour autant sans valeur ? Nous y reviendrons au chapitre 10.

Si on voulait établir l'arrière-plan philosophique qui sous-tend les travaux scientifiques de Pauli, on serait aussitôt tenté de conclure à un rationalisme extrême et à une position fondamentalement sceptique. En réalité, derrière cet esprit critique et ce scepticisme apparent, se cache un profond intérêt philosophique pour tout ce qui a trait aux régions obscures de la réalité ou à celles de l'âme humaine, qui se trouvent opposées au concept de Raison. En fait, la fascination que peuvent exercer les analyses faites par Pauli de la physique tient bien en partie à l'extrême clarté de ses formulations, poussée jusque dans les moindres détails, mais tout autant à son contact incessant avec le domaine des processus intellectuels productifs, au sujet desquels il n'existe pas encore de formulation rationnelle.

W. Heisenberg, *Les conceptions philosophiques de Wolfgang Pauli* [277], pp. 17-18

Au contraire de ce qui précède, la part rationnelle de l'esprit humain a donné naissance à différents courants philosophiques qui sont brièvement décrits dans les sections qui suivent. Ces différents courants se distinguent par les réponses qu'ils apportent à la question fondamentale suivante : L'esprit est-il une propriété émergente de la matière (plus précisément du cerveau), ou bien se situe-t-il en dehors, comme une entité totalement séparée ? Le lecteur intéressé pourra trouver une description plus détaillée de ces courants de pensée dans les ouvrages de R.L. Gregory [146], E. Squires [335] et B. d'Espagnat [96].

4.1 Le dualisme cartésien

À l'époque des Lumières, lorsque les philosophes commencent à réaliser que les phénomènes sont explicables par une approche expérimentale combinée à un raisonnement logico-déductif, Descartes expose en 1637 dans son *Discours de la Méthode* [109] quatre principes fondamentaux pour guider la méthode scientifique :

(i) L'indépendance par rapport à l'observateur : toute expérience doit pouvoir être accomplie indépendamment d'un observateur en particulier. Ce principe suppose également qu'il y ait indépendance entre le système observé et l'observateur ; en d'autres termes, que l'observateur ne modifie pas le système observé ;

(ii) En corollaire, il doit y avoir reproductibilité : l'expérience doit pouvoir être reproduite en n'importe quels lieu et époque, et par n'importe quel expérimentateur, et conduire aux mêmes résultats ;

(iii) Le système doit pouvoir être séparé en composantes (réductionnisme), et l'analyse du fonctionnement de ces composantes doit permettre de comprendre le fonctionnement du tout. En d'autres termes, le tout peut se réduire à la somme de ses parties ;

(iv) Les théories sur le fonctionnement du monde doivent pouvoir être élaborées en combinant le résultat d'expériences avec un raisonnement logico-déductif.

Il y a dans l'approche de Descartes une hypothèse essentielle, puisque Descartes considère que l'esprit humain – *res cogitans* – est d'une nature fondamentalement différente de celle du monde matériel – *res extensa*[2] – ce qu'il essaye d'expliquer ainsi ([109], pp. 33-34) : « je connus de là que j'étais une substance dont toute l'essence n'est que de penser, et qui, pour être, n'a besoin d'aucun lieu ni ne dépend d'aucune chose matérielle ; en sorte que ce moi, c'est-à-dire l'âme, par laquelle je suis ce que je suis, est entièrement distincte du corps. » C'est pourquoi le cartésianisme est aussi considéré comme un système dualiste : le monde matériel et l'esprit sont totalement disjoints, l'esprit n'étant pas considéré comme une propriété émergente de la matière. En outre, contrairement à l'esprit, la matière est définie comme existant dans l'espace et le temps, sous la forme d'entités séparées, obéissant de plus à des lois immuables dont la découverte est l'objet de la physique. Une telle attitude dualiste est compréhensible dans le contexte d'une époque qui ne connaissait ni les propriétés ni le rôle du cerveau. La possibilité pour l'esprit d'émerger d'une structure complexe comme un réseau neuronal était par conséquent impossible à formuler à cette époque, contrairement à la situation actuelle (section 5.2). Par conséquent, aujourd'hui, les avantages de la position dualiste sont moins clairs qu'à l'époque de Descartes, quoique la position dualiste soit essentielle afin d'assurer la viabilité du concept de réincarnation développé au chapitre 2, concept qui revient à l'ordre du jour par le truchement des expériences de mort provisoire (EMP ; chapitre 1). Le principal atout du dualisme est donc qu'il offre un cadre explicatif à un large spectre de phénomènes apparaissant comme étranges dans le contexte de la science matérialiste contemporaine, à savoir réincarnation et sorties de corps, qu'elles se produisent dans un contexte d'EMP (chapitre 1) ou non (section 5.3). Il faut souligner le paradoxe qui émane des considérations qui précèdent : le dualisme exprimé par Descartes est très clairement *spiritualiste,* puisqu'il affirme que l'esprit est d'une nature différente de celle du corps, et ne pourrait donc par principe en constituer une

---

[2] *Res extensa* signifie la *substance extensive,* c'est-à-dire la matière qui occupe l'espace, par opposition à la *substance pensante, res cogitans.*

propriété émergente. Et pourtant, aujourd'hui, l'application au fonctionnement du cerveau de la méthode cartésienne, qui émane à l'origine d'une position dualiste, aboutit à la position contraire : l'esprit est considéré comme une propriété émergente du cerveau !

Pour une discussion des forces et faiblesses du dualisme dans le contexte occidental contemporain, le lecteur intéressé consultera avec profit Smith & Jones [331] et Churchland [80], ou Swinburne [348], le dernier étant partisan du dualisme tandis que les deux précédents en sont des détracteurs. L'opposition actuelle quasi-générale au dualisme est probablement attribuable à l'apparente nécessité, dans le contexte dualiste, d'introduire une notion – l'esprit – en dehors du champ de la physique, alors même que la physique a montré sa force à expliquer quantité de phénomènes naturels, et qu'elle cherche précisément la Théorie du Tout (à savoir l'unification de la théorie quantique décrivant les aspects microscopiques de l'univers avec la relativité générale et la gravitation décrivant l'univers à grande échelle). Cette nécessité de recourir à un concept d'esprit n'appartenant pas au champ (actuel) de la physique peut sembler dérangeante. Mais ne s'agit-il pas simplement d'une question de définition ? Cette inclusion de l'esprit dans la physique de demain demanderait une nouvelle extension de la Théorie du Tout. Dans ces conditions, la Théorie du Tout rejoindrait le clan philosophique du *monisme* qui sera décrit à la section 4.3, et qui constitue l'antithèse du dualisme cartésien. Dans le passé, de semblables extensions du champ de la physique permettant d'inclure des concepts nouveaux se sont déjà produites à quelques reprises. Les champs électriques et magnétiques en sont probablement les meilleurs exemples. Quoique leur découverte se fit initialement en relation avec la matière (porteuse de charge électrique au repos pour les premiers, et en mouvement pour les seconds), il fut découvert ensuite que ces champs peuvent exister indépendamment de la matière, sous la forme d'ondes électromagnétiques, solutions des équations de James Clerck Maxwell (1831-1879). Elles furent mises en évidence en 1888 par Heinrich Hertz (1857-1894). Dans les ondes électromagnétiques, un champ électrique oscillant entraîne un champ magnétique oscillant, qui lui-même entraîne un champ électrique oscillant, et ainsi de suite. Le phénomène se maintient sur des durées et des distances énormes : ce phénomène n'est autre que la lumière, susceptible de nous parvenir de distances gigantesques et de temps très reculés (il suffit pour s'en convaincre de considérer le rayonnement de fond cosmologique émis quelque 300 000 ans après le Big Bang et correspondant à un corps noir à la température de 2.7 degrés Kelvin ; voir figures 4.1 et 7.18, et note 10 pour la définition d'un corps noir). Ne pourrait-on envisager une situation similaire pour l'esprit ?

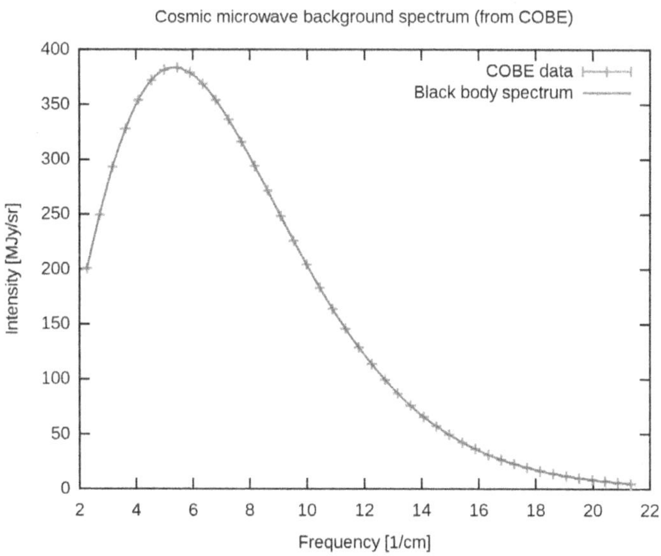

Figure 4.1 Comparaison entre le spectre de corps noir théorique à 2.728 K (courbe continue) et les valeurs observées par le satellite COBE du rayonnement de fond cosmologique (voir aussi la figure 7.18).

I think that's the situation we are in with consciousness. If you can't explain consciousness in terms of the existing fundamentals – space, time, mass, charge – then as a matter of logic, you need to expand the list. The natural thing to do is to postulate consciousness itself as something fundamental, a fundamental building block of nature.

David Chalmers, *How do you explain consciousness?*, TED conference, mars 2014

http://www.ted.com/talks/david_chalmers_how_do_you_explain_consciousness/transcript

D. Chalmers, dans la citation ci-dessus, va exactement dans ce sens, lorsqu'il propose d'associer à la matière une nouvelle caractéristique – l'esprit – au même titre que la masse et la charge, précisément[3]. D. Bohm à son tour propose cette idée ([45], p. 283) : « [...] d'une certaine manière, même au niveau des particules élémentaires un attribut rudimentaire de type esprit serait présent. » Les propositions de Bohm et Chalmers se relient également au panpsychisme décrit dans la section suivante.

4.2 Panpsychisme

Nous roulions en moto. Il faisait nuit. Mon copain Frank conduisait. Moi, derrière, j'appuyais ma tête contre son dos. [...] Le camion n'a pas respecté la priorité, j'ai levé la tête et, tout d'un coup, j'ai vu que le camion était là tout près, son phare droit à moins d'un mètre de la moto [...] Le choc. [...]
Là, j'ai cru que j'allais mourir. Je me suis laissé aller.
Il y a eu un trou noir.
Tout d'un coup, j'éprouve une impression bizarre, impossible à préciser : je suis l'herbe au bord de la route !
J'ai encore vu les gendarmes arriver. [...] Les pompiers m'ont retiré mon casque, l'ont envoyé rouler et j'ai vu qu'il était fendu en deux. Une drôle d'impression.
L'impression se poursuit : je suis le gravier [...]
Quand l'ambulance est arrivée, j'en étais tout à fait conscient.
Pendant que nous roulions, une autre certitude s'est imposée : celle d'avoir été un arbre en Amérique du Sud. J'avais beaucoup souffert pendant cette existence végétale, à cause de plusieurs incendies. J'ai revécu ma vie de graine, j'ai passé toutes les couches de la terre, pour arriver à naître à la lumière. C'était extraordinaire, cette lumière, lorsque je suis sorti de terre. Je n'ai pas vécu

---

[3] Cette idée fut également défendue par C. de Duve dans la conclusion de *Poussière de vie* [104], et par J.E. Charon dans son ouvrage *L'Esprit cet inconnu* (qui suscita la polémique – voir la critique voilée qui en est faite par d'Espagnat [96], pp. 186-187). Une version plus complexe de cette idée, car ne relevant pas du réalisme proche – et donc non sujette aux critiques précédentes –, fut proposée par B. d'Espagnat ([96], chapitre 10). Une analyse plus détaillée en est faite dans la section 4.2 ci-dessous consacrée au panpsychisme.

l'histoire du tunnel, ni la grande lumière blanche dont ils parlent tous. J'ai juste vécu la vie d'un arbre, et c'était beau.

Témoignage EMP recueilli par Patrice Van Eersel, *Réapprivoiser la mort* [360], pp. 187-189

Le concept du « tout est esprit » (ou *panpsychisme*) remonte à Thalès (environ 624-545 avant J.-C.) et Anaxagore (environ 500-425 avant J.-C.), et fut repris ensuite par Bruno (1548-1600), Spinoza (1632-1677), Leibniz (1646-1716) [220], puis plus près de nous par Whitehead (1861-1947) [376] et Chalmers (1966-) [71]. On peut le considérer comme une survivance des concepts animistes en vigueur avant la naissance de la philosophie moderne, comme décrit en introduction à ce chapitre. d'Espagnat ([96], chapitre 10) qualifie d'ailleurs ce concept du « tout est sensible » d'*animisme,* qui constitue le fondement conceptuel des pratiques chamaniques [159,334] qui associent des « esprits » à toutes les entités de l'univers (animaux, mais aussi pierres, et même dans les cas les plus extrêmes, étoiles et galaxies ! [289]), y compris donc à celles qu'aujourd'hui la pensée matérialiste qualifie d'inanimées.

La version la plus populaire de l'animisme (celle de Chalmers et Charon ; voir la note 3 ci-dessus et la citation de Chalmers à la fin de la section 4.1) est une doctrine de réalisme proche, selon le vocable utilisé par d'Espagnat. Le réalisme, qui sera décrit à la section 4.6, fait référence à l'existence d'une réalité qui existe indépendamment de l'observateur, tandis que le qualificatif « proche » signifie que le monde est décrit au moyen de concepts empruntés au sens commun de la vie quotidienne. Bernard d'Espagnat [96] a montré que le réalisme proche est inconciliable avec la mécanique quantique, comme nous le verrons également aux sections 7.1.4-7.1.5. L'animisme dans sa version la plus élémentaire apparaît donc intenable.

Cependant, après une analyse fouillée, B. d'Espagnat ([96], p. 191) suggère que dans toute théorie physique incluant la conscience, les consciences individuelles devraient être l'émanation d'une conscience cosmique afin de préserver la propriété de non-localité que l'on sait aujourd'hui être essentielle à notre description de la nature (section 7.1). E. Squires fait une suggestion similaire basée sur les mêmes prémisses ([335], p. 209). Schrödinger lui-même tenait des propos semblables dans son ouvrage *L'Esprit et la Matière* [323] : « La raison pour laquelle notre ego sensible, percevant et pensant, ne se rencontre nulle part au sein de notre vision scientifique du monde peut aisément se décrire en dix mots : parce qu'il est lui-même cette image du monde. Il est identique au tout, et par là-même ne peut y être contenu comme l'une des parties de ce tout. Mais, évidemment, ici nous heurtons le paradoxe arithmétique ; il apparaît qu'il existe une grande multitude de ces egos conscients, le monde cependant est unique [...] Il n'y a qu'une seule [échappatoire] [...], à savoir l'unification des esprits ou des consciences. Leur multiplicité est seulement apparente, en réalité il n'y a qu'un seul esprit. »

Un soutien inattendu à cette idée est fourni par certains témoignages EMP, dont celui-ci, rapporté par le Dr Moody ([253], pp. 61-62) :

> [...] il s'est fait autour de moi comme une exposition, disons, où tout ce que j'avais fait dans ma vie se trouvait comme à l'étalage [...]
>
> Il m'a semblé que ce retour en arrière, ou ce rappel, ou ce que vous voudrez, se donnait avant tout pour but de passer une revue de détail sur toute l'étendue de mon existence [...] Tout ce que je voyais, tous les événements que je revivais, je les regardais à travers les yeux de quelqu'un qui aurait eu, on pourrait dire, un savoir infini, et qui m'aidait à voir.
>
> C'est cette partie-là qui m'a obsédé depuis, parce que je ne voyais pas seulement tout ce que j'avais fait, mais même les répercussions que mes actes avaient entraînées pour d'autres personnes. Ça ne se présentait pas comme un film projeté sur un écran, parce que je *ressentais* tout ça, ça s'accompagnait de sentiment, surtout à partir du moment où j'avais reçu ce savoir. [...] J'ai découvert que même mes pensées sont conservées. Toutes mes pensées étaient là. Nos pensées ne se perdent jamais [...]

Le témoignage ci-dessus convoie donc le message inattendu que les pensées passées ne disparaissent pas, mais restent gravées pour être accessibles à nouveau plus tard (et pas seulement les siennes propres, mais celles de tous les êtres), un peu comme s'il existait un disque dur universel contenant les pensées de tous les êtres de tous les temps... Ce témoignage corrobore donc l'hypothèse de l'existence d'un esprit unique contenant tous les autres, rejoignant ainsi les suggestions de d'Espagnat, Squires et Schrödinger mentionnées plus haut. Tout comme Sylvie Déthiollaz et Claude Charles Fourrier ([110], p. 330) qui concluent leur recension de témoignages d'états modifiés de conscience par cette affirmation : « L'idée d'une Conscience unique dont nous serions tous issus et à laquelle nous serions appelés à retourner est soutenue par tous ceux qui ont vécu une Expérience Transcendantale, mystiques d'autrefois ou expérienceurs modernes. »

Nous nous trouvons ici face à la notion d'*inconscient collectif* de C. Jung ([198] et chapitre 6), ou d'*Esprit de Bouddha* du bouddhisme tantrique ([40,204] ainsi que section 4.9.2), comme nous le développons ci-dessous. Ce concept de Conscience unique peut pourtant paraître en contradiction avec notre sens commun : s'il y a quelque chose qui nous semble relever de notre intimité la plus profonde, c'est bien notre conscience. Et pourtant, l'objectif ultime des techniques méditatives bouddhistes est d'accéder à la nature de Bouddha, qui consiste à entrer en contact avec la nature fondamentale de notre esprit, un état de conscience profondément enfoui sous le voile de nos perceptions illusoires et de nos pensées discursives, et qui procure effectivement – d'après les témoignages des maîtres y ayant accédé – un sentiment d'union avec l'univers et avec tous les êtres. C'est d'ailleurs, d'après J. Blofeld [40], p. 283], l'une des étapes par laquelle doit passer l'adepte du *Yoga de la Grande Libération*, l'une des pratiques yogiques associée au bouddhisme tantrique :

> L'adepte apprend ensuite à percevoir que son propre esprit et ceux de tous les autres êtres sont un seul esprit inséparable. (Ce concept présente des difficultés. Ce que je sais et pense ne correspond pas exactement à ce que vous savez et pensez, il est donc naturel de supposer que nos esprits sont des entités séparées. Mais la psychologie a montré que nos esprits contiennent de vastes réserves de connaissances qu'on ne peut amener volontairement à la pensée consciente en l'absence de stimulants appropriés ; et cer-

> tains psychologues[4] ont même été jusqu'à suggérer qu'au moins une partie de la région inconsciente de nos esprits est propriété commune. Ces deux réflexions, associées à la difficulté de se figurer l'existence séparée d'entités non gouvernées par les lois de l'espace, aideront peut-être à saisir le concept bouddhiste que toute la connaissance de l'univers est présente – bien que l'individu puisse ne pas en être conscient – dans notre esprit commun. Lorsque se sont dissous les accroissements karmiques responsables de l'illusion d'egos séparés, ce qui reste est l'esprit pur, indivisible.)

Pour conclure sur le sujet du panpsychisme, référons-nous une fois encore aux propos très mesurés de d'Espagnat ([96], pp.192-193) :

> [...] l'idée du « tout est sensible » apparaît comme n'étant ni à rejeter catégoriquement ni à soutenir sans réserve. [...] En revanche, il n'y a pas d'inconvénient à considérer la doctrine du « tout est sensible » comme constituant un grand et beau mythe, riche d'un enseignement caché. Si quelque sage, au terme d'une longue méditation, est parvenu à des convictions animistes, il faut qu'il sache que même un homme de science peut le comprendre, et enrichir par là ses vues personnelles sur le monde. Entre eux il ne s'agira pas alors de procédés techniques permettant de prédire des effets de lévitation ou de torsion de barre de fer, ou d'autres choses de ce genre. Il s'agira d'aspirations toutes différentes, tendant à une intelligence des rapports autres que d'action qui peuvent exister entre l'esprit humain et la réalité profonde.

Notons enfin que, dans le cadre du panpsychisme, il est souvent fait mention d'une finalité à l'évolution universelle : l'Esprit-Univers aurait créé des consciences individuelles pour pouvoir se ressentir lui-même, et réfléchir sur lui-même. C'est l'idée du Principe anthropique proposé par B. Carter, John D. Barrow et Frank J. Tipler [22], qui affirme dans sa version forte que les constantes physiques et cosmologiques possèdent des valeurs très particulières, car une légère déviation par rapport aux valeurs effectivement réali-

---

[4] J. Blofeld fait vraisemblablement allusion ici à C.G. Jung et à son concept d'inconscient collectif et d'archétypes.

sées n'aurait pas permis l'apparition, à un moment de l'histoire de l'univers, d'environnements où la vie basée sur la chimie du carbone[5] puisse se développer (avec en corollaire le développement de la conscience si on la suppose propriété émergente du cerveau). Ce principe a donné lieu à de nombreux et vifs débats dans lesquels nous ne nous aventurerons pas ici. Nous renvoyons les lecteurs intéressés aux auteurs cités ci-dessus ainsi qu'au débat contradictoire présenté par les références [211,339 chapitre 15, 342].

4.3 Monisme

Dans le contexte matière-esprit, le monisme affirme qu'esprit et matière sont deux facettes du même substrat. Il s'oppose de la sorte au dualisme cartésien (esprit et matière sont deux entités distinctes de nature différente ; section 4.1), et au nihilisme (ni esprit ni matière ne possèdent de réalité intrinsèque). Le monisme remonte à Aristote (384-322 avant J.-C.) et Spinoza (1632-1677), et plus récemment à Ernst Mach (1838-1916), Bertrand Russell (1872-1970) et David Chalmers (1966-). Le monisme a également joué un rôle très important dans le christianisme conciliaire qui a forgé le dogme chrétien, puisque celui-ci a rejeté le dualisme radical des gnostiques et des (néo-)platoniciens. Le dogme chrétien, au travers notamment des positions d'Augustin d'Hippone (Saint-Augustin, 354-430) et plus tardivement de Thomas d'Aquin (~1224-1275), se réclame en effet de la position moniste lorsqu'il affirme l'« union substantielle de l'âme et du corps », reprenant ainsi la pensée d'Aristote. Cette position s'est avérée déterminante dans le rejet par l'église chrétienne de la réincarnation au profit de la résurrection des morts (section 2.1).

Il existe de nombreuses variantes du monisme (voir à ce sujet par exemple l'article *monisme* de l'*Encyclopédie de*

---

[5] La prédiction par Fred Hoyle en 1953 d'un niveau résonnant dans le noyau de ^{12}C permettant sa synthèse dans les étoiles via la suite de réactions $^{4}He + {}^{4}He \rightarrow {}^{8}Be$ et $^{8}Be + {}^{4}He \rightarrow {}^{12}C$ est considéré comme un argument essentiel en faveur du Principe anthropique. Pour une analyse critique de cette affirmation, le lecteur pourra consulter Helge Kragh, *An anthropic myth : Fred Hoyle's carbon-12 resonance level* [211].

philosophie de Stanford[6]). Mentionnons seulement ici que le monisme peut être assimilé au *matérialisme* (section 4.5) dans le cas où le substrat unique dont émane l'esprit est la matière du cerveau, ou au contraire au *spiritualisme* dans l'hypothèse opposée où la substance unique dont relève l'esprit est de nature uniquement spirituelle (dans ce cas, la matière est considérée comme une émanation de l'esprit). Si au contraire le substrat de la réalité n'est ni de nature spirituelle[7], ni de nature matérielle, mais d'une nature *neutre* de ce point de vue, il s'agit du *monisme neutre*. Cette nature ultime de la réalité, ni matière ni esprit, pourrait être l'information, une position défendue par le philosophe Chalmers ([71], p. 303) et les physiciens Bohm [44], Hiley [166,167,169] et Zeilinger [382]. Nous y reviendrons aux sections 7.2 et 8.2.

4.4 Réductionnisme

Dans le sens où nous l'utiliserons dans cet ouvrage, le réductionnisme constitue le point de vue sur la nature de la réalité selon lequel les propriétés d'un tout résultent uniquement de celles de ses composantes. En d'autres termes, le tout n'est rien de plus que la somme de ses parties. Dans le contexte du réductionnisme, on cherchera par exemple à comprendre les propriétés d'un atome à partir des propriétés de ses constituants : électrons et noyau, lui-même constitué de neutrons et protons, eux-mêmes constitués de quarks. En poussant l'exemple plus loin, le réductionnisme conduit à ramener la compréhension du fonctionnement d'un ordinateur à la compréhension des propriétés de ses constituants, les atomes de silicium et d'indium composant les transistors qui en sont l'élément essentiel. Les progrès technologiques réalisés au cours du 20e siècle ont montré à quel point cette démarche (qui tire son origine du *Discours de la Méthode* car-

[6] http://plato.stanford.edu/entries/monism/

[7] Nous aurions ici pu écrire « mentale » au lieu de « spirituelle », mais avons préféré le second dans son sens de « relatif à l'esprit », car « mental » pourrait donner l'impression que nous réduisons l'esprit au mental, alors que notre conclusion du chapitre 10 consistera précisément à faire l'apologie de la complémentarité entre les deux modes de fonctionnement de l'esprit que sont le mental et l'intuition.

tésien [109]) était fructueuse, à tout le moins sur le plan technologique. C'est également une démarche réductionniste que de faire reposer l'analyse sociologique sur la psychologie, la psychologie sur la physiologie, la physiologie sur la biologie, la biologie sur la chimie, la chimie sur la physique, et la physique sur les mathématiques. On notera que l'adjectif « réductionniste » est souvent chargé aujourd'hui d'une connotation péjorative, quoique l'usage qui en est fait ci-dessus soit évidemment totalement neutre. Cette connotation négative provient peut-être de notre résistance à réduire à de la simple physique les choses complexes que nous aimons ! Plus sérieusement, nous montrerons au chapitre 7 consacré à la physique quantique que le réductionnisme est remis en question par les expériences récentes relatives aux particules intriquées (section 7.1). Dans cette situation, le système est *plus* que la somme de ses parties.

4.5 Matérialisme

L'affirmation de base du matérialisme est à l'opposé du dualisme, puisque le matérialisme soutient que la matière est la seule réalité. C'est donc une variante du monisme. Cette école de pensée remonte à Démocrite (vers 460 avant J.-C.-vers 370 avant J.-C.), l'inventeur de la notion d'atomes, les éléments constitutifs de la matière. Depuis l'avènement de la théorie de la relativité restreinte en 1905, et sa célèbre formule $E = mc^2$ impliquant l'équivalence entre matière et énergie (section 7.2.1), cette définition basique du matérialisme doit évidemment être amendée, remplaçant à tout le moins la notion de matière seule par celle de la paire matière-énergie.

Mais, comme nous le verrons au chapitre 7.2, même la définition du matérialisme en termes de réalité du seul couple matière-énergie est trop restrictive encore. En effet, la physique quantique, sous sa forme la plus avancée de théorie quantique des champs, a remplacé la description du monde en termes de particules-énergie par une description en termes de champs. Ces champs sont des entités abstraites dont les états d'excitation sont les particules de la description matérialiste. Les particules, dans la physique contemporaine, sont donc de simples propriétés des champs quantiques. Il apparaît ainsi qu'en théorie quantique des champs, la réalité se situe à un niveau plus profond que celui où la voient le sens commun ainsi que la mécanique quantique élémentaire. Une particule n'y appartient pas en soi à la réalité. Elle n'est qu'une propriété plus ou moins fugace de la réalité décrite en termes de champs. Nous n'entrerons pas ici dans plus de détails de ce sujet difficile (mais nous en reparlerons à la section 7.2.2).

Il convient donc aujourd'hui d'adopter la définition du matérialisme qui est celle-ci : c'est l'école de pensée selon laquelle la réalité est décrite par les lois de la physique en termes d'états d'excitation de champs. Ceci inspira à B. d'Espagnat [96] la belle formule suivante pour caractériser l'évolution récente de l'école matérialiste : *Démocrite se réfugie chez Pythagore*, le premier étant l'inventeur de la théorie atomiste, le second défendant l'idée que les nombres sont la seule réalité. Selon le point de vue matérialiste moderne, la Théorie du Tout déjà évoquée ci-dessus, à savoir l'unification de la théorie quantique décrivant les aspects microscopiques de l'univers avec la relativité générale et la gravitation décrivant l'univers à grande échelle, constituera donc une description de l'ensemble de la réalité.

On pourrait penser que la conscience ne peut s'insérer dans cette Théorie du Tout autrement qu'en supposant qu'elle constitue une simple propriété émergente d'un système complexe comme le cerveau. Cependant dans la section 4.1 consacrée au dualisme, nous avions proposé une autre issue (à savoir, affubler la propriété « esprit » aux particules élémentaires à l'instar de leur masse et de leur charge, soit une version moderne d'« animisme »), à l'instar de de Duve et Charon (voir la note 3 ci-dessus). Mais ceci ramènerait somme toute la conscience dans le giron du matérialisme, considéré alors dans un sens beaucoup plus large – tellement plus large que sa dénomination en deviendrait inappropriée ! Et le paradoxe ne s'arrête pas là, puisqu'en fait nous verrons à l'issue de cet ouvrage (sections 8.5 et 9.5) que toute tentative d'unification matière-esprit ne possède de sens qu'au niveau de réalité ultime, « derrière l'ordre empirique du monde, et au-delà de lui » (pour reprendre l'expression de T. Izutsu, [180] p. 353) là où toute dualité disparaît. Cette position est proche de celle également défendue par David Bohm (voir par exemple [374] pp. 232-248 ainsi que notre section 7.1.3).

4.6 Réalisme

Le réalisme suppose l'existence d'une réalité extérieure à nos sens et à nos perceptions, que ceux-ci nous répercutent. Cette réalité extérieure existe donc indépendamment de l'esprit. De plus, l'esprit peut progresser dans la direction d'une connaissance toujours meilleure de cette réalité.

Dans le cas du réalisme *physique*[8], cette réalité extérieure est descriptible par les moyens de la physique. Suivons ici d'Espagnat [96] qui emprunte la définition du réalisme physique à l'introduction du *Traité de mécanique quantique* de Messiah [248] :

> La première chose que l'on exige d'une théorie est évidemment que ses prévisions soient en accord avec les observations expérimentales ; il est bien certain que la théorie quantique remplit cette condition, tout au moins dans le domaine de la physique atomique et moléculaire. Mais une théorie physique ne peut prétendre être complète si elle se borne à prédire ce qu'on observe lorsqu'on fait telle ou telle expérience. Au départ de toute entreprise scientifique on pose comme postulat fondamental que la nature possède une réalité objective, indépendamment de nos perceptions sensorielles ou de nos moyens d'investigation ; l'objet de la théorie physique est de

[8] d'Espagnat [96] propose de faire une distinction entre le réalisme *physique* (c'est-à-dire qui suppose l'existence d'une réalité dont l'investigation est possible par des expériences de physique et qui est descriptible par les théories physiques), et un réalisme dans un sens plus large, comme par exemple le platonisme (c'est-à-dire le « réalisme des essences » ou « des idées ») qui n'a pas recours aux expériences physiques pour définir la réalité. En référence au courant de pensée idéaliste décrit à la section 4.7, on pourrait identifier le platonisme à un « réalisme idéaliste », mais ces deux qualificatifs sont pour ainsi dire antagonistes. On se situe donc ici à la limite de ce que permet notre classification simple. En fait, pareil « réalisme idéaliste » nous rapproche d'une description non-duelle de la réalité, et par voie de conséquence, nous rapproche du niveau de « réalité » ultime évoqué à la fin de cette section 4.6.

> faire un compte rendu intelligible de cette réalité objective.

Messiah poursuit alors en notant que les énoncés de la théorie quantique telle qu'on l'enseigne habituellement (c'est-à-dire selon l'interprétation dite de Copenhagen due à Niels Bohr, impliquant la fonction d'onde obéissant à l'équation de Schrödinger ; voir l'encadré IV à la section 7.1.2) se mettent au contraire sous une forme qui fait référence à nos perceptions ou à nos instruments. Cependant, à l'instar de beaucoup d'auteurs de traités de mécanique quantique, il s'abstient pourtant d'aborder le problème ainsi repéré. Et pour cause, la théorie quantique a porté un coup fatal au réalisme physique ([96] et sections 7.1.4 et 7.1.5). En effet, comme nous le verrons au chapitre 7, la théorie quantique est excellente pour nous prédire ce que nous observerons à la suite d'une expérience, mais rencontre de très grandes difficultés lorsqu'il s'agit de nous dire ce qui est. Puisque la théorie quantique a démontré sa validité (notamment par l'accord extraordinaire entre ses prédictions et les propriétés observées du rayonnement fossile de corps noir à 2.7 K ; figure 4.1 et la note 10 ci-dessous pour la définition du corps noir), et que par ailleurs elle est incompatible avec le réalisme physique, c'est bien celui-ci qu'il convient d'abandonner. Ce fait explique pourquoi le réalisme physique n'est plus aujourd'hui considéré comme tenable, comme cela sera développé aux sections 7.1.4 et 7.1.5.

Il existe deux voies de sortie possibles : soit l'idéalisme, pour qui la seule réalité est celle de l'esprit (comme cela sera développé à la section suivante 4.7), soit le réalisme structurel ontologique [213]. Commençons par examiner une version plus douce de ce dernier, à savoir le réalisme structurel épistémique. Selon celui-ci, nous ne pourrons jamais connaître la nature véritable des choses, mais seulement leurs liens les unes avec les autres. Pour illustrer ce propos, prenons en effet l'exemple de la masse. Cette propriété physique n'est jamais perçue pour elle-même, mais l'est plutôt au travers de la relation qu'elle introduit entre les objets possédant cette qualité massique : par exemple, des objets doués de masse s'attirent mutuellement. Selon M. Kuhlmann [213], « la structure du monde, qui traduit comment les choses dépendent les unes des autres, est la composante la plus stable des théories physiques. De nouvelles théories pourraient bouleverser notre conception des briques élémentaires du monde, mais elles tendent à préserver les structures. [... Mais] pour quelle raison ne pouvons-nous connaître que les relations entre les choses et non les choses elles-mêmes ? La réponse la plus directe consiste à affirmer que les relations sont tout ce qui existe. Cette position plus radicale est celle du *réalisme structurel ontologique.* » L'importance des nombreuses symétries découvertes en physique moderne étaie le réalisme structurel ontologique [127,213,315]. Cette position sera évoquée à nouveau aux sections 7.2.4 à 7.2.6 consacrées à la matière et à sa définition relationnelle.

Nous pouvons tenter ici un grand bond en avant, et anticiper les conclusions qui seront amenées au chapitre 9 après le long cheminement des chapitres à venir. Ces derniers nous amèneront à défendre l'idée de deux niveaux de réalité : d'une part, le niveau « relatif » de l'apparence et des perceptions, et d'autre part le niveau ultime, transcendantal et ontologique. La prévalence des relations sur les objets apparaît à ce niveau ultime par le rôle central qu'y joue l'interdépendance (section 9.4).

4.7 Idéalisme

Le monde est conduit par la conscience [citta[9]],
manœuvré par la conscience,
tout obéit à une seule chose,
la conscience.

Dhammapada du canon pâli [cité et traduit par Lilian Silburn, *Aux sources du Bouddhisme*, Fayard, 1997, p. 218]

L'idéalisme soutient que « rien n'existe sauf l'esprit », à ne pas confondre avec le panpsychisme (« tout est esprit ») de

---

[9] Le mot sanscrit *citta* désigne habituellement dans le contexte bouddhiste l'esprit au sens le plus large, c'est-à-dire l'ensemble des fonctions mentales, rationnelles, émotionnelles, conscientes ou inconscientes. Nous avons repris ici la citation telle qu'elle apparaît dans la traduction française, mais il aurait sans doute été plus judicieux d'utiliser ici le mot « esprit » plutôt que « conscience ». Voir la section 1.3 pour un exposé détaillé des subtilités associées à ces deux mots français dans le contexte bouddhiste.

la section 4.2. L'idéalisme se fonde sur le constat que toute notre connaissance émane de sensations apparaissant dans notre conscience au travers de nos sens. Par conséquent, puisque tout ce que nous savons, nous le savons grâce à notre esprit, il en résulte que, d'une certaine manière, la seule réalité est celle de l'esprit. Ce point de vue fut soutenu pour la première fois par Platon (427 avant J.-C.-347 avant J.-C.), et repris ensuite par de nombreux philosophes parmi lesquels Berkeley (1685-1753) et Kant (1724-1804). En Orient, l'idée que seul existe l'esprit est défendue depuis de nombreux siècles par l'école bouddhiste de l'« esprit seul » (*cittamatra ;* section 4.9.3 ainsi que l'extrait du texte *L'émergence de la foi en l'Absolu* à la fin de cette même section). Selon le *Dictionnaire de Philosophie* [130], l'idéalisme est « un groupe de théories philosophiques qui ont en commun l'opinion selon laquelle ce qui serait habituellement appelé le "monde extérieur" est, d'une certaine manière, créé par l'esprit. » Pour l'idéalisme, seul l'esprit existe ; le monde « au-dehors » ne possède aucune réalité intrinsèque ; il n'existe que dans l'esprit. Cet *idéalisme* est semblable à l'attitude néo-gnostique, défendue par exemple par le philosophe français Raymond Ruyer, dans son ouvrage *La Gnose de Princeton* ([317], p. 33) :

> La thèse fondamentale de la Nouvelle Gnose est celle de toute Gnose. Le monde est dominé par l'Esprit, fait par l'Esprit, ou par des Esprits délégués. L'Esprit trouve (ou plutôt se crée lui-même) une résistance, une opposition : la Matière. [...] La Nouvelle Gnose radicalise la thèse gnostique. L'Esprit ne trouve pas la Matière comme opposant, il la constitue, il en est l'étoffe, la seule étoffe. La Matière, les corps matériels n'en sont que l'apparence (pour un autre esprit) [...]

Ces aspects relatifs aux courants gnostiques furent développés au chapitre 3.

Il est presque paradoxal de constater qu'une forme moderne d'idéalisme s'est développée au sein même des neurosciences, au travers d'un courant minoritaire représenté notamment par Moran Cerf et Itzhak Fried. Ces deux neurochirurgiens ont réalisé des expériences [67,296] qui permettent de mieux comprendre de quelle façon notre cerveau décide de ce que nous voyons à partir de la multitude de perceptions que nous recevons de l'extérieur. La vie quotidienne nous confronte en effet continuellement à une exubérance de stimuli sensoriels qui co-existent avec un flux constant de pensées et de ruminations internes. Le cerveau doit dès lors sélectionner un ou plusieurs de ces éléments pour les traiter et les envoyer ensuite à la conscience. À la section 5.1 seront décrites ces expériences orchestrées par Cerf et Fried, démontrant que la pensée est capable de façonner l'apparence de la réalité, en sélectionnant les aspects de la réalité qui seront retenus. On peut résumer ainsi les conclusions qui se dégagent de ces expériences de neurosciences [14] : « Façonner à notre guise la réalité que nous voyons, voilà qui est pour le moins troublant. L'évidence habituelle nous dit tout le contraire : nous sommes censés recevoir du dehors les informations sur ce qui est autour de nous, et nous ne décidons pas de ce que nous voyons. »

Évidemment, cette position idéaliste est antagoniste à celle, réaliste, du physicien, qui cherche à découvrir les lois régissant le monde extérieur. Au contraire, pour un idéaliste, les vraies explications de notre apparente expérience d'un monde extérieur sont à rechercher dans la compréhension du fonctionnement de notre esprit. Il est amusant de rappeler dans ce contexte une citation célèbre d'Albert Einstein : « Le plus incompréhensible est que le monde soit compréhensible. » Hors du contexte idéaliste, on peut en effet s'interroger sur l'origine de l'adéquation existant entre le monde extérieur et notre capacité à en comprendre les règles. On pourrait argumenter du fait que nos théories ne sont jamais qu'une approximation, plus ou moins grossière, de la réalité, et que cette adéquation n'est donc que partielle. Il existe pourtant un phénomène pour lequel l'accord entre théorie et observations est absolument spectaculaire, qui montre que la théorie sous-jacente (la mécanique quantique) est vraiment très correcte et précise : c'est le rayonnement de corps noir[10], parfaitement modélisé par la loi de Planck po-

---

[10] Un corps noir est défini comme un corps au sein duquel matière et rayonnement sont en équilibre ; au laboratoire, ce serait le cas d'un four aux parois parfaitement absorbantes percées d'un petit trou laissant s'échapper la radiation (dite de corps noir) sans perturber l'équilibre matière-radiation. Pour que cet équilibre entre matière et radiation puisse s'établir, il suffit

sant les bases de la mécanique quantique. L'univers nous fournit[11] une réalisation excellente d'un corps noir au travers du rayonnement de fond cosmologique à 2.7 degrés Kelvin (voir les figures 4.1 et 7.18). Celui-ci fut émis environ 300 000 ans après le Big Bang lorsque l'univers devint transparent. Il est observé aujourd'hui grâce aux satellites COBE, WMAP et Planck, et l'évolution observée de l'intensité lumineuse avec la longueur d'onde (synonyme de couleur de la lumière) suit parfaitement (à mieux de 0.03 % en valeur relative [241]) la loi prédite par Max Planck grâce à la théorie quantique. Donc, pour revenir à notre propos, un tel accord entre une construction de notre esprit (la théorie quantique) et le monde extérieur (le rayonnement de fond cosmologique) est en effet interpellant, comme le souligna Einstein. Certes, si les *deux* (la théorie quantique *et* le rayonnement de fond cosmologique) sont des constructions de l'esprit, l'accord entre eux n'est plus nécessairement si étonnant ! Mais très peu de physiciens seraient prêts à accepter cette vue radicale, car l'idéalisme n'y est pas très populaire.

Un parallèle avec les mathématiques, dont la description du réductionnisme a souligné qu'elles constituent aujourd'hui le socle de la physique, s'impose à ce stade, car il existe en mathématiques un débat entre idéalisme et réalisme, bien plus pertinent qu'en physique. La question est de savoir si les mathématiques pré-existent à leur découverte par les mathématiciens, ou si au contraire elles sont créées étape par étape dans l'esprit des mathématiciens. Cette question divise en effet la communauté des mathématiciens. La première hypothèse – les mathématiques sont comme un univers extérieur au mathématicien que celui-ci révèle en l'explorant – s'apparente au réalisme tandis que la seconde hypothèse –

---

qu'il y ait un grand nombre d'interactions entre la matière et le rayonnement lumineux, au travers d'échanges d'énergie entre eux : les photons (« particules de lumière ») sont absorbés puis ré-émis par les électrons constituant le cortège électronique des atomes un grand nombre de fois avant de quitter cet environnement sous la forme de « rayonnement de corps noir ».

[11] Malgré que cette section soit consacrée à l'idéalisme, notre langage de physiciens n'y est pas adapté, et la présente description du rayonnement fossile cosmologique est donc effectuée en termes réalistes !

les mathématiques sont une pure construction de l'esprit du mathématicien – s'apparente à l'idéalisme. Il existe en mathématiques de nombreux résultats qui peuvent être démontrés par plusieurs voies, révélant une cohérence interne exceptionnelle qui fait l'élégance des mathématiques, mais qui semble, à notre avis, plaider en faveur du réalisme mathématique. Il est à ce propos une formule remarquable qui a toujours fasciné par les liens qu'elle établit entre des domaines apparemment totalement disjoints des mathématiques. Il s'agit de la formule d'Euler – $e^{i\pi} + 1 = 0$ – qui relie les nombres fascinants que sont *e*, *i* et π, obtenus dans des contextes mathématiques très divers [12] et initialement totalement déconnectés, aux deux nombres entiers les plus élémentaires (0 et 1) ! Le lecteur intéressé par ces questions consultera avec profit le débat sur ce sujet entre le mathématicien A. Connes et le neurobiologiste J.P. Changeux dans l'ouvrage [74].

---

[12] Le nombre *e* est la base des logarithmes naturels. Les logarithmes décimaux (en base 10) furent introduits à l'origine comme une aide aux calculs arithmétiques, remplaçant avantageusement des produits par des sommes. Les logarithmes *naturels* (en base *e*) sont une variante des logarithmes décimaux ayant une propriété remarquable en analyse mathématique : la fonction (exponentielle) $y = e^x$, inverse de la fonction logarithme naturel $x = \ln y$, est la seule dont le taux d'augmentation est égal à la fonction elle-même (à titre de comparaison, le taux d'augmentation d'une fonction linéaire $y = a\,x$ est constant et égal à a. La fonction linéaire tire son nom du fait que sa représentation graphique est une droite). Le nombre imaginaire i (tel que $i^2 = -1$) fut introduit pour permettre à toutes les équations algébriques de disposer d'un nombre de solutions égal au degré de l'équation (par exemple, grâce au nombre i, les équations du second degré $a\,x^2 + b\,x + c = 0$ possèdent toutes exactement deux solutions ; par exemple $x^2 + 1 = 0$ possède les deux solutions $x = i$ et $x = -i$, ce qui ne serait pas le cas dans le champ des nombres réels, car il n'existe aucun nombre réel qui, élevé au carré – c'est-à-dire multiplié par lui-même –, fournit un nombre négatif). Le nombre π est connu depuis l'antiquité comme le rapport entre la longueur de la circonférence et le diamètre du cercle. Il est donc particulièrement remarquable que des nombres introduits (découverts ?) dans des contextes si différents se combinent d'une manière si élégante et inattendue : $e^{i\pi} = -1$. Sur base de ce fait, les auteurs auraient tendance à privilégier l'hypothèse du mathématicien découvreur d'un monde mathématique préexistant, mais la situation est plus compliquée qu'il n'y paraît, et des arguments en faveur de l'hypothèse idéaliste (les mathématiques pure construction de l'esprit) peuvent être avancés également [74].

De manière générale, on ne peut nier que l'idéalisme est profondément enraciné dans la philosophie orientale [180], et plus particulièrement, il fut au cœur de l'école bouddhiste de l'« esprit seul » (*cittamatra*) qui sera plus amplement décrite à la section 4.9.3 (voir aussi la citation du *Dhammapada* du canon pâli placée en ouverture de la présente section). L'école *cittamatra* affirme que matière et esprit ne sont qu'une seule et même chose, et que cette identité peut être expérimentée par les êtres ayant atteint l'Éveil. En corollaire, la distinction sujet-objet ne serait qu'illusoire, ce qui nous amène à une notion qui sera centrale à l'ensemble de notre réflexion, à savoir la non-dualité : tant la physique moderne que le bouddhisme aboutissent à la conclusion que de nombreux concepts qui sont considérés comme distincts par notre pensée formelle, sont en fait une seule et même chose. Pareille non-dualité s'observe également dans la paire matière-énergie, comme établi ci-dessus lors de notre description de la relation $E = mc^2$ (voir aussi la section 7.2.1). De manière inattendue, le bouddhisme ajoute donc l'esprit à la paire matière-énergie ! À la section 9.5, nous verrons qu'il existe d'autres paires de ce type (par exemple onde-corpuscule)[13]. Il est intéressant de constater que l'identification de ces non-dualités conduit à une toujours plus grande unité au sein de notre compréhension de la Nature, et que cette quête d'unité est précisément celle qui guide les physiciens contemporains dans leur recherche de la Théorie du Tout. Pour le pratiquant bouddhiste, la réalisation de la non-dualité comme signature de la Réalité ultime est synonyme d'Éveil (section 9.5).

4.8 Positivisme

Le positivisme (aussi dénommé « philosophie de l'expérience » dans ses versions les plus modernes [96] pp. 29-30, p. 40) fut développé par Auguste Comte dans son *Cours de philosophie positive* écrit de 1830 à 1842. C'est dans ce con-

---

[13] À ce sujet, il convient d'insister sur le fait que la terminologie en usage en physique est malheureuse, car elle désigne la paire onde-corpuscule sous le vocable « dualité onde-corpuscule », alors qu'il s'agit plutôt d'une *non*-dualité, puisqu'ondes et corpuscules sont deux manifestations d'une même réalité sous-jacente.

texte que la science a renoncé à répondre au « pourquoi ? », c'est-à-dire à chercher la finalité des lois naturelles, pour se limiter au « comment ? », c'est-à-dire à la formulation de ces lois, exprimées en langage mathématique, en dégageant, par le moyen d'observations et d'expériences répétées, les relations qui unissent les phénomènes, et permettent d'expliquer les faits observés [158]. En ce sens, le positivisme est apparenté à l'idéalisme en ce qu'il affirme que les phénomènes observables sont les seuls dignes d'intérêt, et que le reste (à savoir les notions sous-jacentes), qui n'est pas de nature à être vérifié expérimentalement, est sans signification. Le positivisme ne peut donc être assimilé au réalisme puisque la réalité extérieure, dont l'existence postulée forme le socle du réalisme, est une *notion* qui ne peut être soumise au test de l'expérience ; elle est donc sans fondement. Le positivisme se construit au contraire sur ce fait évident que ce sont nos seules observations qui définissent l'étendue de notre connaissance (en ce sens le positivisme possède des points communs avec l'école bouddhiste de la voie médiane – sanscrit *madhyamaka,* décrite à la section 4.9.3). Cependant, puisque nous avons naturellement tendance à attribuer nos perceptions à une cause, nous sommes tentés de concevoir une réalité extérieure qui jouerait ce rôle de cause. Le positivisme nous met en garde contre pareille déduction, qui ne constitue pas une exigence de pure logique[14]. Cette exigence peut conduire à des conclusions erronées, et l'histoire de la physique justifie en effet amplement pareille réserve. Elle montre en effet que souvent les idées de permanence ou de localisation, qui sont intimement associées au concept de réalité extérieure, ont conduit à des extrapolations injustifiées qui se sont ensuite révélées erronées. On peut en prendre comme exemple la permanence de la matière, érigée en principe depuis Démocrite (460-370 avant J.-C.) et à la base du « matérialisme » (section 4.5), mais battue en brèche récemment par la découverte de l'équivalence matière-énergie dans le contexte de la relativité restreinte (en vertu de la célèbre formule $E = m c^2$; section 7.2.1). Pour cette

[14] La philosophie de Kant par exemple [200] propose une alternative à cette exigence, puisque dans la philosophie en question la causalité n'est rien d'autre qu'un élément *a priori* de l'entendement humain, que nous attribuons à tort aux choses mêmes ([96], p. 29).

raison, la philosophie de l'expérience considère que l'association systématique des phénomènes à une réalité extérieure est une démarche qui n'est pas réellement nécessaire dans le cadre strict de la science. En effet, une telle association n'a rien à voir avec le but de la science. Dans le contexte de la philosophie de l'expérience, ce but est exclusivement de faire une synthèse des observations et de fournir des règles (généralement mathématiques) qui, à partir d'observations passées, permettent certaines prédictions quant aux résultats d'expériences à venir.

Le positivisme a beaucoup contribué à l'évolution de la physique au cours du 20e siècle. Cela tient aux difficultés rencontrées par les physiciens, contraints d'abandonner les unes après les autres presque toutes les notions « claires et distinctes », qui jusqu'alors avaient si bien servi qu'elles parussent aller de soi, comme par exemple la notion d'un temps absolu (remis en cause par la relativité restreinte), la permanence de la matière (remise en cause par l'équivalence de la masse et de l'énergie comme mentionné plus haut), ou la localité (remise en cause par la découverte des particules intriquées ; section 7.1). Confrontés à une telle remise en cause de leurs concepts fondamentaux, les physiciens se mirent à douter de la validité universelle de notions même d'apparence très banale, comme temps et matière. Confrontés à pareils doutes, ils n'eurent d'autre choix que de se référer très explicitement à l'expérience dans la définition de chaque notion de base. Tous les concepts peuvent être inadéquats. Tous peuvent se révéler suspects. Mais l'expérience reproductible, elle, ne ment pas, justifiant ainsi l'attrait croissant qu'exerça le positivisme au cours du 20e siècle. Concluons cette section, largement inspirée de d'Espagnat, par ses mots ([96], p. 168) :

> Au départ d'une interrogation désintéressée sur le monde, un esprit neuf et épris de lucidité s'imagine tout naturellement qu'il est possible de *dire ce qui est*. Il ne s'arrête pas à considérer que pour « dire » il faut des mots, que ceux-ci expriment des concepts et que (...) nos concepts ne sont pas nécessairement adaptés à la description d'une réalité posée, par hypothèse, comme indépendante de l'homme.

> Aussi n'est-il pas nécessaire d'être philosophe ou grand géomètre pour succomber à l'illusion ! En la matière, elle constitue plutôt le lot commun. La plupart du temps, seule parvient à la dissiper une expérience progressive (fondée sur la science, la philosophie, ou, à la limite, la mystique) de la stérilité des tentatives visant à ériger en absolus les concepts de la vie courante. Assurément, celui qui a vécu une telle expérience ne renonce pas nécessairement à viser l'être, mais du moins il mesure les aléas de l'entreprise.

À la suite de cette conclusion, il paraît donc naturel de s'intéresser aux écoles de la philosophie bouddhiste qui peuvent, grâce à l'importance qu'elles accordent à la pratique méditative et à la compréhension intuitive (ou « expérientielle ») du monde que procure la méditation, nous fournir un paradigme totalement différent de celui de l'Occident quant à la nature de la réalité et à la relation matière-esprit. Les écoles de pensée bouddhistes offrent également une réponse intéressante à la mise en garde de d'Espagnat énoncée ci-dessus relative au danger d'« ériger les concepts en absolus ». En effet, nous verrons que la plus aboutie des écoles de pensée bouddhistes, l'école *madhyamaka shentong*, réfute tout concept, affirmant que la réalité ultime est au-delà de toute saisie conceptuelle.

4.9 Les écoles de pensée bouddhistes

Une fois que l'on a développé, comme l'ont fait les scientifiques, une capacité et une habileté dans l'analyse des particules extérieures les plus subtiles, il est peut-être temps de s'enquérir de celui qui analyse et de regarder sa propre prajna[15]*, de se retourner sur elle et d'observer l'intelligence en se demandant comment fonctionne notre connaissance, comment nous acquérons la connaissance de toutes ces particules subtiles et à quoi ressemble cette faculté cognitive qui procède à l'analyse.*

Khenpo Tsultrim, *Les deux réalités* [207], p. 74

---

[15] Connaissance supérieure ou sagesse.

4.9.1 Quelques fondamentaux

Avant de nous plonger dans la description des différentes écoles de la pensée bouddhiste quant à la relation matière-esprit, il convient d'appréhender au préalable quelques notions de base de la doctrine bouddhiste[16]. La clé de voûte des enseignements bouddhistes[17] est l'absence d'existence intrinsèque du soi et des phénomènes. Ce point central de l'enseignement est aussi appelé succinctement vacuité. En tant qu'êtres ordinaires, nous pensons que notre moi est une entité isolée. Cette croyance erronée en un moi isolé peut être qualifiée d'**ignorance** fondamentale, la racine d'où émanent tous les autres « poisons de l'esprit » (sanscrit *klesha*) avec leur lot de souffrances (voir à ce sujet l'article *À propos de l'ignorance,* extrait du texte *L'émergence de la foi en l'Absolu* à la fin de cette section 4.9). En effet, cette croyance en un moi isolé tire son origine du « je ». Dès que nous pensons au « je », il se développe le souhait de conserver ce « je » heureux et confortable, ce qui donne naissance au **désir**. Nous désirons en effet combler ce « je » de tout le bonheur que nous puissions trouver. Le souhait de conserver ce « je » à l'abri des souffrances, à l'inverse, donne naissance à l'**aversion** envers toutes les choses qui menacent notre bonheur. Lorsque ce « je » se sent menacé, la menace génère de la **colère**. Ce « je » imaginera également qu'il est le meilleur et possède par conséquent de meilleures qualités que les autres, et ceci générera l'**orgueil**. Lorsqu'au contraire ce « je » craint la présence d'autres qui sont aussi bons voire meilleurs, alors se développe la **jalousie**. En résumé, dès qu'existe cette croyance en la réalité du moi, alors se développent les cinq poisons de l'esprit, que sont le désir, l'aversion, la colère, l'orgueil et la jalousie. La croyance en l'existence indépendante des phéno-

---

[16] Pour une introduction générale au bouddhisme, le lecteur intéressé pourra consulter avec profit par exemple *Le cœur des enseignements du Bouddha* du vénérable Thich Nhat Hanh [354], ou *Enseignements bouddhistes* du vénérable Kalou Rinpoché [199], *Initiation au bouddhisme tibétain* par Sa Sainteté le Dalaï-Lama [99], ou enfin le résumé proposé par Thupten Jinpa, traducteur du Dalaï-Lama, dans l'ouvrage [98], pp. 251-264. Pour une introduction plus détaillée au véhicule de diamant (*vajrayana*), voir *Le bouddhisme tantrique du Tibet* de John Blofeld [40].

[17] Le texte qui suit est inspiré de la traduction anglaise (par Ken et Katia Holmes) du commentaire sur l'*Uttara Tantra Sastra* [204, pp. 8-9], par le vénérable Khenchen Thrangu Rinpoche.

mènes est une conséquence directe de l'attachement au soi. En effet, si nous croyons en notre existence isolée, alors il est naturel de croire également en la réalité intrinsèque et indépendante de tous les phénomènes que nous expérimentons. Le cœur de la pratique bouddhiste vise donc à éliminer la croyance en le soi et en les phénomènes indépendants. Le moyen d'éliminer la croyance en l'existence d'un soi est d'examiner l'endroit où se localise celui qui pense « Je suis ». Si l'on pense « je », alors qui pense « je » ? Essayez donc de trouver ce « je » quelque part. Si l'on médite à ce sujet et que l'on examine avec soin cette question, on ne trouvera rien nulle part qui soit « je ». C'est grâce à ce processus que l'on peut finalement appréhender la non-existence du soi. Une autre manière d'aboutir à la vacuité des phénomènes est de considérer leur interdépendance. Aucun phénomène n'existe isolément, chacun dépendant de causes et conditions spécifiques. Par conséquent, chaque phénomène est vide d'existence propre.

Les *quatre nobles vérités* résument cette situation : l'existence de la souffrance, l'existence des causes de la souffrance, l'existence de la cessation de la souffrance, et enfin l'existence de la voie vers la cessation de la souffrance. Cette quatrième noble vérité est encore appelée le Noble chemin octuple (ou Octuple Sentier). Elle est symbolisée par la roue à huit rayons (figure 4.2).

Figure 4.2 Le symbole bouddhiste de la roue à 8 rayons, symbolisant le sentier octuple.

Chaque rayon symbolise un aspect du sentier octuple :

– la parole juste (ne pas mentir, ne pas semer la discorde ou la désunion, ne pas tenir un langage grossier, ne pas bavarder oisivement) ;

– l'action juste (respectant les cinq préceptes bouddhistes) ;

– les moyens d'existence justes (ou la profession juste) ;

– l'effort ou persévérance juste (de vaincre ce qui est défavorable et d'entreprendre ce qui est favorable) ;

– l'attention juste, pleine conscience ou prise de conscience juste (des autres, de la réalité, des choses, de soi c'est-à-dire de son corps, de ses émotions, de ses pensées) ;

– la concentration juste pour l'établissement de l'être dans l'Éveil ;

– la vision juste ou compréhension juste (de la réalité, des quatre nobles vérités) ;

– la pensée juste ou discernement juste (dénué d'avidité, de haine et d'ignorance).

L'enseignement bouddhiste a été classifié de nombreuses façons, au sein d'écoles et de véhicules. Il peut être notamment divisé en trois[18] *yana* (véhicules) et quatre écoles, que nous passons succinctement en revue dans les pages qui suivent, en mettant l'accent sur les plus avancées qui aboutissent précisément à l'idée d'une réalité sensorielle illusoire. Le lecteur intéressé en trouvera un exposé détaillé dans l'ouvrage très abordable de Khenpo Tsultrim *Les deux réalités*[19] [207], qui replace en outre ces écoles dans l'évolution historique du bouddhisme, ce que nous ne ferons pas ici.

---

[18] Il existe en principe un nombre illimité de véhicules, chaque véhicule étant destiné à maîtriser un concept ou dominer une émotion, en fonction de la personnalité de chaque pratiquant, et la diversité de ces personnalités est illimitée !

[19] À savoir les réalités ultime et relative (ou conventionnelle).

4.9.2 Les trois véhicules : hinayana, mahayana, vajrayana

Le bouddhisme tantrique [véhicule de diamant, vajrayana] est une science de maîtrise dynamique de l'esprit qui produit des niveaux de conscience plus profonds que la pensée conceptuelle.

John Blofeld, *Le bouddhisme tantrique du Tibet* [40], p. 111

Le pratiquant du petit véhicule (*hinayana*) vise à dominer ses désirs et émotions, en établissant la vacuité du soi. L'*arhat* a atteint cet idéal. Le grand véhicule (*mahayana*) complète le petit véhicule en y ajoutant la compassion pour tous les êtres et la réalisation de la vacuité, non seulement du soi, mais aussi de tous les phénomènes, comme succinctement indiqué ci-dessus. Pour un pratiquant du grand véhicule, le but de l'Éveil est de libérer tous les êtres autant que lui-même de la souffrance. Le véhicule de diamant (*vajrayana*, aussi appelé bouddhisme tantrique ou ésotérique) présente d'emblée au disciple le résultat à atteindre, à savoir la réalisation de la nature de l'esprit, de manière à ce que le pratiquant développe une foi inébranlable en le fait que chaque être possède en soi l'esprit d'Éveil (ou Esprit de Bouddha, c'est-à-dire l'esprit non obscurci par les cinq poisons émotionnels), facilitant ainsi la voie vers sa réalisation. C'est la raison pour laquelle la voie du *vajrayana* est parfois aussi appelée la « voie du fruit », puisque cette voie s'appuie d'emblée sur le « fruit » à atteindre, à savoir la réalisation de la nature de l'esprit. Selon les lignées considérées, la voie vers l'Éveil proposée par le bouddhisme tantrique est appelée *Dzogchen* (la Grande Perfection [273]) ou *Mahamoudra* (le Grand Geste ou le Grand Sceau [201]).

Les *quatre pensées incommensurables* cristallisent le vœu du pratiquant de la voie du grand véhicule d'aider tous les êtres à atteindre l'Éveil en formulant le souhait que ceux-ci :

- trouvent le bonheur et les causes du bonheur ;
- soient libérés de la souffrance et des causes de la souffrance ;
- trouvent la joie exempte de souffrance ;

- demeurent équanimes et en paix quels que soient les événements, bons ou mauvais, et qu'ils soient libres de partialité, d'attachement et d'aversion.

Enfin, les *quatre préliminaires communs,* méditations pratiquées par toutes les écoles du grand véhicule (d'où le qualificatif de *commun*), offrent également une vision synthétique des principaux préceptes bouddhistes :

- la chance de disposer d'un précieux corps humain (qui nous permet d'emprunter la voie vers l'Éveil),
- la mort et l'impermanence (de ce précieux corps humain en particulier, imposant de ne pas traîner à emprunter la voie vers l'Éveil),
- la loi de cause à effet de toute action motivée (ou *karma),* qui une fois la mort survenue, déterminera le type de renaissance, dont le pratiquant doit s'efforcer qu'elle soit de nature humaine, grâce aux actions vertueuses accomplies lors de la vie qui vient de s'achever,
- la nécessité de quitter le cycle des existences conditionnées (*samsara*), c'est-à-dire les existences soumises à la loi du *karma* et dominées par la souffrance causée par l'attachement au soi et par les émotions ainsi engendrées.

On constate d'emblée que la notion de cycle des existences conditionnées, et son corollaire la réincarnation, est au cœur des enseignements bouddhistes, tout comme la loi (psychique) de cause à effet *(karma)*, qui acquiert ici un statut équivalent à celui de la loi physique de causalité prévalant dans le cadre du monde matériel. Il s'agit de la première convergence entre physique et bouddhisme parmi les nombreuses supplémentaires que nous identifierons au chapitre 9.

4.9.3 Les quatre écoles

Les trois véhicules décrits à la section précédente décrivent les *moyens* particuliers à mettre en œuvre afin d'atteindre l'Éveil, tandis que les écoles philosophiques proposent une *compréhension profonde* de la question fondamentale du mode d'existence des choses. Il y a cependant un lien historique entre les trois véhicules et les écoles philosophiques bouddhistes, comme identifié à la figure 4.3 ci-dessous. Les écoles sont au nombre de quatre : école particulariste ou *vaibhasika*, école des sutra ou *sautrantika*, école de l'esprit seul ou *cittamatra* (aussi appelée *yogacara ;* littéralement la « pratique du yoga », avec yoga dans le sens de « méditation »), et école de la voie du milieu ou *madhyamaka* qui se rattachent les unes aux autres comme indiqué à la figure 4.3. La différence entre ces écoles de pensée est celle d'une progression sur la voie de l'Éveil : tous les êtres n'étant pas prêts à affronter la voie du *bodhisattva* du grand véhicule, mettant en avant la compassion pour tous les êtres, les écoles de pensée *cittamatra* et *madhyamaka* leur paraîtront inappropriées et, par voie de conséquence, inaccessibles. Par contre, sur la voie de l'*arhat* associée au petit véhicule, mettant en exergue la suppression de la souffrance pour soi, les écoles de pensée associées (écoles particularistes et des sutra) seront plus accessibles.

Figure 4.3 Les quatre écoles philosophiques bouddhistes (encadrées) et leur lien avec les trois véhicules.

Selon les enseignements de Khenpo Tsultrim [207], le cœur des quatre écoles philosophiques bouddhistes peut se résumer comme suit. L'*école particulariste* nie effectivement l'existence d'un *soi* permanent et immuable, mais admet celle d'une réalité (relative) réductible à des unités indivisibles, particules matérielles (d'où son nom) ou instants de conscience. La succession continue de ces instants de conscience donne ainsi l'impression d'un esprit permanent dans la réalité relative. L'*école des sutra* est un peu plus nuancée que l'école particulariste. Elle ne rejette pas totalement le concept de réalité extérieure, mais fait néanmoins la distinction entre l'objet de nos pensées, une image abstraite que nous pouvons construire conceptuellement, et la chose réelle qui apparaît devant nous, que nous y pensions ou non. L'école des sutra soutient donc que nous ne percevons qu'une image intériorisée du monde et non le monde lui-même. Elle admet cependant l'existence d'un monde réel extérieur, mais affirme que nous n'en percevons que l'image traduite à travers nos sens. Cette école adopte donc une position réaliste mitigée : seuls sont authentiquement réels les objets dénués des concepts que nous leur accolons. Au contraire, l'image de l'objet que nos pensées conçoivent n'est qu'une simple apparence, il n'a aucune réalité. Cette école présente des similitudes avec le mythe platonicien de la caverne ou de la grotte. L'exemple du feu permet d'illustrer le point de vue de l'école des sutra. Pour pouvoir être considéré comme réel dans le contexte de l'école des sutra, le phénomène concret auquel nous prêtons le nom de feu doit pouvoir accomplir quelque chose. Il doit posséder ses propres caractéristiques. C'est en effet un phénomène qui a pour fonction de chauffer et de brûler. C'est donc là un phénomène qui existe vraiment : que l'on pense ou non qu'il accomplit sa fonction ne change rien au fait qu'il l'accomplit effectivement. Pour l'école des sutra donc, est authentiquement réel ce qui possède des caractéristiques uniques qui lui sont propres et ne dépendent pas de nos concepts pour exister, c'est-à-dire des caractéristiques qui existent dans le phénomène ou l'objet indépendamment de ce que nous en pensons.

Les objets perçus et les sujets qui perçoivent ne sont que simple apparence. La Conscience qui est consciente d'elle-même [« self aware »] et vide de dualité est seule authentique. C'est cela la présentation de l'école du seul esprit.

Le Trésor de Connaissance, Jamgön Kongtrül Lodrö Thayé

Fondée par Asanga[20] et son demi-frère Vasubandhu vers la fin du 4e siècle après J.-C., l'*école de l'esprit seul* nie l'existence autonome d'un monde en dehors de la conscience qui le perçoit. Elle soutient que la conscience qui se perçoit

[20] Voir plus bas l'histoire de la rencontre entre Asanga et le Bouddha Maitreya.

elle-même est la seule entité qui soit authentiquement réelle. Seule existe la conscience qui est à la fois l'acteur, le spectateur et la scène où se déroule le spectacle. Elle constitue en quelque sorte une radicalisation des positions soutenues par l'école des sutra. Pour cette école donc, seul l'esprit possède une réalité ultime. L'exploration méditative de divers états de conscience, dans le contexte de l'école de l'esprit seul, conduisit au modèle des huit consciences qui fut exposée à la section 1.3. En bref, aux cinq consciences sensorielles associées à chacun de nos cinq sens, et à la conscience mentale qui les interprète, Asanga et Vasubandhu ajoutèrent une « conscience voilée » (septième conscience), à l'origine du sentiment de soi permanent, et une « conscience-base » (huitième conscience) qui soutient toutes les autres (section 1.3). L'école de l'esprit seul présente des similitudes avec les écoles panpsychiques et idéalistes occidentales, mais aussi avec la « psychologie des profondeurs » de C.G. Jung (chapitre 6), qu'elle paraît annoncer, mille cinq cents ans à l'avance. Cette école de pensée permet de démonter aisément le mécanisme qui nous enchaîne à la confusion du cycle des existences conditionnées (le *samsara*). Puisque nous pensons que nos projections mentales sont réelles (alors qu'il n'en est rien), nous croyons qu'il existe réellement des objets là, à l'extérieur. Croyant en l'existence réelle du soi, nous créons le dualisme sujet-objet qui génère la souffrance selon le mécanisme élucidé à la section 4.9.1.

L'*école de la voie du milieu* (ou de la *voie médiane – madhyamaka*), fondée par Nâgârjuna (2e siècle après J.-C.), est en fait antérieure à la précédente. Elle défendait déjà l'idée que les phénomènes n'existent qu'en fonction de la connaissance que l'on en a, grâce à l'opération des cinq consciences sensorielles et de la sixième conscience, mentale et organisatrice des informations recueillies par les cinq consciences sensorielles[21]. L'école *madhyamaka* est cependant plus radicale que l'école de l'esprit seul dans sa conception de la vacuité, puisqu'elle affirme l'absence d'existence en soi de *tous* les phénomènes, y compris de la conscience-base,

[21] Comme nous l'avons déjà indiqué ci-dessus, les septième et huitième consciences (respectivement, conscience voilée et conscience-base ; voir chapitre 1.3) furent introduites par l'école *cittamatra* ultérieure.

alors que l'école de l'esprit seul se limitait à affirmer l'absence de dualité sujet-objet et attribuait une existence réelle à la conscience-base. L'école de la voie du milieu affirme que tous les objets étant composites, ils ne peuvent avoir de réalité ultime en tant qu'entités car ils sont interdépendants. De ce fait, cette école ne soutient pas non plus l'existence de particules indivisibles comme le faisait l'école particulariste. La réalité ultime de toute chose est d'une nature semblable à l'espace, et cette nature ultime est libre de toute fabrication conceptuelle. L'école de la voie du milieu affirme donc que les choses n'existent qu'en fonction de la connaissance[22] que l'on en a, qu'elles n'ont aucune réalité intrinsèque en dehors d'elle, qu'elles ne sont que des phénomènes mentaux et qu'en conséquence, elles sont vacuité, que l'univers n'est en somme qu'une pure représentation consciente issue de la pensée. La vacuité constitue également la nature ultime de l'esprit, qu'il est possible d'appréhender lorsque celui-ci est libre de toute pensée conceptuelle. L'école de la voie du milieu rejette donc toute réification. En d'autres termes, aucun objet ou événement ne possède une existence ou une identité intrinsèque. Au final, la compréhension authentique de cette vacuité, qui ne peut être appréhendée que par l'expérience méditative non conceptuelle, ouvre la porte vers l'Éveil et la libération spirituelle.

L'école de la voie du milieu peut également s'appréhender au sens premier comme celle du milieu entre l'éternalisme du *mahayana*, qui offre au pratiquant l'espoir de la découverte de la constance de la nature de l'esprit sur le chemin du bodhisattva, et le nihilisme de l'ego prôné par l'école *hinayana* sur le chemin de l'arhat. La définition de la voie du milieu qui précède se place sur un plan interne, celui du ressenti du pratiquant, mais on peut également en donner une définition sur un plan externe, celui de la réalité extérieure : l'école de la voie du milieu est médiane entre le point de vue de

---

[22] On retrouve donc ici la notion centrale de la connaissance, chère aux gnostiques (chapitre 3) et à l'école positiviste occidentale, qui affirme la prévalence de la notion de mesure dans notre connaissance de la réalité. On peut la rapprocher également des interprétations de la mécanique quantique qui placent l'information au cœur de la métaphysique associée (section 8.5).

l'existence d'une réalité extérieure absolue, indépendante de l'observateur, et le point de vue de l'absence de réalité, et soutient au contraire l'absence de bien-fondé de toute affirmation au sujet de la réalité. La voie *madhyamaka* est donc celle du milieu entre nihilisme et éternalisme. Elle transcende les deux pôles de toutes nos conceptions dualistes : par exemple être et non-être, ou *samsara* (le cycle des existences conditionnées) et *nirvana* (la libération du cycle des existences). Nâgârjuna écrit, dans *Les Stances fondamentales de la sagesse de la voie médiane* [257], que « L'existence est la voie du réalisme. La non-existence est la voie du nihilisme. Par conséquent, le sage ne s'installe ni dans l'existence ni dans la non-existence. » Pour Nâgârjuna, *nirvana*, qui est délivrance du cycle des existences, et *samsara*, qui est emprisonnement dans le monde de l'illusion (et dans le cycle des morts et renaissances), ne sont que deux aspects, deux points de vue différents sur une Réalité ultime unique.

Les Stances fondamentales de la sagesse de la voie médiane peuvent être vues comme un traité de métaphysique reposant sur l'utilisation du tétralemme logique, qui étend la notion du dilemme à un choix entre quatre issues. Selon la notation de la logique mathématique[23], le tétralemne relatif à une proposition X se formule comme suit :

X (affirmation)

$\neg X$ (négation)

$X \wedge \neg X$ (affirmation et négation)

$\neg(X \vee \neg X)$ (ni affirmation ni négation),

ce qui, en termes simples, équivaut à dire : X existe, X n'existe pas, X existe et n'existe pas, X n'existe ni n'existe pas ; ou encore : oui, non, oui et non, ni oui ni non[24]. Selon la logique occidentale traditionnelle, qui adhère généralement au principe du « tiers exclu[25] » (équivalent au principe de

---

[23] Le symbole $\neg$ désigne la négation, $\wedge$ le « et » logique, et $\vee$ le « ou ».

[24] Cette dernière proposition est équivalente à « ni (oui ou non) ».

[25] C'est-à-dire soit une proposition est vraie, soit sa négation est vraie, il n'y a donc pas de troisième possibilité ; le principe du « tiers exclu » se rattache

non contradiction), ces quatre propositions sont incompatibles les unes avec les autres (une seule peut être vraie car si deux ou plus étaient vraies, les implications seraient alors auto-contradictoires) et exhaustives (au moins l'une d'elles est vraie, puisque si elles étaient toutes fausses, les implications iraient à nouveau contre le principe du tiers exclu). Deux exemples de tétralemme sont les suivants : « On ne peut l'appeler ni le vide, ni le non vide, ni l'un et l'autre à la fois, ni aucun des deux. Mais afin de le faire connaître, on l'appelle le vide » et « dans le *nirvana* il n'y a ni existence, ni non-existence, ni les deux, ni aucune des deux » (Nâgârjuna, *Les Stances fondamentales de la sagesse de la voie médiane,* [257] chapitre 25 § 3 et § 17). Le tétralemme constitue une façon d'exprimer que l'objet de la proposition ne peut en aucune façon entrer dans les catégories habituelles du mental, dans les concepts ontologiques habituels d'Être ou de Néant. Mieux vaut donc n'émettre aucune assertion, et choisir la voie médiane qui consiste à se défaire de toute affirmation métaphysique. En résumé, *Les Stances fondamentales de la sagesse de la voie médiane,* loin de constituer un exposé de croyances, constituent une argumentation fondée sur un usage rigoureux de ce que permet de faire la logique.

Chögyam Trungpa ([79], p. 123) décrit la voie du milieu de manière très prosaïque comme la « voie du guerrier » et ceci établit un autre parallèle avec le chamanisme[26] (en plus de ceux présentés à la fin du chapitre 1). Voici ce qu'il écrit à ce sujet :

> [...] L'approche du bodhisattva, du mahayana, est très positive, pleine d'espoir. Elle est aussi très profonde. La découverte de la nature-de-bouddha est très profonde et précise. Mais si nous valorisons la

---

au principe de non-contradiction qui affirme que les propositions *X* et *non-X* ne peuvent être simultanément vraies, c'est-à-dire que la proposition « *X* et *non-X* » est nécessairement fausse.

[26] À l'époque (1973) où furent données les conférences dont le livre de Chögyam Trungpa est la transcription, la controverse entourant la réalité des événements décrits par Carlos Castaneda au sujet des pratiques chamaniques des Indiens Yaqui du Mexique n'était pas née. Les récits de Castaneda étaient alors considérés sans réserves, en sorte que Chögyam Trungpa compare cette voie bouddhiste du guerrier à celle décrite par le chaman Yaqui Don Juan Matus [116], personnage central des récits de Castaneda.

> nature-de-bouddha comme promesse, nous risquons de tomber dans l'éternalisme. Il est possible de s'opposer à l'aspect transitoire de l'existence et des expériences, de s'opposer aux découvertes initiales du niveau du hinayana. À ce niveau [hinayana], nous avons découvert que tout est impermanent, et maintenant [au niveau mahayana] nous recherchons l'espoir.
>
> Le madhyamaka [...] pourfend l'espoir. À la place de l'espérance, on cultive une autre attitude, celle du guerrier. Un guerrier vivant dans l'espoir est un piètre guerrier. Il tient encore au succès. Si le guerrier n'a plus l'espoir de réussir, il n'a rien à perdre. L'ennemi a donc du mal à attaquer. Le guerrier verra également une victoire dans la défaite, puisqu'il n'a rien à perdre.

Gaëlle Jeanmart et Joachim Lacrosse, acteurs de l'association PhiloCité qui diffuse dans l'espace public francophone les outils de la philosophie, nous invitent à utiliser le tétralemme et la Voie du Milieu dans notre vie quotidienne afin de relativiser nos soucis[27] :

> Essayez de penser simultanément l'affirmation de la thèse et sa négation. Soutenez, par exemple, votre troisième proposition avec des arguments du type : « considéré sous tel angle, ceci est vrai ; mais d'un autre point de vue, ceci est faux ; ceci est donc à la fois vrai et faux ». Vous êtes maintenant mûrs pour la quatrième étape qui renvoie dos à dos la thèse et l'antithèse. Trouvez des arguments ou des problématisations alternatives qui vous permettent de les nier simultanément : ce n'est ni ainsi, ni ainsi, ce n'est ni vrai ni faux, ni oui ni non. Attention, la quatrième étape n'est pas la conclusion du tétralemme, elle est simplement ajoutée à la thèse (« *X* existe »), à l'antithèse (« *X* n'existe pas »), et à leur juxtaposation (« *X* existe et n'existe pas »), dont elle est l'antithèse (« *X* ni n'existe ni n'existe pas »). Et c'est quand on arrive au point de relativiser la position relativiste elle-même que les effets bénéfiques du té-

---

[27] Imagine Vol. 129, septembre / octobre 2018. Disponible sur https://www.philocite.eu/basewp/wp-content/uploads/2018/09/Pages-Philocité-de-Imagine_129.pdf

tralemme commencent à se faire sentir. Le but n'est donc pas « d'arriver » à la quatrième étape, mais bien de parvenir à soutenir successivement les quatre thèses pour envisager la question de façon exhaustive et suspendre le problème. Pour ne plus souffrir, appliquons donc le tétralemme à tous les tourments (pour qu'ils cessent de nous inquiéter), à toutes les opinions (pour qu'elles cessent de nous tyranniser) et à tous les désaccords (pour qu'ils cessent de nous diviser).

L'école *madhyamaka shentong (école de la vacuité d'altérité* ou « *vide d'autre*[28] ») est considérée comme la plus aboutie, comme le niveau philosophique le plus élevé du bouddhisme. Cependant, on ne peut la qualifier de « meilleure »,

[28] Cette notion de « *vide d'autre* » est à comprendre dans le sens suivant. La seule chose qui soit existante est l'esprit pur primordial [*tathagatagarbha* – le cœur (*garbha*) de l'état éveillé (*tathagata*)], accompagné de sa sagesse et de ses qualités illuminées.
Cette réalité ultime qu'est l'esprit pur primordial est vide de toutes qualités autres que sa propre existence intrinsèque de claire lumière. Au contraire, l'école *rangtong* (« *vide de soi* ») – que dans cet ouvrage nous ne décrirons pas plus en détail que les quelques précisions qui suivent – défend le point de vue que tous les phénomènes sont vides de soi, c'est-à-dire vides de nature propre à la fois dans un sens absolu et dans un sens relatif, et cette école ne cherche pas à affirmer quoi que ce soit au-delà de cette absence de nature propre. La différence entre les écoles *shentong* (« *vide d'autre* ») et *rangtong* (« *vide de soi* ») est donc assez subtile. Leur différence porte sur la manière dont la vacuité est établie. Généralement, la vacuité est assimilée à la sagesse qui permet de dissiper les illusions, ou en d'autres termes, la sagesse qui permet de montrer que les illusions sont vides de la réalité qu'elles semblent posséder. Cette réfutation peut soit prendre la forme d'une *négation non-affirmante* (il n'y a pas de tasse sur la table) ou d'une *négation affirmante* (il n'y a pas une tasse sur la table mais un pot). L'école *rangtong* correspond à la première méthode (*négation non-affirmante*) et l'école *shentong* à la seconde (*négation affirmante).* L'école *rangtong* affirme que la réalité ultime est libre de toute élaboration conceptuelle, tandis que la réalité relative (aussi qualifiée d'apparente ou de conventionnelle) survient par le jeu de l'interdépendance. Comme indiqué ci-dessus, l'école *shentong* affirme que la réalité ultime est l'esprit pur primordial dans sa claire luminosité, depuis toujours et pour toujours vide de toute autre chose, à savoir vide des six royaumes de l'existence conditionnée (ces six royaumes étant ceux des êtres sensibles : êtres des enfers, êtres avides, humains, animaux, demi-dieux et dieux). Ces six royaumes sont le produit de nos pensées (ils sont en ce sens *imaginaires*), ces pensées elles-mêmes sont *dépendantes* des tendances habituelles de l'esprit, tandis que la *vraie nature* des pensées est la *clarté primordiale de l'esprit*, qui est la *nature parfaitement existante.*

car son étude n'est pas nécessairement adaptée à tous les pratiquants. En fait, chacune des quatre écoles est auto-cohérente, et adaptée à un type donné de personnalité, fonction de ses obscurations mentales et de ses schémas de pensée, à l'image de médicaments différents qui possèdent tous des vertus curatives mais ne conviennent pas à toutes les maladies. L'école particulariste par exemple peut être facilement comprise et adoptée par les esprits scientifiques adeptes du réalisme matérialiste puisque cette école affirme que seules possèdent une existence intrinsèque les particules de matière et les instants de conscience insécables. L'école des sutra elle aussi défend l'idée d'une réalité externe, et sera donc également appréciée par les hommes de science attachés à la notion de réalisme, quoiqu'il s'agisse d'un réalisme mitigé : comme expliqué ci-dessus, seuls sont authentiquement réels les objets dénués des concepts que nous leur accolons. Cette adaptation entre écoles philosophiques et personnalités doit donc être considérée comme curative : la vue présentée par une école donnée servira de remède à une personnalité donnée, lui permettant d'avancer plus efficacement sur la voie de l'Éveil, c'est-à-dire vers la réalisation de la réalité ultime. C'est en ce sens que la démarche des écoles de pensée bouddhiste doit être considérée comme de nature sotériologique (c'est-à-dire qui vise au salut de l'homme, par sa libération des illusions), plutôt que comme une tentative de représentation du monde, au contraire de la science occidentale. Cette nuance prendra toute son importance au chapitre 9, lorsque nous risquerons des parallèles entre l'école *madhyamaka* et la physique quantique.

L'école *madhyamaka shentong,* tout en appartenant formellement à l'école de la voie médiane *(madhyamaka),* se rattache par ses concepts au véhicule de diamant (*vajrayana*), puisqu'elle insiste sur les qualités naturellement éveillées de l'Esprit de Bouddha (comme détaillées dans l'*Uttara Tantra Sastra* [204], appartenant au *vajrayana*), présent chez tous les êtres mais caché par les « poisons de l'esprit ». Cet Esprit de Bouddha, synonyme de « nature ultime de l'esprit », est la même chez tous les êtres, mais elle ne peut être appréhendée qu'après purification de toutes les afflictions mentales (celles détaillées en début de chapitre). Dans l'école *shentong,* la nature ultime de l'esprit est appelée « claire lumière » (ou encore « luminosité de l'esprit »), totalement dégagée de toute imperfection ou souillure. Cette référence à la lumière est interpellante, en liaison avec ce qui fut souligné dans les témoignages d'expériences de mort provisoire et dans les témoignages de chamans (section 1.6). Renforçant cette relation avec la lumière, Jamgön Kongtrül indique, dans son ouvrage intitulé *Le Trésor de Connaissance* (cité par Khenpo Tsultrim [207], p. 107), que la consigne de méditation est « selon l'école shentong, demeurez dans la grande luminosité non conceptuelle. » Nous y reviendrons à la section 8.4.

Selon l'*Uttara Tantra Sastra* [204], la nature de Bouddha possède la capacité de manifester les apparences propres à l'Éveil, à savoir les corps d'émanation des bouddhas, ou *kaya*. Imaginez un miroir. Celui-ci peut refléter des images, mais si l'obscurité règne aux environs du miroir (parce que, dans cette analogie, l'esprit n'est pas totalement purifié), celui-ci ne pourra rien refléter. C'est donc la nature lumineuse de l'esprit, la nature de Bouddha, qui possède le potentiel de manifester ces apparences pures des *kaya*, les corps d'émanation des bouddha, au nombre de trois[29] : le *dharmakaya,* le *sambhogakaya,* et le *nirmanakaya.* Les *kaya* décrivent les différentes manières selon lesquelles l'esprit d'un bouddha (qui constitue la réalité ultime, comme indiqué ci-dessus) est perçu : totalement, juste tel qu'il est, par les bouddhas eux-mêmes (c'est le *dharmakaya*) ; de manière très pure, quoiqu'encore au travers des filtres sensoriels, par des êtres très évolués sur le plan spirituel (c'est le *sambhogakaya*) ; par les sens des êtres ordinaires (c'est le *nirmanakaya),* sous l'apparence d'un corps physique. On peut également dire que le *dharmakaya* est un « corps sans forme » tandis que le *sambhogakaya* et le *nirmanakaya* sont deux « corps avec forme ». Le *dharmakaya* est sans forme puisqu'il *est* l'expérience de l'Éveil ressentie par un être totalement éveillé, un bouddha. Ce corps n'est donc

[29] Certains érudits occidentaux ([128], p. 233) ont appelé les trois *kaya* la doctrine de la *Trinité Ésotérique,* et la question de la relation possible de cette trinité avec celle de la chrétienté n'est pas sans intérêt (voir par exemple [98] pp. 124 et 286-287). Il est intéressant par ailleurs de mentionner dans ce contexte le logion 26 de l'*Évangile de Philippe* (un texte d'inspiration gnostique, placé en ouverture du chapitre 3) qui évoque ces mêmes notions ([222], §26).

bénéfique que pour un bouddha, qu'il est seul à ressentir. Au contraire, les deux « corps avec forme » que sont le *sambhogakaya* et le *nirmanakaya* peuvent être perçus par les êtres non éveillés. Ces corps sont la manifestation spontanée de l'activité d'un bouddha agissant pour le bénéfice de tous les êtres, en vue de leur libération des souffrances du monde des émotions perturbatrices, le *samsara*.

La signification de chacun des trois *kaya* peut se résumer de la manière suivante :

- Le *dharmakaya* est difficile à définir conceptuellement, car il est au-delà des mots et des concepts : puisque c'est l'expérience de l'Éveil ressentie par un bouddha, il constitue également l'expérience de l'absence de dualité (sujet-objet, corps-esprit, matière-esprit), ou encore l'expérience de la vacuité, ou enfin la réalisation permanente de la nature de l'esprit. Ce corps sans forme est purifié de toutes souffrances et de toutes afflictions mentales. Le corps et l'esprit ne sont plus dissociés, ils forment un tout dans lequel toute forme de dualité a disparu. Il sera question du *dharmakaya* – l'Absolu – dans le texte *L'émergence de la Foi en l'Absolu,* dont un fragment est reproduit à la fin de ce chapitre afin d'expliciter les notions très abstraites qui viennent d'être introduites. Le *dharmakaya* est un concept central dans le Véhicule de Diamant (*vajrayana*), et il est décrit dans l'*Uttara Tantra Sastra* [204], qui est un texte unique dans la mesure où il tente de décrire l'état d'Éveil plein et total, bien que celui-ci soit par nature ineffable, étant au-delà de tout concept.

- Le *sambhogakaya* est encore appelé corps de jouissance ou de félicité. C'est la manifestation spontanée de l'activité d'un bouddha, perceptible seulement par les êtres ayant eux-mêmes déjà acquis une certaine réalisation. Par conséquent, sa perception peut être assimilée à une expérience mystique. C'est par ce canal que des enseignements furent transmis aux maîtres d'une lignée. On peut citer par exemple la transmission de l'*Uttara Tantra* [204], le traité sur la nature de Bouddha dont il fut question ci-dessus, par le bouddha Maitreya à Asanga. La transformation qui s'opère à la suite de la perception du *sambhogakaya* contribue à la maturation complète de la bouddhéité des êtres qui l'expérimentent. Dans les histoires relatées ci-dessous, c'est ce corps de jouissance qui est perçu par Asanga lors de sa rencontre avec une émanation du Bouddha Maitreya, ou par Arjuna lors de sa rencontre avec Krishna.

• Le *nirmanakaya*, encore appelé corps d'apparition, est une incarnation se manifestant dans les différents royaumes du *samsara* par compassion pour les êtres sensibles. C'est le corps physique (du Bouddha historique par exemple) visible de tous.

La *Bhagavad-Gîta* (littéralement *Chant du Bienheureux*) [32], le grand poème épique de l'Inde ancienne, nous offre une illustration intéressante de ces concepts, en particulier du *sambhogakaya*. Ce texte fut vraisemblablement écrit entre les 5ᵉ et 2ᵉ siècles avant J.-C., à une époque postérieure à celle du Bouddha historique donc ([32], p. 7). La *Bhagavad-Gîta* est souvent considérée comme un abrégé de la doctrine hindouiste. Ce récit est celui du dialogue entre Krishna et le guerrier Arjuna, qui perd courage avant d'affronter une bataille. Krishna, pour redonner courage à Arjuna, lui permet de le percevoir avec l'« œil divin ». En fait, Arjuna perçoit à ce moment Krishna dans son émanation *sambhogakaya* ([32], pp. 77-82) :

> Arjuna dit :
>
> « Par égard pour moi, Tu m'as transmis le plus haut secret, la connaissance ultime du Soi ; toute ma confusion est dispersée. Tu m'as enseigné l'origine de la naissance et de la mort de tous les êtres, ainsi que ton indestructible grandeur. Ainsi m'as-Tu découvert la vérité de ton être et je désire désormais que Tu me montres Ta forme suprême. Ô Krishna, si Tu m'en juges digne, donne la moi à voir dans toute sa pureté ! »
>
> Krishna répondit :
>
> « Contemple, ô, Arjuna, mes centaines, mes milliers de manifestations aux formes et couleurs indénombrables. Vois tous les dieux et les merveilles que nul

n'a jamais vus. Vois l'univers entier dans mon propre corps, tous les êtres, toutes les choses y sont contenus ; tu y verras tout ce que tu désires ! Ce n'est toutefois pas par tes yeux que tu parviendras à me voir. Je te donne l'œil divin pour que tu puisses contempler toute ma souveraine puissance. »

(...) [Arjuna :]

« Ta forme ultime est bien trop effrayante, et je ne peux en supporter la vue. Je te prie donc, ô Base du Monde, de me montrer "seulement" Ton visage divin. Puissé-je Te voir à nouveau couronné du diadème, et muni du disque et de la massue. Reprends la forme du dieu à quatre bras, par pitié pour moi. »

Krishna répondit :

« C'est par considération pour toi que Je t'ai révélé ma forme ultime, toute glorieuse, infinie et primordiale ; cette forme que nul, à part toi, n'a jamais vue. [...] »

Ce récit évoque l'« œil divin » qui permet à Arjuna de prendre conscience de la nature ultime de Krishna. Dans les techniques très avancées utilisées aujourd'hui encore dans le Véhicule de Diamant (*vajrayana*) du bouddhisme tibétain, comme le *Dzogchen* [273] ou le *Mahamoudra* [48,201,349], le maître introduit son disciple à la nature fondamentale de l'esprit. Cette introduction faite par le maître éveille alors un « œil de sagesse » qui permet de percevoir clairement la véritable nature de tout ce qui se manifeste ([333], p. 347]).

Une histoire similaire à celle d'Arjuna décrit la rencontre entre Asanga et le Bouddha Maitreya (le bouddha du futur), tandis qu'Asanga (qui vécut à la fin du 4e siècle après J.-C.) est le fondateur de l'école *cittamatra* (aussi appelée *yogacara*), dite de l'« esprit seul » (figure 4.3). Dans sa recherche de la compréhension de la vacuité, Asanga aurait médité dans une grotte, sollicitant de Maitreya qu'il lui apparaisse, mais en vain. Quittant sa grotte après trois ans de méditation sans un signe de Maitreya, Asanga rencontra un homme en train de fabriquer une aiguille en frottant du coton sur du fer. Encouragé par la persévérance de cet homme, il s'en retourna méditer. Après trois nouvelles années d'effort, sans aucun des signes attendus, Asanga quitte une nouvelle fois son ermitage et rencontre alors un homme en train de gratter un rocher avec une cuillère, car ce rocher empêchait la lumière du soleil d'illuminer sa maison. Frappé par le courage de cet homme face à un objectif aussi futile, Asanga s'en retourna méditer. Trois années s'écoulèrent sans résultat. Après avoir quitté à nouveau sa grotte, Asanga aperçut au bord du chemin un chien couvert de plaies infestées de vers et ce chien, malgré son état, s'efforçait crânement de trotter. Poussé par la compassion, Asanga s'agenouilla pour nettoyer les blessures du chien. Alors qu'il allait les essuyer, il fut pris de compassion pour les vers eux-mêmes, et décida de les enlever avec sa langue, parce qu'il risquerait moins de les blesser de la sorte. Lorsqu'il se releva, Maitreya était devant lui. Fâché, Asanga lui demanda pourquoi il avait attendu toutes ces années pour lui apparaître ; le bodhisattva lui révéla alors qu'il était à ses côtés depuis le début, mais que son niveau de développement spirituel n'était pas assez avancé pour qu'il pût le voir. Il l'avait pourtant aperçu sous une forme imparfaite, celle de ce chien qui lui avait permis de développer pleinement sa compassion. Pour mieux lui démontrer que la perception de la réalité dépend entièrement de l'état de développement spirituel, Maitreya se jucha sur les épaules d'Asanga et lui demanda de marcher jusqu'au village. De tous ceux qu'ils croisèrent en chemin, personne ne s'aperçut de rien, à part une vieille femme dont le karma avait été légèrement purifié, qui lui demanda : « Que faites-vous avec ce chien malade sur les épaules ? »

Un proche ami psychiatre me raconta récemment une histoire bouleversante qu'il vécut en présence du Dalaï-Lama. À l'issue d'une semaine de formation thérapeutique, il lui fut demandé s'il souhaitait voir le Dalaï-Lama comme il était vraiment. Le résultat de cette affirmation fut l'expérience de résider calmement en méditation avec Sa Sainteté et de ressentir soudainement la pièce emplie d'une énergie palpable, une lumière aveuglante, et l'apparition magique d'Avalokiteshvara – le Bouddha de la Compassion[30]*. Mon ami en fut stupéfait et rapporte que sa vue de la réalité en fut à jamais modifiée.*

R. Targ, *The reality of ESP* [352], p. 257

---

[30] Le Dalaï-Lama est en effet considéré comme étant l'émanation du Bouddha de la Compassion (*Chenrézig* en tibétain, *Avalokiteshvara* en sanscrit).

Le Dalaï-Lama nous offre un éclairage contemporain sur le concept des *kaya* dans sa discussion comparative des écrits bouddhistes et évangéliques chrétiens [98]. Commentant le passage (« Transfiguration ») de l'*Évangile de Luc* (9, 28-36) dans lequel les apôtres Pierre, Jean et Jacques assistent à la rencontre entre Jésus et les émanations de Moïse et Élie, le Dalaï-Lama indique que des récits semblables (impliquant le Bouddha historique) existent dans les *sutra* bouddhistes ([98], pp. 147-151). Et il en donne une interprétation en termes de corps d'émanation, créé par des êtres de haute réalisation spirituelle. Selon le degré de réalisation de l'individu qui crée l'émanation, celle-ci possèdera plus ou moins d'autonomie. Et le niveau d'apparente réalité de cette émanation peut dans certains cas atteindre de tels niveaux d'illusion que le Dalaï-Lama se voit contraint de préciser ce détail surprenant ([98], p. 149) : « Cependant, ceci ne signifie pas que les émanations soient réelles, ni qu'elles soient des êtres vivants. Elles sont, en un certain sens, de simples créations de cet esprit hautement évolué. Ainsi, l'un des quatre préceptes cardinaux de la règle monastique est de ne pas commettre de meurtre. Pour qu'il y ait meurtre, il faut que l'objet sur lequel s'exerce l'acte de tuer soit un être humain et non un être émané : par conséquent, les personnes émanées ne sont pas considérées comme de réels êtres vivants. » Tout comme le degré d'autonomie de l'émanation dépend du degré de réalisation de son créateur, il en va de même pour le récepteur, car tous les êtres ne sont pas également réceptifs à ces émanations (qui se produisent généralement lors d'expériences mystiques, mais pas exclusivement), comme cela transparaissait clairement de l'histoire d'Asanga ci-dessus. Leur réceptivité dépend de leur degré de maturité et d'ouverture spirituelles. Le Dalaï-Lama indique encore que le bouddhisme (ésotérique) tantrique offre une explication de ces émanations au travers de la manipulation des énergies subtiles, les *prana* ([98], pp. 150-151) :

> Grâce à diverses techniques méditatives, un pratiquant peut parvenir à un haut degré de maîtrise de ces énergies psychophysiques. Dans le système des *sutra* qui est le système non tantrique, on rendrait compte de ces expériences en termes de puissance de concentration ou de puissance de méditation. Ces rencontres visionnaires se déroulent à des niveaux

> différents que l'on peut classer en trois[31] grandes catégories. Les rencontres du premier type sont éprouvées sur un plan plus mystique, intuitif ; la rencontre n'est pas vraiment effective ou tangible, mais plutôt de l'ordre de la sensation ou de l'intuition d'une présence. Celles du deuxième type sont plus tangibles, mais pas au niveau sensoriel ; elles sont davantage ressenties au niveau mental, conceptuel. Au troisième type appartiennent les rencontres les plus tangibles ; ce sont des expériences sensorielles. C'est comme rencontrer quelqu'un face à face, les yeux ouverts.

Plusieurs illustrations anecdotiques de ce phénomène d'émanation, que les Tibétains appellent *tulpa* (signifiant *forme-pensée*), sont rapportées par Alexandra David-Néel dans son ouvrage *Mystiques et magiciens du Tibet* ([100], pp. 139, [270]). En voici une ([100], pp. 300-301) :

> Un artiste tibétain qui se complaisait à peindre les déités terribles et leur rendait un culte assidu, entra un après-midi chez moi. Derrière lui, je distinguai la forme quelque peu nébuleuse de l'un des personnages fantastiques qui figuraient souvent sur ses toiles. La stupéfaction me fit faire un geste brusque et le peintre s'avança vers moi, sans doute pour m'en demander la raison. Je remarquai que le fantôme ne suivait pas son mouvement. Rapidement, j'écartai mon visiteur et fis quelques pas vers l'apparition, en étendant le bras en avant. J'eus la sensation de toucher quelque chose de peu solide qui cédait sous la pression. Le fantôme s'était évanoui.
>
> Répondant à mes questions, l'artiste m'avoua qu'il procédait depuis plusieurs semaines à l'évocation du

---

[31] On peut rapprocher ces trois catégories de visions et d'émanations des trois *kaya* décrits plus haut dans cette section, ainsi que des trois mondes (du désir, avec forme pure, sans forme) évoqués dans l'article *À propos des phénomènes* du texte *L'Émergence de la Foi en l'Absolu* ci-dessous (voir aussi la note 9 du chapitre 9). On peut enfin les rapprocher des trois manières d'offrir le mandala, dans la pratique bouddhiste du même nom (extérieure, intérieure, et secrète), reliées respectivement au *nirmanakaya, sambhogakaya*, et *dharmakaya* (chapitre 4 de [273]). Les trois représentations s'unissent en une quatrième, ineffable et transcendante, représentant l'unicité et l'indivisibilité des trois précédentes ; dans le cas des corps, ce quatrième est nommé *svabhavikakaya*.

> personnage que j'avais entrevu et qu'il venait, ce même jour, de travailler longuement à un tableau qui le représentait. Bref, toutes ses pensées étaient concentrées sur la déité qu'il voulait induire à le servir. Le Tibétain lui-même n'avait pas vu le fantôme.

Enfin, il est surprenant de constater que pareille notion d'émanation est présente dans la littérature chrétienne primitive également, notamment l'*Évangile de Judas* ([202], pp. 28-29) : « souvent il[32] n'apparaissait pas à ses disciples sous ses propres traits, mais on le trouvait parmi eux tel un enfant. » Bon nombre d'écrits chrétiens primitifs extérieurs au Nouveau Testament décrivent Jésus comme un être « docétique[33] » ([202], pp. 129-130), c'est-à-dire qui peut revêtir l'apparence qu'il souhaite, tout comme dans la tradition bouddhiste, Jésus possédant donc selon le bouddhisme les capacités d'un être éveillé. Ce fait est par exemple rapporté dans le texte apocryphe que constituent *Les Actes de Jean* [§§ 87-93, http://gnosis.org/library/actjohn.htm][34], qui fait mention des différentes apparences simultanées de Jésus vu par les deux frères Jean et Jacques.

Mais le fait qui apparaîtra sans conteste comme le plus étonnant est que ces histoires d'émanations ne se limitent pas

---

[32] Jésus.

[33] du grec δοκεο : sembler, paraître.

[34] Voici la traduction française des §§ 88-89 :

> Lorsqu'il eut choisi Pierre et André, qui étaient frères, il [Jésus] vint à moi et mon frère Jacques en disant : « J'ai besoin de vous, venez à moi. » Et mon frère dit : « Jean, cet enfant sur la plage, qui nous appelle, que veut-il ? » Et je dis : « Quel enfant ? » Il répondit : « Celui qui nous fait signe. » Et je dis : « À cause de notre attention continue lorsque nous étions en mer, tu ne vois pas bien, Jacques mon frère, mais ne vois-tu pas cet homme qui se tient là, juste et beau, et d'humeur gaie ? » Mais il me dit : « Celui-là je ne le vois pas, mon frère ; mais allons-y et nous verrons ce qu'il en est. » Ainsi nous conduisîmes le bateau en silence, et nous le vîmes nous aider à poser le bateau sur la plage. Et lorsque nous quittâmes cet endroit, souhaitant le [Jésus] suivre à nouveau, il m'apparut à nouveau, chauve mais avec une barbe étoffée ; mais à Jacques il apparut comme un jeune homme à la barbe naissante. Nous restâmes perplexes quant au sens à donner à ce que nous avions vu.

Cet épisode apparaît aussi dans les Évangiles canoniques de Marc 1:16-20 et Matthieu 4:18-22, mais avec d'importantes différences par rapport au présent récit.

aux textes et époques anciens, comme tous ceux relatés jusqu'ici. Elles se produisent également sous nos yeux, à condition de daigner les voir. En voici une qui fut relatée de bonne source aux auteurs. Une dame en prise à de nombreux problèmes somatiques et psychologiques venait de réaliser que la cause de ses problèmes résidait dans l'influence toxique qu'eurent sur elle ses parents. Pleine d'espoir quant aux perspectives de guérison que cette prise de conscience allait offrir, elle s'en ouvrit au psychiatre qui la suivait de longue date. Mais celui-ci n'en fit aucun cas et la dame s'en trouva désespérée et totalement désemparée ; au sortir de la consultation, elle hésitait même à rentrer chez elle, tant son désarroi était grand. Sur le chemin, dans le tram où elle se trouvait alors, un vieil homme inconnu l'accosta, lui demandant si quelque chose n'allait pas. Acquiesçant sans donner de précisions quant à la nature de ses soucis, elle entendit alors à sa grande surprise le vieil homme tenir un discours réconfortant et tout en relation avec sa situation présente. Celui-ci termina en disant qu'ils ne se reverraient plus, quoique l'énergie du vieil homme serait toujours présente avec elle, mais qu'elle pouvait avoir confiance en une issue favorable. Elle en fut bouleversée.

Les histoires et légendes rapportées jusqu'ici se rapportaient aux *nirmanakaya* et *sambhogakaya*. Le texte intitulé *L'émergence de la Foi en l'Absolu*[35] permet d'appréhender le concept de *dharmakaya,* l'Absolu ou la Réalité Ultime. Précédemment attribué à Ashvaghosha[36] (qui vécut entre 50 avant J.-C. et 50 de notre ère), ce texte est aujourd'hui considéré comme émanant plutôt de Paramartha (499-569). Il en existe deux traductions anglaises depuis le chinois, l'une par le révérend Timothy Richard, réalisée en 1894 et publiée

---

[35] *The Awakening of Faith in the Mahayana* (aussi connu comme *Mahayana Sraddhotpada Sastra* – voir la note 5 du chapitre 10), est à comprendre dans le sens *Awakening of Faith in the true suchness of mind,* car le terme *Mahayana* ne réfère pas ici au grand véhicule mais plutôt à l'Absolu, c'est-à-dire à la nature de l'esprit (« *true suchness of mind* »). Disponible sur http://tibetanbuddhistencyclopedia.com/en/index.php?title=The_Awakening_Of_Faith_In_Mahayana_(Mahayana-Sraddhotpada_Shastra) .

[36] Celui-ci est connu pour avoir été le premier à coucher par écrit les principaux enseignements du Bouddha, qui jusque là s'étaient transmis oralement de maître à disciple depuis le Bouddha historique.

à Shanghai en 1907, et l'autre par l'érudit bouddhiste japonais Teitaro Suzuki publiée en 1900 à Chicago. Nous nous basons ici sur une troisième version fusionnant les deux précitées et réalisée par W. Evans-Wentz. Elle fut publiée comme appendice au *Livre Tibétain des Morts* [128]. En plus de sa description du *dharmakaya, L'émergence de la Foi en l'Absolu* illustre également le concept bouddhiste de non-dualité, notamment matière-esprit. Ce texte tente d'harmoniser les notions de nature de Bouddha (*tathagatagarbha*), centrale dans l'école *shentong* décrite plus haut, et des huit consciences développées par Asanga et Vasubandhu, centrales dans l'école de l'esprit seul (*yogacara* ou *cittamatra*). Des fragments de ce texte sont présentés ci-dessous ([128], pp. 226-231)[37] :

> *À propos de l'ignorance* : La Réalité Ultime est, à l'origine, seulement une, mais les degrés d'ignorance sont infinis ; et les natures des hommes diffèrent donc en relation avec ces degrés d'ignorance. Les pensées incorrectes sont plus nombreuses que les grains de sable du Gange, certaines émanant de conceptions erronées, d'autres de l'ignorance causées par les sens et les désirs. Par conséquent toutes ces pensées débridées émanent de l'ignorance et ces pensées possèdent une infinité de variétés que seul un bouddha peut reconnaître.
>
> Dès lors que l'homme, au contact de la Réalité Ultime, réalise qu'il n'y a pas de monde objectif, alors les moyens variés issus de cette Réalité Ultime émergent spontanément [c'est-à-dire sans nécessiter ni pensée ni action], et, imprégnée de cette force pendant une durée suffisamment longue, l'ignorance disparaît. Dès lors que l'ignorance a disparu, aussitôt les idées fausses disparaissent-elles. Et dès lors que ces idées fausses ne sont plus présentes, l'impression antérieure d'un monde objectif cesse également. Dès lors que les forces engendrées par cette conception fausse disparaissent, ainsi en va-t-il des forces erronées engendrées par un esprit limité, et cette situa-

[37] Reproduit de W.Y. Evans-Wentz, *Tibetan Book of the Dead*, 1927, avec permission d'Oxford University Press via PLSClear pour la présente traduction.

tion est appelée *nirvana*, lorsque seules agissent les forces naturelles de la Réalité Ultime.

À propos des phénomènes : Tous les phénomènes sont à l'origine issus de l'esprit et ne possèdent en réalité aucune forme hors de l'esprit ; et puisque les phénomènes n'ont pas de forme externe, c'est une erreur de penser qu'il y a quelque chose là, à l'extérieur. Les phénomènes n'apparaissent qu'à cause de notions erronées au sein de l'esprit. Si l'esprit devient indépendant de ces notions erronées, alors tous les phénomènes disparaissent [...]

C'est pourquoi les phénomènes des trois mondes [du désir, de la forme, et de la non-forme] sont des productions de l'esprit. Sans l'esprit, il n'y a pratiquement pas d'existence objective. Ainsi donc toute existence est engendrée par les imperfections dans notre esprit. Toutes les différences sont des différences de l'esprit. Mais l'esprit ne peut se voir lui-même, puisqu'il est sans forme. Nous devons savoir que tous les phénomènes sont créés par des notions imparfaites dans l'esprit limité ; pour cette raison, toute existence est comme une réflexion sur un miroir, sans substance, seulement un fantôme de l'esprit. Lorsque l'esprit limité agit, alors toutes sortes de choses apparaissent ; lorsque l'esprit limité cesse d'agir, alors toutes sortes de choses cessent.

À propos de l'espace : Les hommes doivent comprendre que l'espace n'est rien. Il n'a ni existence ni réalité. C'est un terme en opposition à la réalité. Nous disons seulement que ceci ou cela est visible de manière à être capable de les distinguer.[38]

À propos de l'esprit et de la matière : Esprit et matière sont depuis toujours la même chose. Puisque l'essence de la matière est sagesse, l'essence de la ma-

---

[38] Cette affirmation rappelle celle de Rovelli au sujet de l'espace en tant que notion relationnelle (voir section 7.2.5).

tière est sans forme et est appelée l'incarnation de la sagesse. Puisque l'essence manifestée de la sagesse est la matière, elle est appelée l'incarnation omniprésente de la sagesse. La matière non manifestée est sans ampleur ; en se pliant à la volonté, elle peut apparaître partout dans l'univers comme les bodhisattvas, des esprits incommensurablement inspirés, incommensurables gloires, tous marqués du sceau de l'individuation et n'interférant pas entre eux quoique mutuellement fusionnés. Ceci, les sens ordinaires ne peuvent l'appréhender, puisque c'est une manifestation de la Réalité Ultime [...]

Au niveau de la Réalité Ultime, il n'y a aucune différence entre esprit et matière ; c'est à cause des poisons de l'esprit limité dans la ronde des morts et des renaissances que ces distinctions apparaissent [...]

Quant aux poisons du monde, ils sont tous erronés et sans réalité intrinsèque [...]

Enfin, pour abandonner les concepts erronés, il suffit de savoir que la pureté et les poisons sont tous deux des concepts relatifs, qui n'ont pas d'existence indépendante. Quoique toute chose ne soit, depuis toute éternité, ni matière ni esprit, ni omniscience ni connaissance limitée, ni existante ni non-existante, mais est après tout inexprimable, nous usons néanmoins de mots. Cependant, nous devons savoir que l'usage habile des mots par le Bouddha pour guider l'homme dans la bonne direction se justifiait comme suit : faire en sorte que l'homme cesse de conjecturer et se tourne vers la Réalité Ultime, puisque la meilleure pensée humaine est seulement temporaire et n'est pas la Vérité Ultime.

À propos de la Nature de l'Esprit : L'esprit est depuis l'origine de nature pure, mais puisque c'est son aspect limité qui est souillé par des vues limitées, c'est là que se trouvent les souillures. Quoiqu'il y ait ces poisons, sa nature pure originelle reste éternellement inchangée. Ce mystère, seul l'Éveillé [le Bouddha] peut le comprendre.

S'il n'y avait pas de Vraie Nature de l'Esprit, rien dans l'existence ne pourrait exister ; il n'y aurait rien pour le montrer. Si la Vraie Nature de l'Esprit persiste, alors l'esprit limité perdure. Seulement lorsque la folie de l'esprit limité cesse, alors cessera l'esprit limité. Ce n'est pas la sagesse de la Vraie Réalité qui cesse.

Tout comme l'homme ayant perdu son chemin appelle l'est l'ouest, quoiqu'est et ouest n'aient pas changé en réalité, ainsi il en va de l'humanité perdue dans l'ignorance, appelant l'esprit de l'univers ses pensées ! Mais l'Esprit est ce qu'il a toujours été, totalement inaltéré par les pensées humaines. Lorsque les hommes comprendront et réaliseront que l'Esprit Ultime n'a pas besoin des pensées humaines, ils suivront le bon chemin pour atteindre l'Illimité.

À propos de la Nature de l'Absolu [dharmakaya] : Ce n'est ni ce qui eut une origine, ni ce qui finira à un moment donné ; il est véritablement éternel. C'est dans sa nature d'être toujours empli de toutes les possibilités, et il est décrit comme de grande lumière et sagesse, procurant lumière à toutes choses, réel et connaissant. Sa vraie nature est celle d'un pur esprit, éternellement joyeux, la vraie nature des choses, pure, sereine, inchangée ; donc libre, pleine de vertus et possédant plus d'attributs de Bouddhas que de sable dans le Gange, divine, sans fin, inchangée, et non descriptible.

Puisque la nature même de chaque expérience n'a pas de commencement, ainsi n'a-t-elle pas de fin – c'est cela le vrai *Nirvana* [...].

Caché derrière toute existence il y a naturellement le Suprême *Nirvana*.

* * *

Ce chapitre nous a permis de constater que selon le bouddhisme, l'esprit joue un rôle crucial dans la fabrication de la réalité que nous pensons pourtant percevoir directement. Celle-ci est donc illusoire. La vraie nature de la réalité – la réalité ultime – est transcendante et accessible seulement aux états de conscience non conceptuels (section 9.5). Au chapitre suivant, nous nous intéressons donc de plus près aux différents états de conscience (section 5.3), et présentons des arguments en provenance des neurosciences et de psychologie cognitive étayant d'une part le fait que jusqu'à un certain point, le cerveau construit notre réalité (illusions d'optique par exemple ; section 5.1), et d'autre part le fait qu'il puisse exister une conscience sans cerveau (apprentissage chez les uni-cellulaires par exemple ; section 5.2).

5. Cerveau et conscience : Le point de vue des neurosciences

Les recherches contemporaines en neurosciences remplissent des ouvrages entiers, et il ne saurait donc être question ici d'en livrer une description exhaustive. Nous allons donc nous concentrer ici sur quelques faits d'importance pour notre réflexion sur la nature de la réalité, étayant les conclusions du chapitre précédent.

5.1 Jusqu'à quel point le cerveau construit-il notre réalité ?

Il existe plusieurs expériences montrant que notre cerveau construit la réalité [159,170,171] jusqu'à un point tel que le neuro-scientifique Anil Seth affirme, dans sa conférence TED 2017 au sujet de la conscience[1] : « Nous hallucinons tous tout le temps, et lorsque nous sommes d'accord sur ces hallucinations, nous les appelons "réalité" ». Les psycho-

[1] https://www.ted.com/talks/anil_seth_how_your_brain_hallucinates_your_conscious_reality ?

logues cognitifs (par exemple [83][2]) résument la situation en affirmant que

(i) nous voyons (ou plutôt semblons voir) des choses qui ne sont pas là ;

(ii) nous ne voyons pas des choses qui sont là ;

(iii) nous croyons tout voir, mais ce n'est pas le cas ;

(iv) nous voyons des différences là où il n'y en a pas.

La plupart de ces conclusions sont tirées d'expériences simples, notamment basées sur des illusions optiques. La première affirmation (« *nous voyons – ou plutôt semblons voir – des choses qui ne sont pas là* ») résulte par exemple de l'illusion du mouvement qui apparaît spontanément lorsque le regard se porte sur la figure 5.1.

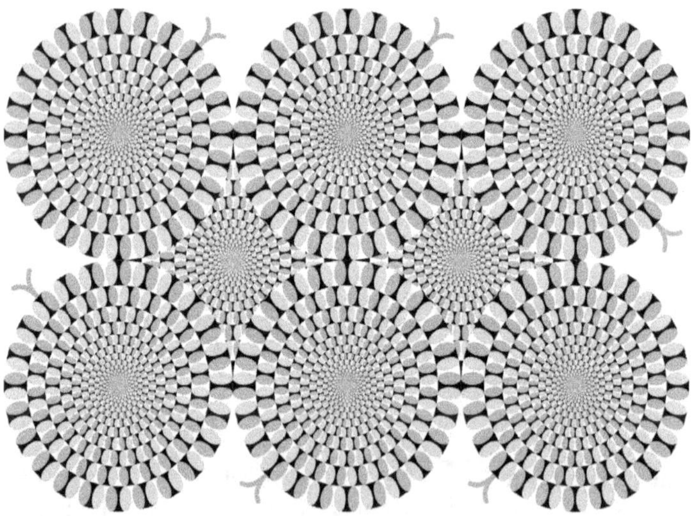

Figure 5.1 L'illusion du mouvement, visible sur la version en couleur disponible à https://commons.wikimedia.org/wiki/File:Rotating_snakes_peripheral_drift_illusion.svg

[2] Aussi https://www.youtube.com/watch?v=8iyOYCceEps

Une autre expérience permet de constater que le champ de vision périphérique est très peu sensible à la couleur. Dans celle-ci, l'expérimentateur tient deux balles colorées en main à l'extrémité de ses bras tendus horizontalement. Il les présente au cobaye qui se tient à une certaine distance. Lorsque les balles apparaissent dans le champ de vision central, les couleurs sont parfaitement perçues. L'expérimentateur se rapproche du cobaye, de sorte que les balles se déplacent vers la vision périphérique du cobaye. À un moment, celui-ci cessera de percevoir la couleur des balles. Et pourtant dans une salle aux murs latéraux colorés, nous avons l'impression de percevoir la couleur de ces murs, tout simplement parce qu'en y entrant, nous avons vu ces murs avec un angle de vision différent et leur couleur s'est imprimée dans notre cerveau et notre mémoire. Par la suite, la mémoire pallie aux déficiences visuelles. Notre sensation visuelle est en fait fortement influencée par le traitement réalisé au sein du cerveau. Ce processus incorpore aux perceptions pures des informations mémorielles provenant à la fois de notre expérience mais aussi de nos attentes quant à la perception, comme nous le verrons plus bas en relation avec l'illusion d'Adelson (figure 5.2). Il faut remarquer les similitudes qui existent entre ces conclusions des neurosciences occidentales et la théorie bouddhiste des 8 consciences (section 1.3), toutes deux rendant compte des couches de conscience se superposant à la perception (visuelle) brute.

Figure 5.2 Les carrés notés A et B possèdent le même niveau de gris, contrairement à ce que nous laisse croire notre cerveau. Pour le prouver, la figure de droite relie ces deux carrés par un rectangle gris, et il est manifeste qu'il n'y a donc aucune différence entre le gris du carré A et celui du carré B !

La deuxième affirmation (« *nous ne voyons pas des choses qui sont là* ») est idéalement illustrée par le fameux test du gorille. On y présente au sujet testé une vidéo[3] d'une minute environ. Cette vidéo met en scène deux équipes, l'une en chemise blanche, l'autre en chemise noire, se déplaçant et se passant des balles de basket-ball. Il est demandé au sujet de compter le nombre de passes effectuées par l'équipe portant du blanc, une tâche apparemment simple. À mi-parcours de la vidéo, une femme vêtue d'un costume de gorille intégral se dirige lentement vers le milieu de l'écran, se frappe la poitrine, puis sort du cadre. Si l'on ne fait que regarder la vidéo, remarquer le gorille constitue la chose la plus évidente au monde. Mais lorsqu'on demande de compter les passes, environ la moitié des sujets ne remarquent pas le gorille. Cette expérience, publiée en 1999 par Christopher Chabris et Daniel Simons [69], est une démonstration frappante du fait que lorsque nous dirigeons notre attention mentale sur les passes de basket-ball, cela laisse le reste du monde dans les ténèbres. Même lorsque nous regardons directement le gorille, nous ne le voyons généralement pas, car ce n'est pas ce que nous recherchons.

Dans leur ouvrage *Le gorille invisible* [69], Chabris et Simons évaluent les implications de leur étude sur la vie quotidienne. Le fait que la plupart des sujets ne remarquent pas le gorille ne résulte pas d'une « erreur de logiciel » dans notre système mental, mais révèle plutôt ses limitations intrinsèques. Le vrai problème ici est que souvent nous ne sommes pas conscients de nos limitations ; nous pensons que nous voyons le monde tel qu'il est réellement, alors que nos expériences visuelles dissimulent un aveuglement mental frappant.

---

[3] https://www.youtube.com/watch?v=vJG698U2Mvo

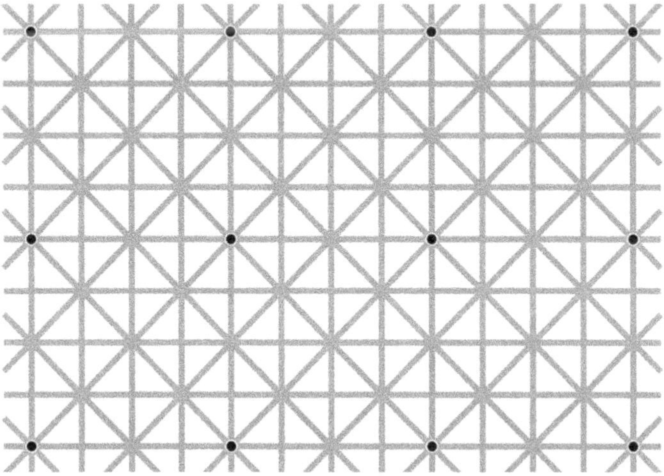

Figure 5.3 L'illusion « d'extinction », selon [261].

Quant à la troisième affirmation (« *nous échouons à voir tout* »), elle est bien illustrée par « l'illusion d'extinction » représentée à la figure 5.3, une illusion inspirée de la grille de Hermann [164] et améliorée par Ninio [261] et Kitaoka[4]. Cette grille comporte des points noirs sur douze de ses intersections. Cependant, le cerveau ne les laisse pas voir tous en même temps, une autre illustration que perception et réalité ne sont pas toujours identiques. Dans cette illusion d'optique, le point noir au centre du champ de vision devrait toujours être visible. Mais les points noirs alentour semblent apparaître et disparaître, parce que la vision périphérique chez les humains est assez mauvaise. En effet, si la vision se focalise sur un mot au centre de cette ligne, il sera vu clairement. Mais si nous essayons de lire les mots à l'une ou l'autre extrémité de la ligne sans bouger les yeux, ces mots paraîtront probablement flous.

En conséquence, le cerveau doit deviner ce qui peut être présent dans la périphérie floue, et remplit l'image mentale en conséquence. Cela signifie que lorsque nous regardons ce point noir au centre de notre champ de vision, notre système

[4] http://www.psy.ritsumei.ac.jp/~akitaoka/NinioextinctionillusionL.jpg

visuel essaye de compléter ce qui se passe autour. Avec ce motif régulier de lignes grises sur un fond blanc autour du point central, le cerveau devine qu'il en sera de même partout, sans les points noirs donc. Mais à certains endroits, ils sont *réellement* présents. C'est ce qui explique que ces points disparaissent et réapparaissent lorsque notre œil vacille et les rapproche du centre du champ de vision, comme un appareil photo qui n'est pas tenu de manière stable. Une autre illusion vient en outre se superposer à celle qui vient d'être décrite. Si nous regardons de près le motif de la grille, nous pourrons voir de faibles carrés blancs à la croisée des lignes grises. À une non-intersection, une bande grise est entourée de beaucoup de blanc. Lorsque notre focus visuel se place à une intersection, plusieurs lignes grises se croisent, et le blanc est déficitaire. Parce qu'il y a moins de contraste à ces intersections avec plus de gris que de blanc, le cerveau pense que le point où toutes les lignes grises se croisent est plus clair que le reste de la ligne grise et crée l'illusion d'un carré blanc pâle. Dans notre vision périphérique, cet effet peut également neutraliser le point noir flou qui est pourtant réellement présent.

La dernière affirmation (« *Nous voyons des différences là où il n'y en a pas* ») tire son origine notamment de la très spectaculaire illusion d'Adelson, ou illusion de l'ombre sur l'échiquier (figure 5.2). Sur la figure de gauche, notre cerveau nous laisse clairement percevoir que les carrés notés A et B possèdent des nuances de gris différentes. Or la figure de droite, qui relie ces deux carrés par une bande d'un gris uniforme, nous montre tout aussi clairement qu'il n'en est rien : notre cerveau a construit les couleurs de l'échiquier, sur base de notre connaissance *a priori* de l'apparence d'un échiquier et sur les conséquences *a priori* de la présence de l'ombre du cylindre.

Cette fabrication de la réalité par le jeu combiné de nos perceptions et de leur interprétation mentale par le cerveau est très préoccupante puisqu'elle remet sérieusement en doute notre certitude en l'existence d'une réalité objective. Un dernier exemple en est constitué par l'image bistable de la danseuse qui tourne[5]. Dans cette illusion, le cerveau n'arrive pas à décider du sens de rotation d'une danseuse représentée en silhouette noir et blanc dans une vidéo, et la danseuse est vue comme tournant pendant un certain temps dans un sens, puis dans l'autre. Pour certaines personnes, cette oscillation ne se produit pas : elles voient la danseuse tourner toujours dans le même sens, tandis que d'autres personnes la verront toujours tourner dans l'autre sens. Cette situation se produit du fait du manque de repères livrés au cerveau, comme les ombres sur le visage détaillé de la danseuse. Dès lors que ces détails supplémentaires sont ajoutés à la vidéo, l'incertitude est levée et tous les observateurs tombent d'accord sur le sens de rotation de la danseuse.

Les expériences réalisées notamment par les neurochirurgiens Moran Cerf et Itzhak Fried illustrent d'une manière spectaculaire la part de construction dans la réalité que nous livre notre cerveau. Ces deux neurochirurgiens ont réalisé des expériences [67] qui permettent de mieux comprendre de quelle façon notre cerveau décide de ce que nous voyons à partir de la multitude de perceptions que nous recevons de l'extérieur. La vie quotidienne nous confronte en effet continuellement à une exubérance de stimuli sensoriels qui coexistent avec un flux constant de pensées et de ruminations internes. Le cerveau doit dès lors sélectionner un de ces éléments pour le traiter avant de l'envoyer vers la conscience de l'individu où il dominera dès lors seul dans la pensée. Comment cette sélection s'effectue-t-elle ? Le résultat remarquable obtenu par les expériences en question est que l'attention volontaire peut réguler cette compétition, modifiant ainsi le résultat de la compétition entre les images externes et leur représentation interne. Alors que les sujets regardaient une superposition de deux images représentant des individus, des objets ou des animaux familiers, ils devaient renforcer mentalement une image au détriment de l'autre (par exemple Marylin Monroe contre Johnny Cash). Ce processus de renforcement mental peut être suivi par la surveillance de l'activité de neurones spécifiques du cortex médio-temporal (CMT, qui est en charge du traitement de

[5] https://www.youtube.com/watch?v=erqAUGgEZYs

l'information complexe), grâce à de mini-électrodes implantées dans le cerveau de patients épileptiques volontaires. Ces neurones spécifiques ainsi surveillés sont ceux que l'on sait par ailleurs être associés aux concepts en compétition (par exemple le « neurone Marylin Monroe » contre celui de Johnny Cash [296], cette spécificité étant bien entendu très personnelle !). Cette activité neuronale est répercutée sur un écran que l'ont pourrait qualifier de « projecteur de pensées ». Les 12 volontaires de l'expérience ont été invités à atténuer une image et à renforcer l'autre, en utilisant uniquement leurs pensées. Et remarquablement, ils ont réussi à le faire dans 69 % des cas, souvent dès la première tentative.

En résumé, lorsque des images de concepts familiers sont présentes sur la rétine, les neurones du CMT les codent de façon abstraite. Ces neurones spécifiques sont activés aussi bien lorsque les sujets voient, imaginent ou se souviennent de ces concepts ou individus célèbres. L'expérience de Moran Cerf et Itzhak Fried démontre que l'activité de ces neurones peut être supplantée par des processus internes, en particulier par une attention sélective soutenue. Dans une situation de compétition entre deux images superposées, le neurone associé au concept représenté par l'une des deux images cherche donc à dominer son congénère associé à l'autre image. En fournissant une rétroaction en temps réel de l'activité de ces neurones par un affichage externe, le contrôle exercé par les sujets sur l'activité de neurones spécifiques peut être démontré. Les sujets utilisent donc une interface cerveau-machine comme moyen d'amplifier la modulation attentionnelle du CMT. Nous faisons clairement face ici à une forme atténuée d'idéalisme (section 4.7) puisque la pensée est capable de modifier l'apparence de la réalité. Il est presque paradoxal de constater que cette forme moderne d'idéalisme modéré émane d'expériences de neurosciences, dont l'un des protagonistes, Moran Cerf, décrit de manière assez poétique les résultats de ses recherches dans une interview avec Monique Atlan et Roger-Pol Droit [14] :

> Monique Atlan & Roger Pol-Droit : Voir une fleur à la place de la bouteille qui est sur la table, on pourrait juger cela poétique, mais est-ce scientifiquement possible ? [...]

Moran Cerf : Oui, je peux dorénavant réellement faire en sorte que votre cerveau voie une fleur à cet endroit. Le cerveau possède toutes sortes de câblages et le câblage est tel que vous voyez une bouteille, votre cerveau est en fonction sur cette image et elle correspond à ce que vous touchez quand vous prenez la bouteille en main, ce qui est pratique [...] Mais il n'y a aucun obstacle insurmontable pour recâbler autrement et faire en sorte que ce soit une fleur que vous voyiez. Vous essayerez de la toucher, mais elle n'est pas là, ce qui risque de vous dérouter, parce que votre main et vos yeux vous fournissent alors des retours différents. Donc on évitera de le faire, mais c'est possible, en théorie. Dans la réalité, on ne peut pas jouer avec ce câblage, parce qu'on n'a jamais accès au cerveau directement, sauf pour des raisons chirurgicales lourdes, donc il vaut mieux trouver d'autres voies. Peut-être qu'on peut parvenir à s'exercer mentalement en ce sens, comme le font les moines bouddhistes, qui passent beaucoup de temps à ce type d'entraînement et qui commencent parfois à voir ce qu'ils veulent. Si on peut contrôler le cerveau du dedans, on peut donc arriver à cela, mais c'est à vous d'y arriver, parce que moi, si je veux y aller, je suis obligé de faire des trous [au travers de votre crâne], alors c'est mieux que vous le fassiez vous-mêmes [...]

Monique Atlan & Roger Pol-Droit : Façonner à notre guise la réalité que nous voyons, voilà qui est pour le moins troublant. L'évidence habituelle nous dit tout le contraire : nous sommes censés recevoir du dehors les informations sur ce qui est autour de nous, et nous ne décidons pas de ce que nous voyons.

5.2 La nature de la conscience selon les sciences cognitives occidentales

Comment la science occidentale conçoit-elle la relation entre notre cerveau et notre sensation d'exister (que l'on peut assimiler à notre conscience) et toutes les pensées, sensations et émotions qui l'accompagnent ? Il y a en Occident *grosso modo* trois écoles de pensée quant à la nature de la conscience : (1) un épiphénomène émergeant des réseaux de neurones, (2) une conséquence de processus quantiques au sein du cerveau, et (3) un phénomène pouvant subsister indépendamment du corps et plus généralement de toute matière, et dont la nature pourrait s'apparenter à la lumière (tout comme cette dernière correspond à un champ électromagnétique auto-entretenu, il existerait un « champ de conscience » baignant l'espace).

Cette troisième possibilité, celle du « champ de conscience » [131,182,198,260,264,355], relève du contexte panpsychique. À notre connaissance, la seule approche expérimentale de ce sujet à ce jour consiste en quelques études basées sur des enregistrements d'électro-encéphalogrammes de groupe présentant une certaine cohérence[6] [264,355]. Il existe cependant un faisceau testimonial convergeant en faveur de l'hypothèse du champ de conscience [24,131,322,325], principalement parmi les témoignages rapportés par les expérienceurs de mort provisoire et de sorties de corps (voir par exemple le témoignage présenté à la section 4.2 en préambule à la description du panpsychisme), ou lors de certaines expériences médiumniques [117,295,302]. Enfin, les expériences surprenantes du *Projet de Conscience Globale* [260], par leur suggestion que toutes les consciences sont connectées, semblent aller dans le même sens (plus de détails à ce sujet à la fin de la section 8.5). L'hypothèse du champ de conscience implique les affirmations suivantes :

(i) La conscience est véhiculée par le cerveau, mais non engendrée par celui-ci. Elle peut donc exister séparément de celui-ci ;

(ii) La conscience est un élément fondamental de la réalité physique, au même titre que la masse, l'énergie ou la charge électrique. La conscience est associée à l'information (et à l'énergie ?), et elle peut persister dans le vide de l'espace, quoique la conscience dans cet état séparé du cerveau soit pour la plupart d'entre nous indétec-

[6] Ces travaux s'inscrivent dans le contexte de la pratique de la méditation transcendantale, initiée par Maharishi Mahesh Yogi, qui proposa lui aussi le concept de champ de conscience [234]. Dans ces expériences, les électro-encéphalogrammes de deux groupes de pratiquants distants (un groupe émetteur et un groupe récepteur) sont comparés, et les auteurs de l'analyse concluent à la présence d'une corrélation significative entre les signaux.

table, sauf pour certaines personnes dont le mode de perception intuitif est particulièrement aiguisé [117] ;

(iii) La conscience peut se connecter à – voire est une émanation de – un tout plus vaste, non descriptible en mots, et seulement expérimentable au cours d'expériences mystiques (comme les états les plus avancés sur la voie de l'Éveil bouddhiste ; figure 5.4 de la section 5.3).

Il est difficile aujourd'hui d'aller plus loin dans cette voie. De ces considérations liées à la possibilité d'une conscience dégagée de la matière, qui sont aujourd'hui encore du domaine de la métaphysique (même si cette métaphysique est directement inspirée par la physique [43,47,278]), nous passons à une théorie moins extrême, quoiqu'elle aussi en opposition avec l'idée que les fonctions mentales soient nécessairement associées au cerveau. Il s'agit de l'idée, démontrée par des expériences sur des unicellulaires [19,64,258,259,306, 358,367], que certaines formes de cognition (comme par exemple la mémoire spatiale) ne semblent pas requérir la présence d'un cerveau[7]. La mémoire est généralement comprise comme le souvenir des événements passés. Le cerveau humain et son assemblage de neurones et synapses sont généralement considérés comme le siège de la mémoire. D'un point de vue expérimental, la mémoire peut être testée chez l'homme par le rappel vers la conscience de veille de ces éléments stockés. Cependant, dans d'autres organismes parmi lesquels certains unicellulaires, la mémoire se manifeste par la capacité des individus à apprendre et à adapter leur comportement à leur environnement en fonction précisément de cet apprentissage. Selon ce critère, même les organismes unicellulaires sont capables d'apprendre de leurs environnements et montrent une capacité à adapter leurs réponses aux stimuli répétés. Cela indique qu'ils sont capables de garder une trace de leurs histoires et d'utiliser ces traces pour élaborer des réponses adaptées, ce qui apparente ces traces à des encodages en mémoire. Un exemple de pareils comportements concerne les cellules de levure [64].

[7] L'exploration de cette idée nous fut suggérée par la lecture du *Dictionnaire de l'impossible,* de Didier Van Cauwelaert, J'ai Lu, 2014.

Lorsqu'elles sont exposées à la phéromone d'accouplement mais que celui-ci ne se produit pas, les cellules de levure pourtant en bourgeonnement deviennent réfractaires au signal d'accouplement. Cet état réfractaire à l'accouplement en présence de la phéromone associée se maintient pendant la plus grande partie de la vie de la cellule mère, voire pendant toute sa durée de vie, quoiqu'elle ne se transmette pas à la cellule fille.

Un comportement apparenté est celui de la chimiotaxie chez les bactéries. La chimiotaxie bactérienne représente l'un des exemples de comportement unicellulaire les plus simples et les mieux étudiés. La chimiotaxie désigne la capacité que possèdent les cellules bactériennes immergées dans un liquide à suivre les gradients chimiques dans leur environnement, les aidant ainsi à repérer la présence de nourriture ou de produits toxiques. D'après les nombreuses études réalisées jusqu'ici [367] du processus de chimiotaxie chez la bactérie prototypique Escherichia coli, la mémoire moléculaire [358], c'est-à-dire la capacité de stocker de nouvelles informations sous la forme de structures moléculaires[8], apparaît comme un composant essentiel du processus de chimiotaxie. Mais incontestablement, le résultat le plus spectaculaire est celui de *physarum polycephalum* (littéralement « petite vessie à plusieurs têtes », une espèce de myxomycète vivant dans des zones fraîches et humides telles que les tapis de feuilles des forêts ou le bois mort, aussi communément appelé « blob »), car cette moisissure visqueuse est capable de trouver la sortie d'un labyrinthe lorsqu'est disposée de la nourriture à l'extérieur de celui-ci. Cet unicellulaire apparenté aux amibes possède des caractéristiques propres aux champignons, comme la reproduction par spores, et d'autres spécifiques aux animaux comme la capacité de se déplacer en étirant des structures en forme de tubes appelés pseudopodes. Ici le suivi de gradient chimique, la chimiotaxie, ne

[8] Cette mémoire moléculaire fut découverte par G. Ungar [358] grâce à l'expérience suivante. En premier lieu, des rats furent conditionnés à fuir l'obscurité. Ces rats furent ensuite tués, et leurs cerveaux réduits en bouillie donnés comme nourriture à des hamsters, qui rapidement se mirent à leur tour à fuir l'obscurité. Le peptide responsable de ce conditionnement put ensuite être identifié.

fonctionne plus. C'est Toshiyuki Nakagaki qui eut l'idée de soumettre cette créature à divers tests de navigation spatiale, dont le test du labyrinthe [1,258,259] en forme de U – un test classique de capacité de navigation autonome communément utilisé en robotique – qui exige que la moisissure visqueuse atteigne un objectif chimio-attractif derrière une barrière en forme de U. La moisissure visqueuse placée au centre du labyrinthe s'étire jusqu'à remplir tout l'espace disponible. Une fois l'espace accessible totalement colonisé, la moisissure visqueuse se retire des impasses du labyrinthe en contractant son corps flexible qui ne se déplacera plus qu'en direction de la sortie où se trouve la nourriture. *Physarum polycephalum* se construit donc une forme de mémoire spatiale qui lui permet de ne plus explorer les zones déjà visitées précédemment. Ce processus permet à la moisissure visqueuse de résoudre le problème du piège en U et, plus généralement, semble même capable de mettre en œuvre le principe variationnel de moindre action, alors que la mise en œuvre de ce principe est également observée dans des systèmes plus complexes où son opération était généralement attribuée au système neuronal [134]. La mémoire spatiale ainsi construite améliore la capacité de l'organisme à naviguer dans des environnements complexes. L'expérience de Toshiyuki Nakagaki sur le *physarum polycephalum* constitue donc une démonstration unique de l'existence d'un système de mémoire spatiale dans un organisme non neuronal ([258,306], ainsi que la revue [19]). Cette mémoire se préserve même après division de *physarum polycephalum* en deux individus, puisque les deux individus filles maintinrent une corrélation dans leur exploration spatiale [383].

Nous pouvons maintenant effectuer un nouveau pas en avant vers la complexité, et considérer les organismes les plus simples possédant un système nerveux central, comme les vers *planaria*, petits vers d'eau douce. De nouvelles surprises nous y attendent au niveau de leurs propriétés cognitives [19,233,328]. Dans une première expérience séminale effectuée en 1959, McConnell et son équipe [233] ont habitué des vers *planaria* à réagir à la lumière d'une façon non instinctive, puisque les vers *planaria* fuient généralement la lumière, alors que l'expérience de McConnell plaçait la nourriture dans des endroits très éclairés. Ces vers étaient ensuite tués, transformés en pâtée, et donnés comme nourriture à d'autres vers. McConnell et son équipe constatent alors que cette nouvelle génération de vers reproduisait les comportements non intuitifs de leurs prédécesseurs. Cette expérience, et d'autres plus récentes sur des rats [358] et de la levure [63], plaident en faveur d'un réservoir de stockage moléculaire de la mémoire, peut-être en relation avec le cytosquelette dont il sera question ci-dessous. Plus récemment, de nouvelles expériences avec le ver *planaria* ont relancé ce thème de recherches, mais se basant cette fois sur la capacité du ver *planaria* de faire repousser des parties de son corps qui ont été amputées. Et l'énorme surprise fut de constater que le ver régénère ainsi sa mémoire également. Les expériences réalisées par Tal Shomrat et Michael Levin [328] ont montré en effet que le *planaria* est non seulement capable – si on la coupe – de régénérer sa tête et son cerveau... mais aussi de réassimiler plus rapidement les connaissances acquises avant sa décapitation. En clair, il est capable de retrouver son ancienne mémoire. Pour arriver à ces conclusions, les chercheurs ont commencé par tester les facultés d'adaptation des *planaria* en les plaçant, comme le fit McConnell en 1959, dans un espace ouvert et lumineux que ces vers n'apprécient habituellement pas. Ils ont ensuite mesuré le temps qu'ils mettaient pour trouver leur nourriture. Après avoir décapité les vers – et attendu que les cerveaux se régénèrent en 14 jours environ –, Shomrat et Levin ont soumis les vers *planaria* à la même expérience de recherche de nourriture, dans les mêmes conditions. Et le résultat est surprenant : mis en concurrence avec d'autres *planaria* qui n'avaient pas été habitués à un environnement très illuminé, les vers post-décapitation se sont adaptés plus rapidement et se sont nourris plus facilement. S'ils n'ont pas retrouvé immédiatement leur mémoire, il n'a fallu qu'une « leçon » pour que leurs anciens réflexes reviennent.

Clairement, ces expériences laissent perplexes les défenseurs du cerveau comme site de la mémoire et des fonctions cognitives. Et extrapolés à l'espèce humaine, ces résultats interpellent quant au rôle exact joué par le cerveau dans la production de la conscience. Rappelons les trois écoles de pensée existant en Occident quant à l'origine de la conscience : (1) un épiphénomène émergeant des réseaux de neurones dans le cerveau, (2) une conséquence de processus quantiques [que ce soit au sein du cerveau ou non], et (3) une entité totalement séparée encore à découvrir, que ce soit une « charge de conscience », qui pourrait être un attribut de la matière (comme le sont la masse et la charge électrique), ou au contraire un « champ de conscience » indépendant de la matière (comme l'est la lumière). L'hypothèse (1) (que nous aborderons ci-dessous) correspond au courant de pensée majoritaire aujourd'hui en Occident. Cette hypothèse semble pourtant mise en difficulté par les expériences décrites ci-dessus. Leur point commun est de démontrer la présence de capacités cognitives indépendantes du cerveau. La troisième possibilité – celle, brièvement évoquée au début de cette section, d'un champ de conscience dégagé de la matière – reste aujourd'hui encore du domaine de la métaphysique. Par élimination des deux hypothèses qui précèdent, l'hypothèse (2), à savoir la conscience comme conséquence de processus quantiques, que ce soit au sein du cerveau ou non, voit donc son intérêt grandir, d'autant qu'elle présente trois avantages essentiels. D'une part, elle est compatible avec l'existence de propriétés cognitives en l'absence de système neural. D'autre part, elle résout le problème du dualisme cartésien esprit-cerveau (« mind-brain dualism »), dont l'un des aspects est le problème du libre arbitre dont nous semblons disposer via notre esprit alors que notre cerveau, qui appartient au monde matériel, est par conséquent soumis aux lois apparemment déterministes qui régissent ce monde matériel [26][9]. Enfin, les processus quantiques offrent à la pensée la possibilité de développer un fonctionnement non calculatoire et non purement déductif et algorithmique, comme Penrose [279,280] le suppose nécessaire afin de rendre compte de la « pensée mathématique » (voir le détail dans l'encadré I ci-dessous ainsi que [339]).

[9] Cette apparente nécessité du déterminisme physique pour rendre compte du libre arbitre mental fut largement discutée et souvent remise en question par les philosophes, notamment ceux de l'école dite « compatibiliste » (notamment Honderich [174]). Squires (chapitre 7 de [335]) en présente une discussion abordable au non-spécialiste.

Encadré I : La mécanique quantique à l'œuvre dans la pensée mathématique ?

Penrose [279,280] défend la thèse que la conscience possède une importante composante non calculatoire, dans le sens non-algorithmique, c'est-à-dire non réalisable au moyen d'un nombre fini d'opérations arithmétiques, et que par conséquent le fonctionnement de l'esprit doit être fondé sur des processus de nature intimement quantique. Ceci signifie en corollaire que jamais un ordinateur (non-quantique) ne pourra reproduire les caractéristiques d'un esprit humain (voir cependant [172] pour une position opposée). Dans l'argumentation de Penrose, cette composante non calculatoire est présentée comme la capacité de l'esprit humain de connaître et de comprendre certains concepts (en particulier dans le domaine des mathématiques et de l'arithmétique). Par exemple la notion de nombre naturel (0, 1, 2, 3, 4, 5...) associée au dénombrement ou le fait que, pour deux nombres naturels m et n, la propriété suivante (dite de « commutativité ») est vérifiée : $m \times n = n \times m$. Ceci impose une forme de vision géométrique, puisque, prenant l'exemple $m = 5$, $n = 3$, cela revient à comprendre que 5 groupes de 3 objets contiennent le même nombre total d'éléments que 3 groupes de 5 objets :

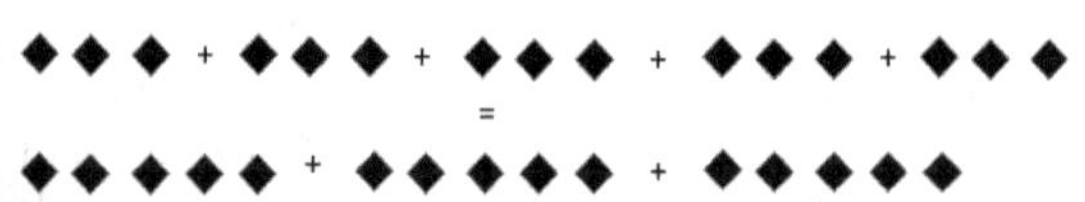

Ceci peut se comprendre en réalisant que le rectangle *5 × 3* possède la même superficie que le rectangle *3 × 5 :*

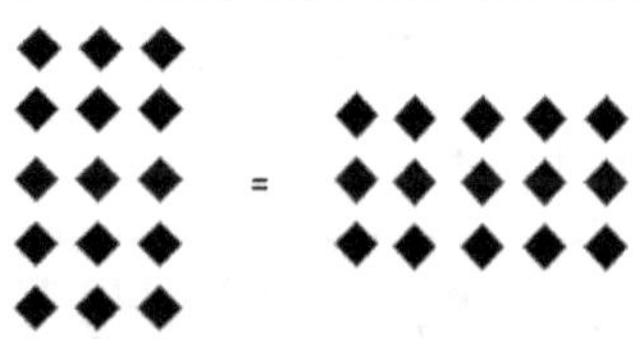

ce qui paraît évident après avoir réalisé que l'un s'obtient après rotation de 90° de l'autre (d'où l'implication de la géométrie dans l'arithmétique) ! Penrose ajoute que cette connaissance intuitive des nombres naturels et de leurs propriétés peut s'apparenter à un contact avec le monde des idées selon Platon (section 4.7). Pareillement, Hadamard et Poincaré ([155], [279] pp. 418-423, [287]) invoquent un contact de leur esprit avec un monde situé au-delà de leur conscience de veille lors du processus de construction d'une preuve mathématique !

Penrose justifie également cette composante non algorithmique de l'esprit par sa capacité à percevoir la véracité d'une proposition mathématique alors qu'un algorithme ne le peut pas. Penrose fait ici référence au fameux théorème de Gödel (chapitre 4 de [279]) qui établit que tout système formel (l'arithmétique est un exemple de système formel, composé d'éléments – les nombres naturels – et d'opérations agissant sur eux) possède des propositions indémontrables. Cependant, l'aspect important du raisonnement de Penrose est celui-ci : bien que certaines propositions soient indémontrables au sein du système formel, l'esprit humain les comprend cependant comme vraies ([279], p. 108). Cette action de compréhension globale que la pensée peut réaliser s'oppose à une action calculatoire purement déductive et algorithmique. Sur base de ces considérations, Penrose conclut que le fonctionnement de l'esprit doit être fondé sur des processus de nature intimement quantique, car ceux-ci offrent une opération non calculatoire et non purement déductive et algorithmique. Ce processus non algorithmique en mécanique quantique est lié à la présence du « vrai hasard quantique » décrit à la section 7.1.1 (aussi [141]).

La mécanique quantique libère donc les processus physiques du déterminisme dans lequel la physique classique les enfermait (section 7.1.1). L'intervention de processus physiques fondamentalement quantiques dans le fonctionnement de l'esprit apparaît donc essentielle. Cette affirmation motiva les modèles[10] de Beck et Eccles [25,26,27] et de Penrose et Hameroff [156,280,282] tentant d'identifier le ou les sites d'opération de la mécanique quantique dans le fonctionnement de l'esprit, que ce soit lors de la libération des neurotransmetteurs au travers des synapses pour les premiers auteurs ou via le cyto-squelette cellulaire pour les seconds. Ces deux modèles invoquent donc le comportement purement quantique de processus opérant au sein des cellules biologiques, alors que traditionnellement, les neurosciences ont encore tendance aujourd'hui à considérer le fonctionnement du cerveau comme purement classique.

Il convient sans doute de noter que les physiciens, qui sont plus familiers avec les manières troublantes et mystérieuses selon lesquelles la matière se comporte en réalité, ont tendance à adopter

[10] Nous n'entrerons pas ici dans les détails de ces modèles, qui pourront être trouvés soit dans les travaux mentionnés, soit dans la revue présente sur le site https://plato.stanford.edu/entries/qt-consciousness/ qui fournit par ailleurs une liste exhaustive de modèles liant conscience et physique quantique.

une attitude moins classiquement mécaniste du monde que ne le font les biologistes.

Roger Penrose, *Shadows of the Mind* [280], p. 50

Selon Penrose et Hameroff, les phénomènes responsables de la conscience se dérouleraient au sein du cyto-squelette[11] présent dans toute cellule eucaryote (c'est-à-dire possédant un noyau), qu'il s'agisse d'une plante de mimosa, d'une amibe, d'une paramécie ou d'un neurone. Le cyto-squelette joue plusieurs rôles au sein de la cellule, comme celui de fournir un support semi-rigide pour procurer une forme à la cellule ou de servir de courroie de transmission pour transporter diverses molécules d'un point à un autre de la cellule. Le cyto-squelette est constitué de microtubules dont la paroi est faite de chaînes (polymères) de tubuline, cette dernière étant une protéine dimère pouvant exister dans deux conformations différant par leur état de polarisation électrique.

Le lien entre les microtubules et la conscience est suggéré par le fait que les molécules anesthésiantes pourraient agir sur les microtubules (section 7.6 de [280]). Ces molécules sont chimiquement très diverses (oxyde nitreux N_2O, chloroforme $CHCl_3$, éther $CH_3CH_2OCH_2CH_3$ et même le gaz inerte Xe), et il est donc peu probable que leur action soit chimique. Par ailleurs, ces anesthésiants sont même actifs sur les plantes, comme *Mimosa pudica* et *Diona* qui sous l'effet de l'éther cessent de fermer leurs feuilles au contact d'un insecte [147]. Ils le sont également sur les unicellulaires tels l'amibe ou la paramécie, ce qui serait impossible à expliquer si les anesthésiants agissaient spécifiquement sur les neurones.

Une forme d'interaction entre molécules autre que l'action chimique est l'interaction de Van der Waals, beaucoup moins intense que les interactions chimiques, et qui met en jeu les dipôles électriques[12], comme en possède la tubuline, la molé-

[11] D'autres chercheurs [4,318] également s'accordent à penser que le cyto-squelette joue un rôle essentiel dans les processus cognitifs non-neuronaux, même s'ils ne vont pas aussi loin que Hameroff et Penrose qui lui attribuent le rôle de centre de la conscience.

[12] Une molécule possédant un dipôle électrique est une molécule dans laquelle il existe une dissymétrie dans la répartition des charges positives et négatives.

cule dont l'assemblage constitue les microtubules. Les deux conformations possibles pour la tubuline sont déterminées par la position d'un électron central dans chaque dimère, qui contrôle également le moment dipolaire de la molécule. La capacité du dimère de passer d'une conformation à l'autre est influencée par les forces de Van der Waals exercées par les molécules avoisinantes. Par conséquent, il a été suggéré par Hameroff et Watt [157] que les molécules anesthésiantes agissent via leur force de Van der Waals, inhibant la capacité de la tubuline de passer d'une conformation à l'autre, l'empêchant ainsi de jouer son rôle d'opérateur de la conscience.

Un autre intérêt de ces microtubules constituant le squelette cellulaire est qu'ils semblent susceptibles de développer des états quantiques collectifs cohérents[13]. De tels états collectifs sont connus depuis près d'un siècle sous le vocable de « condensats de Bose-Einstein » (voir aussi section 7.2.4). Ces condensats sont des groupements de particules aux propriétés quantiques cohérentes, qui jouent un rôle clé dans l'apparition des phénomènes de supraconductivité (la résistance électrique du matériau disparaît, et le courant électrique y circule sans rencontrer de résistance) ou de superfluidité (un fluide se meut alors sans rencontrer la résistance normalement opposée par sa viscosité). I.N. Marshall [239] a proposé que ce type de phénomènes collectifs existent au sein du cerveau et sont le siège de la conscience (voir cependant la réserve émise à cet égard à la fin de note 13). De tels états sont dits cohérents, car un ensemble de particules se comporte alors comme une particule unique, avec toute la richesse que cela comporte sur le plan quantique, notamment en matière de hasard intrinsèque qui lui est associé

[13] La suspicion de la présence d'effets quantiques collectifs au sein de cellules remonte à 1968. Le physicien Frölich [135] suggéra en effet que les comportements vibrationnels observés en 1938 par Max Reiss au sein des membranes cellulaires [136] pourraient être liés à de pareils effets quantiques collectifs en leur sein [366]. En outre, ces oscillations cellulaires peuvent entrer en résonance avec des ondes électromagnétiques dans le domaine des micro-ondes à la fréquence de 10^{11} Hz (soit 100 GHz, correspondant à une longueur d'onde de 3 mm), comme observé en 1983 par Grundler et Keilmann pour des cellules de levure [149]. Il faut signaler cependant qu'habituellement ces effets quantiques collectifs se produisent à très basse température, ce qui laisse planer un gros doute sur la réalité de tels effets dans les cellules à température ambiante.

(section 7.1.1 et [141]). Cette dernière propriété est nécessaire afin de rendre compte de la composante non calculatoire de la conscience (voir l'encadré I ci-dessus et [279,280]). Afin d'aboutir à des effets macroscopiques, il est cependant nécessaire de supposer que les états quantiques cohérents impliquent non seulement un microtubule, mais l'ensemble de ceux associés à un neurone, voire un ensemble s'étendant sur de nombreux neurones (voir à nouveau la réserve émise en fin de note 13 !).

Mais quelle est l'origine de ces états quantiques cohérents au sein des microtubules ? Ceux-ci pourraient être liés à l'état de conformation de la tubuline au sein des microtubules. Le microtubule semble en effet être un élément à la fois suffisamment grand (en termes de nombre de particules) pour être le siège d'états collectifs, et suffisamment isolé du reste de la cellule pour que les comportements cohérents ne soient pas détruits par l'interaction avec le milieu cellulaire avoisinant ([280], p. 368). Nous examinerons au chapitre 7 ces questions dans le cadre d'une discussion générale des particularités de la mécanique quantique et en particulier la propriété connue sous le nom de « symétrie d'échange » dans un système à plusieurs particules identiques (section 7.2.4) donnant naissance aux « condensats de Bose-Einstein ».

Et le hasard intrinsèque associé au comportement quantique de l'ensemble des microtubules se traduit à un niveau macroscopique par l'action des microtubules sur les propriétés des synapses, dont ils contribuent à renforcer la conductivité ou au contraire à la supprimer. Penrose ([280], pp. 376-377) suggère que c'est cet aspect de variation aléatoire qui précisément rend le réseau neuronal non assimilable à un automate algorithmique, et lui confère ses propriétés si spécifiques d'imagination mathématique.

C'est seulement l'arrogance typique de l'époque actuelle qui conduit nombre de nos contemporains à croire que nous connaissons aujourd'hui tous les principes de base qui régissent toutes les subtilités des processus biologiques.

Roger Penrose, *Shadows of the Mind* [280], p. 373

Les théories de Penrose et Hameroff et de Eccles et Beck peuvent être considérées comme intermédiaires entre les positions émergentistes [hypothèse (1) ci-dessus] et platoniques/idéalistes [hypothèse (3) ci-dessus]. En effet, dans les deux modèles, le fonctionnement de l'esprit reste lié à un support matériel (à savoir les tubules constituant le cytosquelette de toute cellule ou le déploiement des neurotransmetteurs au sein des synapses), mais ce fonctionnement fait intervenir des comportements quantiques dont le lien avec le mental (et le monde des idées) est cependant l'aspect le moins solidement argumenté de ces théories (voir la discussion détaillée à ce sujet figurant dans le lien mentionné à la note 10 ci-dessus, ainsi que le concept proposé par Margenau [238], repris ensuite par Eccles et Beck [25,26], d'un champ de conscience analogue au champ de probabilités quantique). Les deux théories font appel à des états quantiques cohérents assimilés à des condensats de Bose-Einstein (section 7.2.4). La théorie de Penrose et Hameroff possède l'avantage d'expliquer tout à la fois les comportements relevant de la conscience des mammifères, mais aussi des comportements d'organismes unicellulaires comme les amibes et les myxomycètes, qui comme nous l'avons décrit précédemment, semblent posséder une capacité de perception du monde extérieur [1,258], malgré l'absence d'un système nerveux central.

Pour conclure, il faut souligner que ces deux théories restent très controversées au sein des neurosciences cognitives contemporaines (par exemple [244,307] ainsi que le lien mentionné dans la note 10 ci-dessus) mais celle de Penrose et Hameroff a à tout le moins le mérite d'avoir suscité beaucoup de recherches relatives à la possibilité de maintenir des structures quantiques cohérentes à haute température, condition nécessaire à l'utilisation des microtubules comme calculateurs quantiques. Et pareilles structures furent découvertes, ce qui est déjà en soi une percée considérable pour la mise en évidence d'effets quantiques cohérents dans le monde biologique [95,124,269,366].

L'homme n'a dès lors plus rien à faire de l'« Esprit »,
il lui suffit d'être un Homme Neuronal.

Jean-Pierre Changeux, *L'homme neuronal*, [75], p. 211

Le point de vue occidental dominant sur la question de la conscience, dégagé par les neurosciences cognitives contemporaines, est donc la première des trois possibilités présentées au début de cette section, à savoir la conscience comme propriété émergente du cerveau, malgré ses faiblesses soulignées plus haut. Cette idée se décline en plusieurs versions, de la plus extrême (l'éliminativisme) à la moins radicale (corrélats neuraux). L'éliminativisme (ou matérialisme éliminativiste) considère que notre compréhension quotidienne du mental est une erreur radicale et que les neurosciences montreront un jour que les états mentaux dont nous parlons chaque jour en utilisant des mots tels qu'intention, croyance, désir, amour ne réfèrent à rien de réel. Il ne s'agit que d'une impropriété de notre langage qui nous trompe en nous faisant croire que nous éprouvons de telles choses. En d'autres termes, les états mentaux sont des concepts de la psychologie du sens commun, une théorie fausse qui sera à terme remplacée par les neurosciences ; une fois la psychologie du sens commun disparue, le concept d'état mental sera éliminé. Pour les tenants du matérialisme éliminativiste comme Churchland [81] et Dennett [108], toute activité mentale se réduit donc à l'activité électrique et chimique du cerveau.

Moins radicale est la théorie des « corrélats neuraux de la conscience » (par exemple [75,83]), qui établit qu'à tout état mental perçu, ressenti, et donc subjectif correspond un état neural, c'est-à-dire un état physique du cerveau, observable, mesurable, et donc objectif. Cette caractérisation est qualifiée d'« objective » parce qu'il y a des raisons de penser qu'un état mental donné (compassion, tristesse, etc.) correspondra au même état neural chez tous les humains. Cette notion de corrélats neuraux établit donc une relation d'identité [14] entre pensées et états physiques du cerveau. Cette identité est ouverte cependant à des variations quanti-

---

[14] Cette position a cependant été fortement critiquée par Chalmers. Son « *problème difficile de la conscience* » [70] est de comprendre comment il peut y avoir identité entre des concepts aussi différents qu'état mental subjectif et état physique du cerveau. Ou en d'autres termes, comment se peut-il que le traitement de l'information par le cerveau soit accompagné de perceptions et de sensations subjectives ?

tatives, liées à la plasticité cérébrale et à l'expérience passée vécue par le sujet. Les zones du cerveau qui représentent la stimulation tactile du bout des doigts, par exemple, sont agrandies chez les joueurs d'instruments à cordes. Cependant, l'affirmation de l'identité entre états mentaux et neuraux est basée sur la possibilité de cartographier ces états neuraux grâce aux techniques d'imagerie cérébrale, comme la résonance magnétique nucléaire ou la tomographie par émission de positrons. Toutes deux permettent de cartographier l'activité du cerveau avec une résolution spatiale très élevée et une finesse temporelle en constante amélioration. La difficulté expérimentale se situe également sur le plan de l'isolement d'un état mental. Diverses techniques peuvent être utilisées à cet effet. Dans le contexte bouddhiste de ce livre, on notera par exemple l'étude expérimentale des corrélats neuraux associés à la méditation sur la compassion [55,232], à laquelle les pratiquants bouddhistes sont entraînés. Une comparaison fut réalisée entre les états neuraux apparaissant chez les moines bouddhistes possédant une pratique de dizaines de milliers d'heures de méditation sur la compassion et un groupe témoin d'étudiants en psychologie avec quelques heures de pratique seulement. La même zone du cerveau s'allume chez les deux groupes, mais avec une intensité énormément plus grande chez les moines bouddhistes. Cette intensité fut comparée à celle qui serait associée à la peur que ressentirait un sujet si un camion de dix tonnes fonçait à toute allure vers lui.

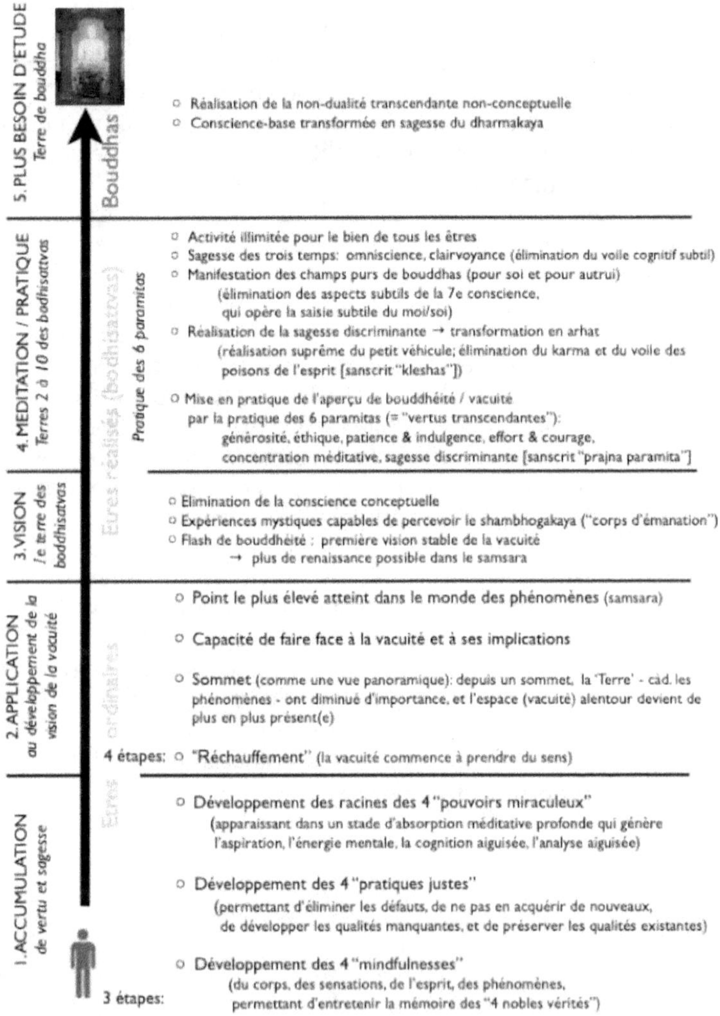

Figure 5.4 Les 5 étapes sur le chemin de l'Éveil, selon *Le précieux ornement de la libération* (chapitres 18 & 19) de Gampopa [138]. La succession des étapes sur le chemin doit se lire de bas en haut.

5.3 États modifiés de conscience

Afin de cerner la conscience, il peut être utile de s'intéresser aux états modifiés de conscience, c'est-à-dire des états de conscience différents de notre état habituel de conscience de veille [10,110,226] puisque ceux-ci peuvent bien entendu nous éclairer sur la conscience elle-même. Dans cette section, nous n'hésiterons pas à souligner le parallèle entre Orient et Occident sur la question des états modifiés de conscience. Ceux-ci se caractérisent par une ou plusieurs des modifications suivantes relativement à la conscience de veille habituelle :

- perte de l'identité mentale : notre mental n'est plus ressenti comme nous appartenant en propre ;

- perte de l'identité personnelle : notre conscience ne nous fournit plus la sensation d'être nous-même ;

- perte de l'identité unitaire : notre conscience peut fournir la sensation d'être nous-même *et* une autre entité (animale par exemple lors de transes chamaniques), tandis que la sensation d'un champ visuel divisé peut apparaître ;

- perte de la séparation entre les identités personnelle et d'autrui : les frontières entre la réalité interne et externe se dissolvent, et une sensation d'unification avec autrui ou avec le monde extérieur inanimé peut apparaître (ce ressenti est à l'origine du panpsychisme – section 4.2) ;

- perte de l'unité corps-conscience : cette sensation de perte est associée à des expériences de sortie de corps ;

- modification de la perception du temps : la perception habituelle de l'écoulement du temps à un rythme fixé disparaît (ce ressenti est généralement associé aux EMPs) ;

- perte de l'intentionnalité : la pensée n'est plus dirigée vers aucun objet, et aucun contenu n'occupe l'esprit ; cet état peut être assimilé au ressenti de la vacuité bouddhiste (voir la discussion de Coleman à ce sujet [86]) ;

- intensification des perceptions sensorielles : les perceptions sensorielles possèdent une acuité inédite, comme cela fut rapporté dans certaines EMPs ainsi que dans certaines scènes du *Bardo Thödröl* ;

- omniscience : apparition de la sensation de connaissance profonde, par contact direct – voire par identification – avec les objets de la connaissance, comme cela fut rapporté dans certaines EMPs.

John Lilly [226] a abordé l'étude des états modifiés de conscience par la privation sensorielle totale (en immersion dans une cuve insonorisée et totalement obscure) ou par la prise de LSD, et aboutit à une cartographie de ces états modifiés de conscience. Robert Monroe [251], qui semble avoir développé une habileté particulière à détacher sa conscience de son corps physique, est le premier (à l'époque moderne) à avoir abordé les expériences de décorporation de manière expérimentale et systématique (voir aussi [56]). Ses témoignages présentent de nombreux points de similitude avec les EMPs. Enfin, Sylvie Déthiollaz et Claude Charles Fourrier [110] ont collecté les témoignages d'expérienceurs occasionnels et fortuits. Un « *Manuel clinique* » des expériences de conscience altérée a été réalisé sous la direction de Stéphane Allix et Paul Bernstein [10].

Tentons de résumer les principales conclusions de ces recherches. Les expérimentations de John Lilly [226] ont conduit à la cartographie des états modifiés de conscience, des niveaux les plus infernaux aux niveaux les plus paradisiaques ([226], pp. 148-149), dont le dernier correspond à l'accession à l'état d'Éveil (état de Bouddha) que Lilly nomme l'état +3. Son négatif, l'état -3, est l'état le plus infernal, ressenti par des esprits totalement sous l'emprise de leurs émotions négatives ; entre les deux, Lilly place une série d'états intermédiaires -3, -6, -12, -24, -48 = +48, +24, +12, +6, +3, l'état central 48 correspondant à l'état de veille ordinaire. Ici encore, nous rencontrons des convergences avec le savoir bouddhiste, puisque Gampopa (1079-1153, disciple de Milarepa) décrit de manière similaire *les cinq étapes sur la voie de l'Éveil* (figure 5.4) dans son traité *Le Précieux Ornement de la Libération* [138][15]. Ce sont les

[15] Voir aussi *Le traité des 5 sagesses et des 8 consciences* de Thrangou Rimpoché ([205], Tableau 4, p. 116) pour une version plus concise.

étapes à parcourir par les êtres ordinaires afin d'accéder à l'état de Bouddha. En bref, elles consistent d'abord à contrôler et à maîtriser les émotions par des méditations appropriées, à transformer ensuite en sagesse accomplissante les cinq consciences sensorielles décrites à la section 1.3, et enfin à éliminer les voiles cognitifs qui masquent la nature fondamentale de l'esprit. À chacune de ces étapes correspond un ressenti spécifique (qui donnera l'impression d'un univers spécifique), comme par exemple l'apparition de pouvoirs de clairvoyance lors de l'acquisition de la sagesse accomplissante (sur cette question, voir aussi le chapitre 18 de [370]), ou le sentiment de l'union avec l'Esprit universel (Esprit de Bouddha) lors de l'accession à l'Éveil, tous deux également relatés par Lilly ([226], pp. 148-149).

Un autre texte éclairant sur ce sujet est *The Buddha on meditation and higher states of consciousness* par Daniel Coleman [86]. Celui-ci constitue un très bref résumé du traité bouddhiste *Visuddhimagga* (ou le *Chemin de la purification*, purification devant être entendu ici dans le sens « Éveil ») de Buddhaghosa. Ce dernier vécut au 5e siècle de notre ère et adhère au bouddhisme *hinayana* (Petit Véhicule). Son traité, résumant l'*Abhidhamma* écrit par les disciples du Bouddha, contient aux chapitres 12 et 13 [57], une description précise des états de conscience successifs atteints par les méditants lorsqu'ils réussissent à faire cesser le flot incessant de pensées perturbatrices. Ce document fournit une description rarement exposée de ces états de conscience modifiée, et en particulier signale l'existence de conséquences annexes à la maîtrise de ces états de conscience que sont les pouvoirs psychiques extra-ordinaires comme la télépathie ou la précognition.

Mais revenons aux études de Lilly ([226], p. 76), qui relativise également la notion de normalité d'état de conscience. Dans notre société, l'état de conscience de veille (qui représente dans la cartographie de Lilly l'état situé à mi-distance entre l'état de béatitude la plus élevée, soit l'Éveil complet des bouddhistes, et l'état le plus infernal) est considéré comme l'état normal. Au contraire, pour la société indienne contemporaine de Ramakrishna (1836-1886) au sein de laquelle il était considéré comme un saint homme, un état de méditation profonde était encouragé par l'entourage du méditant, qui œuvrait afin de le protéger de toute intrusion intempestive dans son environnement, lui permettant ainsi d'y subsister pendant des heures, des jours, voire des semaines sans être dérangé. Pour cette raison, on peut affirmer que la durée d'un état de conscience est déterminée non seulement par la capacité de l'expérienceur à s'y maintenir, mais aussi par la société qui l'entoure et qui lui offre la capacité d'y rester. Si l'on ajoute à cela que la notion de « normalité » peut être définie par la fréquence à laquelle se rencontre un état de conscience donné, on conçoit aisément la relativité culturelle de la notion de normalité d'un état de conscience ! Et l'on est conduit dès lors à admettre la relativité de la notion de réalité, puisqu'une réalité différente est associée à des états de conscience différents[16]. Par exemple, dans son état conscient mais décorporé, Monroe, au lieu de décrire son expérience en termes d'*états* de conscience particuliers, leur substitue plutôt des *environnements* spécifiques (mais cela revient en fait au même !), qu'il appelle *Locale I,* notre monde habituel, et *Locale II,* un environnement d'où le temps et l'espace semblent absents et où toute pensée prend forme immédiatement (ressemblant en cela au *bardo* de la *dharmata* ; section 1.2). Cet environnement est sous l'emprise totale et complète des pensées et des émotions, qui génèrent des frayeurs ou des désirs exacerbés, presqu'insupportables. Monroe compare cet environnement à l'enfer. Comme cela fut précisé ci-dessus, Lilly [226] appelle cet enfer dominé par les pulsions négatives l'état -3, négatif de l'état +3, assimilable à l'état d'Éveil. Il est intéressant de noter des similitudes avec l'état *post-mortem*, dans lequel l'absence de référence stabilisatrice que représentait le corps physique exacerbe également toutes les pensées et les émotions. C'est contre ce danger que le *Bardo Thödröl* nous met en garde [128] :

---

[16] Parnia [272] aboutit à la même conclusion dans son analyse des conséquences du maintien de processus cognitifs alors que l'activité corticale a pourtant cessé à la suite d'un arrêt cardiaque. Il écrit : « En fait la réalité de n'importe quelle expérience et la signification qui lui est associée est déterminée socialement (plutôt que neurologiquement), au travers d'un processus social au cours duquel les êtres humains déterminent et attribuent un sens aux phénomènes et à l'expérience au sein d'une culture et d'une société données [...]. » Nous avons déjà abordé ces questions au chapitre 1 consacré aux témoignages EMPs.

> À ce moment, quand les cinquante-huit déités buveuses de sang sortant de ton cerveau même viendront briller sur toi, si tu les reconnais comme étant des émanations de ta propre pensée, tu te fondras instantanément en elles [...] Si tu ne sais pas cela, tu auras peur des déités buveuses de sang, et tu seras fasciné et terrifié à la fois, tu perdras connaissance. Tes propres formes-pensées se manifesteront en apparences illusoires et tu seras contraint d'errer dans le *samsara* [...]

Dans son mode d'emploi en vue de séparer l'esprit du corps, Monroe signale que le principal danger guettant le pratiquant juste dissocié est l'apparition de forts désirs envahissants et accablants. Son analyse est intéressante, car une fois encore, nous y trouvons matière à convergence à la fois avec les états *post-mortem* ainsi qu'avec l'idée d'un inconscient profond défendue par Jung [198] et que nous analyserons au chapitre 6 ([251], p. 223) :

> Ceci est le plus grand problème que vous pouvez rencontrer à ce moment. Ces désirs, apparaissant de manière inopinée et inattendue, sont subjectifs et émotionnels, et peuvent aisément submerger l'attitude basée sur le raisonnement déductif si patiemment construite pour atteindre le stade présent. Le conseil le plus important est de comprendre qu'ils ne doivent pas être taxés de mauvais ou malveillants. Simplement ils *existent*, et il faut apprendre à y faire face. La règle est de ne pas nier l'existence de ces désirs. Reconnaissez-les comme une partie intégrante et profonde de vous-même qui ne peut être chassée par la pensée. À moins de faire cela, vous n'aurez aucun moyen de les contrôler.
>
> Ces désirs incluent la liberté (de se délecter dans la libération des limitations physiques et des effets de gravité), le contact sexuel (d'abord avec une personne aimée, ensuite à un niveau purement sensoriel), l'extase mystique (à un degré variable, dépendant de l'intensité du conditionnement vécu précédemment), et d'autres qui peuvent émaner d'expériences environnementales inhabituelles vécues par l'individu. La supposition ici est que chacun expérimentera ces désirs subjectifs même si la plus stricte discipline et auto-analyse fut de mise auparavant. Ce que nous rencontrons ici sont ces éléments situés profondé-

> ment sous la surface de la conscience et qui constituent notre caractère et personnalité fondamentaux. [...] ces éléments émergent parce que [dans cet état] vous n'êtes plus seulement un soi conscient et intellectuel. Vous êtes, peut-être pour la première fois, un être entier. Chaque partie de vous devra être entendue et prise en considération dans toutes les actions que vous effectuerez [dans cet état]. Le truc est de garder le soi conscient et raisonné (c'est-à-dire celui qui est le plus conscient du monde physique) dans une position dominante. C'est loin d'être facile.

Nous reviendrons sur l'importance de ce retour à notre unité au chapitre 10. Les maîtres de méditation [203] sont nombreux à signaler que le contrôle de nos émotions par notre esprit dompté grâce à la méditation au cours de notre vie physique constitue un antidote puissant contre ces dangers. Monroe établit d'ailleurs lui aussi le lien entre *Locale II* (qu'il visite régulièrement) et les états *post-mortem* ([251] ; voir aussi chapitre 1).

Tout ceci peut paraître fort étrange, et nous n'avons comme seul guide pour en évaluer la véracité que la convergence entre trois approches, à savoir le *Bardo Thödröl* tibétain, les récits EMPs, et l'apparente honnêteté du seul témoignage de Robert Monroe au sujet de ses expériences contrôlées hors du corps, puisqu'il déclare ([251], pp. 68-69) :

> L'expérimentation lors de visites dans le *Locale I* [notre monde habituel] est extrêmement importante, probablement plus importante aujourd'hui que quoi que ce soit d'autre qui puisse être tenté. Car en effet, seules les visites de *Locale I* sont à même d'apporter assez d'éléments factuels vérifiables au sujet des sorties hors du corps et du corps éthéré afin d'en susciter l'étude sérieuse par des groupes de scientifiques contemporains faisant autorité. C'est seulement au travers de pareilles études extensives qu'une percée révolutionnaire peut être espérée au sujet de ce corps éthéré, s'ajoutant à la connaissance fondamentale de l'humanité. Moins que cela, et cela restera au mieux une énigme non résolue, au pire une fantaisie ridicule et inacceptable pour le philosophe et le scientifique à la fois.

Les expériences auxquelles Monroe fait allusion dans l'extrait ci-dessus consistent à rapporter d'un voyage en sortie de corps des informations sur des événements distants qui pourront être confrontées aux témoignages des témoins directs de la scène, selon un protocole qui devra être rigoureusement établi. Enfin, comme conclusion emblématique de la recherche sur les états modifiés de conscience menée par Dethiollaz et Fourrier, relevons l'extrait suivant qui nous offre un éclairage intéressant sur la conscience car il rappelle les notions bouddhistes opposées de connaissance-conscience primordiale non duelle (sanscrit *jnana*) et conscience individuelle duelle (*alaya vijnana,* décrites aux sections 4.9.3 et 9.2) ([110], p. 330) :

> Comme une eau qui contient des débris et qui, au-delà de ceux-ci, est toujours pure, la Conscience ne changerait jamais d'état, mais les composants qui viendraient troubler sa pureté, oui. Elle ne serait jamais modifiée, mais la « pollution » qui l'imprègne, oui. Lorsque l'ego disparaît, l'état premier de Conscience réapparaîtrait [...] De ce point de vue, un état modifié de conscience ne constituerait pas un état *plus modifié* que l'état dit « normal » de la conscience individuelle. La modification serait simplement [...] différente. Ce n'est qu'avec la transparence à la Transcendance que la modification commencerait à diminuer. Tout être humain porterait en lui cette possibilité de *transcender* la conscience relative pour *être* la Conscience absolue [...] et pour que la Conscience absolue *soit* à travers lui. La co-existence de tous ces états à l'intérieur de lui, et même de l'état transcendé, expliquerait que ce dernier puisse survenir n'importe où, n'importe quand, de manière impromptue. Ce ne serait pas à l'extérieur, mais *à l'intérieur,* chacun porterait cet état *en soi,* mais sans le percevoir [...]

Ce témoignage contemporain est très proche de la conception bouddhiste de la conscience, car il rejoint totalement le cœur des enseignements du véhicule de diamant (voir par exemple l'*Uttara Tantra Sastra* [204]), à savoir que l'Esprit de Bouddha, ou *jnana,* la sagesse et conscience primordiale non duelle, réside en chacun de nous, mais que la plupart d'entre nous ne nous en apercevons pas parce que cette conscience primordiale qui possède pourtant l'éclat du diamant est recouverte par des voiles d'ignorance pareils à des souillures opaques.

6. Les synchronicités jungiennes : Matière et conscience à égalité ?

Assurément, toutes les disciplines de l'esprit et toutes les sciences humaines sont également précieuses et il en va de même pour leurs découvertes respectives, mais cette solidarité n'implique pas qu'il puisse y avoir confusion. Ce qui importe est d'intégrer les résultats des diverses applications de l'esprit sans les confondre. La méthode la plus sûre [...] est encore celle qui consiste à étudier un phénomène dans son champ de référence propre, avec la liberté d'intégrer ensuite les résultats de cette procédure dans une perspective plus large.

Mircea Eliade, *Myths, Dreams, and Mysteries*, Harper & Row, New York, 1960, p. 13

Les synchronicités découvertes par C.G. Jung dans sa pratique clinique constituent certainement l'indice le plus évident en faveur d'un niveau de réalité sous-jacent à nos perceptions habituelles, niveau de réalité dans lequel matière et esprit semblent être équivalents. L'exemple paradigmatique d'une synchronicité se déroula lors d'une séance de thérapie effectuée par Jung. Pendant cette session, la patiente, particulièrement rétive à l'irrationnel, relatait un rêve intense au cours duquel quelqu'un lui offrait un bijou en or ayant la forme d'un scarabée. Jung insistait sur le symbolisme du scarabée, qui dans beaucoup de cultures (et notamment l'Égypte antique [60]), véhicule le sens d'une renaissance, que la patiente ne voulait pas reconnaître. Alors qu'elle décrivait son rêve, Jung entendit un choc sur la vitre derrière lui, causé par un gros insecte se heurtant de manière répétée à la vitre. Jung ouvrit la fenêtre, et un petit scarabée vert-doré vola dans la pièce. La relation entre la patiente racontant son rêve et l'apparition dans le monde physique de l'insecte qui joue un rôle central dans le rêve est clairement non-causal – le rêve n'est pas à l'origine de l'apparition physique de l'insecte, et pourtant il y a une relation de signification entre les deux événements. Cette relation de signification entre les deux événements est clairement spécifique à l'observateur. Jung conclut en affirmant que le choc ressenti par la patiente suite à cette synchronicité la fit avancer dans son cheminement thérapeutique. Des événements de ce type se produisirent trop fréquemment au cours de la pratique clinique de Jung pour n'être que des coïncidences insignifiantes. Jung considère en outre que les événements bizarres souvent observés peu de temps après la mort d'un proche sont de même nature que les coïncidences signifiantes vécues dans sa pratique clinique : une horloge qui s'arrête, un cadre photo qui tombe du mur, un verre qui se brise, un rêve inhabituel[1]. L'existence des événements synchronistiques est souvent mise en doute à cause de leur caractère rare et exceptionnel, quoique leur histoire se relie à la tradition millé-

---

[1] C'est ce qui arriva à l'un des auteurs à l'occasion du décès de deux proches membres de sa famille, à vingt ans d'intervalle. Dans le premier cas, au lendemain des obsèques de sa grand-mère, pensant qu'elle n'apprécierait pas que la famille passe l'après-midi en une assemblée triste et confinée, il décida de se rendre à la Foire du Livre. Sur le point de quitter la Foire, il revint cependant sur ses pas, sur une impulsion intuitive, pour parcourir le stand du Livre de Poche, et parmi des milliers de livres en rayonnage, son attention fut attirée par un livre au titre énigmatique *La source noire* [359]. Il s'agissait d'un reportage sur les témoignages EMPs, incluant une description du *Livre Tibétain des Morts*. Sa lecture marqua, en 1992, le début d'une passionnante recherche et exploration de ces questions qui, *in fine,* conduisit au présent essai. Dans le deuxième cas (en 2013), en déplacement à l'étranger, il fit un rêve dans lequel une présence féminine familière lui transmettait le bien-être dans lequel elle baignait avec une intensité jamais ressentie auparavant. Il en fut très bouleversé à son réveil, se demandant ce qui justifiait pareil rêve. En début de matinée, la réponse lui parvint par téléphone : son épouse était décédée 48 heures plus tôt, elle qui avait pourtant toujours de son vivant été en proie à de grandes souffrances psychologiques.

naire de la pratique divinatoire du *Yi King* dans la Chine ancienne. Selon Jung ([189], pp. 74-96), « la science du *Yi King* n'est pas basée sur le principe de causalité mais sur un principe qui n'est pas nommé jusqu'ici – car il n'apparaît pas chez nous – que j'appelle à titre d'essai le principe synchronistique. Mon travail avec la psychologie des phénomènes inconscients m'a contraint, il y a plusieurs années déjà, à chercher un autre principe explicatif car le principe de causalité m'est apparu insuffisant pour expliquer certains phénomènes étranges de la psychologie de l'inconscient. » La pratique divinatoire du *Yi King* est considérée par Jung comme le premier exemple historique de synchronicités ([278] pp. 133-147). Selon Jung ([195], Vol. 18/1, pp. 142-143), « l'Orient fonde sa pensée et son évaluation des faits sur un autre principe [que celui de causalité]. On n'a même pas de mot pour rendre compte de ce principe. L'Orient a bien sûr un mot pour cela mais nous ne le comprenons pas. Le mot oriental est Tao [...] J'utilise un autre mot pour le nommer mais c'est assez pauvre. Je l'appelle synchronicité. »

Au final, l'argument le plus convaincant en faveur de la réalité des phénomènes synchronistiques est l'expérience personnelle propre – en dernière instance, la seule valable dans ce domaine où l'objectivité et l'indépendance à l'observateur ne peuvent être de mise (quoique, comme nous le verrons ci-dessous, une certaine forme d'objectivité puisse être associée aux synchronicités, sous la forme des archétypes introduits par Jung). Les phénomènes synchronistiques perdent beaucoup de leur force de conviction quand on les relate simplement. Lorsqu'on les expérimente soi-même, ils ont cette capacité de nous ébranler à long terme. Selon Jung [196,292,304,353], les phénomènes synchronistiques doivent réunir trois facettes :

- un événement externe se produisant sans cause matérielle apparente,

- une résonance entre cet événement extérieur et un état d'esprit intérieur,

- le sens que peut donner le témoin à cette conjonction d'événements. Ce sens est souvent lié à un cheminement thérapeutique, à un deuil en cours, ou à une phase de vie en rupture, c'est-à-dire à un moment où le sujet peut progresser sur son chemin de vie. La synchronicité révèle au sujet qu'il est sur une voie, dont il perçoit alors le sens.

Les phénomènes synchronistiques sont donc caractérisés par la coïncidence significative d'un phénomène physique objectif avec un état psychique de l'observateur sans qu'on puisse imaginer une raison ou un mécanisme de causalité évident. Ce type de coïncidence donne lieu à la synchronicité la plus courante et la plus répandue. « Synchronicité » veut non seulement dire « en même temps » mais aussi « avec le même sens ». Si l'on exclut le fait que le phénomène externe, de par son caractère si spécifique (car signifiant), se produise par hasard[2] au moment où le sujet présente une pensée qu'il peut mettre en relation directe avec l'événement externe, le principe de causalité (qui lie des phénomènes matériels externes entre eux[3]) ne peut pas s'appliquer ici. La principale bizarrerie d'une synchronicité est donc bien le fait de voir sa « cause » (ou son facteur déclenchant) dans le sujet (phénomène psychique interne) et son effet dans un phénomène externe. La synchronicité est à ce titre un phénomène liant esprit et matière ; or pareille relation est difficilement compréhensible dans le cadre du paradigme cartésien qui postule qu'esprit et matière sont d'une nature fondamentalement différente (la *res cogitans* de Descartes opposée à la *res extensa)*. Esprit et matière opèrent par conséquent dans des plans que la description du monde dans notre Occident cartésien a toujours considérés comme séparés (nous y reviendrons longuement au chapitre 8). Cette même difficulté conceptuelle est formulée par Jung comme suit [196] : « On est habitué à considérer que le concept de "sens" implique un phénomène ou un contenu physique dont on ne suppose pas qu'il puisse exister également à l'extérieur de notre *psyché* [...] Lorsque l'on considère l'hypothèse qu'un même sens (transcendant) peut se dévoiler à la fois dans la *psyché* humaine et dans l'arrangement d'un événement simultané ex-

---

[2] Cette question du hasard est en fait assez délicate, car elle concerne ici le plus petit nombre d'événements qui soit, et qui plus est, la situation où il se produit n'est pas reproductible à l'envi. On touche donc ici aux limites mêmes du concept de probabilité (et donc de *hasard*) comme l'a discuté H. Primäs [292].

[3] Voir la note 7 de l'avant-propos.

térieur et indépendant, alors on entre en conflit avec nos idées scientifiques et épistémologiques traditionnelles. »

Le phénomène de synchronicité révèle donc une symétrie inattendue entre les mondes physique et psychique. Dans le monde matériel règne le principe de causalité[4], postulant qu'il n'y a pas d'effet sans cause, et que toute cause doit précéder l'effet. Dans le monde de la *psyché* règne également un principe de causalité, c'est le *karma* du bouddhisme : toute action intentionnelle aura des conséquences (parfois à très long terme) positives ou négatives sur son auteur, selon que l'intention de celui-ci fut bienveillante ou malveillante. Et enfin, la synchronicité est un principe qui relie le monde de la *psyché* à celui de la matière, dans une relation plutôt signifiante que causale entre un fait matériel et un état d'esprit simultané pour lequel le fait matériel possède un sens tellement spécifique que la personne qui le vit ne peut imaginer qu'il soit dû au hasard.

Donc, malgré l'absence de causalité physique entre les événements psychiques et physiques, il n'en reste pas moins que ces synchronicités prennent une signification profonde pour l'observateur qui les vit, car il s'agit généralement d'expériences hautement transformatrices. La seule façon de percevoir ces synchronicités est de laisser place au pouvoir de l'intuition qui émerge directement de l'inconscient. L'intuition peut prendre le dessus lorsque le niveau de conscience rationnelle baisse, ce qui se produit naturellement en des circonstances de grande intensité psychique comme, par exemple, au cours d'expériences spirituelles, mystiques ou plus généralement dans des états modifiés de conscience ; en présence de liens émotionnels très forts (entre des jumeaux par exemple) ; dans des situations dramatiques comme la perte d'un amour ou la mort d'un proche. Dans ces circonstances, les fonctions mentales de la sphère du conscient faiblissent naturellement et la voix de l'inconscient est alors comme amplifiée. Cette dernière peut alors émerger à la surface de la conscience, qui entre ainsi en

[4] Voir cependant la section 7.2.6 qui émet une réserve à cet égard en démontrant que dans le monde physique également un principe de globalité peut l'emporter sur un processus causal se propageant localement (la cause déclenchant une conséquence locale).

contact avec les archétypes résidant dans l'inconscient collectif (tous deux définis ci-dessous ; voir aussi [198]) et qui, selon Jung, sont le moteur des phénomènes de synchronicité. Contrairement à Freud, Jung s'intéressait surtout aux « grands rêves » dans lesquels se trouvent des contenus symboliques (nous donnerons ci-dessous – figure 6.1 – un exemple de rêve chargé de symbolisme) que l'on rencontre souvent dans l'histoire de l'humanité, comme des motifs mythologiques ou des images qui se retrouvent dans de nombreuses cultures et civilisations, et que Jung qualifiait d'archétypes dans ses premières œuvres. Le concept initial d'archétypes évolua progressivement dans la pensée de Jung en élément structurel de l'inconscient. Cette évolution est bien décrite dans la citation qui suit ([276], pp. 188-191) :

> L'image primordiale, que j'ai appelée ailleurs « archétype », est toujours collective, c'est-à-dire commune pour le moins à des peuples entiers ou à des époques [...] L'image primordiale est une trace mnésique, un *engramme* qui s'est formé par condensation d'innombrables processus événementiels analogues. L'image primordiale est un stade préalable de l'idée, il en est la cellule mère ([188], article « Image »). [Il s'agit de] certains facteurs complexes de représentation, de ce que j'appelle les *archétypes*, dont on peut supposer l'existence en tant qu'organisateurs inconscients des représentations. La force motrice dont procèdent leurs productions ne se distingue pas de cette donnée transcendante par rapport à la conscience que l'on appelle l'instinct. Il n'y a par conséquent aucune raison d'entendre par l'archétype quoi que ce soit d'autre que la forme spécifique que l'instinct prend chez l'homme ([194], p.260).

En 1935, la pensée de Jung à propos des phénomènes synchronistiques et des liens qu'ils établissent entre esprit et matière devient encore plus radicale ([195], p. 70) : « J'affirme que l'étrange principe de synchronicité agit dans le monde lorsque certaines choses se produisent d'une façon plus ou moins simultanée et se comportent comme si elles étaient la même chose, tout en ne l'étant pas de notre point de vue ». Jung évoque ici la possibilité d'une relation identitaire entre des phénomènes psychiques (internes à l'individu) et physiques (externes à l'individu). L'idée développée ici est donc celle d'un événement unique qui nous apparaît sous deux formes : l'une interne, appartenant au monde de la *psyché,* et l'autre externe, appartenant au monde de la *physis.* Nous verrons à la section 7.2.4 que cette idée de symétrie brisée engendrant un phénomène dual est fréquente dans la physique moderne, au point que la notion de symétrie constitue aujourd'hui le fondement sur lequel est bâtie la description de la nature.

Figure 6.1 L'horloge du monde, représentant le rêve symbolique de Pauli (parfois comparé à un mandala ([140], pp. 188-190). Voici sa description selon Jung ([192], §110) : « Il y a un disque vertical et un disque horizontal, ayant un centre commun. C'est l'horloge du monde. Elle est soutenue par un oiseau noir (référence à des rêves précédents). Le disque vertical est un disque bleu avec un bord blanc divisé en 4 × 8 = 32 parties. Une aiguille tourne sur ce disque. Le disque horizontal est constitué de quatre couleurs. Quatre petits hommes tenant chacun un pendule sont debout sur ce disque, et tout autour se trouve l'anneau qui était autrefois sombre et qui est maintenant doré (en référence à un rêve plus ancien dans lequel cet anneau était porté par les enfants). L'horloge du monde possède trois rythmes ou pulsations : 1) La petite pulsation : l'aiguille du disque vertical bleu avance de 1/32 ; 2) La pulsation moyenne : l'aiguille réalise un tour complet tandis que le disque horizontal avance de 1/32 ; 3) La grande impulsion : 32 pulsations moyennes correspondent à un tour de l'anneau doré. » Pour une interprétation plus détaillée du symbolisme de ce schéma, voir la description de Jung [191,192], Peat ([278], pp. 18-22) ou Gieser ([140], pp. 188-190), et une version plus numérologique et ésotérique par Várlaki & Rudas [365] suggérant une relation avec la constante de structure fine.

À l'époque où il formule ces idées radicales, Jung a entamé une correspondance étroite avec le physicien Pauli [245], qu'il rencontra en 1930 suite à la grave crise psychologique que Pauli traversait alors. Dans leurs réflexions ultérieures, Jung et Pauli estimaient que les synchronicités pourraient apporter un éclairage essentiel sur les relations entre la *psyché* et la matière. Jung écrit dans une lettre datée du 10 septembre 1956 ([190], p. 56) : « Je ne doute pas que la *psyché* objective contienne des images qui éclaircissent le secret de la matière. On peut se rendre compte de telles relations dans les phénomènes synchronistiques et leur a-causalité. » Pauli et ses rêves à fort contenu symbolique (figure 6.1) qui l'aidèrent à résoudre plusieurs questions de physique théorique (comme le théorème spin-statistique décrit aux sections 7.2.4 et 9.4 ; voir aussi la note 5 du chapitre 9), en sont d'ailleurs la meilleure illustration.

Jung et Pauli estimèrent donc qu'en supplément au principe de causalité à l'œuvre dans le cadre de la description spatio-temporelle des phénomènes matériels[5], une correspondance entre la *psyché* et la matière était nécessaire pour une compréhension plus profonde du monde et de sa réalité. Cette correspondance s'établirait au travers d'un sens pré-existant à ces synchronicités. Jung a donc proposé de faire une distinction entre ce sens pré-existant extérieur à l'être humain (un archétype) et l'avis subjectif de celui-ci confronté à une synchronicité, car ce ne serait pas l'avis subjectif de l'être humain qui accorde le sens aux synchronicités, mais bien le sens pré-existant associé à un archétype. Jung propose donc de transformer ce facteur signifiant en un principe métaphysique général (un archétype). C'est sous l'instigation de Pauli que Jung éclaircira ainsi ses idées au sujet de la synchronicité. C'est dans ce contexte qu'il formula ce concept de synchronicité caractérisée par un sens pré-existant comme un cas particulier d'un arrangement plus général appelé l'*ordre acausal* [198]. Ces idées paraîtront finalement en 1952 sous le titre *La synchronicité comme principe des relations acausales* dans un ouvrage commun Jung-Pauli intitulé *Explication de la nature et de la psyché* [196]. Jung souligne dans

[5] Voir ici à nouveau la note 4 ci-dessus.

son préambule qu'il ne s'agit « pas du tout d'un travail complet de description et d'élucidation de ces faits complexes, mais uniquement d'un essai afin de [...] soulever le problème. »

En partant de leurs domaines d'expertise respectifs, Jung et Pauli supposent donc « l'existence d'un seul monde, dans lequel la *psyché* et la matière seraient une seule et même chose, que nous distinguons uniquement pour mieux les connaître en eux-mêmes » ([190], p. 70, lettre du 2 janvier 1957). Ils nommeront ce monde unique *Unus Mundus*[6]. Cet *Unus Mundus* est celui où réside l'inconscient collectif avec ses archétypes[7]. L'*Unus Mundus* est un monde au-delà du monde habituel de la dualité et de la causalité. Par cette transcendance de la dualité, l'*Unus Mundus* rappelle le *dharmadhatu* bouddhiste, qui représente la réalité ultime non-duelle et non-conceptuelle que nous décrirons à la section 9.2. La pensée bouddhiste reconnaît également l'illusion que constitue la dualité matière-esprit (voir *À propos de l'esprit et de la matière*, extrait de *The Awakening of Faith in the Mahayana*, section 4.9.3).

L'*Unus Mundus* est donc un monde où la dualité n'existe plus, ni même l'espace et le temps, mais où règnent des principes de symétrie comme régisseurs des lois acausales de cet *Unus Mundus*, unifiant matière et esprit. Plutôt que de chercher le niveau ultime de la nature dans un morcellement en particules élémentaires, Pauli, comme Heisenberg avant lui, suggèrent que la symétrie est l'archétype principal régissant toute la réalité. Nous verrons en effet (sections 7.2.4-7.2.6) que pareil principe de symétrie semble constituer aujourd'hui la meilleure description de l'ontologie du monde (physique) dans son ensemble. La symétrie est donc l'humus où s'enracine toute la description scientifique de la nature.

---

[6] Pour une description des impacts actuels de cette idée, le lecteur pourra consulter [16].

[7] Comme C. Jung l'écrit dans sa préface au *Bardo Thödröl* ([128], pp. xxxv – lii), c'est dans cet *Unus Mundus,* le monde des archétypes, que résident également les déités bouddhistes ([128], pp. li – lii) : « The world of gods and spirits is truly ' nothing but ' the collective unconscious inside me. To turn this sentence round so that it reads: The collective unconscious is the world of gods and spirits outside me [...] ».

Tout naît non pas d'une force unique (celle de la grande unification des interactions fondamentales, la très convoitée *Théorie du Tout* des physiciens ; voir la section 7.2.4), mais d'une forme (au sens de « symétrie ») unique, unifiant matière et esprit. La brisure de cette symétrie génère d'une part la loi causale du *karma* agissant dans le domaine de l'esprit et d'autre part les lois de la physique agissant causalement dans notre monde habituel de matière, où matière et esprit apparaissent séparés, conséquence de toute brisure de symétrie (voir section 7.2.4).

Dans ce contexte, la synchronicité apparaît donc comme une activation simultanée dans le monde physique et dans le monde psychique d'un même archétype de l'*Unus Mundus* ([245], p. 153, lettre Nr. 71 de Jung à Pauli de décembre 1956). Cette activation se produit lorsqu'un individu voit son niveau de conscience rationnelle baisser dans des circonstances de grande intensité émotionnelle, faisant place ainsi à l'intuition qui émerge directement de l'inconscient, comme nous l'avons souligné au début de ce chapitre. Ainsi que l'écrit M. Teodorani ([353], p. 28) : « D'après Jung, lorsqu'un individu expérimente un grand nombre de synchronicités, il s'aperçoit au fil du temps qu'elles sont effectivement régies par un principe de réelle sagesse, qui va bien au-delà de ce que notre connaissance consciente peut concevoir. »

À son tour, Pauli explique de la manière suivante[8] cette correspondance entre mondes physique et psychique que sont les synchronicités :

> [Ce qui suscite la correspondance du sens doit être] placé au-delà de la différenciation entre « physique » et « psychique », de la même manière que les « Idées » de Platon ont un aspect de « concept » et un aspect de « force naturelle » (elles produisent des effets). J'accepte tout à fait d'appeler cette chose « l'organisateur et le régulateur des archétypes » ; il serait cependant inadmissible de définir ces archétypes comme des contenus psychiques. Les images intérieures (nommées « dominantes de l'inconscient collectif » par Jung) seraient plutôt la manifestation

---

[8] Lettre de Pauli du 7 janvier 1948 à Markus Fierz (d'après von Meyenn 1993 [368], lettre n° 929, pp. 496-497).

> psychique des archétypes qui devraient aussi engendrer, produire et déterminer tout ce qui dans le comportement du monde objectal répond aux lois naturelles. Les lois naturelles du monde des objets seraient alors la manifestation physique des archétypes [...] Alors toute loi naturelle devrait avoir sa correspondance à l'intérieur de l'homme, et inversement, même si encore aujourd'hui, on ne peut pas toujours la voir directement.

Cette opinion de Pauli souligne une fois encore le parallélisme entre la loi de causalité à l'œuvre dans le monde matériel et la loi du *karma* à l'œuvre dans le monde de la *psyché*. Par ailleurs, H. Primäs [292] a proposé que les synchronicités soient l'équivalent dans l'*Unus Mundus* des corrélations Einstein-Podolsky-Rosen (section 7.1.1) pour les particules matérielles intriquées. En outre, il convient de souligner ici que, au moment même où Jung et Pauli réfléchissaient à ces questions, le physicien David Bohm élaborait son interprétation de la mécanique quantique (la théorie de l'onde pilote décrite à la section 7.1.2), dont les implications philosophiques sont étonnamment similaires au concept d'*Unus Mundus* de Jung et Pauli. Bohm le nomme *l'ordre impliqué* (Section 7.1.3 et [44]), et ce concept est une conséquence directe de sa réflexion au sujet de l'interprétation à donner à la mécanique quantique. Nous le décrirons en détail à la section 9.2, où nous suggèrerons en outre l'identité entre les notions de *dharmadhatu, Unus Mundus* et *ordre impliqué*.

La synchronicité permettrait ainsi à quiconque, au travers du canal du psychisme, d'agir sur les canaux gouvernant la matière, comme cela est le cas du fameux et surprenant « effet Pauli » dont nous donnerons des exemples à la section 8.5. À ce sujet, son collègue Fierz (cité par [126], p. 152) écrit :

> [...] même des physiciens avec les pieds bien sur terre étaient d'opinion que des effets étranges émanaient de Pauli. Il était dit, par exemple, que sa seule présence dans un laboratoire produisait toutes sortes de problèmes expérimentaux, que d'une certaine manière il faisait naître la malice au sein des objets. C'était l'« effet Pauli ». Pour cette raison, son ami Otto Stern, le fameux artiste des jets moléculaires, ne le laissait par exemple jamais entrer dans son laboratoire. Ceci n'est pas une légende, je les ai très bien

> connus tous les deux, Pauli et Stern ! Pauli lui-même croyait en son effet. Il m'a dit qu'il pressentait le problème à venir comme une désagréable tension, et lorsque l'ennui pressenti se produisait véritablement, il se sentait étrangement libéré et soulagé. En fait, on peut tout à fait considérer l'« effet Pauli » comme un phénomène synchronistique.

C'est un clin d'œil de l'histoire que de réaliser que ces événements synchronistiques qui semblent violer les lois de la physique (en particulier le principe de conservation de l'énergie) sont le fait de l'un des plus grands physiciens de son époque ! Comme nous le verrons aux sections 7.1.3, 8.2 et 8.5, Bohm et Peat [278] proposent une interprétation de ces phénomènes basée sur le concept d'information qui a au moins le mérite d'éviter la difficulté liée à la (non-)causalité.

Lorsque les conséquences du concept de synchronicité sont explorées jusqu'au bout, comme le firent Peat [278] ou Teodorani [353], il est tentant d'adhérer à la conclusion que chaque individu pourrait ainsi, au travers de la relation matière-esprit, entrer en relation coopérative avec l'univers. Ce dernier communiquerait ainsi avec lui-même ! Voilà qui pourrait être vu comme le sens profond du phénomène de synchronicité, qui ne peut exister que s'il existe un substrat cosmique liant non seulement tous les êtres de l'univers et leur psychisme entre eux, mais aussi à la matière au travers des synchronicités. Sur le plan métaphysique, une telle conclusion motive la recherche de liens profonds entre les mondes de l'esprit et de la matière, c'est-à-dire entre la physique et le bouddhisme, que nous approfondirons aux chapitres 8 et 9. Mais il nous faut d'abord évoquer les découvertes récentes en physique qui nous conduisent à abandonner le réalisme ou la localité.

7. La physique à la rescousse : matérialisme, réalisme et/ou localité s'effondrent

Dans ce chapitre central de notre réflexion, nous allons montrer que les découvertes récentes de la physique quantique offrent un éclairage intéressant sur les synchronicités jungiennes : comme elles, certaines interprétations[1] de la physique quantique (en particulier, celle dite de l'« onde pilote » ; section 7.1.2) suggèrent l'existence d'un niveau de réalité sous-jacent à la réalité sensorielle conventionnelle. Dans ce niveau de réalité, matière et esprit semblent se re-

[1] Le lecteur s'étonnera avec raison qu'une théorie physique – la mécanique quantique en l'occurrence – donne lieu à plusieurs « interprétations ». En fait, il convient ici de distinguer les vertus opérationnelles d'une théorie, c'est-à-dire sa capacité à reproduire les observations, et son interprétation ontologique, c'est-à-dire sa capacité d'*explication* de la nature des choses. Si la mécanique quantique est excellente sur le premier point, son mode de fonctionnement probabiliste (à savoir qu'elle ne prédit que la probabilité avec laquelle un événement donné est susceptible de se produire) est tellement étrange qu'il a donné lieu à de multiples interprétations, et la controverse n'est pas encore résolue à ce jour. Et cela nous donne d'emblée l'occasion d'insister sur le fait que la métaphysique n'est pas absente de ce champ d'interprétation, car c'est la métaphysique qui peut guider la recherche d'une interprétation satisfaisante.

joindre au travers du concept d'information, qui apparaît crucial dans l'interprétation de ces deux facettes de la réalité.

Mais d'abord, nous allons brièvement évoquer le changement de paradigme quant à notre conception de la réalité imposé par l'apparition récente en physique d'un concept novateur, celui des particules intriquées. Les particules intriquées vont nous imposer d'abandonner soit le réalisme, soit la localité, deux piliers sur lesquels reposait jusqu'ici l'édifice de la physique classique. Étonnamment, les physiciens n'ont à ce jour pas pu décider lequel de ces deux concepts doit être abandonné ! En effet, parmi les nombreuses interprétations[1] de la mécanique quantique proposées à ce jour, certaines abandonnent la localité (comme celle dite de « l'onde pilote » développée par Bohm ; sections 7.1.2-7.1.3) tandis que d'autres abandonnent le réalisme (comme la « mécanique quantique relationnelle » développée par Rovelli ; section 7.1.4).

Enfin, nous montrerons que les progrès de la physique tout au long du 20e siècle ont également conduit à une révision majeure de l'ontologie de la matière (section 7.2), notamment suite à la découverte par Einstein de sa célèbre formule $E = mc^2$ qui établit l'équivalence entre matière et énergie, équivalence qui porte un coup dur au matérialisme. La situation s'est encore aggravée avec l'avènement de la théorie quantique des champs, qui a placé les symétries (et son corollaire l'information) à la base de l'ontologie de la matière.

7.1 Physique quantique : Le nécessaire changement de paradigme quant à notre conception de la réalité

7.1.1 Les particules intriquées et l'expérience d'Einstein-Podolski-Rosen

La physique se trouve aujourd'hui dans une étrange situation, car les expériences décrites ci-dessous impliquant des particules intriquées remettent en cause deux des piliers sur lesquels s'est appuyée notre conception du monde jusqu'ici, à savoir la localité et le réalisme. L'importance de ces fondements pour bâtir la physique est soulignée par Einstein. Il écrit, à propos du réalisme [122] :

> Si l'on se demande quelle est l'idée la plus caractéristique du raisonnement physique d'avant la mécanique quantique, c'est sans conteste la suivante qui attirera notre attention : Les concepts de la physique [classique] se réfèrent à un monde extérieur réel, c'est-à-dire que les concepts physiques font usage d'objets que l'on suppose avoir une « existence réelle » indépendante du sujet les percevant [...]. Une caractéristique de ces objets est d'être conçus comme appartenant à un continuum d'espace-temps. En outre, il apparaît essentiel pour cette description physique que, à un moment donné, ces objets puissent posséder une existence indépendante les uns des autres, dans la mesure où ces objets se situent dans différentes parties de l'espace. Sans cette hypothèse d'existence mutuellement indépendante d'objets spatialement distants – une hypothèse qui tire son origine de la pensée quotidienne –, la pensée physique dans un sens qui nous est familier ne serait pas possible. Pas plus que l'on ne verrait comment les lois physiques pourraient être formulées et testées sans une telle séparabilité nette [...]. Pour l'indépendance relative des entités spatialement distantes (A et B), l'idée suivante est essentielle : une influence externe sur A n'aura aucun effet immédiat sur B ; ceci est connu sous le vocable « principe d'action locale » [ou « localité »].

Des affirmations ci-dessus, on constate que localité et réalisme sont intimement liés. À ce sujet, Einstein écrit, dans une lettre du 18 mars 1948 à Max Born ([50], p. 223) :

> [...] ce qu'on considère comme (« vraiment ») existant, doit être d'une certaine manière localisé dans l'espace-temps. C'est-à-dire ce qui est réel dans une partie A de l'espace doit (en théorie) « exister » indépendamment de ce qui est considéré comme réel dans une autre partie de l'espace, B. Si un système physique s'étend sur les parties de l'espace A et B alors ce qui se trouve en B doit avoir une existence indépendante de ce qui se trouve en A. Ce qui se trouve en B ne doit pas dépendre de ce qu'on est en train de mesurer en A ; à vrai dire, ce qui se trouve vraiment en B doit être indépendant de la mesure ou non-mesure en A.

Pour Einstein, il était en effet essentiel que les choses physiques soient organisées dans un continuum spatio-temporel ([122], p. 321) :

> À un moment donné, ces choses prennent une existence indépendante les unes des autres dans la mesure où elles se trouvent dans des « parties différentes de l'espace ». La pensée physique dans le sens habituel serait impossible sans l'hypothèse de l'existence (« être comme ça ») indépendante des choses distantes dans l'espace, qui provient tout d'abord de notre façon de penser quotidienne. Sans une séparation nette je ne vois pas comment les lois physiques pourraient être formulées et testées.

Cette dernière citation met l'accent sur l'importance de la localité-séparabilité pour la formulation de la physique. Or, la fameuse expérience de pensée imaginée par Einstein, Podolsky et Rosen (EPR, [121][2]) décrit une situation qui force la théorie quantique à affirmer que les propriétés d'un système dans une région B de l'espace-temps résultent d'une opération de mesure dans une autre région A de l'espace-temps ; de plus, les conditions de l'expérience sont telles qu'aucun signal n'a pu être transmis de A à B, « informant » B du résultat de la mesure en A et donc de la valeur à prendre par B. Cette expérience vise donc à tester le caractère local ou non des phénomènes.

L'expérience EPR est la suivante : une particule élémentaire instable (π^0 sur la figure 7.1) se désintègre en électron et anti-électron (aussi appelé positron) qui doivent posséder des spins[3] anti-parallèles, quoique l'état du spin (« vers le haut » ou « vers le bas » par exemple) soit indéterminé avant toute mesure, comme de coutume en mécanique quantique. La particularité avec ces (anti-)électrons dits « intriqués » est qu'une mesure de spin sur l'un doit forcément fixer le spin de l'autre, sans nécessité de le mesurer. Si la mesure

---

2 Einstein n'a jamais été satisfait de cet article. Le 19 juin 1935 il a écrit à Schrödinger : « Après beaucoup de discussions, cet article a été écrit par Podolsky pour des raisons de langage. Mais ce que je voulais vraiment n'en ressort pas très bien. L'essentiel est en quelque sorte noyé par de l'érudition » (Cité par [175]). Pour une exposition plus claire, voir [122].

3 Le spin peut être assimilé à l'état de rotation de la particule sur elle-même, mais autour d'un axe d'orientation indéterminée avant mesure.

effectuée sur l'électron de gauche révèle un spin vers le haut, nous saurons avec certitude[4] que le spin de l'anti-électron de droite sera vers le bas. Pour confirmer le caractère non-local de la description du monde offerte par la physique quantique, il suffit de vérifier que le spin de l'anti-électron de droite est bien vers le bas, avant même que tout signal consécutif à la mesure sur l'électron de gauche ait pu atteindre l'anti-électron à droite (sachant, comme rappelé plus haut, que l'état du spin est intrinsèquement indéterminé avant toute mesure). Cette confirmation de la non-localité quantique fut réalisée en pratique par les expériences d'Alain Aspect dont il sera question ci-dessous.

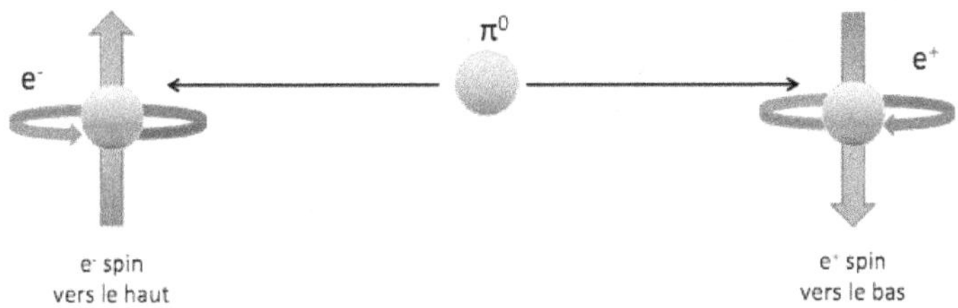

Figure 7.1 Illustration de l'expérience EPR. Une particule π^0 se désintègre en une paire électron-positron dont les spins sont nécessairement anti-corrélés, mais fondamentalement indéterminés avant toute mesure. La mesure de l'un fixera donc l'autre, mais cette expérience paraît contredire le principe de relativité postulant qu'aucune information ne peut se transmettre plus rapidement que la vitesse de la lumière.

Cette situation met clairement à mal la notion de localité si chère à Einstein, comme il l'exprime lui-même à nouveau ([50], lettre de 1948) :

> Il ne semble pas faire de doute que les physiciens qui tiennent la description donnée par la mécanique quantique pour définitive en son principe réagiront à ces considérations [l'argument EPR] de la façon suivante : ils laisseront tomber l'exigence d'une existence autonome de la réalité physique présente en différentes portions de l'espace ; ils peuvent invoquer

[4] Dans le sens où toute mesure fournira ce résultat avec 100 % de certitude.

> à bon droit le fait que la théorie quantique ne fait nulle part explicitement usage de cette exigence. Dont acte, mais je note ceci : lorsque je considère les phénomènes physiques que je connais, y compris ceux que la mécanique quantique a étudiés avec tant de succès, je ne trouve nulle part de fait qui me fasse paraître vraisemblable que l'on veuille abandonner cette exigence. Aussi suis-je enclin à croire que l'on doit considérer la description donnée par la mécanique quantique comme une description incomplète et indirecte de la réalité, destinée à être remplacée plus tard par une description exhaustive et directe.

À ce stade donc, puisque Einstein ne trouve en 1948 aucune raison d'abandonner l'exigence de localité (les expériences réelles d'Alain Aspect étant bien entendu largement postérieures à l'expérience de pensée imaginée par Einstein et ses collègues), il se dit que les valeurs des spins devaient être prédéterminées d'emblée. Mais cela est en contradiction avec la mécanique quantique et son Principe de Complémentarité, comme brièvement expliqué dans l'encadré II qui suit.

Encadré II[5] : Le principe de complémentarité, le principe d'indétermination d'Heisenberg, l'information et le vrai hasard quantique (I)

Le principe de complémentarité, l'un des plus fondamentaux de la mécanique quantique, tel qu'exprimé par Niels Bohr, stipule que « des phénomènes étudiés selon des conditions expérimentales différentes sont appelés "complémentaires" lorsqu'ils sont chacun individuellement bien définis et qu'ensemble ils épuisent toute l'information possible au sujet du système concerné ». La situation la plus simple dans laquelle ce principe de complémentarité s'illustre est celle représentée sur la figure 7.2. Elle concerne une particule qui, à l'entrée du dispositif expérimental, peut suivre deux chemins (*a* ou *b*). Un miroir semi-transparent à la croisée des chemins *a* et *b* envoie la particule soit sur le détecteur I, soit sur le II. La « complémentarité » porte sur le chemin suivi (*a* ou *b* ; « quel-chemin ? ») et le détecteur qui se déclenche (I ou II ; « quel-détecteur ? »). Imaginons que ce dispositif expérimental soit parcouru par un système élémentaire (par exemple une particule) ne disposant que d'un seul bit d'information. Comment ce bit d'information peut-il être utilisé ? Il y a au moins deux possibilités. D'une part, le bit d'information peut être utilisé afin de définir si la

[5] Inspiré de [381].

particule passe par le chemin *a* ou par le chemin *b*. Ceci peut être réalisé en préparant la particule dans l'état quantique approprié (par exemple en adaptant son angle d'incidence initial). D'autre part, on pourrait préparer le système dans un autre état quantique tel que l'information véhiculée concerne cette fois le détecteur qui se déclenchera. Dans chacun de ces deux cas, nous avons totalement utilisé le seul bit d'information disponible, et il ne reste donc plus de possibilité de coder l'autre quantité. En d'autres termes, si le bit d'information code la quantité « quel-chemin ? », le système ne peut porter aucune information à propos de la quantité « quel-détecteur ? », et inversement. Donc si c'est l'information « quel-chemin ? » qui est codée, par le fait qu'un seul bit d'information est disponible, aucune information ne peut être présente afin d'indiquer à la particule ce qu'elle doit faire en présence des détecteurs, et par conséquent, nécessairement, le déclenchement du détecteur I ou II doit être parfaitement aléatoire.

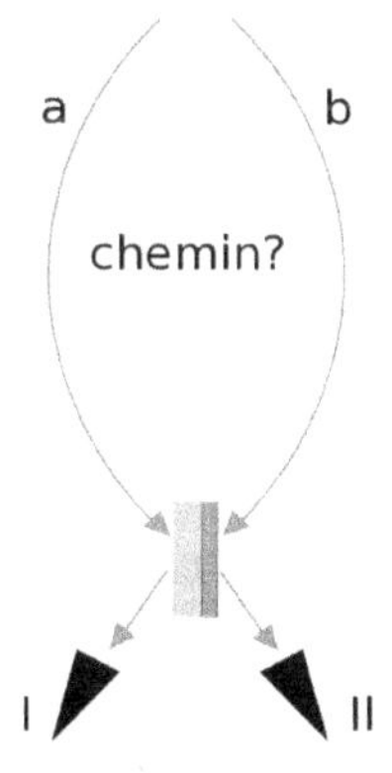

Figure 7.2 Information et principe de complémentarité lors d'une interférence quantique dans un système à un seul bit d'information (par hypothèse). Les particules incidentes arrivant dans le système par le haut peuvent se propager soit le long du chemin *a* soit le long du chemin *b*, pour arriver sur un miroir semi-transparent, qu'elles peuvent traverser (transmission) ou sur lequel elles peuvent rebondir (réflexion), avec une certaine probabilité. Du miroir elles aboutissent donc, après transmission ou réflexion, soit sur le détecteur I soit sur le II. Le principe de complémentarité appliqué à ce système à un seul bit d'information implique que l'information contenue dans ce seul bit décrivant le comportement du système peut concerner soit le chemin suivi (*a* ou *b*), soit le détecteur qui se déclenche (I ou II).

Dans tous les cas, le résultat de la *mesure* de la quantité pour laquelle aucune information n'est disponible doit donc être parfaitement indéterminé (et nous insistons bien ici sur le fait que c'est la mesure qui doit fournir un résultat parfaitement indéterminé, car le principe de complémentarité se réfère à un dispositif expérimental donné). Ou de manière synonyme, pour la question « quel-détecteur ? », le résultat doit être parfaitement aléatoire entre les diverses valeurs possibles. Ce hasard quantique est un vrai hasard « objectif », au contraire du hasard « subjectif » de la physique classique et de la vie de tous les jours, où le hasard résulte simplement d'une très longue chaîne d'événements liés causalement, mais possédant chacun une certaine gamme de valeurs possibles, et leur succession en grand nombre donne l'apparence d'un résultat final aléatoire. Ce hasard-là est nommé « subjectif » parce qu'il résulte de l'ignorance des détails fins de chaque étape causale. Ce n'est pas du tout pareil avec le hasard quantique [141], qui ne résulte pas du tout du même type d'« ignorance subjective », car dans le cas quantique, il n'existe objectivement aucune information permettant de déterminer quel détecteur se déclenchera dans la situation décrite ci-dessus. La discussion présentée ci-dessus permet de mettre en évidence l'intime relation existant entre l'information et le vrai hasard quantique [141] par la considération d'un système minimal à un seul bit d'information. Une vision plus traditionnelle de ce « vrai hasard quantique », en relation avec la fonction d'onde ψ, sera proposée dans l'encadré IV.

Ce principe de complémentarité est directement lié à ce qu'il est convenu d'appeler « variables conjuguées » en mécanique quantique. Dans l'exemple ci-dessus, les variables conjugées sont les variables codant les réponses aux questions « quel-détecteur ? » et « quel-chemin ? ». La position et la quantité de mouvement (c'est-à-dire le produit de la masse et de la vitesse) d'une particule en sont un autre exemple. Expérimentalement, cela se traduit par le fait qu'il est impossible de mesurer ces deux observables simultanément avec une précision arbitraire, comme l'exprime le principe d'indétermination d'Heisenberg :

$$\Delta x \, \Delta p \geqslant \hbar/2$$

pour la paire de variables conjuguées (x,p) position-quantité de mouvement ($\hbar$ est la constante de Planck divisée par 2π). Une mesure très précise de la position (caractérisée par une faible valeur de Δx) implique donc une grande indétermination pour la quantité de mouvement, puisqu'en vertu du principe d'Heisenberg, on a alors $\Delta p \geqslant \hbar / (2\,\Delta x)$.

On notera enfin que le principe d'indétermination d'Heisenberg est plus profond que la simple impossibilité de mesurer deux variables conjuguées avec une précision infinie (expliquée par la nécessaire perturbation du système causée par l'opération de mesure), puisqu'il se relie *in fine* aux propriétés inhérentes à la nature ondulatoire des objets quantiques.

À cette expérience EPR qui paraît contredire le principe de relativité, Einstein propose comme seule échappatoire la suggestion que la mécanique quantique doit être une théorie incomplète, contenant des variables cachées[6] (c'est-à-dire des bits d'information supplémentaires mais cachés, selon l'analogie utilisée dans l'encadré II ci-dessus). Ce sont ces variables cachées qui prédétermineraient l'état du système, mais elles nous seraient restées cachées jusqu'ici. La situation est restée bloquée en cet état jusqu'en 1964, date à laquelle le physicien écossais John Bell (inspiré par la ré-analyse de l'expérience de pensée EPR effectuée par David Bohm [41], pp. 614-619) réalise qu'il est possible de soumettre l'hypothèse des variables cachées à un test expérimental sur base du test de la violation ou non de certaines inégalités qualifiées d'« inégalités de Bell » [29,96,141,246, 280].

Afin de donner au lecteur une saveur de la nature de ces inégalités de Bell, nous donnons ci-dessous une description schématique de l'expérience EPR inspirée de Mermin [246] (mais il en existe de nombreuses autres descriptions : voir par exemple [96,141,280]). Le dispositif expérimental (figure 7.3) consiste en deux détecteurs A et B, et une source C (de « quelque chose », par exemple des « particules » ou des « ondes »). Pour démarrer une expérience, l'expérimentateur appuie sur le bouton de la source C, qui envoie ce « quelque chose » de la source vers les deux détecteurs. À cet envoi par C, les détecteurs A et B répondent en allumant une lampe, soit celle de gauche (G), soit celle de droite (D). Si l'on place un écran entre la source C et n'importe lequel des détecteurs, celui-là ne répondra pas par l'allumage de la lampe, n'ayant pas reçu le signal de la source. Si le détecteur est éloigné de la source, il réagira, mais après un délai plus long. Les détecteurs possèdent en outre un sélecteur pouvant prendre trois positions, nommées 1, 2 et 3. Le choix de celles-ci se fait au hasard

[6] Une telle théorie, dont les variables cachées sont les positions des particules constituant le système quantique, sera présentée à la section 7.1.2 : il s'agit de la théorie de l'onde pilote de Bohm [42].

pour chacune des expériences (éventuellement même après l'envoi du signal par la source C). Il faut insister sur le fait qu'il n'y a pas de connexion entre les trois parties A, B et C du dispositif expérimental autre que ce qui est envoyé par la source aux deux détecteurs.

Le résultat d'une expérience consiste à noter la position des sélecteurs et la position de la lampe qui s'allume. Dans l'exemple de la figure 7.3, le résultat de l'expérience est donc 32GD : les sélecteurs étaient sur les positions 3 et 2 et les lampes respectives gauche et droite se sont allumées. Une réalisation concrète de l'expérience EPR fut effectuée par l'équipe d'Alain Aspect au laboratoire de l'Institut d'Optique Théorique et Appliquée à Orsay ([13,224,246] ; voir aussi [18] pour la description d'une expérience de dernière génération sans « failles » réalisée par Ronald Hanson, de l'université de Delft aux Pays-Bas). Dans ce cas, la source C envoie une paire de photons intriqués. Les positions 1,2,3 du sélecteur correspondent à trois détecteurs qui mesureront la projection du spin[7] des photons selon trois directions indépendantes. Un aiguillage optique choisit pour chaque photon (après le départ de la paire de photons) vers quel détecteur-sélecteur (1, 2, ou 3) chacun sera envoyé (les deux aiguillages étant indépendants). Les lampes gauche et droite indiquent le sens de rotation mesuré (par exemple, gauche = horlogique, droite = anti-horlogique).

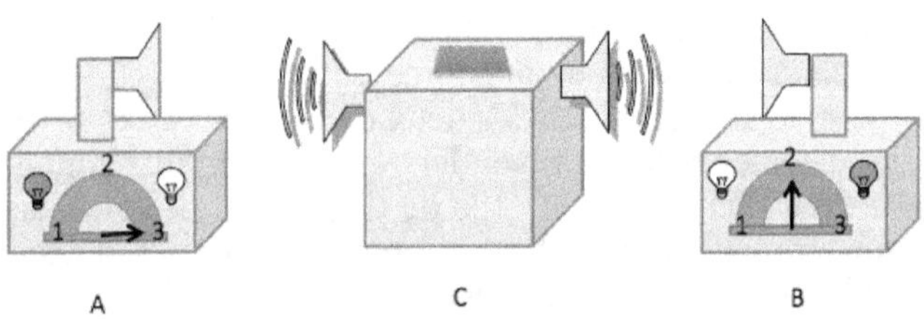

Figure 7.3 Un dispositif expérimental possible de l'expérience EPR.

[7] Rappelons que le spin du photon est équivalent à son état de polarisation circulaire (hélicité). Il y a deux états propres de spin, correspondant à l'hélicité horlogique ou anti-horlogique dans sa direction de propagation.

Les résultats obtenus par l'expérience d'Alain Aspect et ses collaborateurs possèdent les deux propriétés suivantes :

1. Si l'on se concentre sur les situations dans lesquelles les sélecteurs sont placés sur la même valeur, des lampes de position identique s'allument (nous appellerons « EPR » cet aspect des résultats) ;

2. Si l'on examine l'ensemble des résultats, indépendamment de la position des sélecteurs, on constate que la suite de positions (G ou D) est parfaitement aléatoire (c'est la manifestation du « vrai hasard quantique » évoqué ci-dessus – encadré II – en relation avec les variables conjuguées). En particulier, un détecteur donné présente autant de fois une lampe droite allumée qu'une lampe gauche. En conséquence, il y a 50 % de chances que des lampes de position identique s'allument, et 50 % de chances que des lampes de position différentes s'allument (puisqu'au total, il y a quatre possibilités équiprobables : DD, GG, DG et GD). Nous appellerons « Bell » cet aspect des résultats dans l'analyse qui suit.

C'est tout ce qu'il y a à remarquer ! En quoi cette situation est-elle donc si étonnante ? Le volet « EPR » de l'expérience pourrait être obtenu au moyen de « règles de correspondance » (c'est-à-dire que d'une manière ou d'une autre, les deux particules intriquées transportent les instructions destinées au détecteur, pour les trois positions possibles du sélecteur, et les deux particules transportent les mêmes instructions – ces « règles de correspondance » sont en fait les variables cachées de la théorie quantique imaginées par Einstein), mais on peut montrer[8] que pareilles « règles de

---

[8] Voici une analogie (empruntée à J. Bell [29], p. 83) qui permet de comprendre le principe de cette preuve. Considérons une pièce de monnaie que nous fendons dans le sens de l'épaisseur de manière à séparer les côtés pile et face. Deux personnes reçoivent chacune l'une des deux demi-pièces, sans savoir de laquelle il s'agit. L'une se déplace à Tokyo, l'autre à New York. Celle à New York consulte sa demi-pièce et constate qu'il s'agit de pile ; elle sait donc avec certitude que la demi-pièce à Tokyo est face sans avoir à effectuer la moindre mesure ! Les variables cachées de la mécanique quantique espérées par Einstein sont comme les faces des demi-pièces cachées dans les poches des voyageurs avant que ces derniers ne les regardent. C'est précisément parce que, comme indiqué dans l'encadré II ci-dessus, la mécanique quantique ne pré-détermine pas la valeur de la variable cachée « face de la demi-pièce » (qui prend la valeur « pile » ou « face ») avant l'observation finale que la méca-

correspondance » ne permettront jamais de satisfaire le volet « Bell » de l'expérience. En d'autres termes, l'expérience d'Alain Aspect interdit à la théorie quantique d'être une « théorie locale avec variables cachées ». Comme l'avait argumenté Einstein, une telle théorie locale avec variables cachées aurait permis de comprendre l'aspect aléatoire des résultats de mesures de l'une des deux grandeurs d'une paire de variables conjuguées (voir l'encadré II ci-dessus sur le vrai hasard quantique). Mais il y a pire : les résultats des expériences de type EPR imposent à la physique d'être non-locale, puisqu'on ne peut supposer qu'une information fut échangée entre les détecteurs A et B. En effet, le protocole expérimental des expériences d'Alain Aspect impose que l'échange de pareille information dût se faire à une vitesse supérieure à la vitesse de la lumière (étant données les distances et durées mises en jeu), ce qui est interdit par la relativité restreinte. En conséquence, puisqu'il est impossible qu'elles aient pu échanger une information à une vitesse supérieure à celle de la lumière, la seule possibilité est d'imaginer que les deux particules intriquées forment en fait une seule entité indissociable, d'où découle le caractère non-local de la réalité. Ces corrélations non locales mettent donc également à mal le réductionnisme (section 4.4), qui postule que la compréhension d'un système peut être obtenue en le divisant en ses parties, et en effectuant l'analyse de chacune de celles-ci. Cette démarche réductionniste contient implicitement la notion de localité : en effet, si l'une de ces parties était constituée d'un membre d'une paire intriquée, une action lointaine pourrait modifier les propriétés d'un objet local, perturbant ainsi l'analyse locale.

---

nique quantique transforme en mystère une situation d'apparence anodine. Si les variables cachées du type ci-dessus étaient présentes dans la mécanique quantique, pour Einstein ([320], p. 87), « le caractère statistique de la présente théorie [la mécanique quantique et ses prédictions de nature statistique associées à la fonction d'onde de probabilité – voir l'encadré IV au sujet de la fonction d'onde ci-dessous] devrait alors être une conséquence nécessaire de l'incomplétude de la description des systèmes par la mécanique quantique, et il n'y aurait plus aucun fondement pour supposer qu'une physique [...] future devrait être basée sur la statistique [...]. », c'est-à-dire le « vrai hasard quantique » (au sens de N. Gisin [141]) ne serait plus, dès lors que ces variables cachées étaient démasquées.

7.1.2 Perte de la localité : La théorie de l'onde pilote

La théorie de l'onde pilote fut proposée initialement par Louis de Broglie en 1927 [102,103] et largement développée ensuite par David Bohm [9] [42]. Elle repose sur la dualité onde-particule (qu'il serait préférable d'appeler non-dualité onde-particule ; voir section 9.5) établie pour les particules en 1924 par de Broglie, après avoir été établie pour les ondes par Einstein en 1905 dans le cadre de l'effet photoélectrique. La théorie de l'onde pilote associe donc onde et particule, ce qui du point de vue de nos conceptions familières, paraît totalement contradictoire, ondes et particules ayant des propriétés antagonistes (une particule est par nature localisée, tandis qu'une onde est par nature totalement délocalisée). La non-dualité onde-particule est pourtant la pierre angulaire de la théorie quantique, un objet quantique pouvant en fait se comporter soit comme onde, soit comme particule, en fonction du type de mesure auquel l'objet quantique est soumis (l'expérience de la double fente d'Young par exemple fait se manifester le caractère ondulatoire de l'objet onde-particule).

Encadré III : L'expérience de la double fente

Dans l'expérience de la double fente, un canon à électrons tire des électrons dans des directions quelconques à partir d'un point O (figure 7.4). En face de lui se trouve un écran percé de deux fentes, et ces électrons sont recueillis sur un détecteur placé derrière les fentes. Dans le cas où une seule fente est présente dans l'écran, les électrons frappent l'écran juste derrière la fente, comme on peut s'y attendre. Dans le cas de deux fentes ouvertes, notre sens commun nous suggère que nous devrions nous attendre à observer sur le détecteur deux régions de présence des électrons, localisées juste dans le prolongement des deux fentes, comme indiqué par le panneau (a) de la figure 7.4. Or l'expérience révèle un résultat totalement différent : des électrons sont présents là où on ne les attend pas s'ils parcouraient la distance entre le canon et le détecteur selon une ligne droite traversant chacune des fentes. Et qui plus est, leur distribution est d'un type totalement différent de celle observée avec une seule fente ouverte. On observe désormais des zones alternativement touchées et non-touchées par les élec-

[9] Dans cette section, nous nous concentrons sur la version de Bohm de la théorie de l'onde pilote. Les versions de de Broglie [102,103] et de Bohm [42] de la théorie de l'onde pilote sont relativement différentes (voir par exemple [93] pour une analyse comparative).

trons, comme le montrent le panneau (b) de la figure 7.4 ainsi que la figure 7.5. La répartition des électrons est typique de celle observée lorsque l'expérience de la double fente est effectuée avec une source d'ondes (la lumière par exemple) plutôt que de particules microscopiques : on observe alors sur l'écran un schéma d'interférences, alternant zones sombres et éclairées, et non pas seulement une zone éclairée derrière chacune des fentes, comme sur la figure 7.4(a) pour des particules macroscopiques. Le processus d'interférences est donc typique d'un phénomène ondulatoire. Or dans le monde microscopique, les interférences apparaissent également pour des particules, qu'elles soient subatomiques comme les électrons, atomiques comme dans l'expérience de Shimizu et ses collègues réalisée sur des atomes de néon [327], ou même moléculaires (fullerène C_{60}) [12].

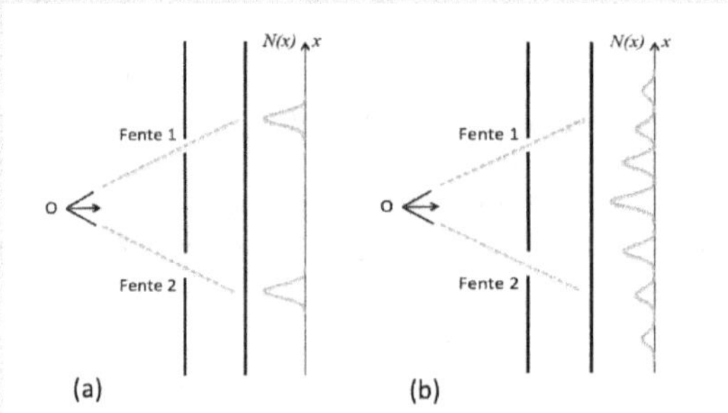

Figure 7.4 L'expérience de la double fente avec les deux fentes ouvertes. Dans le cas de particules classiques [macroscopiques ; panneau (a)], le résultat obtenu en présence de deux fentes constitue la simple somme des résultats obtenus avec chacune des deux fentes, individuellement. Dans le cas d'une onde ou de particules quantiques [microscopiques ; panneau (b)], une figure d'interférences au contraire apparaît.

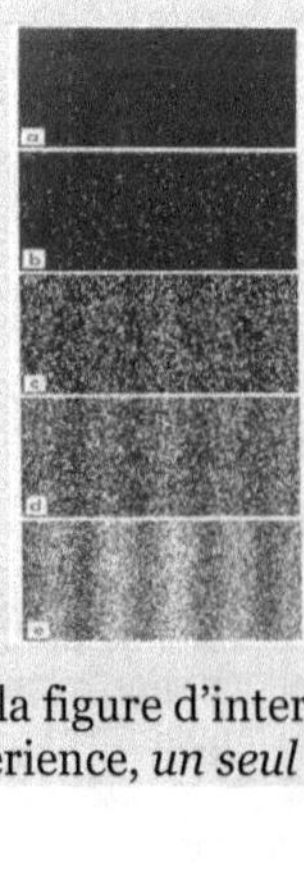

Figure 7.5 Apparition de la figure d'interférences obtenue avec des électrons. Dans cette expérience, *un seul* électron à la fois traversait

le dispositif, et pourtant après trente minutes d'accumulation du signal, les franges d'interférences apparaissent clairement. Les différents panneaux contiennent respectivement 11 (a), 200 (b), 6000 (c), 40000 (d), et 140000 (e) électrons.
Voir aussi [327].

Une analogie macroscopique à cette association onde et particule apparemment incompatibles a récemment été découverte par Yves Couder et son équipe [91,92,93,94,293], grâce à leurs expériences de goutte(s) rebondissante(s) sur un bain d'huile oscillant (figure 7.6). Dans les expériences de Couder, la particule est une gouttelette rebondissant sur la surface d'un liquide forcée à osciller (par un dispositif mécanique faisant se mouvoir de haut en bas le récipient contenant le liquide), tandis que l'onde est celle générée par les rebonds de la particule à la surface du liquide. Cette onde possède un impact important en retour sur le mouvement de la particule lorsque le système est proche de l'instabilité de Faraday, car à ce moment une onde apparaît naturellement à la surface du liquide même en l'absence de particule. Dans ces conditions, ce sont les rebonds de la gouttelette qui localement excitent l'onde de Faraday. Parce que la gouttelette retombe sur une surface de liquide légèrement inclinée, elle est propulsée dans la direction faisant face au plan incliné du liquide, et la goutte devient un « marcheur » [94,293]. Ce déplacement peut durer des jours, car plusieurs phénomènes empêchent la dissolution de la gouttelette dans le liquide [91]. Il se crée ainsi un système dans lequel une onde pilote le mouvement d'une particule. En plaçant des obstacles sous la surface du liquide (comme une double fente), il est en outre possible de reproduire tous les comportements quantiques connus, et notamment les franges d'interférences d'électrons [91,92,94,293] représentées à la figure 7.5. Si l'une des fentes est obturée, la géométrie de l'onde est forcément modifiée, et les franges disparaissent également. Enfin, la perturbation induite sur le système par le processus de mesure, qui était jusqu'ici considérée comme une marque de fabrique de la mécanique quantique, est également parfaitement mise en lumière dans cette contrepartie macroscopique. Ces expériences récentes sont particulièrement remarquables en ce qu'elles fournissent un modèle, macroscopique de surcroît, pour se représenter ce qui paraissait inimaginable auparavant, à savoir cette dualité onde-particule, mettant ainsi un terme à l'un des mystères les plus tenaces de la physique quantique ! Bien entendu, il ne s'agit là que d'une aide à l'imagination, et nullement de l'ontologie de la dualité onde-particule, c'est-à-dire une explication de son fondement, qui reste sans réponse (quoique le chapitre 9 révèlera que la transcendance de toute forme de dualité constitue une porte ouvrant vers la réalité ultime).

La théorie de l'onde pilote reprend l'idée de base de la dualité onde-particule en la modifiant quelque peu. La théorie considère les positions des particules et leur trajectoire comme bien définies, au contraire de l'interprétation habituelle – dite de Copenhagen – de la mécanique quantique, qui attribue aux particules une densité de probabilité de présence, sous la forme de la « fonction d'onde » ψ (voir l'encadré IV ci-dessous). Dans l'interprétation de Copenhagen habituelle de la mécanique quantique, le carré de la fonction d'onde – $\psi^2(x)$ – fournit la probabilité de présence d'une particule au point x de l'espace. La fonction d'onde obéit à l'équation de Schrödinger qui constitue l'équation fondamentale de la mécanique quantique (voir l'équation 7.1 ci-dessous). La description de l'expérience de la double fente dans le contexte de la théorie de l'onde pilote est que l'onde associée à la particule sonde l'environnement, détecte les obstacles et y adapte sa géométrie.

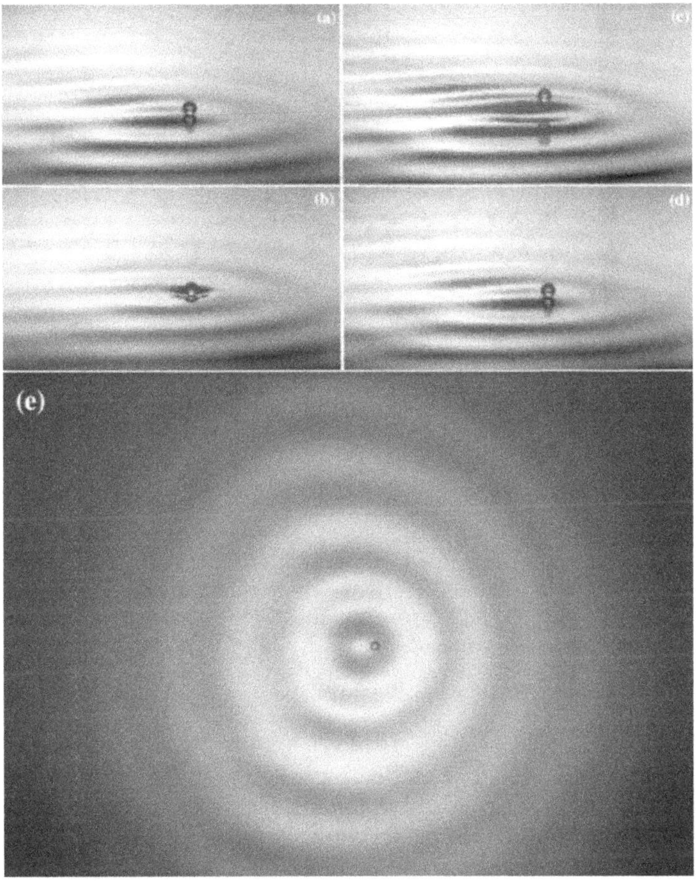

Figure 7.6 Contrepartie macroscopique de la dualité onde-particule telle que mise en évidence par les expériences de Y. Couder et de son équipe, grâce à une gouttelette rebondissant sur un liquide avec oscillation forcée juste sous le seuil de l'instabilité de Faraday. Une animation en est disponible sur http://www.youtube.com/watch?v=fnUBaBdloAw

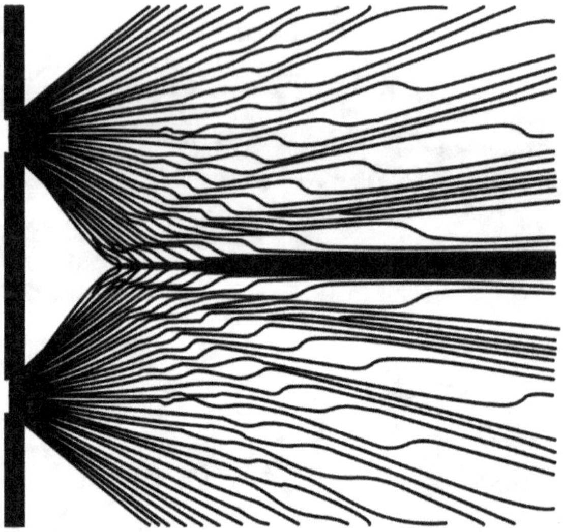

Figure 7.7 Trajectoires des particules dans l'expérience de la double fente, calculées selon la théorie de l'onde pilote. Bien que la particule passe par l'une ou l'autre des fentes, l'ensemble des trajectoires donne lieu sur l'écran à une concentration d'impacts identique à une figure d'interférences. Chacune des trajectoires correspond à une position et un angle d'incidence initiaux spécifiques.

La particule est alors guidée par son onde. Le passage par l'une plutôt que par l'autre fente dépend simplement de la trajectoire initiale de la particule. Mais le résultat est conforme aux résultats observés dans le cadre de l'expérience quantique de la double fente : les particules se distribuent selon un schéma d'interférences (figure 7.7). Cependant, en plus des forces de la physique classique, d'autres forces, plus insolites, agissent sur les particules dans le cadre de la théorie de l'onde pilote. Elles sont calculables à partir de la fonction d'onde ψ au moyen d'une équation généralisant l'équation de Schrödinger, qui fait intervenir un « potentiel quantique » Q comme il est convenu de l'appeler. À cause de la présence de ce nouveau terme dans les équations, la dynamique de l'onde pilote, bien que déterministe comme dans le cas de la mécanique classique, est néanmoins fortement non-classique. En effet, dans l'expérience des deux fentes, la particule passe bien par un trou et un seul [209] (les trajectoires en sont représentées sur la figure 7.7), mais sa fonction d'onde, qui la guide, est différente selon que le deuxième trou soit ouvert ou non. Ce résultat peut être vérifié par le calcul [284]. De plus, en 2011, une expérience réalisée par Steinberg et ses collègues à l'Université de Toronto [209], et qualifiée de percée pour la physique en 2011, valide les trajectoires prédites par la théorie de Bohm.

Encadré IV : Fonction d'onde, interprétation de Copenhagen de la mécanique quantique et vrai hasard quantique (II)

L'interprétation la plus commune de la mécanique quantique n'est pas celle de l'onde pilote, mais plutôt celle de Copenhagen (quoique la situation soit en train d'évoluer [143]), ainsi appelée parce qu'elle fut défendue par Niels Bohr, physicien danois. Dans cette interprétation, la fonction d'onde, qui est une fonction définie sur tout l'espace et dépendant du temps, constitue la description complète du système (pas de variables cachées dans cette interprétation donc). Il est traditionnel de la désigner par la notation $\psi(\mathbf{x}, t)$. Elle est définie sur l'espace des nombres complexes.

Cette description d'un système physique en termes de sa seule fonction d'onde, dans l'interprétation de Copenhagen, est fort différente de la description classique, puisqu'elle ne fait pas directement intervenir de contrainte sur la position d'une particule, au contraire de l'équation classique de Newton. L'équation de Newton $\mathbf{F} = m\,\mathbf{a}$, où $\mathbf{F}$ désigne la force agissant sur la particule de masse m et $\mathbf{a}$ l'accélération qu'elle subit, exprime en effet une contrainte sur l'accélération associée à la position de la particule. Pourtant le fait que l'opération de mesure se ramène généralement à la mesure de positions de particules (un concept de physique classique, établi avant l'avènement de la dualité onde-particule) impose à la mécanique quantique « de Copenhagen » et à sa fonction d'onde une règle supplémentaire. Cette règle affirme que la probabilité de trouver la particule en un endroit donné de l'espace est proportionnelle au carré de la fonction d'onde en ce point. La mécanique quantique fonctionne fondamentalement comme ceci : elle prédit que la mesure de la position de l'électron fournit le résultat $\mathbf{x}$ avec une probabilité proportionnelle à la valeur de $|\psi|^2$ en ce point (figures 7.8-7.9). L'opération $|\psi|^2$ consiste à prendre le module du nombre complexe ψ, ce qui fournit toujours un résultat réel positif, comme il se doit pour une probabilité. Il faut noter donc que la notion de localisation de la particule est implicitement présente dans la fonction d'onde : la particule a en effet le plus de chance d'être observée à l'endroit où le module de la fonction d'onde est maximal. On peut considérer que la fonction représentée à la figure 7.9 représente le « paquet d'ondes » associé à la particule.

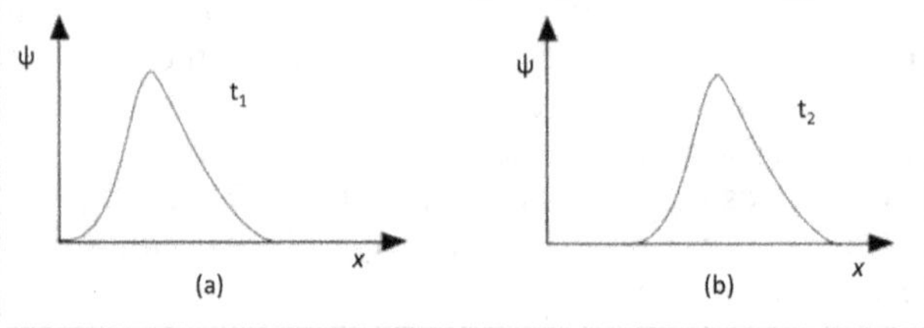

Figure 7.8 Illustration d'une fonction d'onde possible pour une particule se mouvant dans la direction *x*. La fonction d'onde est représentée aux deux instants t_1 (a) et t_2 (b).

L'évolution temporelle de la fonction d'onde est gouvernée par l'équation de Schrödinger, à tout le moins en l'absence de processus de mesure. L'équation de Schrödinger constitue en quelque sorte la généralisation de l'équation de Newton. Cependant, à la différence de l'équation de Newton qui agissait sur les positions des particules, l'équation de Schrödinger agit sur la fonction d'onde. Son expression est la suivante :

$$\mathbf{U}\,\psi = 0, \qquad (7.1)$$

l'expression exacte de l'opérateur de Schrödinger **U** étant sans importance pour notre propos.

Si la fonction d'onde est connue à un instant, c'est l'équation de Schrödinger qui permet de la connaître à tout instant du passé et du futur, par application de l'opérateur **U**. En ce sens, la mécanique quantique semble donc déterministe. Cependant, dans l'interprétation de Copenhagen, le processus de mesure (et donc en principe l'observateur qui la réalise) joue un rôle central. Au contraire de la physique classique, qui ambitionnait de décrire le monde tel qu'il est, la physique quantique dans l'interprétation de Copenhagen décrit ce qui se passe lorsque nous observons le monde. Ou selon la phrase célèbre de Niels Bohr « Aucun phénomène n'est phénomène avant d'avoir été observé ». La physique quantique, dans cette interprétation de Copenhagen, se place donc dans une optique résolument positiviste plutôt que réaliste, pour reprendre les termes du débat philosophique évoqué au chapitre 4. Il y a donc une réserve très importante à formuler à l'encontre de l'affirmation selon laquelle la mécanique quantique est déterministe, puisque lors du processus de mesure, la fonction d'onde n'obéit plus à l'équation de Schrödinger, mais c'est un nouvel opérateur dit « de réduction » (et noté **R** selon la notation introduite par John von Neumann en 1932 [369] ; voir aussi [279,280]) qui prend le dessus.

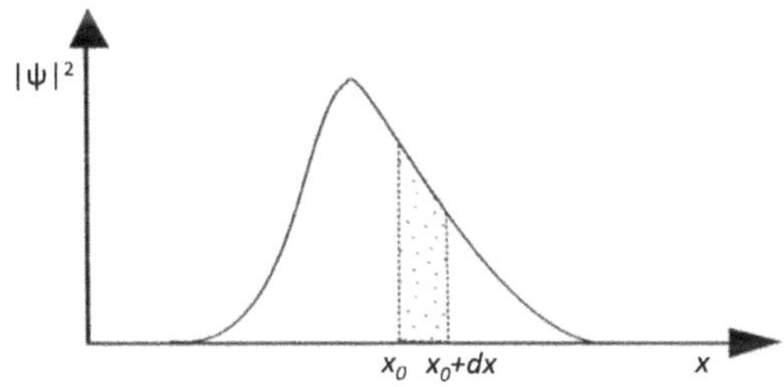

Figure 7.9 Illustration du module $|\psi|^2$ de la fonction d'onde représentée à la figure 7.8. La probabilité de trouver la particule entre les positions x_0 et x_0+dx est proportionnelle à l'aire hachurée, soit $|\psi|^2 dx$, à condition que la fonction d'onde soit normalisée, c'est-à-dire que la particule se situe avec certitude quelque part sur l'axe des positions x, c'est-à-dire $\int_0^\infty |\psi|^2 dx = 1$.

C'est précisément cette bizarrerie qui soulève de nombreux problèmes d'interprétation : l'évolution de la fonction d'onde est, selon les circonstances, régie par deux opérateurs différents, à savoir **U** ou **R**. L'opérateur **R** décrit donc l'opération de mesure, qui perturbe le système quantique et le fait bifurquer d'un état quantique éventuellement « superposé » (l'onde-particule passe par une fente non-déterminée du dispositif d'Young, ou le chat « mort – vivant » de Schrödinger dans l'encadré V) vers un état « pur » (l'onde-particule est passée par la fente du haut, ou le chat est mort). On décrit ce processus par le terme « réduction » (ou « collapse ») de la fonction d'onde.

La question du déterminisme de la mécanique quantique est donc sujette à discussion, non seulement à cause de la présence de l'opérateur **R**, mais aussi parce que même si l'évolution de la fonction d'onde au travers de l'équation de Schrödinger et de l'opérateur associé **U** est parfaitement déterministe, ce n'est jamais la fonction d'onde qui est directement observée par les mesures physiques ! Et le déterminisme existant dans l'évolution de la fonction d'onde ne se répercute pas sur les mesures, bien au contraire : la fonction d'onde ne permet pas de prédire avec certitude le résultat d'une mesure ; elle prédit seulement la probabilité d'obtenir une valeur donnée lors d'une mesure, selon les principes exposés ci-dessus.

Le fait que l'évolution de la fonction d'onde ψ, dans le cadre de l'interprétation habituelle de Copenhagen de la mécanique quantique, est régie par deux opérateurs distincts (**U** et **R**) donne lieu à ce qu'il est convenu d'appeler le « problème de la mesure » en mécanique quantique ([139], voir aussi l'encadré V ci-dessous). Le choix de l'un ou de l'autre de ces deux opérateurs dépend de savoir si un observateur procède ou non à une mesure sur le système quantique, au moyen d'un appareil macroscopique (et c'est pour cette raison que dans l'interprétation de Copenhagen de la mécanique quantique, l'observateur semble jouer un rôle essentiel). Le choix de **U** ou de **R** dépendrait donc de la « taille » (macroscopique ou non) de l'appareil de mesure interagissant avec le système quantique. Le problème fondamental de cette interprétation de Copenhagen est que nulle part dans la théorie quantique cependant, la limite entre macroscopique et microscopique n'est clairement définie.

Encadré V : Le chat de Schrödinger, états quantiques superposés et réduction de la fonction d'onde

Dans le but de mettre en évidence l'étrangeté de la mécanique quantique, Erwin Schrödinger imagine en 1935 une expérience de pensée célèbre impliquant un chat (figure 7.10). Le chat de Schrödinger, comme il est désormais appelé, est enfermé dans une enceinte contenant une fiole de poison qui peut être brisée par une suite d'événements déclenchés par la désintégration d'un noyau atomique radioactif : si un compteur Geiger détecte un certain seuil de radiations (causées par la désintégration du dit noyau radioactif), il enclenche un dispositif mécanique qui brise le flacon (figure 7.10). Cependant l'instant de cette désintégration est imprévisible de manière déterministe, car la mécanique quantique ne nous informe que sur la *probabilité* qu'a le noyau radioactif de se désintégrer après un certain temps. La seule certitude est que face à une *collection* de noyaux radioactifs, la moitié des noyaux se seront désintégrés après une durée désignée comme leur *demi-vie,* mais il est impossible de prédire lesquels en particulier se seront désintégrés. À cause de cette incertitude inhérente à la mécanique quantique, il est donc impossible de savoir avec certitude si le chat est mort ou vivant sans ouvrir la boîte, ce qui constitue un acte de mesure.

Dans la terminologie de la physique quantique, on décrira le chat dans la boîte avant son ouverture par un |état> dit superposé :

$\alpha(t)$ |chat mort> + $\beta(t)$ |chat vivant>,

où la notation |x> désigne l'état possible x du système quantique. C'est lors de l'ouverture de la boîte que l'état « superposé » $\alpha(t)$ |chat mort> + $\beta(t)$ |chat vivant> se réduit (selon l'action de l'opérateur **R** de l'interprétation de Copenhagen) à l'un des deux états purs possibles |chat mort> ou |chat vivant>, avec des probabilités respectives (dépendant de l'instant de mesure t) de $\alpha^2(t)$ et $\beta^2(t)$, telles que $\alpha^2(t) + \beta^2(t) = 1$, la somme des probabilités de tous les cas possibles devant atteindre l'unité. C'est là une illustration caricaturale du rôle apparemment central de l'observateur dans le microcosme, puisque le point clé de l'argument est la désintégration d'un noyau radioactif, lui aussi – avant observation – dans l'état superposé $\alpha(t)$ |désintégré> + $\beta(t)$ |non-désintégré>, où l'on

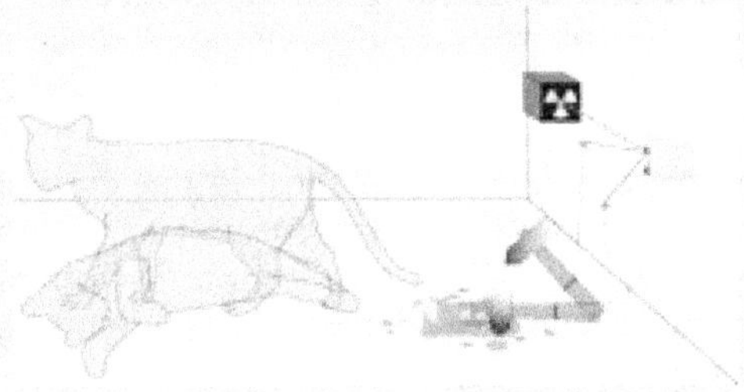

Figure 7.10 L'expérience du chat de Schrödinger.

constate donc que les probabilités $\alpha^2(t)$ et $\beta^2(t)$ sont en fait directement liées à la demi-vie du noyau radioactif et à la durée t écoulée depuis sa fabrication. Mais la mécanique quantique semble conduire à des situations étranges lorsque ce microcosme est directement couplé au macrocosme, comme illustré dans l'expérience (de pensée !) du chat de Schrödinger. Cette expérience de pensée vise en fait à illustrer le « problème de la mesure » existant dans l'interprétation de Copenhagen de la mécanique quantique (voir aussi l'encadré IV ci-dessus). En résumé, ce problème apparaît dès que les états superposés se propagent du monde microscopique au monde macroscopique. Pour éviter l'irruption macroscopique de ces états superposés, l'interprétation de Copenhagen de la mécanique quantique introduit donc l'opérateur **R** de réduction de l'état superposé vers un état pur. Il faut noter que la théorie de l'onde pilote, dans la version de Bohm ([42] et section 7.1.2), fut à l'origine introduite afin de résoudre ce « problème de la mesure » [139].

La théorie de l'onde pilote de Bohm offre donc une interprétation intéressante de l'expérience de la double fente (et par extension du chat « mort-vivant » de Schrödinger – encadré V –, puisque les deux situations impliquent des états superposés). Il faut noter que la théorie de l'onde pilote, dans la version de Bohm [42], fut à l'origine introduite afin de résoudre ce qu'il est convenu d'appeler le « problème de la mesure » en mécanique quantique (voir les encadrés IV et V). Dans cette théorie, la description du processus de mesure s'effectue en divisant l'univers en trois sous-systèmes : le premier est constitué des particules (notées *X*) dont on souhaite mesurer l'état, le deuxième est constitué des particules (notées *Y*) définissant l'appareil de mesure, à l'issue de laquelle leur position changera (et la nouvelle position sera corrélée avec l'état du système à mesurer – en général, ces positions sont celles des particules de l'aiguille d'un appareil de mesure), et le troisième sous-système est le reste de l'univers, n'influant ni sur le système à mesurer ni sur l'appareil de mesure. Le processus de mesure est alors simplement l'opération qui conduit à ce que les particules *X* et *Y*, à l'origine non corrélées entre elles, le deviennent. Il n'y a plus dans ce contexte d'opération mystérieuse (la réduction de la fonction d'onde de l'interprétation de Copenhagen). Il n'y a plus non plus dans le contexte de l'onde pilote de réelle dualité observateur-système observé, qui accorde un statut privilégié à l'observateur. L'observateur en est réduit à l'appareil de mesure, lui-même considéré comme un sous-système de l'univers, sous-système décrit par l'équation quantique de l'onde pilote, sans autre forme de spécificité.

La théorie de l'onde pilote permet de reproduire de façon exacte toutes les prédictions vérifiables de la théorie quantique sans avoir à introduire de dualisme entre objets physiques d'une part, et instruments ou observateurs d'autre part. Cette théorie évite donc à la fois le problème de la mesure et celui de la réduction de la fonction d'onde. Elle évite donc aussi l'irruption de l'observateur et de la conscience dans les théories physiques. Rappelons que dans cette théorie, les particules suivent des trajectoires bien définies (ce qui implique en l'occurrence qu'elles passent par l'une ou par l'autre des deux fentes), tandis que la fonction d'onde ψ, qui satisfait l'équation de Schrödinger, guide la trajectoire de la particule. L'équation de l'onde pilote, qui détermine le potentiel quantique *Q*, est définie globalement, c'est-à-dire qu'elle dépend de l'ensemble du dispositif expérimental.

La théorie de l'onde pilote appartient à la catégorie des théories (non-locales) à variables cachées. Elle suppose donc que la fonction d'onde ne décrit pas totalement la réalité mais seulement l'un de ses aspects. L'état d'un objet physique quelconque est donc caractérisé non seulement par une fonction d'onde (définissant l'|état quantique> ; à propos de l'|état quantique> d'un système, voir l'encadré V ci-dessus) mais aussi par d'autres paramètres, ou variables, que l'on nomme « variables cachées[10] » dans la version initiale de ces théories imaginées par Einstein. Ces variables sont ainsi nommées parce qu'elles ne sont pas incluses dans la partie quantique de la description du système. Donc, la description complète d'un système dans le cadre des théories à variables cachées x s'écrit : (|état quantique>, x). L'état quantique obéit à l'équation de Schrödinger à tout instant, que l'on mesure une variable de l'état quantique ou non (plus de nécessité donc de distinguer les opérateurs **U** et **R** de l'interprétation de Copenhagen ; encadré IV), tandis que les variables cachées obéissent à une autre équation (appelée l'équation pilote dans la théorie de de Broglie-Bohm, qui fait intervenir également le potentiel quantique Q).

On sait aujourd'hui que la conception primitive (proposée par Einstein) des théories locales à variables cachées est incompatible avec la non-localité imposée par le volet « Bell » de l'expérience sur les particules intriquées (section 7.1.1.). Dès lors, les seules interprétations à variables cachées qui soient encore acceptables sont les interprétations non locales. Dans ces dernières, les résultats des mesures qui sont faites sur un objet localisé dépendent non seulement de la fonction d'onde de l'objet, mais aussi de paramètres supplémentaires, qui ne sont pas tous exclusivement attachés à l'objet en question. En particulier, ces grandeurs concernent les objets ayant interagi dans le passé avec celui que l'on considère, mais pouvant en être éloigné (il s'agira en particulier de l'autre membre de la paire de particules intriquées).

L'autre point clé dans l'interprétation de Bohm est que la fonction d'onde ψ y est vue comme un champ de potentialité, et non de réalité. Dans le contexte de l'expérience de la double fente, ceci signifie que, bien que la fonction d'onde prévoie l'existence de deux paquets d'ondes, chacun passant par l'une des fentes, un seul en réalité contient de l'énergie (celui associé au chemin réellement suivi par la particule), l'autre étant vide d'énergie (sinon la loi de conservation de

[10] Mais à mauvais escient dans le cas de la théorie de l'onde pilote, où ces variables « cachées » sont en fait les positions des particules.

l'énergie serait violée !). Ce dernier paquet d'ondes reste donc à l'état de potentialité. Cette interprétation de Bohm s'écarte donc de l'interprétation standard de la mécanique quantique, qui en présence de ces deux paquets d'ondes, les considère tous les deux comme réels, ce qui *in fine,* mène aux problèmes d'interprétation comme celui du célèbre chat mort-vivant de Schrödinger (voir l'encadré V ci-dessus).

Dans l'interprétation de Bohm donc, seul un paquet d'ondes contient l'énergie de la particule, l'autre est vide. Le choix de la trajectoire suivie par la particule est simplement déterminé par la condition initiale, à savoir à quel endroit du paquet d'ondes entrant la particule est réellement localisée, une petite variation sur la position initiale étant susceptible en effet de basculer la solution d'une trajectoire vers une autre. La différence évoquée ci-dessus entre réalité et potentialité peut se relier à la notion d'information active et d'information passive [169]. L'information active concerne la trajectoire effectivement suivie par la particule, tandis que l'information passive est celle à propos des trajectoires possibles mais non utilisées. En outre, le potentiel quantique associé à l'onde pilote contient l'information relative aux obstacles se trouvant alentour de la particule (par exemple la présence des deux fentes) ; l'onde pilote joue à ce titre un rôle analogue à celui d'un sonar en navigation [93]. La théorie de l'onde pilote souligne donc l'importance prise par la notion d'information dans la construction de la réalité (nous y reviendrons en détail aux sections 7.2.4 et 8.5). Mais Bohm et Hiley ([46], pp. 37-38) vont plus loin encore : si une particule se meut sous l'effet de son énergie propre, tout en étant guidée par l'information contenue dans le potentiel quantique, ne faut-il pas alors imaginer que cette particule possède une structure interne subtilement complexe, à l'image d'une radio capable de décoder l'information contenue dans l'onde que la radio est conçue pour capter ? Cette idée va bien évidemment à l'encontre de toutes les théories de la physique contemporaine selon lesquelles l'analyse de la matière à des niveaux de plus en plus fins doit révéler des comportements de plus en plus simples et élémentaires. L'ontologie associée à la théorie de l'onde pilote semble révéler exactement le contraire : selon celle-ci, la complexité de la nature semble au contraire augmenter aux niveaux les plus élémentaires ! Pour étayer cette possibilité, Bohm et Hiley présentent trois analogies. Tout d'abord, celle d'une foule humaine : bien que les comportements d'une foule puissent être décrits par des lois statistiques relativement simples, individuellement cependant, les membres humains qui la constituent révèlent une complexité structurelle bien plus importante. De la même manière, des quantités astronomiques de matière obéissent aux lois simples de Newton bien que, à petite échelle, les atomes et molécules qui composent cette matière possèdent eux aussi une structure interne complexe. Et enfin, n'oublions pas la richesse du vide quantique aux échelles de Planck (10^{-33} cm), bien inférieures à celles des particules élémentaires (le rayon classique de l'électron s'élève à $3\ 10^{-13}$ cm), et sujet aux fluctuations quantiques décelables via l'expérience de Casimir (section 7.2.2).

7.1.3 Changement de paradigme : L'ordre impliqué de Bohm

Mais revenons au fait qu'une particule élémentaire est reliée à l'ensemble de son environnement au travers du potentiel quantique qui lui en apporte l'information et qui la guide en conséquence. Hiley [166,167] souligne à cet égard que cette action de l'information sur la matière fait s'éroder la distinction duale entre matière et esprit, puisque l'une des caractéristiques principales de l'esprit est qu'il est précisément sous l'emprise de l'information. Or, rappelons-nous que le dualisme cartésien exprimé par l'opposition entre *res cogitans* et *res extensa* suggérait au contraire des natures différentes pour la matière et l'esprit. Si Descartes a raison (mais nous argumenterons à la section 8.2 que le théorème du libre arbitre de Conway-Kochen est de nature à porter un coup fatal au dualisme cartésien), comment l'esprit peut-il agir sur la matière dès lors que leur nature est fondamentalement différente ? Jung et Pauli ainsi que Bohm et Hiley répondent à cette question en invoquant l'existence d'un niveau de réalité plus profond, situé par dessous notre réalité sensorielle, qu'ils nomment respectivement l'*Unus Mundus* ou l'ordre impliqué[11]. Dans ce niveau de réalité, matière et esprit se-

[11] Nous argumentons plus bas que l'ordre impliqué de Bohm et Hiley est probablement identifiable à l'*Unus Mundus* de Jung et Pauli.

raient non dissociés, à l'image des symétries non brisées de la physique dans le cadre d'une Théorie du Tout. Dans ce niveau de réalité plus profond, Hiley [133,166,168] a proposé une algèbre[12] unique décrivant à la fois les processus régissant la matière et l'esprit. Nous n'entrerons pas ici dans les détails techniques de cette algèbre. Nous nous contenterons d'en souligner les principes pertinents pour notre propos. L'algèbre introduite par Hiley nécessite la définition d'un voisinage contextuel, qui est clairement important dans le contexte des pensées (une pensée tirée de son contexte peut changer de sens !), mais aussi dans le cas de la théorie de l'onde pilote (dans ce dernier cas, il suffit de se rappeler que le potentiel quantique constitue une description de l'environnement de la particule considérée, et notamment des obstacles ou des dispositifs de mesure). C'est le choix de ce voisinage contextuel qui permet de rendre manifeste une réalité donnée (et cette réalité manifestée est appelée dans ce contexte l'« ordre explicite ») plutôt qu'une autre, à partir de l'ordre impliqué dans lequel agit l'algèbre. Un corollaire de ceci est que dans cette nouvelle description de la matière et de l'esprit, il n'est pas toujours possible de rendre manifestes tous les processus en même temps dans l'ordre explicite. Ceci constitue une notion nouvelle par rapport à la description habituelle des processus physiques au sein d'un espace-temps cartésien où cette limitation n'existe pas. Pour comprendre ceci sous une forme plus pragmatique, il est possible de se référer à l'exemple habituellement utilisé par Bohm [44] du cylindre à encre. Cet appareil représenté à la figure 7.11 est constitué de deux cylindres concentriques et transparents qui peuvent tourner l'un par rapport à l'autre. Entre les deux cylindres est placée de la glycérine, choisie pour sa propriété d'être un liquide à la fois fort visqueux et transparent. Plaçons maintenant une goutte d'encre rouge dans la glycérine (schéma du haut). En faisant tourner le cylindre interne, celui-ci entraîne la glycérine dans sa rotation, qui elle-même entraîne la goutte d'encre qui s'étire en un long filament et finit par disparaître, par suite de son extrême dilution. Il n'y a rien de surprenant à cela. Le fait

[12] Une algèbre est une structure mathématique consistant en une opération agissant sur un ensemble.

surprenant est que si la rotation du cylindre interne est alors inversée, la goutte d'encre réapparaîtra après un nombre de tours identique dans ce sens inverse. Ce comportement constitue la conséquence normale de la nature laminaire du flot de la glycérine sous une rotation lente, qui rend ce processus réversible.

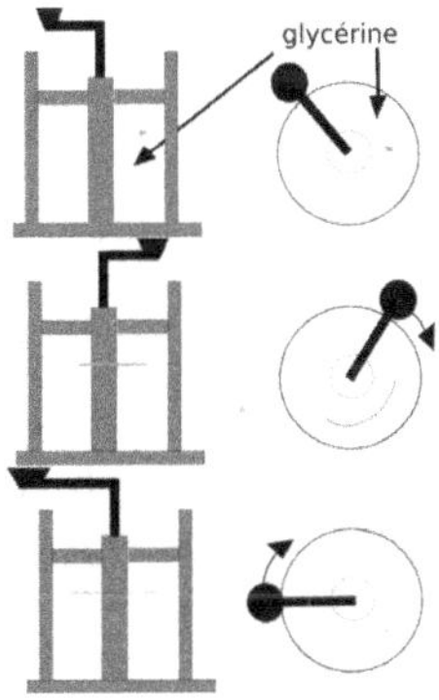

Figure 7.11 L'appareil à encre (à gauche vu de côté, et à droite vu de haut) illustrant la relation entre ordre impliqué et ordre explicite [44]. La goutte d'encre est déposée à l'instant initial (en haut), et la rotation du cylindre la dilue progressivement dans la glycérine (deux schémas du bas), jusqu'à devenir invisible. La rotation en sens inverse fera réapparaître la goutte. Nous avons ici forcé le trait, afin de mettre en évidence la dilution progressive de la goutte d'encre dans la glycérine. Mais pour que l'effet soit aussi spectaculaire que décrit à l'origine par Bohm, on doit supposer que la goutte disparaît dès la mise en route de la rotation du cylindre, parce qu'une faible dilution suffit déjà à la rendre invisible.

Ce que Bohm souhaite illustrer par cet exemple est l'analogie suivante. Dans l'état totalement dilué de la goutte d'encre, il ne semble y avoir aucun ordre « explicite » (ou « déployé ») dans le liquide puisqu'aucune trace d'encre n'y est visible. Et pourtant, l'ordre qui caractérise ce liquide peut être qualifié d'« impliqué » puisqu'une opération de rotation peut transformer cet ordre impliqué (encre pourtant présente mais invisible) en ordre explicite (goutte d'encre visible). Il est possible de complexifier l'analogie en déposant dans la glycérine une première goutte d'encre, en effectuant quelques rotations du cylindre interne et en déposant ensuite une seconde goutte d'encre. On peut répéter l'opération un certain nombre de fois, plaçant ainsi dans la glycérine *N* gouttes d'encre. En faisant alors tourner le cylindre interne à l'envers, les gouttes ré-apparaîtront successivement à leur position originelle, puis disparaîtront. Un observateur extérieur non au fait du fonctionnement du dispositif aura l'impression de voir une particule (la goutte d'encre) se déplacer de manière discontinue entre différents points. En réalité, il n'y a pas de particule d'encre qui se déplace, seulement un ordre impliqué qui se déplie et qui devient explicite (ou déployé) dans une succession pré-définie, donnant ainsi l'illusion du mouvement d'un objet matériel. Ceci illustre également la restriction formulée ci-dessus que toutes les apparences (les gouttes d'encre dans notre analogie) ne peuvent être rendues explicites simultanément. Enfin, nous retrouvons dans le présent contexte la pertinence de l'affirmation de base de la philosophie de Wittgenstein (dont il sera question à la section 7.1.4 en relation avec la mécanique quantique relationnelle) : « Le monde est l'ensemble de faits, et non de choses » ([378], 1.1), puisque dans l'approche de Bohm également, il apparaît plus pertinent de décrire le monde en termes de processus plutôt que d'objets. En réalité, la pensée de Bohm a été fortement inspirée par la philosophie du processus de Whitehead [376], un contemporain de Wittgenstein (voir aussi la description du lien avec la mécanique quantique qui en est faite par Stapp ; chapitre 13 de [339]).

7.1.4 Abandon du réalisme : La mécanique quantique relationnelle

L'interprétation de l'onde pilote de la mécanique quantique, présentée aux sections précédentes, n'est pas la seule alternative à l'interprétation de Copenhagen, la plus communément adoptée à ce jour malgré ses nombreux problèmes. Nous avons montré aux sections 7.1.2-7.1.3 que la théorie de l'onde pilote et sa conséquence, l'ordre impliqué, abandonne la localité. La mécanique quantique relationnelle proposée par Carlo Rovelli [315,329] et présentée dans cette section adopte le point de vue opposé de celui de la théorie de l'onde pilote. En effet, face à la question des particules intriquées, l'interprétation de l'onde pilote prend clairement le parti d'abandonner la localité, tandis que l'interprétation relationnelle de la mécanique quantique prend le parti opposé : elle abandonne le réalisme. Avant d'en donner une définition précise, signalons d'emblée que la mécanique quantique relationnelle est proche de la position épistémologique de Bohr, qui affirmait [283] qu'« il est faux de penser que la tâche de la physique est de trouver comment la nature *est*. La physique au contraire détermine seulement ce que nous pouvons *dire* au sujet de la nature ». La mécanique quantique relationnelle s'écarte en effet du réalisme strict d'Einstein (« il existe une réalité physique indépendante de notre perception »), lui-même contraire à la position de Bohr. Cependant, la mécanique quantique relationnelle va au-delà de la position de Bohr grâce à l'ajout d'un élément essentiel : alors que l'appareil de mesure utilisé pour effectuer cette description de la nature est selon Bohr un système *classique*[13] qui échappe aux lois de la mécanique quantique, en mécanique quantique relationnelle au contraire, cette restriction est levée, puisque tout système physique, si petit soit-il, peut désormais jouer le rôle d'un observateur[14]. La mécanique quantique relationnelle ne fait donc aucunement appel à la notion d'observateur privilégié, et se trouve ainsi en accord avec le principe de Bacon selon lequel « il n'y a pas d'idole dans la nature », puisque rien ne distingue désormais le système de l'observateur : tout système physique constitue un observateur potentiel. Dans ce contexte de la mécanique quantique relationnelle, la physique traite de ce qui peut être dit de la nature sur base de l'information que tout système physique peut acquérir par interaction avec les autres. L'observateur privilégié de l'interprétation de Copenhagen est donc remplacé ici par la multiplicité des observateurs, constitués par tous les systèmes physiques possibles.

L'interprétation relationnelle de la mécanique quantique s'inspire de la philosophie de Wittgenstein, reprise dans son *Tractatus Logico-Philosophicus* [378]. Cette démarche consti-

---

[13] Avec, dès lors, la difficulté bien connue de devoir décider où placer la limite entre « quantique » et « classique ». Une discussion assez technique de cette difficulté est présentée par J. Bell ([29], chapitre 5).

[14] Un atome interagissant avec un autre atome peut, en ce sens, être considéré comme un observateur. Rien n'impose donc que l'observateur dans le sens utilisé ici soit un système complexe et encore moins conscient.

tue donc une illustration de l'idée présente tout au long du présent essai, à savoir que l'inspiration (méta)physique peut s'abreuver à la philosophie, voire même aux mythes et à la spiritualité (nous poursuivrons cette réflexion à la section 7.1.5). Suivant en cela le *Tractatus Logico-Philosophicus*, l'interprétation relationnelle de la mécanique quantique considère que la réalité physique est constituée d'événements quantiques individuels[15] au travers desquels les systèmes en interaction[16] s'influencent mutuellement. Pour cette raison, les événements quantiques sont supposés exister seulement au travers de leurs interactions[17], et de plus, les propriétés de chaque événement quantique ne sont définies que relativement au système impliqué dans l'interaction[18]. La description de la réalité physique dans le cadre de la mécanique quantique relationnelle peut donc se résumer ainsi [315,329] : La mécanique quantique est une théorie décrivant les systèmes physiques relativement à d'autres systèmes, et ceci constitue une description complète du monde.

Dans ce contexte, les propriétés qu'un système *S* donné peut posséder sont donc toujours définies relativement à un système physique *A* en interaction avec *S*, et qui est affecté par ces propriétés de *S*. En d'autres termes, l'information joue un rôle central dans cette nouvelle interprétation de la mécanique quantique (et ce rôle désormais central de l'information en physique apparaîtra progressivement au fil de ces pages, et plus particulièrement aux sections 7.2, 8.2 et 8.5 ; voir aussi les références [44,166,167,169,382]). En effet, la séquence d'interactions entre *A* et *S* constitue l'information dont *A* dispose au sujet de *S* dans la mesure où

---

[15] Soit les *faits* au sens de Wittgenstein : *Le monde est l'ensemble de faits, et non de choses* ([378], 1.1).

[16] Soit les *objets* au sens de Wittgenstein : *Un fait atomique est une combinaison d'objets (entités, choses)* ([378], 2.01). *Une propriété essentielle d'une chose est qu'elle puisse être une partie constitutive d'un fait atomique* ([378], 2.011).

[17] *Il n'y a pas d'objet dont soit exclue la possibilité de se combiner avec d'autres objets* ([378], 2.0121).

[18] Pour prendre une analogie simpliste, la notion de « long » ou « court » n'a pas de sens absolu, mais seulement un sens relatif par rapport à un autre objet (ou unité). Toutes ces précautions visent à fournir une interprétation des paires de particules intriquées qui ne soit pas en contradiction avec la relativité restreinte.

les propriétés de *A* et de *S* sont corrélées. Selon la mécanique quantique relationnelle, cette information relationnelle constitue la seule et unique description qu'un observateur puisse faire de la – ou plutôt de sa – réalité physique (et cette restriction est une tentative d'éviter le conflit qui existe sinon entre relativité et paires EPR ; il sort du cadre de cet ouvrage de le démontrer ici, mais le lecteur intéressé pourra consulter la référence [242] entièrement consacrée à cette question).

L'information dont dispose le système *A* au sujet de *S* est codé dans la fonction d'onde ψ. En effet, la spécification de cette fonction d'onde associée à un système *S* est effectuée à partir de l'information acquise lorsque les systèmes *A* et *S* étaient en interaction. Par conséquent, la fonction d'onde du système *S* ne possède de sens que relativement au système *A* et à lui seul. La fonction d'onde ψ n'a donc aucun sens absolu et objectif pour un système *S* qui serait pris isolément et indépendamment de *A*.

La localité est donc au cœur de la mécanique quantique relationnelle puisque cette dernière reconnaît que différents observateurs (en général distants les uns des autres) peuvent avoir des descriptions différentes d'un même système. Comme le soulignait Einstein, c'est la localité qui rend possible l'individuation des systèmes physiques, en ce compris ceux que nous appelons observateurs[19]. Comme l'interaction entre ces systèmes spatialement distants ne peut s'effectuer plus rapidement que la vitesse de la lumière, des observateurs distants différents ne pourront, à un instant donné, disposer de la même information quant au système *S*, et ce faisant, ne pourront décrire la réalité de manière univoque. Il n'y a donc plus de description objective de la Nature, c'est-à-dire qui soit la même pour tous les observateurs. Ce faisant, la théorie abandonne donc le réalisme afin de préserver

[19] Anticipons ici la citation célèbre d'Einstein, qui sera replacée dans son contexte à la section suivante 7.1.5, selon laquelle « sans l'hypothèse de l'existence mutuellement indépendante [...] de choses spatialement séparées – une hypothèse qui émane de l'expérience quotidienne – la pensée physique dans un sens qui nous est familier ne serait pas possible. Tout comme on ne voit pas comment des lois physiques pourraient être formulées et testées sans pareille séparation nette. »

la localité ! L'idée que la localité impose un relativisme dans la description de la réalité n'est certainement pas neuve, puisque c'est précisément l'idée-maîtresse de la théorie de la relativité restreinte (impliquant la relativité de la notion de simultanéité). La signification du mot « relatif » dans l'expression « état relatif » en mécanique quantique relationnelle est en effet la même qu'en relativité restreinte. Enfin, nous retrouverons l'importance de la relation dans l'ontologie des champs et particules, lorsque nous tenterons de cerner la nature intime de la matière à la section 7.2.

7.1.5 Perte du réalisme ou de la localité ?

Comme nous venons de le développer à la section précédente par la description de la mécanique quantique relationnelle, la remise en cause de la localité[20], bien que le plus souvent mise en avant en relation avec le comportement des particules intriquées, n'est pas la seule voie de sortie possible pour réconcilier les aspects « EPR » et « Bell » des expériences d'Alain Aspect[21]. Une remise en cause du réalisme physique (à savoir qu'il existe une réalité physique indépendante de notre perception), comme proposé par l'interprétation relationnelle de la mécanique quantique permet en outre de résoudre la difficulté qui apparaît dans une description relativiste du comportement des particules intriquées[22]. Cette difficulté provient du fait que la succession temporelle des événements ne possède plus, dans le

---

[20] La localité stipule que toutes les influences physiques se propagent de proche en proche, à des vitesses égales ou inférieures à la vitesse de la lumière. La localité est en outre souvent associée à la séparabilité, qui stipule que deux objets spatialement séparés possèdent une existence mutuellement indépendante.

[21] Rappelons ce que sont ces deux aspects « EPR » et « Bell » que nous avions défini à la section 7.1.1. L'expérience EPR pose 3 questions (sélecteurs A et B sur 1, 2 ou 3) et admet 2 réponses (G ou D), et on peut résumer ses résultats par les deux propositions qui suivent :

– EPR : lorsque les questions posées sont les mêmes en A et B, les réponses en A et en B sont aussi toujours les mêmes (c'est-à-dire GG ou DD) ;

– Bell : lorsque l'on ne se préoccupe pas des questions posées et que l'on examine la série des réponses dans son ensemble, ces réponses sont parfaitement aléatoires.

[22] Rappelons que l'ouvrage de Maudlin [242] est entièrement consacré à cette question.

contexte de la relativité, ce caractère absolu qu'il avait en physique classique. Dans le contexte d'une paire de particules intriquées, la mesure par un observateur A de la propriété intriquée (spin, polarisation...) sur l'une des particules (mesure qui par conséquent fixera la valeur de cette propriété sur l'autre particule) doit s'effectuer avant la mesure par un observateur B cette propriété sur l'autre particule afin de vérifier la cohérence de la paire. Le problème dans le contexte relativiste est que cette séquence de mesures pourrait apparaître inversée pour un couple d'observateurs C et D en mouvement rectiligne uniforme par rapport à A et B.

Cette difficulté qui apparaît dans la description relativiste du phénomène de désintrication peut être résolue soit en invoquant des effets remontant le temps[23] (mais c'est alors la causalité qui se trouve mise en difficulté), soit en adhérant à l'interprétation relationnelle de la mécanique quantique. Cette dernière se fonde sur la constatation qu'un certain nombre des problèmes d'interprétation de la mécanique quantique provient de la supposition erronée qu'un caractère absolu et objectif puisse être attribué à l'état d'un système physique, tout comme en relativité est injustifiée la notion d'antécédence temporelle absolue. Une échappatoire à cette confusion interprétative de la mécanique quantique est offerte par l'approche relationnelle qui consiste à reconnaître, comme expliqué à la section 7.1.4 ci-dessus, que différents observateurs peuvent rendre compte différemment de la réalité de la même propriété physique. En d'autres termes, l'occurence d'un événement n'est pas quelque chose de réel dans l'absolu, mais est réel seulement en relation à un observateur spécifique. Il convient de noter que, dans le présent contexte, un observateur peut être n'importe quel type de système physique, pas nécessairement un système doué de conscience.

Dans le contexte de la mécanique quantique relationnelle, la physique traite donc de ce qui peut être dit de la nature sur base de l'information que *tout* système physique peut acqué-

---

[23] Cette possibilité est désignée par la terminologie « effets avancés » (ou « solutions avancées »), qui furent sérieusement examinés par de nombreux travaux ([2,90,242], [280] section 7.12, [281] sections 23.9 et 23.10).

rir par interaction avec les autres. L'observateur privilégié de l'interprétation de Copenhagen est donc remplacé ici par la multiplicité des observateurs, constitués par *tous* les systèmes physiques possibles. Des observateurs différents peuvent évidemment échanger de l'information. Cependant, cet échange est en soi une interaction quantique. Comme le montrent Smerlak et Rovelli [329], c'est la méconsidération de ce simple fait physique qui crée l'illusion que les corrélations EPR imposent la non-localité. Mais, quoique préservant la localité, la nouvelle interprétation relationnelle de la mécanique quantique le fait au détriment du réalisme proche[24], puisque des observateurs différents ne décriront plus la même vision du monde. Ceci achève donc la démonstration du fait que si la localité est préservée, c'est alors le réalisme proche qui est perdu au profit du réalisme structurel ([213] et section 4.6).

La vision du monde de l'homme de la rue est d'un réalisme très proche. Il en va de même de celle de Démocrite (quoi de plus aisé à concevoir qu'un « petit grain » ?) et – si l'on en juge par leurs écrits – de celle de la plupart des biologistes moléculaires. Il en va également de même des visions du monde de la plupart des religions archaïques. Et même, pourrait-on dire, de celle de Platon pour qui les essences coïncident en général avec les notions les plus familières. En revanche, les visions du monde de Bouddha, du Tao, de la Gnose, de la relativité générale, pour ne prendre que ces exemples, sont d'un réalisme plus ou moins lointain.
[...] il est tout à fait clair que la vision du réalisme proche est rendue très peu vraisemblable par nos connaissances en physique. Pour n'évoquer que les conceptions réalistes, [...] [elles] mettent en jeu d'une manière essentielle la fonction d'onde, la non-séparabilité... bref des notions qui ne sont pas *issues de notre expérience enfantine ou ancestrale et qui – à première vue – paraissent même ne pas lui être assimilable.*

Bernard d'Espagnat, *À la recherche du réel* [96], pp. 151-152

---

[24] Nous verrons à la section 7.2.3 que l'interprétation relationnelle de la mécanique quantique se place dans une théorie plus vaste connue sous le nom de *réalisme structurel* [213], qui considère que la nature ultime de la réalité est à chercher dans les *relations* plutôt que dans les objets (aussi section 4.6).

Pour conclure cette section, nous constatons donc que la solution proposée par Rovelli [315,329] aux paradoxes d'interprétation de la mécanique quantique s'appuie sur la formulation d'un ensemble de postulats fortement inspirés par la philosophie (de Wittgenstein dans le cas présent, comme nous l'avons signalé à la section 7.1.4). Nous trouvons donc ici une illustration de la suggestion de Bernard d'Espagnat ([96] chapitre 10 et citation ci-dessus) qui conseillait, dans la quête d'une théorie remplaçant le réalisme physique, de chercher l'inspiration auprès des mythes et de la spiritualité, tels la Gnose [317], le taoïsme [62] ou le bouddhisme [99] comme nous le ferons au chapitre 9. C'est aussi l'opinion du philosophe des sciences Meinard Kuhlmann qui regroupe les approches ci-dessus sous le vocable générique de métaphysique ([213], p. 56) :

> La théorie [physique] rend compte de nos observations en termes de quarks, muons, photons et divers champs quantiques, mais elle ne nous dit pas ce qu'est véritablement un photon ou un champ quantique. Et elle n'a pas besoin de le faire, parce que les théories physiques peuvent être empiriquement valables en grande partie sans régler ces questions métaphysiques. [...] Pour brosser un tableau complet du monde physique, il est [cependant] nécessaire de combiner la physique et la philosophie. [...] La réunion des deux disciplines est particulièrement importante à certaines époques où les physiciens sont amenés à revisiter les fondements de leur domaine. La pensée métaphysique a guidé Isaac Newton et Albert Einstein, et elle influence beaucoup de ceux qui essayent d'unifier la théorie quantique des champs et la théorie de la gravitation d'Einstein.

La quête ontologique relative à la notion de matière que nous développons à la section suivante 7.2 illustrera parfaitement la citation de Kuhlmann qui précède. Nous y découvrirons que notre interrogation sur la nature ultime de la matière nous amènera à des conclusions similaires à celles auxquelles nous a menés notre réflexion au sujet des corrélations EPR dans le monde microscopique. Ces corrélations EPR nous imposent en effet de rejeter soit la localité soit le réalisme proche. La préservation de la localité se fait au prix de l'abandon du réalisme proche au travers de la perte du caractère absolu de la notion d'état quantique (dans le contexte de la mécanique quantique relationnelle), puisqu'un état quantique ne prend désormais de sens que par rapport à un « observateur » donné (au sens large). Cette interprétation de la mécanique quantique introduit donc une « interdépendance » entre différents objets dans l'univers. Cette conclusion suggère donc aussi que dans la Nature, le concept de relation entre objets pourrait prendre le pas sur le concept d'objet proprement dit. Nous découvrirons en effet à la section 7.2 qui suit que cette notion de relation entre objets comme propriété de définition de concepts semble également appropriée à la notion élusive de matière. Par ailleurs, le point de vue de la mécanique quantique relationnelle selon lequel les événements quantiques sont supposés exister seulement au travers de leurs interactions rappelle la pensée de Kant qui proposait que, dans le monde empirique, nous n'avons accès qu'aux relations entre phénomènes (B321, B341 de [200]). La pertinence de cette confrontation avec la pensée de Kant est largement analysée par M. Bitbol ([371], p. 329).

7.2 L'information et les relations comme ontologie de la matière

Nous abordons maintenant la question de l'ontologie de la matière, à l'issue de laquelle nous conclurons à la perte du matérialisme, et à l'importance de l'information au travers des symétries régissant la structure intime des champs-particules de la théorie quantique des champs. Cette théorie constitue l'expression la plus aboutie de la description physique du monde microscopique.

7.2.1 L'équivalence masse-énergie

En 1905, alors qu'Einstein propose sa théorie de la relativité restreinte comme solution au problème de l'éther suscité par l'expérience de Morley-Michelson, il aboutit à une relation inattendue, la fameuse $E = m c^2$. À ce moment, l'histoire du concept de matière se complique singulièrement, puisque la célèbre relation d'Einstein implique l'équivalence entre masse et énergie ! Que ce fut bien là le sens à donner à cette équation fut compris en relation avec le défaut de masse des noyaux. La connaissance précise des masses atomiques aboutit en effet à une surprise de taille : la loi de conservation de la masse est violée lors des réactions nucléaires ! Considérons en effet un noyau d'hélium-4 dont la masse s'élève à 4.0026 unités de masse atomique (u.m.a., soit 1/12 de la masse de l'atome de ^{12}C). Le noyau d'hélium-4 résulte de la fusion de 4 noyaux d'hydrogène, possédant chacun une masse de 1.0078 u.m.a., qui correspondent donc à une masse totale de $4 \times 1.0078 = 4.0312$ u.m.a., supérieure de 0.0286 u.m.a. à la masse du noyau d'hélium-4. Cela signifie-t-il que le processus nucléaire fabriquant un noyau d'hélium-4 à partir de 4 noyaux d'hydrogène viole le vieux principe de conservation de la masse ? La réponse est un « oui » clair et sans appel ! Où cette matière a-t-elle donc disparu ? Elle fut transformée en énergie lors de la réaction nucléaire ! C'est d'ailleurs de là que le Soleil, comme toutes les étoiles, tire l'énergie qui lui permet de briller.

Il y a une manière plus profonde encore de comprendre cette conversion de masse en énergie, qui fait bien ressortir leur équivalence au travers de la notion d'énergie de liaison. Pour briser un noyau ou un atome, il faut leur apporter suffisamment d'énergie, sous forme lumineuse ou cinétique. Ceci traduit le fait que les édifices atomiques ou nucléaires sont liés. Si une quantité insuffisante d'énergie est apportée au noyau, il ne pourra se briser. À l'inverse, lorsqu'un noyau se forme, de l'énergie est (généralement) libérée (en quantité identique à celle qui est nécessaire pour le casser une fois formé). D'où provient cette énergie ? Elle provient de la masse excédentaire entre les réactifs et le produit de la réaction (nucléaire), ou de manière équivalente, du défaut de masse entre le produit de la réaction et les réactifs. En d'autres mots, si on désigne par m_i la somme des masses initiales des réactifs (soit la somme des masses de 4 protons dans notre exemple ci-dessus) et par m_f la masse du noyau final (celle du noyau d'hélium-4 dans ce même exemple), on peut écrire $m_i c^2 = m_f c^2 + E_{\text{liaison}}$ soit encore $E_{\text{liaison}} = (m_i - m_f) c^2$, l'énergie de liaison est donc égale au défaut de masse entre noyaux-mère et noyau-fille. La valeur de cette énergie de liaison renseigne la quantité d'énergie libérée lors de la fusion des noyaux-mère pour fabriquer le noyau-fille, et l'énergie que le monde extérieur doit fournir au noyau pour le rompre en nucléons isolés.

L'équivalence entre masse et énergie signifie donc que de la masse peut être convertie en énergie (comme dans l'exemple de la réaction de fusion de l'hydrogène mentionné ci-dessus), *et inversement !* Cette conversion d'énergie en matière se produit non seulement lorsqu'un noyau se rompt après apport d'énergie extérieure pour former des noyaux-fille dont la somme des masses est plus élevée que la masse du noyau-mère, mais aussi de manière plus spectaculaire encore lors de certaines explosions d'étoiles. Dans les intérieurs d'étoiles bien plus massives que notre Soleil arrivées en fin de vie, la lumière y transporte tellement d'énergie (sous la forme de rayonnement X ou même gamma) que la collision entre deux photons peut conduire à la création d'une paire particule – antiparticule (par exemple une paire électron – anti-électron ; figure 7.12). Cette création de paires déstabilise totalement l'étoile et donne lieu à une supernova par création de paires, comme par exemple celle qui apparut en 2006 dans la galaxie 1260 du *New General Catalogue.* C'était la supernova la plus lumineuse observée jusque là (figure 7.13).

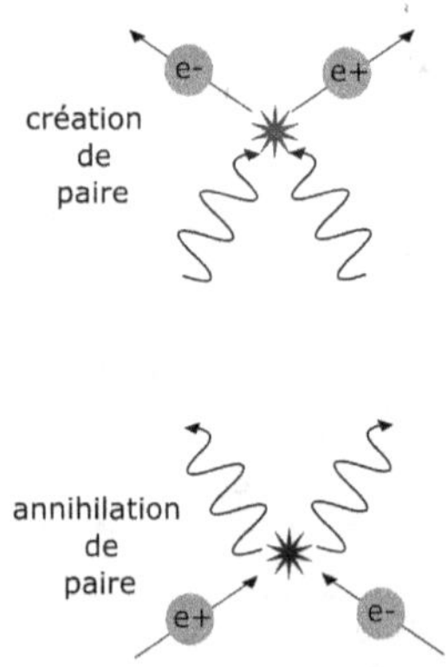

Figure 7.12 Création et annihilation d'une paire électron – anti-électron à partir d'une paire de photons.

Il nous faut signaler ici (suivant Reichenbach [305], pp. 266-268) qu'il existe une interprétation alternative à la création et destruction de paires de particules – antiparticules : il s'agit d'une interprétation (due à Richard Feynman) dans laquelle une antiparticule est interprétée comme une particule remontant le temps[25]. Ces deux interprétations sont comparées sur la figure 7.14 : dans la version de gauche, une paire électron-positron est émise à l'instant A, tandis que le positron s'annihile avec un électron à l'instant C. Dans l'interprétation de droite, c'est un seul et même électron qui est responsable de l'annihilation en C et de la création de paire en A, si ce n'est que dans l'intervalle CA, cet électron remonte le temps ! Notons en outre que dans l'interprétation habituelle (schéma de gauche), à un instant t_0 donné, trois particules co-existent (deux électrons et un positron), tandis que dans la version de Feynman (schéma de droite), à ce même instant t_0, un même électron existe à trois endroits distincts ! Clairement, en termes d'étrangeté, les deux interprétations sont équivalentes !

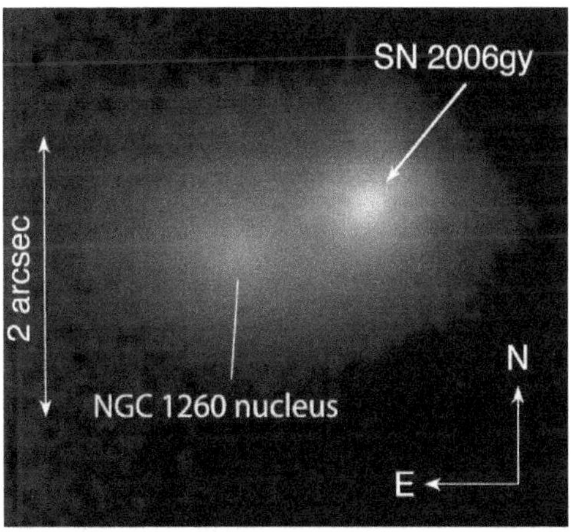

Figure 7.13 La supernova SN 2006gy apparue dans la galaxie NGC 1260 (située à 240 millions d'années-lumière) en 2006 est une supernova par création de paires. C'était la supernova la plus lumineuse observée jusqu'alors.

Face à l'équivalence masse-énergie, il devient donc très difficile d'appréhender la nature ultime de la matière (ainsi que celle du temps, face à l'interprétation de Feynman d'anti-

---

[25] Ce point de vue est à rapprocher des « effets avancés » remontant le temps évoqués à la note 23 du chapitre 7.

particules comme des particules remontant le temps). Il semblerait que la seule grandeur pertinente soit en définitive l'énergie, mais ce concept multiforme n'est pas non plus aisé à saisir. Selon Marie-Louise von Franz, élève et collaboratrice de Carl Gustav Jung ([304], p. 159) : « Les physiciens ne cherchent plus aujourd'hui à trouver dans la matière des *building blocks* (briques fondamentales), mais à comprendre ces derniers comme les configurations éphémères d'une énergie universelle. »

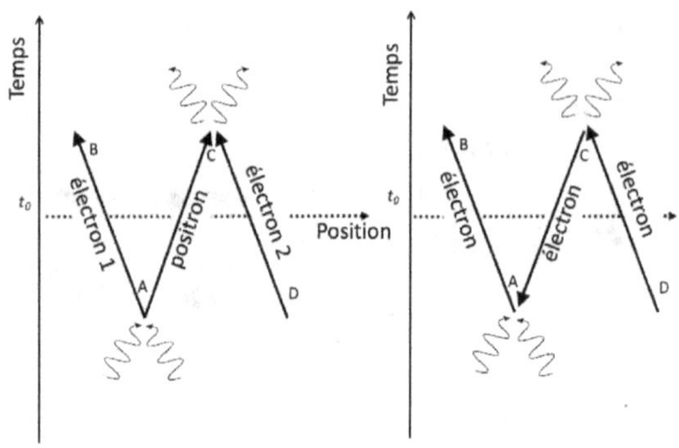

Figure 7.14 Schéma de gauche : Diagramme espace-temps de la création d'une paire électron-positron à l'instant-position A à partir d'une paire de photons (représentés par les lignes ondulées). Le positron se déplace ensuite à l'instant-position C où il rencontre un deuxième électron avec lequel il s'annihile, créant une paire de photons. Schéma de droite : Les mêmes phénomènes, mais interprétés au moyen d'un électron remontant le cours du temps entre C et A, puisqu'une anti-particule peut être vue comme une particule remontant le temps.

7.2.2 La théorie quantique des champs et le vide quantique

La suggestion de Marie-Louise von Franz ci-dessus peut s'interpréter dans le contexte de la théorie quantique des champs. Celle-ci décrit en effet les particules comme des états excités des champs quantiques. À ce stade, il est nécessaire de se poser un instant afin de tenter de saisir les principes sous-jacents à cette théorie qui est la plus avancée de la physique contemporaine. La première apparition d'un champ en physique fut celle du champ électrique, rapidement suivie par celle du champ magnétique. Un champ physique comme le champ électrique décrit une modification locale des propriétés de l'espace qui peut être décelée par la mise en mouvement d'une charge électrique placée là où le champ électrique est non nul. Si la charge électrique manifeste une accélération à un endroit de l'espace, c'est donc qu'un champ électrique y est présent. Plus simplement, on peut dire qu'un champ classique fait correspondre à chaque point de l'espace une quantité physique (l'accélération subie par une charge électrique unitaire dans l'exemple du champ électrique ci-dessus). La notion de champ fut ensuite étendue à la gravitation (le champ gravitationnel fait correspondre à chaque point de l'espace l'accélération ressentie par une masse unitaire), et enfin aux champs quantiques[26]. Ceux-ci sont associés aux fonctions d'onde quantiques, et sont par conséquent beaucoup plus difficiles à appréhender que les champs électriques, magnétiques ou gravitationnels.

En fait, la nécessité d'introduire une théorie quantique des champs pour décrire les particules provient du fait qu'en présence de photons d'énergie très élevée (rayons X ou gamma), le nombre de particules n'est pas conservé, puisque des paires particules – anti-particules sont susceptibles d'apparaître ou de disparaître (figures 7.12 et 7.14). Or en physique quantique, comme nous l'avons vu à la section 7.1, si une potentialité existe, elle doit forcément être prise en considération dans la description de l'état du système. Par conséquent, toute tentative d'élaborer une théorie quantique des particules élémentaires doit incorporer cette potentialité de création d'un nombre illimité de particules. La théorie quantique des champs remplace la fonction d'onde $\psi(x)$ de la mécanique quantique traditionnelle par un opérateur Ψ (également fonction de la variable x). Cet opérateur, lorsqu'il agit sur un état particulier du système noté $|0\rangle$, correspondant à un état vide de particules, crée une particule avec les propriétés décrites par la fonction d'onde $\psi(x)$. Et l'état vide

[26] Voire même à la notion de champ de conscience, que nous avons déjà évoqué dans le contexte du panpsychisme à la section 4.2 ainsi qu'à la section 5.2.

|0> se transforme désormais en état à une particule |1>, c'est-à-dire |1> = $\Psi(x)$ |0>, et ainsi de suite pour atteindre des états à n particules, chacune ayant sa fonction d'onde spécifique : |n> = $\Phi(x)$... $\Theta(x)$ $\Psi(x)$ |0>. Il existe de même dans la théorie un opérateur d'annihilation de particule. Clairement, les champs quantiques ajoutent une couche d'abstraction supplémentaire entre la théorie et la réalité. Alors qu'un champ classique est analogue à une carte météorologique indiquant la température en tout point d'une carte, un champ quantique est analogue à une carte qui n'indiquerait pas la température en chaque point, mais l'opération nécessaire pour l'obtenir, par exemple « √ » (dans le cas de la théorie quantique des champs par exemple, l'opération est celle qui consiste à créer une particule avec une fonction d'onde donnée). Donc pour obtenir la température en un point de la carte, il faudrait effectuer une opération consistant à appliquer l'opérateur « √ » à une autre entité mathématique, nommée vecteur d'état et qui représente la configuration du système considéré. C'est par exemple l'état vide |0> ou l'état à une particule |1> décrite par la fonction d'onde $\psi(x)$.

Considéré d'une autre manière, plus simple mais moins rigoureuse, un champ quantique pourrait être vu comme décrivant un espace rempli de ressorts vibrants tous interconnectés ; dans cette analogie, l'intensité du champ en un point se conçoit comme l'énergie du ressort ayant comme position moyenne ce point de l'espace. La théorie quantique des champs requiert que chaque ressort, pour chaque point de l'espace, se comporte comme un oscillateur quantique (dont les niveaux d'énergie ne peuvent prendre que des valeurs discrètes, donc). Une particule sera présente en un point de l'espace si l'oscillateur quantique correspondant se trouve dans un état excité, c'est-à-dire si l'oscillateur possède une énergie supérieure à l'énergie du vide. Il est difficile dans ce texte destiné aux lecteurs non-spécialistes d'aller plus loin[27] que d'affirmer que les excitations du champ

---

27 La difficulté provient du fait que l'introduction de la théorie quantique des champs est encore aujourd'hui réalisée de manière plus opérationnelle (en livrant les « recettes » de calcul comme nous l'avons fait ci-dessus) qu'ontologique (en décrivant l'essence des concepts intervenant dans la théorie). Le lecteur intéressé en trouvera chez Kuhlmann [212] (dont le texte

quantique (c'est-à-dire, dans l'analogie ci-dessus, le niveau d'énergie atteint par le ressort en un point donné de l'espace) correspondent aux particules, dont le nombre n'est donc pas fixé *a priori*. On comprend aussi que le vide possèdera une énergie non nulle, car le niveau fondamental ($n = 0$) d'un oscillateur quantique n'est pas situé à énergie nulle (il violerait sinon le principe d'indétermination d'Heisenberg – voir l'équation 7.2 plus bas – en occupant une position parfaitement déterminée, non oscillante), mais bien à la valeur $h\nu_0/2$, si $h\nu_0$ est le quantum d'énergie de l'oscillateur et ν_0 sa fréquence d'oscillation au niveau fondamental (h est la constante de Planck). Avec cette notation, au niveau n, l'oscillateur quantique possède donc l'énergie $E_n = h\,\nu_0/2 + n\,h\,\nu_0 = (1/2 + n)\,h\,\nu_0$.

Le vide quantique est une notion étrange : c'est un état vide de particules qui n'est cependant pas vide d'énergie, et cette énergie du vide est colossale[28]. Comme tous les états quantiques, le vide quantique est un état présentant des fluctuations de son énergie. Les propriétés de ces fluctuations énergétiques obéissent à une relation apparentée au principe d'indétermination de Heisenberg (voir l'encadré II ci-dessus) :

$$\Delta E\,\Delta t \sim \hbar/2. \qquad (7.2)$$

où ΔE est l'ampleur de la fluctuation en énergie de l'état quantique et Δt est la durée pendant laquelle cette fluctuation peut persister. Pour la suite du raisonnement, il est commode (quoique non rigoureusement correct) d'imaginer que, pendant cette durée Δt durant laquelle l'état quantique subit cette fluctuation ΔE, une particule « virtuelle » possédant cette énergie ΔE apparaît. L'expérience de Casimir (du nom du physicien néerlandais Hendrik Casimir qui prédit leur existence en 1948) permet de mettre en évidence ces fluctuations de l'énergie du vide.

---

ci-dessus est inspiré) une description plus approfondie, ainsi qu'une évaluation détaillée de ses conséquences philosophiques.

[28] L'énergie du vide quantique s'élève à 10^{113} Joule par m^3. À titre de comparaison, un mètre cube d'eau qui tombe d'un mètre dans le champ de gravité de la Terre libère une énergie gravitationnelle de 10^4 Joule. La formule $E = m\,c^2$ prévoit la libération de $9\ 10^{20}$ Joule si toute la masse d'eau comprise dans 1 mètre cube était transformée en énergie. L'énergie au repos correspondant à la masse d'un électron est de 10^{-13} Joule.

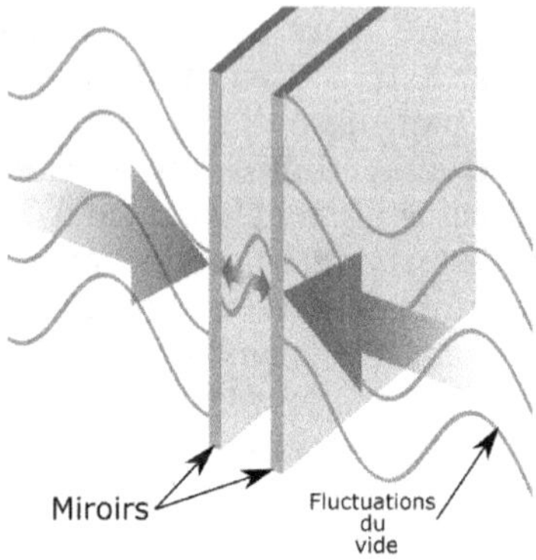

Figure 7.15 Le principe de l'expérience de Casimir mettant en évidence les fluctuations du vide et les ondes électromagnétiques qui sont associées aux photons virtuels générés par ces fluctuations du vide quantique.

L'électromagnétisme étant l'interaction la plus intense à notre échelle, c'est dans son cadre que les effets des fluctuations quantiques du vide sont le plus facilement notables via l'effet Casimir. Considérons deux plaques conductrices (non chargées ; on utilise souvent des miroirs) très proches (de l'ordre du millionième de mètre) et placées dans le vide (figure 7.15). Il existe entre ces deux miroirs des ondes électromagnétiques associées aux photons virtuels émanant des fluctuations de l'énergie du vide quantique. Mais, entre les miroirs, les photons vont rebondir sur ceux-ci. En termes des ondes associées, cela pose une contrainte sur la longueur des ondes stationnaires possibles, dont la persistance impose une condition aux bords : il faut que les miroirs correspondent à ce que l'on nomme un « nœud de vibration » de l'onde, soit un point fixe de l'onde (au contraire du « ventre », où l'amplitude de l'oscillation est maximale). Mathématiquement, cela se traduit par la contrainte que seules sont possibles les ondes ayant une longueur d'onde λ obéissant à la relation $n\,\lambda\,/\,2 = d$, où d est la distance séparant les deux plaques et n est un entier (le facteur 1/2 provient du fait qu'il existe des nœuds non seulement aux extrémités de la distance correspondant à la longueur d'onde, mais aussi au milieu de celle-ci). Pour une distance d donnée, cette condition impose donc une valeur maximale à la longueur d'onde λ, correspondant à $n = 1$. On a donc : $2d \geqslant \lambda$, de sorte que les longueurs d'onde plus grandes que $2d$ ne seront pas possibles entre les deux plaques. Puisque la densité d'énergie du vide dépend de la quantité d'ondes (ou du nombre de photons) qui peuvent exister entre les deux plaques, il en résulte que l'énergie du vide entre les deux plaques sera légèrement inférieure à celle à l'extérieur. Il découle de cette variation une force attractive ressentie par les plaques, tendant à les rapprocher (figure 7.15). Cette force fut mesurée pour la première fois en 1997 par Steve Lamoreaux et ses collègues de l'Université de Washington à Seattle, et est de l'ordre de 10^{-7} N pour deux miroirs de 1 cm^2 séparés par une distance de 10^{-6} m [216].

Le vide quantique possède une autre particularité : c'est un concept qui n'a qu'un sens relatif. En effet, des observateurs en mouvement accéléré l'un par rapport à l'autre ne seront pas d'accord sur la perception de cet état. Alors que l'un des observateurs (que nous qualifierons d'« observateur inertiel », mais cette nuance n'est pas vraiment essentielle à ce stade – elle sera définie à la section 7.2.5) observera un état vide de particules, selon la définition du vide quantique $|0>$, l'autre observateur, en mouvement accéléré par rapport au précédent, percevra ce même état comme contenant beaucoup de particules en équilibre thermodynamique, soit un gaz chaud. Cet effet fut postulé en 1973-1976 par Filling, Davies et Unruh[29]. Puisque l'un des observateurs observe un vide de particules et l'autre un gaz de particules, la théorie sous-jacente à l'effet Unruh conclut donc de manière absolument surprenante que la définition d'une particule dépend de l'état de mouvement de l'observateur ! Or si le nombre de particules observées dans une situation donnée dépend de l'état de mouvement de l'observateur, il ne semble pas raisonnable d'accorder aux particules un statut fondamental (ontologique) dans la nature. La perte du statut ontologique de la notion de particule dans la physique d'aujourd'hui est

---

[29] La température d'Unruh correspondant au mouvement accéléré de la Terre autour du Soleil s'élève à 2.41×10^{-23} K. La température d'Unruh est formellement identique à la température d'Hawking, décrivant le rayonnement d'évaporation d'un trou noir, rayonnement dont l'existence fut postulée par Hawking à la même époque.

confortée par le statut impermanent des particules en vertu de l'équivalence einsteinienne entre masse et énergie (comme nous l'avons discuté à la section 7.2.1 ci-dessus), ainsi que par l'existence de particules intriquées. Dans ce dernier cas, chaque membre de la paire de particules intriquées perd en effet son individualité, puisque les particules intriquées perdent leur indépendance. En outre, nous verrons à la section 7.2.4 que les effets collectifs associés à un ensemble de particules jouent un rôle central en physique quantique, au travers des propriétés de symétrie ou d'antisymétrie de la fonction d'onde du système global, qui imposent des corrélations entre particules. Le principe d'exclusion de Pauli (section 7.2.4) constitue une manifestation particulière de ce principe général.

7.2.3 L'ontologie des champs-particules

À ce stade de notre réflexion, la question cruciale qui se pose donc est celle-ci : qui de l'énergie, des particules ou des champs représente-t-il la réalité ultime ? Nous avons présenté des arguments ci-dessus à l'encontre de l'idée que les particules sont les briques fondamentales de la nature. En outre, les concepts de champs et de particules s'emmêlent de façon si subtile qu'accorder un statut ontologique aux champs paraît également difficile. La théorie quantique des champs associe en effet un champ quantique à chaque type de particule, mais à l'inverse, les champs (comme le champ électromagnétique) possèdent des particules associées (le photon comme médiateur de l'interaction électromagnétique). Ainsi la distinction entre champs et particules semble s'effacer, et la plupart des physiciens admettent aujourd'hui que les notions classiques de champs ou de particules sont dépassées au vu des concepts de la théorie quantique des champs. Quant au champ quantique lui-même, sa nature semble très éloignée de la réalité, puisqu'il doit être combiné avec une autre entité mathématique, le vecteur d'état du système, afin de produire la probabilité d'obtenir après expérience une valeur spécifiée pour une grandeur physique. On notera en outre la différence de statut existant entre le champ quantique, un opérateur variant dans l'espace et le temps, et le vecteur d'état, entité globale décrivant le système dans son ensemble et ne se référant donc à aucune position particulière.

Mais alors quelle est l'ontologie du monde physique décrite par la théorie quantique des champs ? Il faut bien reconnaître qu'aujourd'hui ni les philosophes ni les physiciens ne possèdent de réponse satisfaisante et unanime à cette question (voir par exemple Kuhlmann [212,213] sur lequel repose la présente section). Certains affirment par exemple que ce sont les propriétés (appelées tropes en langage philosophique), tandis que d'autres affirment que ce seraient les relations qui constitueraient les éléments les plus fondamentaux du monde matériel (puisque nous avons souligné cidessus l'interdépendance entre champs, particules et énergie). La première possibilité, appelée ontologie des tropes [212], part de la constatation que les interprétations de la théorie quantique des champs en termes de champs ou en termes de particules, bien que généralement considérées comme radicalement différentes, possèdent une caractéristique cruciale en commun. Toutes deux supposent que les unités fondamentales du monde matériel sont des entités auxquelles il est possible d'attribuer des propriétés. Ce seraient ces propriétés qui constitueraient en fait l'essence ultime du monde. Alors que nous avons l'habitude de considérer les propriétés comme des attributs secondaires de l'objet, l'objet étant l'entité fondamentale, l'ontologie des tropes nous invite à renverser ce point de vue, et à considérer plutôt la propriété en tant qu'entité abstraite fondamentale. Dans une ontologie à base de particules, la création et l'annihilation de particules sont difficilement admissibles : si les particules sont fondamentales, à partir de quoi peuvent-elles se matérialiser ? Au contraire, dans le cadre de l'ontologie des tropes, la situation est naturelle : le vide, bien que vide de particules, contient des propriétés. Une particule est obtenue lorsque ces propriétés se regroupent d'une certaine manière. Pour prendre un exemple, lorsque nous pensons à la propriété « rouge », nous pensons généralement à des objets rouges particuliers, et non à l'entité abstraite « rougeur ». D'une certaine manière, cette seconde approche ressemble au point de vue idéaliste de Platon (section 4.7), qui proposait que les « Idées » abstraites constituent l'essence du monde. Interpréter ultimement les objets comme des collections de propriétés abstraites n'est pas la manière habituelle de conceptualiser le monde. Cependant, ce point de vue peut devenir plus naturel si nous faisons l'effort de nous replonger par la pensée dans nos premières années de vie. Quand enfants, nous voyions ce qu'aujourd'hui nous concevons comme un ballon, nous ne percevions au départ qu'un objet muni des propriétés « sphéricité », « souplesse », « légèreté »... Nous avons fini par associer ce faisceau de propriétés au concept-objet « ballon » et aujourd'hui, nous avons « oublié » que nous sommes passés par cet appareil conceptuel, parce que la pensée substitue aujourd'hui automatiquement à ce faisceau de propriétés le concept-objet « ballon ». On retrouve ici le mode opératoire en couches des huit consciences de la philosophie bouddhiste, en particulier la conscience mentale ajoutant une qualification conceptuelle aux perceptions des consciences sensorielles (section 1.3). Il n'y a qu'une situation connue aujourd'hui où l'opération de ces diverses couches de la conscience apparaît manifeste dans la vie adulte : c'est l'exploration de territoires étranges et inconnus, comme par exemple ceux rencontrés par Robert Monroe lors de ses sorties de corps, qu'il qualifie d'« État Second » (ou *Locale II* dans le texte original) dans le texte qui suit. Il écrit ([251], pp. 185 et 187) :

> Un problème de perception est rencontré périodiquement durant l'État Second. [...] Je me réfère à la question de l'identification par l'esprit de personnes, lieux, et choses qui jusqu'à ce moment-là étaient inconnues et jamais perçues auparavant.
>
> Dans sa quête de données factuelles et d'auto-orientation, l'esprit semble réagir efficacement à une commande de pensée automatique, à savoir « Identifier ! », sans modification ou équivoque. Ainsi donc, lorsqu'une situation (ou personne ou lieu ou chose) inconnue et apparemment impossible est rencontrée, surgit toujours de l'esprit une certaine réponse plutôt que pas de réponse du tout.
>
> Cette réponse est rationalisée, si l'on peut dire ; ou plus communément, une recherche est effectuée dans la mémoire afin de trouver une identification appropriée. L'esprit compare la situation dans laquelle l'objet ou l'action à identifier est perçue avec des expériences personnelles passées. Si rien ne coïncide véritablement avec les données observées, l'esprit rapporte invariablement la mémoire la plus semblable, et déclare « Ceci est l'objet ou l'action que

> vous percevez ». C'est seulement après analyse critique que la vraisemblance de cette interprétation peut être établie. [...]
>
> De ce qui précède, on peut aisément comprendre la difficulté qu'il y a à décrire précisément le vécu de situations inconnues.

Ces affirmations peuvent être rapprochées de la discussion de la section 5.1 décrivant la manière dont, en diverses circonstances, le cerveau construit notre réalité.

Mais revenons à la question de l'ontologie de la matière. L'idée concurrente que ce seraient les relations (au contraire des propriétés) qui constitueraient les éléments les plus fondamentaux du monde matériel est connue aujourd'hui sous le nom de réalisme structurel[30] [212,213]. Selon les tenants de cette position, la masse par exemple n'existe qu'au travers des effets qu'elle produit sur les autres entités, au travers de la « force » de gravitation habituelle, dans le contexte classique qui fait intervenir le produit des masses gravitationnelles des corps interagissant, ou dans le contexte relativiste lorsque la masse modifie la géométrie de l'espace-temps. Mais plus fondamentalement,

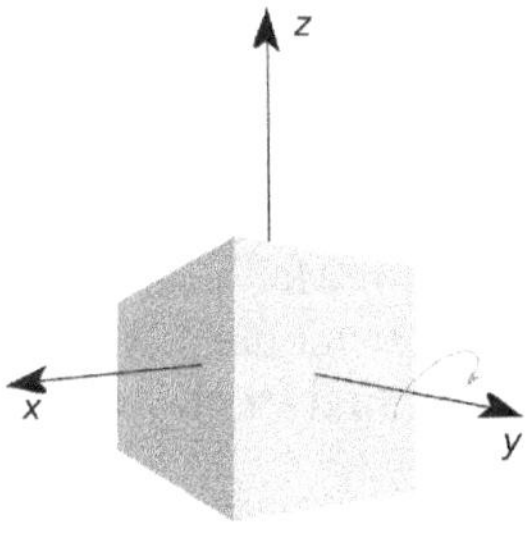

Figure 7.16 Le cube reste pareil à lui-même sous l'effet de rotations de 90° autour de l'axe y.

[30] Le lecteur pointilleux pourrait s'étonner du paradoxe sous-jacent au réalisme structurel : pour qu'il y ait *relations,* il faut qu'il y ait *objets* à mettre en relation. Or, nous avons vu les limites d'une ontologie basée sur les objets. Bien que cette question ne soit pas encore complètement clarifiée [212], on peut tenter la suggestion que les *relations* lient les *propriétés* plutôt que les *objets*.

l'origine même de la masse d'inertie[31] serait à trouver dans la présence d'autres corps massifs ailleurs dans l'univers. Nous verrons plus loin (section 7.2.5) que ce point de vue est celui défendu par le principe de Mach. Si comme le postule le principe de Mach, les référentiels inertiels (c'est-à-dire les référentiels dans lesquels la loi fondamentale de la dynamique F = *m* a est valable) sont définis par le comportement de la masse-matière très lointaine dans l'univers, il en résulte donc que l'inertie n'est pas une propriété intrinsèque de la matière, mais découle de l'interaction de la masse-matière locale avec le reste de l'univers [326]. Nous y reviendrons à la section 7.2.5.

La structure du monde, qui traduit comment les choses dépendent les unes des autres – c'est-à-dire leurs relations –, est la composante la plus stable des théories physiques [213]. Nous voyons à nouveau apparaître ici le concept de relations à la rescousse de la définition ontologique de la masse, et ceci au travers de la masse d'inertie. Le concept de masse avait en effet été mis en difficulté à la fois par l'équation $E = m\,c^2$ établissant l'équivalence entre masse et énergie et par la théorie quantique des champs définissant les particules de matière comme des excitations des champs quantiques. L'importance des relations apparaît donc ici dans le cadre de l'ontologie des champs-particules, et nous la retrouverons à nouveau un peu plus loin (section 7.2.5) dans le contexte de la masse d'inertie définie comme une propriété relationnelle au travers du principe de Mach. Et plus fort encore, selon Rovelli [316], l'espace lui-même pourrait se définir au travers d'un concept relationnel (section 7.2.5).

7.2.4 Le rôle central des symétries

Au cœur de la notion de relation se trouve en fait celle de symétrie, qui n'est rien d'autre qu'une opération d'échange d'un type particulier entre les éléments individuels dont le monde est constitué, celle qui laisse leur relation inchangée. Considérons comme analogie un visage symétrique observé

---

[31] La *masse gravitationnelle* est celle qui intervient dans les effets gravitationnels, tandis que la *masse d'inertie* constitue la résistance au mouvement apparaissant dans la loi fondamentale de la dynamique F = *m* a.

dans un miroir. Le miroir échange l'œil droit avec l'œil gauche, la narine droite avec la narine gauche, etc. Mais toutes les positions relatives des éléments du visage sont préservées. Ces relations sont ce qui définit véritablement un visage, tandis que les qualificatifs « œil droit » ou « narine gauche » dépendent du point de vue. Un autre exemple de symétrie est associée aux rotations du cube (figure 7.16) : par exemple, le cube ne change pas d'apparence après une rotation de 90° selon un axe centré sur une face et perpendiculaire à celle-ci. Dans le cas des particules élémentaires comme protons, neutrons, et leurs analogues plus « étranges » Ξ, Σ et Λ, la symétrie est plus complexe puisqu'elle implique des transformations correspondant à l'échange de quarks *up, down* et *strange,* les briques matérielles les plus élémentaires connues à ce jour.

Il est donc tentant de placer la notion de symétrie au cœur de l'ontologie physique, comme le fit Heisenberg. Il défendit l'idée que les niveaux les plus profonds de la réalité n'impliquent pas des particules mais des symétries ([163], p. 170). Ainsi, les particules élémentaires comme l'électron, le quark, ou le neutrino ne seraient pas eux-mêmes fondamentaux mais plutôt des réalisations de symétries abstraites sous-jacentes. Ces symétries sont déclarées abstraites car elles ne se manifestent pas comme des motifs se répétant au travers de l'espace (comme les symétries associées au flocon de neige par exemple, ou aux rotations du cube ; figure 7.16), mais plutôt comme des symétries des champs quantiques associés aux particules et définis dans des espaces mathématiques abstraits. Dans ce cadre, on notera que l'état fondamental du champ quantique (le vide) possède un haut degré de symétrie. Sans entrer dans les détails, nous nous contenterons de mentionner le théorème de Goldstone, un des théorèmes les plus fondamentaux de la physique théorique, qui lie à chaque brisure partielle de la symétrie du vide l'apparition d'une particule sans masse, appelé boson de Goldstone, et vecteur d'une nouvelle interaction. C'est ce mécanisme qui se trouve au cœur de la Théorie du Tout en physique. Lorsque l'univers se trouve dans un état à très haute température, comme c'était le cas à ses tout débuts, le vide conserve toutes ses symétries, et toutes les interactions fondamentales sont unifiées. À mesure que la température diminue, il apparaît des brisures spontanées de symétrie, qui en vertu du théorème de Goldstone, font apparaître de nouvelles particules[32] (bosons) médiatrices de nouvelles interactions (par exemple, le photon est une particule sans masse vecteur de l'interaction électromagnétique). C'est ainsi que l'univers se complexifie, par l'apparition des interactions fortes, faibles, électromagnétiques et gravitationnelles.

L'exemple le plus évident de brisure (spontanée) de symétrie est celui d'une balle de tennis en haut d'une colline. La colline étant parfaitement symétrique, la balle n'a aucune raison de rouler à gauche ou à droite et devrait donc rester au sommet de cette colline. Cette situation totalement symétrique correspond à celle dans laquelle les interactions sont unifiées. Néanmoins, toute perturbation fera rouler la balle d'un des côtés, et même si ce côté est choisi aléatoirement, le résultat final de l'expérience sera un état asymétrique (correspondant à un univers avec apparition d'une interaction différenciée et de sa particule médiatrice). La symétrie a été brisée, sans que le système d'origine – la colline avec une balle à son sommet – ne soit asymétrique.

Un exemple plus concret d'une brisure spontanée de symétrie s'observe en physique des matériaux. L'état solide cristallin est un état de la matière résultant d'une brisure spontanée de symétrie. Un cristal n'est en effet invariant que sous l'action d'un groupe de symétrie discret comprenant des translations discrètes, des réflexions et des rotations de 60°, 90°, 120°, 180° autour de plans ou d'axes particuliers, alors que l'équation de Schrödinger qui décrit le mouvement des électrons et des noyaux qui constituent ce cristal est à la base invariante sous n'importe quelle translation, rotation ou réflexion. En effet, à haute température (ou à haute énergie), le cristal est brisé, et la matière se retrouve alors sous la forme d'un gaz ou d'un plasma, dans un état qui retrouve

[32] C'est à ce phénomène qu'est lié le mécanisme de Brout – Englert – Higgs à l'origine du boson de Brout – Englert – Higgs, et le lecteur intéressé trouvera dans les ouvrages [20,84] un exposé simple mais plus détaillé sur ce mécanisme à l'origine de la masse. Ce boson de Higgs, via son interaction plus ou moins forte avec une particule, lui confèrera une masse plus ou moins importante. On constate donc que *in fine* même les concepts de masse et de matière doivent être découplés.

toutes les symétries originelles des équations décrivant le mouvement des particules. À basse température au contraire, la matière peut se trouver dans un état (cristallin) qui ne possède plus toutes les symétries des équations microscopiques, mais seulement un sous-groupe du groupe de symétrie complet. C'est cette transition de l'état de symétrie complet vers une symétrie partielle qui est donc appelée brisure spontanée de symétrie.

En un sens, cette brisure de symétrie peut être considérée comme introduisant des distinctions ou de l'*information* au sein d'un état de l'univers initialement indistinct ou « sans forme » (un cristal contient manifestement plus d'in*formation* qu'un gaz « *sans forme* » ni direction privilégiée). Cela apparaît très nettement des exemples donnés ci-dessus. De cette façon, les diverses forces et particules peuvent être considérées comme des manifestations de symétries brisées. Pour cette raison, on peut également considérer que l'apparition de la matière de l'univers représente un acte de création d'information. Nous reprendrons aux chapitres 8.2 et 8.5 cette discussion relative au rôle central joué par l'information.

Revenons à l'importance des symétries dans la physique contemporaine (voir aussi [314] pour une description générale de cette question). Une symétrie abstraite particulièrement importante pour notre propos, parce qu'elle témoigne une fois de plus du rôle essentiel joué par l'interdépendance et la globalité en physique, est celle connue sous le nom de théorème spin-statistique, énoncé par Pauli et Fierz en 1939-1940. Le spin est une propriété éminemment quantique d'une particule, que l'on peut néanmoins rapprocher du concept classique de rotation propre (voir la note 3 de ce chapitre 7). Le théorème spin-statistique indique que la fonction d'onde d'une collection de particules identiques de spin demi-entier (comme les électrons) doit être antisymétrique pour l'échange de deux particules, tandis que cette fonction d'onde doit être symétrique pour l'échange de deux particules de spin entier (par exemple des photons). Pour bien comprendre ceci, supposons que nous puissions caractériser l'état quantique de l'électron uniquement par sa position[33] $\mathbf{x}$ et son état de rotation intrinsèque, soit son spin s. Caractérisons maintenant une collection d'électrons par la fonction d'onde ψ décrivant l'ensemble de leurs propriétés $(\mathbf{x}_i, s_i)$, où i désigne le numéro de l'électron $(i = 1,..., n)$:

$$\psi = \psi\,[(\mathbf{x}_1, s_1), (\mathbf{x}_2, s_2),..., (\mathbf{x}_n, s_n)]. \tag{7.3}$$

Une fonction symétrique pour l'échange de deux particules est une fonction qui ne change pas de signe lorsque les paires de variables $(\mathbf{x}_i, s_i)$ et $(\mathbf{x}_j, s_j)$ sont échangées (avec $i \neq j$). Au contraire, une fonction asymétrique changera de signe lors d'un tel échange :

$$\psi\,[(\mathbf{x}_1, s_1), (\mathbf{x}_2, s_2),..., (\mathbf{x}_i, s_i),..., (\mathbf{x}_j, s_j),..., (\mathbf{x}_n, s_n)]$$
$$= -\,\psi\,[(\mathbf{x}_1, s_1), (\mathbf{x}_2, s_2),..., (\mathbf{x}_j, s_j),..., (\mathbf{x}_i, s_i),..., (\mathbf{x}_n, s_n)]. \tag{7.4}$$

Supposons maintenant que deux électrons existent dans le même état, soit $(\mathbf{x}_i, s_i) = (\mathbf{x}_j, s_j)$, avec $i \neq j$. Dans ce cas, permuter les variables $(\mathbf{x}_i, s_i)$ et $(\mathbf{x}_j, s_j)$ laissera la fonction inchangée. Mais le théorème spin-statistique impose également à la fonction d'onde de changer de signe lors de pareil échange puisqu'elle doit être anti-symétrique. La seule fonction qui soit égale à son opposé est la fonction identiquement nulle. La seule façon de satisfaire ces deux contraintes apparemment contradictoires est donc d'imposer que la fonction soit nulle lorsque deux de ses arguments sont identiques.

---

[33] En toute rigueur, il nous faut préciser ici que pour une particule quantique, position et vitesse ne peuvent être déterminées simultanément avec une précision illimitée (en vertu du principe d'indétermination d'Heisenberg ; voir l'encadré II). Pour cette raison, nous n'incluons que la position dans la spécification de l'état.

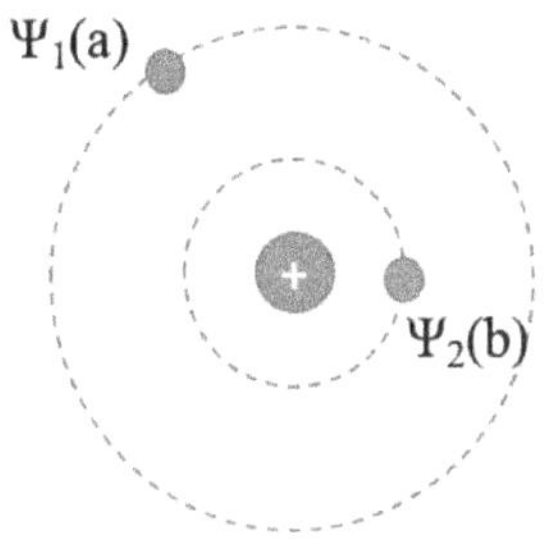

Figure 7.17 Les électrons 1 et 2 occupant les états quantiques *a* et *b* sont indiscernables, de sorte que leur fonction d'onde doit forcément s'écrire de manière globale ψ (1,2 ; *a*,*b*) = $\psi_1(a)\,\psi_2(b) - \psi_1(b)\,\psi_2(a)$.

On en conclut donc que deux électrons *i* et *j* ne peuvent exister dans le même état $(\mathbf{x}_i, s_i) = (\mathbf{x}_j, s_j)$! C'est là l'expression du principe d'exclusion de Pauli. Nous avons démontré ci-dessus que le principe d'exclusion pour les électrons revient à imposer le caractère antisymétrique de leur fonction d'onde globale. L'origine de ces corrélations globales dans un ensemble de particules est partiellement mystérieuse. Le principe quantique d'indiscernabilité des particules joue cependant un rôle dans tout ceci. Ce principe d'indiscernabilité résulte de la dualité onde-particule : dès lors que la particule n'est plus spatialement localisée, mais est représentée par un paquet d'ondes (Encadré IV de la section 7.1.2), lorsque ces paquets d'ondes se chevauchent, comme c'est le cas pour les électrons dans le cortège électronique d'un atome, il n'est plus possible de les distinguer. Si deux électrons (1 et 2) peuvent se trouver dans deux états (*a* et *b*), il n'est pas possible de dire, à cause de leur indiscernabilité, que l'électron 1 occupe l'état *a* et l'électron 2 l'état *b*, car l'inverse est tout aussi possible[34]. Il est donc nécessaire de décrire l'état dans lequel le système contient deux élec-

[34] C'est en fait Heisenberg et non Pauli qui énonça le premier en 1926 ce principe d'indiscernabilité des électrons dans le cortège atomique [162].

trons 1, 2 occupant les états *a, b* (figure 7.17) par la fonction d'onde

$$\psi\,(1{,}2\,;a{,}b) = \psi_1(a)\,\psi_2(b) - \psi_1(b)\,\psi_2(a). \qquad (7.5)$$

Le choix du signe – (qui implique l'antisymétrie du système de deux électrons), dicté par l'observation de la nature (le tableau périodique des éléments chimiques de Mendeleev par exemple), est le résultat du fameux principe d'exclusion de Pauli que nous venons de décrire. Il a été justifié par Pauli en 1940 sur base d'arguments de mécanique quantique relativiste [274]. Notons que le signe + (à la place du – dans l'équation 7.5), qui implique au contraire la symétrie de la fonction d'onde, est réservé aux particules de la classe des bosons (comme les photons), comme l'a expliqué Pauli dans le même article de 1940. Il n'y a par contre pas d'explication théorique au fait que la nature ne connaisse que les deux situations de symétrie et d'antisymétrie[35], alors que l'invariance par permutation admet d'autres possibilités (pour des systèmes constitués de plus de deux particules ; [132] section 2). Le lecteur intéressé trouvera plus d'informations sur ces questions (métaphysiques) essentielles par exemple dans la référence [132].

Ces corrélations globales dans un ensemble de particules trouvent écho à plusieurs niveaux de notre analyse. Tout d'abord, nous nous trouvons dans le présent contexte face à un dilemme d'interprétation : soit l'individualité des particules est à abandonner (interdépendance entre plusieurs entités spatialement séparées, ce qui correspond à la perte de la localité), soit les particules possèdent bien une individualité, mais alors il existe une forme d'action à distance qui cause la corrélation des mouvements impliqués par les principes de symétrisation et d'antisymétrisation (que Reichenbach [305], pp. 234-235, qualifie d'anomalies causales).

---

[35] Autre que le fait évident que les particules peuvent se séparer en deux (et seulement deux) familles bien distinctes, à savoir les particules de matière proprement dites (les fermions qui possèdent un spin demi-entier) et les particules constituant les vecteurs des interactions fondamentales (les bosons qui possèdent un spin entier : photons, gravitons, gluons, bosons W et Z).

Ensuite, ces corrélations globales entre particules trouvèrent un écho dans notre analyse de la notion de synchronicité liant le monde de l'esprit à celui de la matière (chapitre 6), un concept découvert par Jung et analysé sur un plan physique par Pauli : la réalité ultime, au-delà du monde des apparences et des illusions de nos perceptions, est celle du monde des archétypes où symétrie et a-causalité règnent en maître !

Dans le contexte des modèles de conscience impliquant les microtubules et le cyto-squelette (section 5.2), les états collectifs connus sous le nom de « condensats de Bose-Einstein » pourraient jouer un rôle essentiel. Ceux-ci sont liés à la symétrie d'échange dans le cas d'une fonction d'onde symétrique.

Enfin, l'importance du principe de symétrisation et d'antisymétrisation est souvent présentée comme un argument de plus en faveur de l'importance des relations en tant qu'ontologie, comme nous le détaillons à la section suivante.

7.2.5 Les relations en tant qu'ontologie

Le théorème spin-statistique de Pauli, au cœur de la description microscopique du monde et qui impose une relation forte entre particules d'un ensemble comme nous venons de le décrire, trouve un écho dans le monde macroscopique auprès du principe de Mach[36], dès lors que l'on s'intéresse à l'origine de la masse d'inertie m, c'est-à-dire à la propriété de la matière qui décrit sa résistance au mouvement : $m = F / a$ (où F désigne la force causant l'accélération a à la particule de masse m). Une formulation possible de la conjecture de Mach est la suivante : l'inertie n'est pas une propriété intrinsèque de la matière, mais résulte au contraire de la relation existant entre la matière locale et le reste de la matière dans l'univers. On voit clairement s'établir dans cette définition un lien entre une propriété locale de la matière – à savoir son inertie – et la présence de matière à l'échelle de l'univers dans son ensemble. L'inertie, c'est-à-dire la résistance au mouvement, serait donc elle aussi une propriété relation-

---

[36] Ernst Mach est un physicien autrichien (Brno 1838 – Munich 1916).

nelle ? Le principe de Mach le suggère en tout cas. Ce principe est également intimement lié à la définition des référentiels inertiels, c'est-à-dire ceux dans lesquels la loi de Newton $F = m\ a$ s'applique. Un référentiel non-inertiel est un référentiel dans lequel des pseudo-forces apparaissent : par exemple, sur un carrousel en rotation (un référentiel non-inertiel), l'observateur ressent la pseudo-force centrifuge qui tend à le projeter hors du carrousel, mais c'est la conséquence du principe d'inertie (et non d'une vraie force au sens newtonien). Le principe d'inertie stipule que le mouvement naturel d'un corps en l'absence de « vraies » forces (c'est-à-dire causées par l'une des interactions fondamentales de la nature : gravitation, électro-magnétisme...) est le mouvement rectiligne uniforme (MRU). Dans le cas du carrousel, ce MRU est celui qui éjecterait l'observateur par la tangente au mouvement rotatif du carrousel. Pour rester en mouvement circulaire sur le carrousel, l'observateur doit donc s'opposer à la pseudo-force centrifuge en s'agrippant à un objet fixé au carrousel. Par ailleurs, dans le contexte de l'effet Unruh évoqué à la section 7.2.2 ci-dessus en relation avec l'énergie du vide et l'effet Casimir, le rôle central joué par l'observateur inertiel fut souligné. Mais au fait, comment un observateur sait-il qu'il est inertiel ?

La conjecture de Mach, qui tente de répondre à cette question, tire précisément son origine de l'incomplétude du raisonnement newtonien suivant : la relation fondamentale de la dynamique $F = m\ a$ n'est valable que dans des référentiels dits inertiels, mais comment définir les référentiels inertiels ? Dans ceux-ci, en l'absence de forces « vraies » agissant sur lui, comme indiqué ci-dessus, un point matériel décrit donc un MRU en vertu du principe galiléen d'inertie. Newton propose que les référentiels inertiels soient définis par rapport à l'« espace absolu ». Nous savons cependant, grâce aux travaux d'Einstein, que l'« absolu » ne semble pas avoir de place en physique, ce que Francis Bacon (1561-1626) exprimait déjà en affirmant qu'« il n'y a pas d'idoles dans la Nature ». Il serait donc plus satisfaisant de définir les référentiels inertiels par l'observation directe. C'est la raison pour laquelle E. Mach et avant lui G. Berkeley (1685-1753) proposent de définir un référentiel inertiel comme un référentiel dans lequel les astres lointains sont (en moyenne) au repos (ou en MRU). Cette idée se fonde sur le fait que l'interaction gravitationnelle, bien qu'à longue portée, diminue avec le carré de la distance qui sépare deux objets massifs. Par conséquent, la force gravitationnelle exercée par les astres très lointains sur un objet au laboratoire peut être considérée comme négligeable, de sorte qu'un référentiel dans lequel cet objet local est au repos (ou en MRU) par rapport aux astres lointains peut être considéré comme inertiel (puisqu'il n'y a pas de forces liant l'objet proche aux astres lointains). C'est cette dernière affirmation qui constitue l'une des formulations du principe de Mach. Une formulation équivalente, mettant bien en exergue le caractère relationnel du principe de Mach, est celle-ci : la masse inertielle est affectée par la distribution globale de la matière dans l'Univers.

La condition que des objets très lointains comme les quasars[37] soient au repos (ou en MRU) n'est pas satisfaite par exemple dans un référentiel basé sur le plan de l'horizon terrestre avec comme direction de référence celle du sud géographique. À cause de la rotation de la Terre, les astres lointains que sont les quasars y décrivent un cercle autour du pôle céleste (matérialisé dans l'hémisphère boréal en bonne approximation par l'étoile Polaire) avec une période légèrement plus courte que 24 heures. Mais on peut dès lors construire par la pensée (ou le calcul) un référentiel qui tourne dans le sens opposé à la rotation de la Terre, pour s'en affranchir. Pour obtenir un référentiel inertiel de cette manière, il faudra ensuite encore corriger du mouvement de la Terre autour du Soleil, du Soleil autour du centre galactique, du centre de la Galaxie autour du centre de masse de l'Amas Local, de l'Amas Local vers le Grand Attracteur (un ensemble d'amas de galaxies situées à 200 millions d'années-lumière dans la direction des constellations de la Règle et du Triangle Austral)... Cela implique quelques calculs, mais ne pose aucune difficulté conceptuelle. Ce mouvement global de la Terre dans l'espace est rendu visible par les propriétés du

---

[37] Les quasars *(quasi stellar radio sources)* sont des galaxies à noyau actif émettant du rayonnement radio et apparaissant quasi ponctuelles sur le ciel.

décalage Doppler observé dans le rayonnement de fond cosmologique[38] à 2.7 K (figure 7.18).

Figure 7.18 Le dipôle Doppler dans le rayonnement de fond cosmologique (en bas) et ses inhomogénéités (en haut), observés par le satellite Planck de l'ESA.

Le principe de Mach peut aussi s'énoncer en disant que l'accélération est un concept qui n'a pas de sens absolu (tout comme la vitesse n'a pas de sens absolu, en vertu des principes de relativité galiléenne et einsteinienne). Ce principe nous intéresse donc dans le cadre de la présente étude, car il introduit une corrélation à grande échelle dans l'univers (du moins dans l'hypothèse où le principe de Mach est satisfait, c'est-à-dire où l'on ne peut attribuer de sens absolu à l'accélération !) : si les référentiels inertiels sont déterminés

[38] Dans ce cas, c'est le référentiel dans lequel ce rayonnement de fond cosmologique est au repos qui sert de référentiel de référence par rapport auquel le mouvement terrestre est évalué.

par le comportement de la matière très lointaine dans l'univers, il en résulte que l'inertie n'est pas une propriété intrinsèque de la matière, mais découle de l'interaction de la matière locale avec le reste de l'univers [326]. Dans un univers vide de matière, il n'y aurait pas d'inertie. L'inertie serait donc une propriété relationnelle, une idée qui se développe aujourd'hui dans d'autres domaines de la physique également, comme nous le verrons ci-dessous pour l'espace (tandis qu'à la section 7.2.4, il en fut question en relation avec le théorème spin-statistique de Pauli).

Une présentation imagée de cette formulation du principe de Mach fait référence à un seau tournant : lorsque ce seau rempli d'eau tourne dans un référentiel inertiel (donc par rapport aux astres lointains), la surface de l'eau acquiert la forme d'un paraboloïde de révolution. Cela peut se vérifier aisément. Le principe de Mach affirme qu'il n'est pas possible de distinguer la situation dans laquelle le seau tourne de la situation dans laquelle le seau est au repos par rapport à l'observateur se tenant à côté de lui (et par rapport à la Terre) mais avec les astres tournant autour du seau : dans ce cas également, la surface de l'eau acquerrait une forme paraboloïdale. Évidemment, pareille situation est difficilement testable (comment faire tourner les quasars autour du seau ?) !

Pourtant des tests du principe de Mach furent tentés au cours des cinquante dernières années. Une conséquence théorique particulièrement interpellante de la conjecture de Mach fut obtenue par Sciama [326] : elle met en évidence le lien qui existe entre le principe de Mach et la cosmologie. Sciama affirme que la valeur de la constante de la gravitation G est déterminée par la densité moyenne de l'univers ρ, selon la relation $2\pi G \rho / H^2 \sim 1$, où le membre de droite est de l'ordre de l'unité, H est le paramètre de Hubble, qui décrit l'expansion de l'univers via la loi de Hubble $v = H d$ (où v est la vitesse de récession d'une galaxie lointaine et d sa distance). Il est amusant de constater que la relation prédite par Sciama dans le cadre du principe de Mach est équivalente à celle que la cosmologie interprète comme la signature d'un univers plat (euclidien), qui constitue justement la situation retenue actuellement en vertu de nombreuses observations récentes.

D'autres tests furent basés sur l'évidence astronomique que les astres lointains ne sont pas distribués de manière parfaitement isotrope (c'est-à-dire invariante par rotation) : non seulement le centre galactique introduit une anisotropie, mais aussi, à beaucoup plus grande échelle, l'amas de galaxies de la Vierge, et plus loin encore (environ 220 millions d'années-lumière), la structure évoquée ci-dessus, à savoir le Grand Attracteur, une concentration d'amas de galaxies dans la direction des constellations de la Règle et du Triangle Austral. Comme nous l'avons signalé ci-dessus, cette structure imprime sa signature cinématique dans les propriétés du rayonnement de fond cosmologique à 2.7 K, ou plus exactement dans notre vitesse par rapport à celui-ci, qui est dirigée vers le Grand Attracteur. Transposant ces résultats dans le cadre du principe de Mach, on pourrait donc s'attendre à ce que ces asymétries dans la distribution de masse à grande échelle se manifestent sur les propriétés locales d'inertie. Celles-ci devraient donc également être non isotropes ! En d'autres termes, la masse devrait opposer une inertie légèrement différente en fonction de la direction dans laquelle la force $F = m\ a$ s'applique. La masse d'inertie n'est plus alors une quantité scalaire (c'est-à-dire caractérisée par un seul nombre), mais devient un objet mathématique plus compliqué nommé *tenseur* (représenté en pratique par une matrice 3×3, c'est-à-dire un tableau carré de 9 nombres). De nombreuses expériences ont été réalisées afin de tester la possible anisotropie de la masse d'inertie, avec des résultats toujours négatifs jusqu'ici [176,291]. Et pourtant, l'approche machienne s'est révélée très fructueuse sur le plan théorique dans la recherche d'une théorie quantique de la gravitation, visant à unifier gravitation (ou plus exactement relativité générale) et théorie quantique. La théorie de la gravitation à boucles[39], développée notamment par Ashtekar et Rovelli [316], est analogue à la théorie des réseaux de spins développée par Roger Penrose ([281], section 32.6). L'idée de base de ces théories est que l'espace n'est pas un concept initialement présent dans la théorie, mais qu'il serait un concept dérivé sur base de relations entre objets plutôt que d'être

---

[39] La théorie des boucles est une approche concurrente à la théorie des cordes, probablement plus connue du public.

présent en toile de fond *ab initio*. Cette idée est analogue en effet à l'idée machienne que l'inertie est une propriété relationnelle entre objets massifs.

Alors qu'il bâtissait la théorie de la gravitation quantique à boucles, Carlo Rovelli ([316], p. 64) s'est lui aussi interrogé sur la nature fondamentale de l'espace. À ce titre, il rappelle que le statut ontologique de l'espace a changé entre Aristote-Descartes d'une part, et Newton de l'autre. Pour Descartes comme pour Aristote, il n'y a pas d'entité « espace ». Il n'y a que des objets dans l'espace. Il n'y a pas, par exemple, d'espace vide. Les objets remplissant (« définissant ») l'espace sont dans une relation de contiguïté les uns par rapport aux autres. Ils peuvent se toucher, ou pas. L'espace, alors, n'est rien d'autre que l'ordre que cette relation de contiguïté détermine entre les objets. Pour Descartes, le mouvement d'un objet A est défini comme le passage de cet objet dans une relation de contiguïté avec un objet B vers une relation de contiguïté avec un objet C. D'un objet seul, il est donc impossible de dire s'il est en mouvement ou non. En ce sens, ce point de vue est le même que celui de Mach décrit ci-dessus (il est impossible de définir la masse d'inertie d'un objet seul dans l'univers) !

Pour Newton au contraire, l'espace existe en tant qu'entité (« absolue »), indépendamment de son contenu, sous la forme d'un « espace-boîte ». Un objet bouge lorsqu'il passe d'un point de l'espace à un autre point de l'espace. En effet, la loi de Newton $F = m\ a$ fait intervenir l'accélération d'un corps de masse m soumis à l'action d'une force F, et afin de définir cette accélération, il est bien entendu nécessaire de disposer d'un espace défini de manière absolue par des coordonnées cartésiennes[40] x,y,z comptées à partir d'une origine arbitrairement définie. Ce système de coordonnées $Oxyz$ définit donc le référentiel.

Rovelli pose la question de savoir si le choix entre ces deux descriptions (absolue ou relationnelle) de l'espace est affaire de science ou de philosophie. La réponse est claire, c'est une affaire de science, mais pas dans le sens qu'une description

---

[40] *Cartésien* est l'adjectif dérivé de *Descartes,* nouveau clin d'œil de l'histoire des sciences donc...

serait vraie et l'autre fausse. Au contraire, il s'agit d'opter pour le point de vue qui assure la meilleure efficacité pour la description de la nature dans le contexte d'une théorie donnée.

Il semble bien qu'aujourd'hui le moment soit à nouveau venu de changer de point de vue, et de revenir à la définition relationnelle de l'espace comme le proposèrent Aristote et Descartes (et partant, d'adopter un point de vue proche de la vision machienne !). Selon Rovelli ([316], pp. 67-68), « une théorie complète de la gravitation quantique ne sera probablement construite qu'en abandonnant complètement l'idée newtonienne de l'espace comme entité. L'espace n'est pas une entité dans laquelle les objets sont localisés : l'entité “espace” n'existe pas. Seul le champ gravitationnel existe, au même titre que les autres champs[41]. En gravitation quantique, les *boucles* sont les quanta de champ gravitationnel et ce sont leurs relations qui constituent l'espace. » Rovelli (et Penrose avant lui dans le cadre de sa théorie de spins sur réseau [281], section 32.6) aboutit donc à une ontologie relationnelle pour l'espace également, comme ce fut le cas précédemment pour les champs-particules (section 7.2.3).

Dès lors qu'un approfondissement des notions apparemment si familières de matière et d'espace nous mène à des conclusions si inattendues, il n'y a plus à s'étonner des aspects plus étranges encore rencontrés dans d'autres aspects de notre réalité apparente. Ce fut le cas en particulier au chapitre 6 consacré aux synchronicités.

Au final, nous concluons donc que c'est la notion de relation qui permet de définir des concepts physiques fondamentaux dans les contextes variés suivants :

(i) celui de l'inertie, au travers du principe de Mach (section 7.2.5) ;
(ii) celui de l'espace, au travers de la gravitation quantique à boucles, qui abandonne l'idée d'un espace « boîte » pré-existant au profit d'un espace « relationnel » (section 7.2.5) ;

---

[41] Voir cependant à la section 7.2.3 ci-dessus la discussion au sujet de l'ontologie des champs.

(iii) celui des catégories de bosons et fermions, entre lesquels existent des relations de symétrie – anti-symétrie (section 7.2.4) ;
(iv) celui de l'onde pilote de Bohm qui est fondé sur la relation entre la particule et l'onde qui la guide (section 7.1.2) ;
(v) celui du principe de moindre action d'Hamilton-Jacobi qui est au cœur tant de la mécanique classique que quantique (section 7.2.6).

Ce dernier contexte est le seul à ne pas avoir été développé jusqu'ici. Il possède ceci de particulier que le principe de moindre action d'Hamilton-Jacobi constitue un formalisme adapté tant à la description mécaniste de l'univers dans le cadre de la mécanique classique qu'à la description du monde microscopique dans le cadre de la mécanique quantique. En effet, dans sa version la plus aboutie, la mécanique quantique fut construite en généralisant le formalisme hamiltonien appliqué jusque là à la mécanique classique. Sur un plan plus philosophique, l'aspect innovant de cette description hamiltonienne est qu'elle implique et impose une vision globale des phénomènes, au contraire de la description newtonienne de nature plus locale (quoique les interactions à portée infinie telle que l'interaction gravitationnelle introduisent implicitement un couplage entre les différents éléments d'un système).

7.2.6 Les relations ouvrent vers la vision globale

La description newtonienne classique d'une trajectoire de particule peut être vue comme une suite de liens causaux entre position, vitesse et accélération à un instant et ce qu'ils deviendront à l'instant suivant, au travers de la cause que représentent à chaque instant les forces agissant sur la particule. Dans cette approche causale, la trajectoire est vue comme une suite de microscopiques segments mis bout à bout. Cette vision s'accorde bien avec le fait que Newton développa précisément une nouvelle branche des mathématiques, le calcul différentiel, pour formaliser cette approche de la mécanique. L'approche de Hamilton-Jacobi[42] est totalement différente, car elle correspond à une vision globale de la trajectoire, comme si la particule pouvait explorer tous les possibles et sélectionner la trajectoire obéissant au principe de moindre action. L'action peut être sommairement décrite comme l'intégrale de la somme des énergies potentielle et cinétique le long de la trajectoire. Ce principe de moindre action utilisé par Hamilton et Jacobi pour reformuler la loi fondamentale de la dynamique $F = m\ a$ en un principe global, possède en réalité une histoire très ancienne, que l'on peut rattacher à Aristote lorsque ce dernier affirme par principe que les planètes doivent se mouvoir sur des cercles parce qu'un tel mouvement est le plus « lisse ». Cette idée sera à nouveau sérieusement considérée à la Renaissance par des penseurs comme Léonard de Vinci et Galilée. Il faut cependant attendre les 17e et 18e siècles pour que ces intuitions soient formalisées mathématiquement par Fermat, Maupertuis, Euler et Lagrange. Le principe de Fermat est bien connu en optique, où il permet de rendre compte des trajectoires lumineuses dans les situations de réflexion et réfraction. Les physiciens-mathématiciens précités montrèrent que la trajectoire d'une particule est toujours nécessairement celle qui minimise l'action. Il y a bien évidemment une part de mystère dans ce principe, puisque tout se passe comme si une pomme tombant, une fusée, une rivière tumultueuse ou une lune en orbite pouvaient toutes appréhender l'ensemble des mouvements possibles, et choisir parmi eux celui qui représente la plus grande économie d'action (cette exploration des possibles est encore présente dans la théorie la plus avancée de la physique contemporaine, la théorie quantique des champs). L'univers serait-il donc paresseux par nature ? Tout comme il est en principe possible d'analyser le mouvement d'un danseur par des photographies instantanées, la signification de ses poses n'apparaît clairement que dans l'analyse de la chorégraphie dans son ensemble. De la même manière, le principe de moindre action suggère que les mouvements dans la nature doivent être compris dans leur sens

---

[42] William Rowan Hamilton (1805 Dublin –1865 Dublin) ; Carl Gustav Jacob Jacobi (1804 Potsdam – 1851 Berlin).

global, plutôt que considérés comme faits de petits éléments de trajectoire mis bout à bout.

Le rôle central joué par le principe de moindre action, tant en mécanique classique que quantique, ouvre de nouvelles perspectives philosophiques, puisque ce principe remplace une *vision causale* de la nature par une vision globale. La théorie d'Hamilton-Jacobi peut ainsi servir de justification au concept de formes globales émergeant d'un substrat comme description de la nature, plutôt que d'interactions causales entre éléments séparés. Ceci peut être illustré par la métaphore de l'orchestre symphonique. Lorsque les violons et violoncelles de l'orchestre passent leur archet en synchronisme sur leurs cordes respectives, ce n'est pas parce qu'une interaction les lie. Au contraire, l'origine de ce synchronisme est à trouver dans le substrat que constitue la partition musicale. Les gesticulations des musiciens de l'orchestre et des danseurs, tous procèdent du même substrat – la musique elle-même – et sont de réelles conjonctions signifiantes d'événements externes, au sens des synchronicités que nous avons examinées au chapitre 6. Confrontés au mystère de la synchronicité qui fait elle aussi surgir de notre quotidien une conjonction de phénomènes signifiants qui semble défier la causalité, nous devrons nous souvenir que, même au sein du monde physique, il est possible de décrire les événements comme le résultat de l'émergence de propriétés globales d'un substrat plus profond.

8. Action de l'esprit sur la matière selon le bouddhisme et selon la physique

Le plus satisfaisant serait de ce point de vue que physis *et* psyché *puissent être conçues comme des aspects complémentaires d'une même réalité.*

W. Pauli, *Le cas Kepler* [277], p. 109

Si les résultats positifs obtenus dans le domaine encore controversé de la « perception extra-sensorielle » devaient se voir définitivement confirmés, il pourrait en découler des développements dont on ne peut encore aujourd'hui mesurer la portée.

W. Pauli, *Physique moderne et philosophie* [276], p. 177

Les mêmes forces structurantes qui ont façonné la nature dans toutes ses formes sont aussi responsables de la structure de nos esprits.

W. Heisenberg, *Physics and beyond,* Cambridge University Press, 1971, p. 101

The scientist who has vision, who has fertile ideas, is not unlike the artist in having a certain, perhaps misplaced, affection for the children of his creative thoughts. He devises experiments to see if they will survive tests of validity ; although he may pretend not to care one way or the other, yet, secretly, he hopes they will live. Just because of this his experiments may later be found to have been unconsciously biased in their design.

[...]

Now, if we look at the opposition party we shall, I think, find some of them just as biased and blind for another emotional reason. They also, with an almost religious passion, are fighting to stamp out the last vestiges of the « superstition » that they feel to be lurking in the minds of some who call themselves scientists.

A. Hardy, *The Living Stream*, Collins, London, 1965, pp.156, 159

Les synchronicités évoquées au chapitre 6 nous signalent l'existence d'une relation entre le monde intérieur de l'esprit et celui, extérieur, de la matière. Mais dans le cas des synchronicités, cette relation est « accidentelle », spontanée ; elle n'est nullement provoquée. Dans le présent chapitre, nous nous demandons si une telle rencontre entre matière et esprit peut être déclenchée volontairement. Nous examinerons successivement les points de vue du bouddhisme et de la physique sur cette question.

8.1 L'influence de l'esprit sur la matière : le point de vue bouddhiste

Un exemple particulièrement convaincant de cette rencontre concerne l'influence de l'esprit en méditation sur des paramètres corporels gérés par le système nerveux sympathique, c'est-à-dire régissant les fonctions corporelles « automatiques » telles la température du corps ou le rythme cardiaque. La pratique méditative du yoga de la chaleur interne (tibétain *g-Tum-mo*, qui signifie chaleur, mais ce mot tibétain relève du registre mystique), l'un des six yogas de Naropa [256] au cours duquel l'adepte visualise un feu intérieur, est capable de hausser la température des extrémités corporelles de plusieurs degrés. Cette conclusion résulte de l'étude menée par des médecins sur des pratiquants bouddhistes très entraînés à la pratique méditative de *g-Tum-mo* [30], lors de laquelle il fut constaté que la température des extrémités de leurs doigts et orteils augmenta de 8.3 °C. Avant cette expérience, seules des descriptions sommaires de ce phénomène existaient dans la littérature occidentale. Alexandra David-Néel écrit par exemple dans *Mystiques et magiciens du Tibet* ([100], pp. 233-234) : « Une sorte d'examen clôt parfois la période d'entraînement des étudiants en *g-Tum-mo*. Par une nuit d'hiver où la lune brille, ceux qui se croient capables de subir l'épreuve se rendent, avec leur maître, sur le bord d'un cours d'eau non gelé. [...] Les candidats, complètement nus, s'assoient sur le sol, les jambes croisées. Des draps sont plongés dans l'eau glacée ; ils y gèlent et en sortent raidis. Chacun des disciples en enroule un autour de lui et doit le dégeler et le sécher sur son corps. Dès que le linge est sec, on le replonge dans l'eau, et le candidat s'en enveloppe de nouveau. L'opération se poursuit ainsi jusqu'au lever du jour. Alors celui qui a séché le plus grand nombre de draps est proclamé le premier du concours. » Au cours de la pratique de *g-Tum-mo* ([100], pp. 228-230), l'adepte visualise la déité féminine *Dordje Naljorma* (*Vajra Yogini* en sanscrit ; figure 8.1), et des inspirations lentes et profondes agissent à la manière d'un soufflet qui ranime un feu qui dormait sous la cendre. Chaque inspiration produit la sensation d'une bouffée d'air pénétrant dans le ventre au point où se trouve le nombril et active le feu. L'effet physiologique qui en résulte sur la température du corps est clairement le résultat d'une pratique à connotation mystique, le yoga du feu intérieur de Naropa [256], une pratique avancée du bouddhisme *vajrayana* (véhicule de diamant).

Figure 8.1 La déité *Dordje Naljorma* (*Vajra Yogini* en sanscrit) visualisée lors de la pratique du yoga du feu intérieur (*g-Tum-mo*).

Mais l'expertise bouddhiste au sujet de l'influence de l'esprit sur la matière est énormément plus riche que cette seule pratique de *g-Tum-mo*. Cependant, tous les maîtres de méditation tiennent le même discours à ce sujet : le progrès individuel, ou plus exactement l'élévation spirituelle atteinte grâce à la pratique méditative, entraîne souvent des conséquences collatérales sur lesquelles tous restent très discrets (à l'exception de l'*Avatamsaka sutra* et d'une brève mention dans le *Mahamoudra*, évoqués plus bas), car le développement ou l'utilisation de ces « pouvoirs mentaux » ne constitue *pas* le but à atteindre. S'attarder sur ces conséquences serait perdre du temps, voire même pourrait compromettre l'atteinte de l'Éveil. Lama Surya Das, disciple du 16e Karmapa (1924-1981), le détenteur de la lignée Karma Kagyu du bouddhisme tibétain, écrit ceci à ce sujet ([225], p. 11) : « [...] la tradition nous enseigne de ne pas parler de nos rêves spirituels, de nos visions ou de nos expériences et apparitions méditatives – sinon à notre guru – afin d'éviter de donner naissance à la fierté, ou de dissiper notre énergie subtile intérieure, ou enfin de donner aux autres matière à produire des obscurations conceptuelles. »

John Blofeld ([40], pp. 251-252), après avoir décrit en quelques détails un rituel (*sadhana*) avancé en relation avec *Vajrasattva* (littéralement *être de diamant ;* tibétain *Dordje Sempa*), qui a pour effet de purifier les souillures mentales bloquant la voie vers l'Éveil, écrit ceci au sujet des pouvoirs mentaux acquis au travers de pareilles pratiques :

> Chacune de ces syllabes [visualisées et prononcées au cours de la *sadhana*] et toutes les autres visualisations ont une correspondance précise avec une réalité psychique qui existe dans l'adepte. Ainsi la *sadhana* n'est-elle pas quelque cérémonie religieuse ordinaire : elle est analogue à un exercice exécuté en laboratoire, où certaines substances sont chauffées, mélangées, séparées, etc. dans l'ordre approprié afin de donner un résultat prévu et inévitable. Les pays occidentaux, où les sciences de l'esprit sont à la traîne loin derrière les autres, n'ont pas encore atteint une connaissance de toutes les entités et forces psychiques telle qu'on puisse diriger des expériences aux résultats aussi précis qu'en physique et en chimie. C'est à cet égard que les Tibétains, tellement en retard dans les sciences physiques, sont nos mentors. Il n'y aurait aucune difficulté à le prouver, si ce n'est que les adeptes suffisamment avancés pour accomplir des prodiges spectaculaires comme modifier la forme et la taille d'objets matériels, les faire disparaître ou se mouvoir dans l'espace uniquement par la force mentale, répugnent fortement à faire des démonstrations. On ne peut en voir des exemples que par hasard, ou par des personnes qui, après avoir ac-

quis certains pouvoirs limités, ont quitté la voie et ne se sentent plus liés par les règles.

Quelles sont donc ces conséquences collatérales du progrès sur la voie vers l'Éveil ? À vrai dire, nous savons peu de choses à leur sujet, mais nous pouvons nous douter qu'il s'agit probablement de phénomènes du type de la clairvoyance ou de la création des émanations (*tulpa*) dont il fut question à la section 4.9.3. À propos de la clairvoyance, l'ouvrage *Le Miraculeux 16e Karmapa* [225] regorge d'anecdotes à ce sujet[1]. Certaines parmi celles-ci sont de la même trempe que les miracles des Évangiles chrétiens, telle la manifestation du Karmapa sous la forme d'un corps transparent, dit d'« arc-en-ciel » (voir la photo correspondante, [225] p. 143[2]). Le fait le plus remarquable est sans conteste que pareilles manifestations, que l'on aurait pu croire limitées au domaine de l'histoire ancienne, quasi mythologique, se produisent à l'époque contemporaine ! Pour les lecteurs qui souhaiteraient en savoir plus au sujet des *tulpa*, Alexandra David-Néel en a donné un aperçu que l'on peut qualifier de « folklorique » (car cet aperçu n'était pas replacé dans le contexte culturel de la voie vers l'Éveil via la pratique méditative) dans son ouvrage *Mystiques et magiciens du Tibet* [100]. Le Dalaï-Lama replace par contre ces pouvoirs mentaux dans le contexte des pratiques méditatives du bouddhisme tantrique ([98] pp. 148-151). B.A. Wallace, dans son ouvrage *Science et Bouddhisme* ([370] chapitre 18), fournit également une clarification bien documentée de ces pouvoirs mentaux associés à une « conscience intensifiée », résultant par exemple de la pratique de la *Voie de la purification* exposée par Buddhaghosa, un grand sage indien qui vécut au 5e siècle (chapitres 12 et 13 de [57], voir aussi [86]). Il est essentiel de rappeler que l'apparition de ces capacités va de pair avec le développement de qualités morales telles que la générosité, la patience et la compassion, puisque ce

[1] Un lama proche du Karmapa rapporta à l'un des auteurs une autre anecdote selon laquelle le Karmapa demanda un jour à l'assemblée monacale de se recueillir à la mémoire d'un grand lama venant de décéder dans un monastère éloigné, quelques heures avant qu'un messager n'en apporte la nouvelle par la voie causale !

[2] Aussi https://www.pinterest.fr/pin/131941464053038542/

développement constitue l'objectif des méthodes méditatives de la formation psychique bouddhiste sur la voie de l'Éveil.

Une exception notable à la discrétion entourant les pouvoirs mentaux acquis par les pratiquants bouddhistes peut être trouvée dans un *sutra* très important du bouddhisme *mahayana,* à savoir l'*Avatamsaka sutra,* ou *sutra de l'ornementation fleurie* (ou *sutra de la guirlande de fleurs* ou *Grand et vaste sutra de la guirlande du Bouddha*) [82]. Dans son livre 28 ([82] pp. 863-888), le *sutra* expose les dix super-connaissances des êtres réalisés. Nous mentionnerons ici seulement la capacité de posséder la connaissance des esprits de tous les êtres sensibles, de connaître leurs vies passées et celles des autres, mais aussi de connaître le futur. Dans ces textes anciens, ces capacités psychiques étaient considérées comme partie intégrante de l'individu ayant atteint un certain niveau de réalisation, et n'étaient pas reléguées à la marge des connaissances admises par la société, comme elles le sont aujourd'hui en Occident (sans doute parce que pareils êtres hautement réalisés ne courent pas les rues aujourd'hui en Occident !).

De même, le grand texte du 9e Karmapa (Ouang Tchouk Dordjé, 1555-1603), le *Mahamoudra qui dissipe les ténèbres de l'ignorance* [201], qui contient la pratique méditative principale de la tradition Karma Kagyu du bouddhisme tibétain (soit l'équivalent du Chemin de la Grande Perfection – *Dzogchen* [273] – de la tradition Nyingma), signale ([201], p. 137) que « les bienfaits de la quiétude mentale sont de développer sans défaut les qualités de béatitude, de clarté et de pure non-conceptualité. Vos désirs pour les vêtements et la nourriture diminuent. Votre corps devient lisse et brillant, votre esprit flexible et vous pouvez atteindre des pouvoirs extra-sensoriels et les cinq yeux. » Le commentaire de Bérou Khyentsé Rimpoché ajoute que « les cinq yeux extra-sensoriels sont :

1. l'œil de chair qui voit les objets très éloignés ;

2. l'œil céleste qui voit les naissances passées et futures ;

3. celui de la connaissance discriminante qui a une pure perception de la Vacuité ;

4. celui du Dharma qui voit les capacités mentales des autres de façon que l'on sait comment et quoi leur enseigner ;

5. l'œil d'un Bouddha qui comprend tout de façon omnisciente. »

Il va sans dire que ces pouvoirs sont l'apanage de pratiquants très avancés sur la voie !

Despite the ambiguities inherent in the type of exploration covered in these programs, the integrated results appear to provide unequivocal evidence of a human capacity to access events remote in space and time, however falteringly, by some cognitive process not yet understood. My years of involvement as a research manager in these programs have left me with the conviction that this fact must be taken into account in any attempt to develop an unbiased picture of the structure of reality.

H.E. Puthoff, au sujet du programme STARGATE soutenu par la CIA [295]

The examples [of remote viewing] described in this chapter, taken together with the precognition experiments described previously, offer strong evidence that we each stand at the center of a vast personal coordinate system like a spider web, in which we can see in all directions and remember both the past and the future, because the threads of time keep tugging on us to manifest the future we will actually experience. As we learn to participate in this expanded awareness of space and time, past and future, we create the opportunity to experience the transcendence described by the world's mystics.

R. Targ, *The reality of ESP – A physicist's proof of psychic abilities* [352] [au sujet du programme STARGATE]

Hors du cadre bouddhiste, de nombreuses expériences relatives aux pouvoirs psychiques furent tentées, notamment par l'armée américaine et la CIA, avec un certain succès. Le lecteur intéressé pourra en trouver une description dans les ouvrages [181,295,297,352]. Targ, dans sa description des expériences de vision à distance menées au *Stanford Research Institute* (chapitre 12 de [352]), fait d'ailleurs explicitement le lien avec les capacités décrites dans l'*Avatamsaka sutra* [82].

Pareillement, de nombreux expérienceurs affirment qu'ils ont acquis des capacités extra-sensorielles après une EMP. Mais là aussi, comme pour la voie bouddhiste, cette acquisition va de pair avec un renforcement des valeurs éthiques de générosité, d'affection aimante, de compassion et de curiosité intellectuelle, qui se placent désormais au centre des préoccupations des expérienceurs, et qui vont de pair avec une certaine discrétion.

8.2 Le point de vue de la physique quantique à propos de l'influence de l'esprit sur la matière, et le rôle central de l'information

Nous avons rassemblé aux chapitres 1 et 2 les arguments qui nous font penser que la conscience peut survivre à la mort du corps physique, et s'en désolidariser pendant un certain temps même bien avant ce moment de la mort, tandis que la section 5.2 décrivit quelques propriétés cognitives présentes chez les unicellulaires sans cerveau. Ceci conduit à envisager la possibilité que la conscience ne soit pas une simple propriété émergente du réseau de neurones abrité par le cerveau. Dans ces conditions, la conscience doit être une propriété essentielle de l'univers, qu'il incombe à la physique (plutôt qu'aux neurosciences) d'inclure dans sa description du monde.

Depuis le *Discours de la Méthode* cartésien [109] jusqu'au début du 20e siècle, c'est-à-dire tout au long du règne de la physique classique, les références directes à la conscience dans le champ de la physique étaient extrêmement rares, sinon inexistantes. La situation a cependant radicalement changé dans le contexte de la physique quantique puisque l'irruption de la conscience y a été rencontrée à plusieurs reprises, à tort ou à raison, dans les interprétations de la mécanique quantique, comme nous le résumerons plus bas !

La présente section fait donc le point sur la question de l'irruption de la conscience en physique, question qui fit couler beaucoup d'encre jusqu'ici [237,267,338,339,340, 371,373,380]. Dans le cadre dualiste (section 4.1) imposé à la science par le *Discours de la Méthode* cartésien [109], cette influence de l'esprit sur la matière pose évidemment problème, puisque le dualisme stipule que matière (*res extensa*) et esprit (*res cogitans*) sont de nature différente ; les canaux qui permettraient une influence mutuelle entre eux doivent dès lors être soigneusement identifiés. Ce sera l'un des objets de cette section que d'identifier quelles solutions peuvent être apportées à cette question fondamentale. Nous commencerons d'ailleurs par là, en évoquant un résultat récent et assez inattendu, le « théorème du libre arbitre » (voir [87], ou l'annexe 2 de [266] pour une démonstration facilement accessible), qui stipule que si un expérimentateur possède la liberté de choix, les objets quantiques doivent alors eux aussi posséder une forme élémentaire de libre arbitre.

Ce résultat pourrait bien constituer l'« arrêt de mort » du vieux dualisme cartésien tout en éclairant d'une lumière nouvelle la question de l'origine du libre arbitre (voir par exemple le chapitre 7 de [335]). Comme le remarquait déjà Penrose ([280], p. 213), les deux « substances » *res cogitans* (esprit) et *res extensa* (matière) font toutes deux partie intégrante de l'univers, lequel obéit, avec une précision remarquable, aux lois mathématiques de la physique. Que nos corps physiques obéissent à ces lois de la physique (et à leurs dérivées, les lois de la chimie et de la biochimie) est un fait accepté par tous. Mais qu'en est-il pour nos esprits ? L'idée que nos esprits (qui appartiennent au même univers que nos corps) puissent également être gouvernés par ces mêmes lois de la physique mathématique paraît beaucoup plus difficilement acceptable, précisément à cause du libre arbitre dont nous semblons bénéficier[3]. Pourtant, l'idée d'une division nette entre corps et esprit paraît difficilement tenable au vu de l'interaction corps-esprit : il est clair que l'esprit agit sur le corps, et qu'en retour le corps agit sur l'esprit, comme nous l'avons évoqué au début de la section 8.1. Mais si, afin

---

[3] Voir aussi la section 7.11 de [280], et en particulier la description des expériences de Kornhuber et associés [105] à propos des mouvements volontaires de flexion des doigts montrant que le potentiel d'action apparaît dans le cerveau plus d'une seconde avant que le sujet ne prenne conscience de sa décision de fléchir le doigt. Pour mémoire, une réaction à un stimulus externe est bien plus rapide – de l'ordre d'un cinquième de seconde. Ces expériences jettent le trouble sur la réalité de notre libre arbitre, face à cette découverte qu'une action apparemment volontaire trouve son origine dans l'activité inconsciente du cerveau préalable à la prise de conscience de cette action.

d'assurer son libre arbitre, l'esprit devait être soumis à des lois différentes de celles du corps, il pourrait, en agissant sur celui-ci, potentiellement le contraindre à agir en désaccord avec les lois de la physique, ce qui briserait la précision remarquable que nous connaissons à celles-ci. En conclusion, il paraît donc difficile de maintenir la vision cartésienne dualiste d'un corps et d'un esprit obéissant à des lois totalement différentes[4]. Même si les lois physiques gouvernant l'action du corps laissent la place à un libre arbitre dont l'esprit peut user pour agir sur le corps, alors la nature particulière de ce libre arbitre doit lui-même être un ingrédient essentiel de ces lois physiques. Par conséquent, quoi que ce soit qui contrôle l'esprit doit également faire partie de ce grand schéma qui gouverne les attributs matériels de notre univers. Il est remarquable qu'en 2006, les mathématiciens Conway et Kochen ont précisément démontré le « théorème du libre arbitre », qui stipule, comme indiqué ci-dessus, que si un expérimentateur possède la liberté de choix, les objets quantiques doivent alors eux aussi posséder une forme élémentaire de libre arbitre. En réalité, ce « libre arbitre » des objets quantiques est la racine du caractère non déterministe de la mécanique quantique (que N. Gisin a appelé le vrai hasard non-local [141] ; voir l'encadré IV de la section 7.1.2). Ce théorème remplit exactement les besoins exprimés dans notre discussion ci-dessus[5] : le libre arbitre est à l'œuvre tant dans le domaine de l'esprit que dans celui de la matière, un résultat spectaculaire et nécessaire afin de casser le dualisme cartésien qui conduisait au paradoxe soulevé par Roger Penrose.

Nous avons rencontré à plusieurs reprises dans ce livre l'irruption sinon de la conscience au moins de l'observateur dans le champ de la physique. Nous résumons toutes ces

---

[4] Nous rappellerons ci-dessous l'algèbre des processus proposée par Hiley [133,166,168] comme principe unificateur des phénomènes de l'esprit et de la matière, que nous avions déjà évoquée à la section 7.1.3.

[5] Pour une analyse critique du « théorème du libre arbitre », voir par exemple [87]. Une conséquence de ce théorème annoncée par Conway et Kochen est la difficulté de concilier une théorie à variables cachées non locale avec la relativité restreinte. Cette conséquence met potentiellement en difficulté la théorie de l'onde pilote de Bohm (voir cependant [142] pour une remise en perspective de cette difficulté).

occurrences dans ce qui suit. Nous commencerons par l'exemple le moins polémique de l'irruption de l'observateur dans le champ de la physique – plus précisément de la cosmologie quantique –, quoique ce soit aussi l'exemple le moins concret, voire même hors du domaine même de la science car impossible à expérimenter ! Incidemment, il faut signaler d'emblée que tous les exemples (relatifs à la mécanique quantique) qui suivront seront sujets à polémique, et au final, il ne restera aucune situation où cette irruption de l'observateur soit incontestable !

La cosmologie quantique fut explorée par les précurseurs que furent John Wheeler et Bruce DeWitt. Cette discipline relativement récente se fonde sur l'équation de Hamilton-Jacobi appliquée au cadre de la relativité générale. Cette dernière est utilisée afin de généraliser l'équation de Schrödinger en équation de Wheeler-DeWitt qui permet d'obtenir la fonction d'onde de l'univers dans son ensemble. Une propriété étonnante de cette fonction d'onde est qu'elle décrit un univers qui ne change pas avec le temps. L'essence de cette propriété réside dans le fait que la notion d'évolution n'est pas applicable à l'univers dans son ensemble, puisqu'il ne peut y avoir d'observateur extérieur à l'univers observant l'évolution de l'univers avec sa propre horloge, elle aussi externe à l'univers. Cependant, l'évolution de l'univers dans son ensemble constitue une question sans beaucoup d'intérêt, puisque ce qui intéresse un observateur, c'est d'expliquer ses observations, et donc la question qui l'intéresse est plutôt celle-ci : pourquoi voit-il l'univers évoluer dans le temps de la façon observée ? Pour répondre à cette question, il est nécessaire de séparer l'univers en deux sous-systèmes : d'une part, l'observateur et l'ensemble de ses appareils de mesure (y compris une horloge), et d'autre part le reste de l'univers. Dans ces conditions, il est possible de montrer ([227], p. 449) que la fonction d'onde du reste de l'univers dépend bien de l'état de l'horloge de l'observateur, c'est-à-dire de son temps, de sorte que la notion d'évolution temporelle de l'univers retrouve un sens, mais seulement en présence d'un observateur ! Qui plus est, cette évolution temporelle est « objective », puisque les résultats obtenus par différents observateurs occupant le même état quantique de l'univers seront identiques. Cette conclusion obtenue par

Wheeler et DeWitt implique donc qu'en l'absence d'observateur, l'univers serait inerte, c'est-à-dire n'évoluant pas dans le temps. Cet exemple démontre donc le rôle important joué par le concept d'« observateur » en cosmologie quantique. John Wheeler a décrit cette propriété surprenante par les expressions « univers participatif » [381] ou « univers s'observant lui-même ». Évidemment, il convient d'insister sur le fait que le raisonnement ci-dessus ne fait pas explicitement appel à la *conscience* de l'observateur, un observateur-robot avec une horloge ferait tout aussi bien l'affaire ! Mais rien non plus ne nous prouve le contraire, à savoir que la conscience ne pourrait pas jouer un rôle essentiel dans l'univers. Nous y reviendrons à la section 9.2 (voir aussi [338,339,340]).

La première suspicion d'une interaction entre l'observateur et le système observé dans le contexte de la physique quantique apparaît avec l'expérience des fentes d'Young (voir encadré III « L'expérience de la double fente » à la section 7.1.2) dans laquelle le processus d'observation influence dramatiquement le résultat de l'expérience. En effet, la présence d'un appareil de mesure visant à détecter le passage de la particule dans l'une ou l'autre fente supprime inéluctablement la figure d'interférences. Mais l'irruption la plus paradoxale de l'observateur dans le champ de la mécanique quantique est celle en relation avec le « chat de Schrödinger » (voir encadré V à la section 7.1.3) selon laquelle c'est l'opération de mesure qui déclenche la réduction de la fonction d'onde du chat de l'état superposé mort-vivant vers l'un des deux états purs (soit chat mort, soit chat vivant). Henry Stapp ([340], aussi [338,339]) est l'un des rares physiciens contemporains à soutenir le rôle central de la conscience dans le contexte de la mécanique quantique orthodoxe (plus précisément la version de von Neumann [369]), mais il se place dans une approche résolument idéaliste (section 4.7, à savoir « rien n'existe sauf l'esprit »), pas si éloignée de celle que nous défendrons à la section 9.3 et au chapitre 10 (voir la citation en ouverture de la section 9.3). John A. Wheeler a également défendu le rôle central de l'observateur dans un « univers participatif » (par exemple [381]) soulignant par là le fait que, au travers du choix de ses appareils de mesure, l'observateur participe activement à l'évolution de l'univers.

L'étrangeté de cette situation (« avant l'avènement de la conscience dans l'univers, les états quantiques superposés ne pouvaient donc évoluer vers des états purs ? ») a conduit à la recherche d'autres interprétations de la mécanique quantique [339, p. 131] que celle de Copenhagen-von Neumann afin d'éviter le paradoxe du chat mort-vivant lié au phénomène de collapse de la fonction d'onde lors d'une opération de mesure (voir encadré IV). L'une de ces interprétations est celle de l'onde pilote de Bohm, que nous avons déjà abondamment discutée, dans laquelle l'opération de réduction de la fonction d'onde n'est plus nimbée de mystère. En effet, dans le contexte de l'expérience de la double fente, bien que la fonction d'onde dans cette interprétation de l'onde pilote prévoie également l'existence de deux paquets d'ondes, chacun passant par l'une des fentes, un seul en réalité contient de l'énergie (celui associé au chemin suivi par la particule), l'autre étant vide d'énergie. À première vue, cette interprétation supprime donc le recours au rôle actif de l'observateur. Cependant, comme l'a noté B. d'Espagnat ([96], pp. 146-147), « l'observateur que l'on pensait avoir éliminé par la porte refait irruption par la fenêtre », et de manière beaucoup plus subtile, par la différence ontologique que l'observateur est forcé d'introduire entre les positions des particules et leur fonction d'onde, parce que les positions sont les seules variables qui sont réellement visibles de l'observateur au contraire des fonctions d'onde. Mais c'est finalement dans le contexte de l'interprétation relationnelle de la mécanique quantique (sections 7.1.4 et 7.1.5) que l'importance de l'observateur dans la physique quantique est la plus manifeste, quoique dans ce contexte, la *conscience* elle-même joue un rôle absolument secondaire puisque l'observateur peut y être assimilé à tout système quantique jouant ce rôle. À l'inverse, le « Projet de Conscience Globale » [260] a développé des expériences (encore très controversées, il faut le reconnaître), dont les résultats pourraient indiquer une influence directe de la conscience sur le monde quantique, au travers de générateurs quantiques de nombres aléatoires (GQNAs) semblant présenter de significatives déviations par rapport au vrai hasard quantique en présence d'un événement spectaculaire ou à fort contenu émotionnel (élection de Barack Obama, attentats du 11 septembre 2001...) sur lequel la conscience de nombreux individus se focalise simultanément. Si cette corrélation se voyait définitivement confirmée (voir l'abondante littérature à ce sujet citée à la fin de la section 8.5), il s'agirait sans aucun doute de la preuve la plus spectaculaire d'une influence directe de l'esprit sur le monde microscopique. Les moyens par lesquels cette influence pourrait s'exercer furent d'ailleurs déjà suggérés dans le passé (indépendamment même de ces expériences relatives aux GQNAs), comme discuté dans la section suivante.

8.3 L'esprit, vecteur de l'information agissant sur la matière

Pour revenir à la question centrale de ce chapitre, à savoir la possibilité d'une action de l'esprit sur la matière, la notion d'information active associée par Bohm au potentiel quantique de la théorie de l'onde pilote (sections 7.1.2-7.1.3) offre des perspectives intéressantes, développées notamment par Hiley et Pylkkänen [169]. Dans leur travail, ces auteurs rapprochent d'ailleurs ce concept d'information active de celui de « champ mental » (ou champ de conscience ; voir aussi section 5.2) proposé antérieurement par Eccles et Beck [25,26], en suggérant que le champ mental pourrait contenir l'information active contribuant au potentiel quantique (ou inversement !). L'esprit peut ainsi agir sur la matière, mais d'une manière différente de celle d'une interaction mécaniste de deux substances différentes. Au contraire, l'esprit est maintenant considéré comme agissant au niveau de réalité plus profond, celui contenant l'information active, qui affecte donc le potentiel quantique, qui à son tour interagit avec les processus physiques de nature quantique (en particulier ceux agissant dans le cerveau ; section 5.2 et [25,26]).

La position de Bohm et Hiley, qui consiste à considérer l'esprit et la matière comme deux aspects d'une même réalité sous-jacente, tire ses racines de la philosophie d'Aristote et de Spinoza, et peut être qualifiée de monisme neutre (section 4.3) dans la terminologie philosophique. Pour rappel, le monisme affirme qu'esprit et matière sont deux facettes de la même réalité. Il s'oppose de la sorte au dualisme cartésien (esprit et matière sont deux entités distinctes de nature différente), et au nihilisme (ni esprit ni matière ne possèdent de réalité intrinsèque). Le monisme peut être assimilé au matérialisme dans le cas où la substance unique dont émane l'esprit est la matière du cerveau, ou au contraire à l'idéalisme dans l'hypothèse opposée où le substrat unique dont relève l'esprit est de nature uniquement spirituelle (dans ce cas, la matière est considérée comme une émanation de l'esprit). Si la substance de la matière est identique à celle de l'esprit, le monisme est alors *panpsychisme*. Si au contraire la nature ultime de la réalité n'est ni de nature mentale, ni de nature matérielle, mais d'une nature *neutre* de ce point de vue, il s'agit du monisme neutre. Cette nature ultime de la réalité, ni matière ni esprit, pourrait être représentée par l'information, selon la position soutenue comme expliqué ici par Bohm [44] et Hiley [166,167,169], mais aussi par le physicien Zeilinger [382] et par le philosophe Chalmers ([71], p. 303). Anton Zeilinger, un expert dans le domaine de l'interprétation de la mécanique quantique, écrit ceci à propos du rôle essentiel joué par l'information[6] ([382],

---

[6] Il existe un autre domaine de la physique moderne où l'information semble jouer un rôle central, c'est le contexte de la gravité quantique, des trous noirs et du principe holographique. Nous n'avons pas la place ici pour développer ces aspects, mais le lecteur intéressé peut consulter avec profit les références [28,345] sur ce sujet. Dans son article de 2012 publié dans la revue *Scientific American* [28], Jacob Bekenstein résumait de manière spéculative une tendance lancée par John Archibald Wheeler, qui suggère que les physiciens pourraient désormais « considérer le monde physique comme étant constitué d'informations, avec l'énergie et la matière comme éléments accessoires ». Cette affirmation peut être considérée comme la réponse à la question suivante, qui fut centrale dans le questionnement de John Archibald Wheeler sur la nature de la réalité : quelle est la relation entre existence et connaissance, c'est-à-dire entre réalité et information ? Un homme de science observe le monde, et en fonction de l'information qu'il recueille, (se) construit (un modèle de) la réalité. Un homme préhistorique par exemple examinant le ciel étoilé ne peut collecter qu'un minimum d'informations à propos de ces petits points lumineux qui y brillent, et son modèle de l'univers sera donc rudimentaire. Aujourd'hui, grâce à notre technologie, nous avons énormément d'informations à propos des astres peuplant le ciel, et notre modèle de la réalité céleste est donc beaucoup plus sophistiqué. En d'autres mots, c'est l'information qui forge notre modèle de la réalité. Alors que l'exemple ci-dessus pourrait laisser penser que la relation entre réalité et information est juste une affaire de collecte, et que cette relation est par conséquent tautologique *(plus nous possédons d'informations sur un système physique, plus la représentation que nous nous en ferons se rapprochera de son intime réalité)*, il n'en est rien : en poussant la réflexion sur cette relation entre réalité et information dans ses

traduction de l'auteur) : « Je suggère [...] que la distinction entre réalité et notre connaissance de la réalité, entre réalité et information, ne peut être faite. Il n'y a aucune manière de se référer à la réalité sans faire usage de l'information que nous avons à son sujet. Peut-être ceci suggère-t-il que réalité et information sont deux faces de la même pièce, qu'elles ne peuvent être, de manière profonde, distinguées. Si ceci est vrai, alors ce qui peut être dit dans une situation donnée doit, d'une certaine manière, définir ou à tout le moins poser de sérieuses limitations sur ce qui peut exister. » Ce monisme neutre permet donc de s'affranchir du problème que posait le dualisme cartésien, qui impliquait l'action d'un agent non-matériel (l'esprit) sur un agent matériel. Le monisme neutre implique le recours à l'information agissant dans l'ordre impliqué.

Le moment est venu de souligner le lien étroit qui semble exister entre l'ontologie dérivée de la théorie bohmienne de l'onde pilote (soit l'ordre explicite de la réalité sensorielle et l'ordre impliqué sous-jacent à cette réalité) et l'*Unus Mundus* de Jung-Pauli déduit de l'analyse des synchronicités. Comme nous l'avons discuté au chapitre 6, il est indéniable en effet que la notion de synchronicité établit également un lien étroit entre l'esprit et la matière. Ces coïncidences si riches de sens (qui apparaissent acausales dans notre niveau de réalité habituel) semblent indiquer que le monde intérieur, comme par exemple les rêves qui émanent de l'inconscient, sait quelque chose sur le monde extérieur, et qu'inversement, le monde extérieur sait lui aussi quelque chose sur le monde intérieur[7]. C'est sur base de ces constata-

---

derniers retranchements, nous aboutissons à des résultats extrêmement subtils et profonds [345], comme cela fut (partiellement) évoqué dans l'encadré II ci-dessus en relation avec le Principe de complémentarité (section 7.1.1).

[7] Cette correspondance entre intérieur et extérieur est au cœur de toutes les traditions ésotériques (*ésotérique* signifie *vers l'intérieur* par opposition à *exotérique* qui signifie *vers l'extérieur*), en particulier l'hermétisme dont le principe essentiel est qu'il existe une correspondance secrète entre le visible et l'invisible. Le but de l'hermétisme est d'obtenir le salut en révélant cette correspondance par le biais d'une alchimie tout intérieure qui permet à l'initié de comprendre sa véritable nature : *Si donc tu apprends à te connaître comme étant fait de vie et de lumière [...] tu retourneras à la vie,*

tions empiriques que Jung formula l'hypothèse de l'existence d'une « réalité cachée » où l'interne et l'externe, soit le psychisme et la matière, seraient reliés dans une unité indifférenciée. C'est effectivement la même idée qui est développée par Bohm et Peat [278] dans le contexte de l'ordre impliqué, à savoir l'action de l'esprit sur la matière qui s'effectue via l'information contenue dans le potentiel quantique (la difficulté liée à la manière dont l'énergie peut être conservée dans pareil processus sera brièvement évoquée à la section 8.5 – voir ausi à ce sujet par exemple [119]). Quant à la causalité, elle est préservée en plaçant l'action de l'esprit sur la matière à un niveau de réalité plus profond que celui (que nous percevons habituellement) dans lequel esprit et matière-énergie sont dissociés. Dans notre niveau de réalité, la causalité et la conservation de l'énergie régissent les phénomènes sur le plan matière-énergie seul. Mais Bohm et Peat postulent l'existence de niveaux de réalité plus profonds dans lesquels matière-énergie et esprit sont deux aspects d'une même réalité. Peat l'explique en ces termes ([278], pp. 167-168) :

> L'idée d'un champ d'information active qui se déploie dans les différentes structures et processus de la nature, et de la matière qui possède des niveaux de subtilité sans fin, suggère que l'ordre global de la nature peut être plus complexe que ce qui ne fut jamais imaginé. Il est aussi possible que, comme le suggèrent les archétypes de Jung, ces champs d'information active agissent à la fois sur les plans de la conscience et de la matière, de sorte que, au plus profond l'esprit est exploré, au plus complexe se révèle sa structure. En effet, tant la conscience que la matière pourraient être envisagées comme émanant d'un niveau commun où les processus liés à la matière et à l'activité de l'information seraient deux facettes d'une réalité unique. Ces champs d'information formative et active [...] ne sont pas de simples champs créant une réponse habituelle mais seraient plus proches d'une forme d'intelligence jaillissant d'une source créative sous-jacente. Quoique certains aspects du monde soient dominés par la nature relativement habituelle, répétitive et mécanique de ces champs formatifs, d'autres aspects pour-

comme nous l'avons déjà discuté au chapitre 3 dans le contexte des sectes gnostiques.

> raient être plus dynamiques, capables de répondre de manière nouvelle et créative.[8] Ces idées sont, bien sûr, hautement spéculatives et peuvent être développées de nombreuses façons différentes. D'une certaine manière, elles fournissent une autre image, métaphorique, de la manière dont l'esprit et la matière s'interpénètrent à tous les niveaux de la nature. Elles suggèrent qu'il soit possible en effet d'imaginer un univers dans lequel le physique et le psychique ne soient plus séparés par une grande barrière, et dans lequel la synchronicité joue un rôle complémentaire à celui de la causalité.[9]

Mais revenons-en à l'information. L'importance de cette notion dans le contexte de la réalité ultime (même si cette dernière transcende tout concept, comme nous le verrons aux sections 9.3 et 9.5 !) se dégage également d'un contexte différent, celui des expériences de mort provisoire (EMP) et des états modifiés de conscience, que nous avons abordés en détail au chapitre 1 et à la section 5.3. Épinglons-en les témoignages suivants dans lesquels l'information, et son corollaire la connaissance, jouent un rôle primordial :

J'ai eu tout à coup la sensation de posséder la connaissance de toutes choses – de tout ce qui avait eut lieu depuis le commencement du monde et de tout ce qui allait avoir lieu indéfiniment. Il m'a semblé pendant une seconde que j'avais accès aux secrets de tous les temps, à la signification de l'univers, les étoiles, la lune – enfin tout.

Témoignage EMP, rapporté par [253], p. 40

Tout ce que je voyais, tous les événements que je revivais, je les regardais à travers les yeux de quelqu'un qui aurait eu, on pourrait dire, un savoir infini, et qui m'aidait à voir.

Témoignage EMP, rapporté par [253], p. 61

---

[8] Ce pourrait en effet être une façon de rendre compte de la source d'inspiration des grands créateurs animés d'*inspiration* et d'*intuition*. Car que savons-nous vraiment de l'origine de ces deux processus ? Voir à ce sujet la conversation entre David Bohm et Renée Weber ([374], pp. 227-248). [Note des auteurs]

[9] On ajoutera d'ailleurs fort à propos que la loi de la causalité pour la *matière* trouve son correspondant pour l'*esprit* dans la loi karmique de cause à effet (section 4.2.9 et chapitre 6), centrale dans le bouddhisme [Note des auteurs].

Ce que j'ai vécu n'était pas une EMP, mais j'ai eu accès à une connaissance universelle, à quelque chose de divin, à une sensation d'amour infini. Je vous précise que je n'étais pas sous l'emprise de l'alcool ou de la drogue. Depuis, j'ai tout à fait les symptômes des personnes ayant vécu une EMP : insouciance de la mort, certitude d'un au-delà (alors qu'auparavant ce n'était pas le cas).

Témoignage d'un état de conscience modifiée,
rapporté par [110], p. 236

La notion d'omniscience est, comme nous le constatons d'après les témoignages ci-dessus, souvent évoquée dans les témoignages EMP, tandis qu'elle est centrale également dans le bouddhisme, l'Éveil constituant l'union de la sagesse omnisciente et de la vacuité (section 4.9). Quant aux phénomènes de synchronicité, les individus qui savent les percevoir réalisent rapidement qu'ils peuvent en saisir de plus en plus, une fois qu'ils découvrent le sens merveilleux qu'ils véhiculent. Ces individus développent ainsi une attention à ces phénomènes qui leur permet de comprendre qu'il s'agit pour eux d'occasions d'évolution. C'est une espèce de chasse au trésor où l'on suit, indice après indice, un parcours qui monte jusqu'au trésor. Un concept de grande importance émerge donc ici : les phénomènes de synchronicité semblent obéir à un principe de « néguentropie[10] » de sorte à conduire à un état de connaissance (c'est-à-dire d'information) maximale. Cette croissance de la néguentropie vers un état de connaissance de plus en plus élevée est l'inverse de l'évolution spontanée d'un système matériel isolé. Dans celui-ci, c'est le second principe de la thermodynamique qui régit l'évolution, le conduisant vers l'état de désordre maximal. Au contraire, les synchronicités conduisent le système unifié matière-esprit qu'est l'*Unus Mundus* vers l'état de connaissance maximale. Il y aurait de la sorte un lien entre les phénomènes de synchronicité et la croissance de la connaissance via un transfert d'information.

[10] La néguentropie est le contraire de l'entropie, elle-même synonyme de désordre.

8.4 L'esprit et la lumière

Un chaînon important manque cependant dans le tableau brossé jusqu'ici. Il s'agit de l'omniprésence des allusions à l'équivalence lumière-esprit dans toutes les traditions spirituelles. Ce chaînon supplémentaire nous permettra au final d'aboutir à une vision globale des relations entre esprit-lumière, matière-énergie, information et les deux réalités, implicite et explicite (section 8.5). Nous rassemblons ici ces allusions à l'équivalence lumière-esprit rencontrées dans notre étude (en référence avec la section d'où elles sont extraites) avant d'en proposer une explication en fin de section.

8.4.1 Bouddhisme

- Le *dharmakaya* (section 4.9.3) :

> « À propos de la Nature de l'Absolu [*dharmakaya*] : Ce n'est ni ce qui eut une origine, ni ce qui finira à un moment donné ; il est véritablement éternel. C'est dans sa nature d'être toujours empli de toutes les possibilités, et il est décrit comme de grande lumière et sagesse, procurant lumière à toutes choses, réel et connaissant. Sa vraie nature est celle d'un pur esprit [...] ; »

- Définition de la conscience (section 1.3 ; Sa Sainteté le Dalaï-Lama, avec la collaboration de Jeffrey Hopkin, *Vaincre la mort*, Plon, 2003, pp. 109-110) :

> « La conscience se définit comme une lumière douée de connaissance. Elle est lumineuse en ce que sa nature est claire et qu'elle illumine ou révèle l'environnement comme une lampe chasse l'obscurité afin que les objets puissent être discernés. »

- *Avalokiteshvara-Chenrezig*, Bouddha de la Compassion (section 4.9.3) :

> « [...] il lui fut demandé s'il souhaitait voir le Dalaï-Lama comme il était vraiment. Le résultat de cette affirmation fut l'expérience de résider calmement en méditation avec Sa Sainteté et de ressentir soudainement la pièce emplie d'une énergie palpable, une lumière aveuglante, et

l'apparition magique d'*Avalokiteshvara* – le Bouddha de la Compassion[11] » ([352], p. 257)

« La méditation spécifique du Bouddha de la Compassion pratiquée dans le cadre du véhicule de diamant du bouddhisme tibétain, tout en suscitant cette transformation des émotions perturbatrices impures en vertus transcendantes pures, possède un autre niveau de lecture [48]. Par une visualisation spécifique, le pratiquant crée au-dessus de lui la représentation mentale du Bouddha de la Compassion *Chenrezig*, une entité mentale qui présente toutes les caractéristiques de l'"Être de lumière" rencontrée par les expérienceurs EMP : il est visualisé sous l'apparence d'un cristal rayonnant une lumière d'amour inconditionnel et de son visage apaisant émane de la compassion pour tous les êtres. Au fil de la pratique, ce qui n'était au début qu'une simple visualisation doit s'enrichir d'une impression de réelle présence. Comment expliquer à la fois ces profondes similitudes entre *Chenrezig* et l'Être de lumière et la transformation d'une visualisation en sentiment de réelle présence ? Le plus simplement du monde : *Chenrezig* et l'Être de lumière sont la nature fondamentale de notre esprit, à savoir l'union de la vacuité et de la sagesse-compassion, cette dernière étant équivalente à la clarté naturelle de l'esprit. »

- *Amitabha*, le Bouddha de Lumière Infinie (section 3.2 et sa note 12) :

« Lorsqu'on est arrivé à une haute maîtrise de cette méditation, il est possible qu'on meure à l'improviste lorsque la [syllabe] HRI ཧྲཱིཿ c'est-à-dire notre propre esprit, ne redescend pas dans notre corps. [...] Pour terminer la méditation, on laisse l'image [du Bouddha] *Amitabha* devenir toute lumière. Celle-ci descend alors dans notre corps et se fond avec lui. » ([128], p. 54).

- Méditation *shentong* (Jamgön Kongtrül, dans son ouvrage intitulé *Le Trésor de Connaissance*, cité par Khenpo Tsultrim [207], p. 107 ; section 4.9.3) :

« Demeurez dans la grande luminosité non conceptuelle. »

[11] Le Dalaï-Lama est en effet considéré comme étant l'émanation du Bouddha de la Compassion (*Chenrézig* en tibétain, *Avalokiteshvara* en sanscrit).

- Le *bardo* de la *dharmata* ou de la Vérité en Soi et la Claire Lumière (sections 1.2 et 9.2) :

> « Au moment de la mort, lorsque la conscience fait face à la Claire Lumière (ou encore la Vérité en Soi, ou *dharmata*, ainsi qu'est appelée la nature fondamentale de l'Esprit, l'esprit pur dans sa nudité, vide et lumineux), il se produit ceci ([128], p. 91) : "Ton Lama t'avait déjà présenté cette Claire Lumière ; et maintenant tu es sur le point de l'expérimenter dans sa Réalité de l'état intermédiaire de la Vérité en Soi, là où toutes choses sont comme le vide et le ciel sans nuages, et l'esprit nu et sans taches se compare à un vide transparent sans circonférence ni centre." »

8.4.2 Témoignages de morts extraordinaires

- La mort de Jamyang Khyentsé ([333], p. 355 ; section 1.6) :

> « Le soir était tombé lorsque nous lavâmes le corps, l'habillâmes et le transportâmes de la chambre au temple principal du palais. Une foule de gens s'y trouvait déjà, défilant autour du temple en signe de respect.
>
> Un événement extraordinaire se produisit alors. Une lumière incandescente et laiteuse, semblable à un léger brouillard lumineux, apparut et se répandit partout peu à peu. À l'extérieur du temple du palais se trouvaient quatre puissantes lumières électriques. D'habitude, à ce moment de la journée, elles brillaient fortement car il faisait déjà sombre à sept heures du soir. Elles furent cependant éclipsées par cette lumière mystérieuse. [...] Un des maîtres présents nous dit alors qu'une telle manifestation de lumière indique, d'après les tantra, qu'un être entre dans la Bouddhéité. »

- Le témoignage du Dr R.B. Hout à propos du décès de sa tante (cité par Kenneth Ring [311], p. 254 ; chapitre 1) :

> « Les yeux étaient fermés comme sur un sommeil paisible et une luminosité paraissait irradier du corps de l'esprit. [...] Puis je vis la corde de liaison entre les deux corps. Et, tout en regardant, je me disais intérieurement... : la corde d'argent ! J'en comprenais la signification pour la première fois. Cette corde d'argent était la corde de connexion entre les corps physique et spirituel, de même que le cordon ombilical relie l'enfant à sa mère. [...] Sa couleur était celle d'un rayonnement lumineux translucide et argenté. Elle semblait vibrer sous l'effet d'une énergie intense. Je

voyais des pulsations lumineuses la parcourir depuis le corps physique en direction de l'esprit du double. »

- Les EMPs (témoignages du chapitre 1) :

> « Je ne ressentais plus que mon essence. Le temps ne comptait plus et l'espace était empli de félicité. Je baignais dans une lumière radieuse et j'étais immergée dans une aura d'arc-en-ciel. Tout avait fusionné. » ([148], p. 33)

> « J'étais soudain dans la lumière et c'était beau ! Je n'avais pas du tout l'impression d'avoir une identité séparée. J'étais la lumière, et je ne faisais qu'un avec elle. [...] J'entrai dans l'arc de pur amour doré et de lumière. Cette radiation d'amour me pénétra et aussitôt je faisais partie d'elle et elle faisait partie de moi. » ([148], pp. 46 et 48)

8.4.3 Les traditions chamaniques

Les traditions chamaniques du monde entier parlent aussi d'illumination (*qaumanEq* chez les Eskimos Iglulik [159] p. 28, [303] ou chez les chamans Jivaro [159], p. 29), et qui correspond au sens littéral à la fois à l'apparition d'une lumière rayonnante autour d'eux, et à leur capacité à percevoir dans l'obscurité ce que les hommes ordinaires ne peuvent voir (section 1.6).

8.4.4 La tradition des mystères antiques

- Eleusis (*Florilège* de Stobaeus, Anthologia, 4.52.49, cité par [250], pp. 8-9, voir section 3.2) :

> « Puis, juste avant la fin, la frayeur est à son comble ; tout est frisson, tremblement, sueur froide, épouvante. À la fin cependant, une lumière merveilleuse s'offre aux yeux, on passe dans des lieux purs et des prairies fleuries où retentissent les voix et les danses ; des paroles sacrées, des apparitions divines inspirent un respect religieux. »

- Isis (Apulée, *Métamorphoses*, livre 11, XXIII, 7) :

> « J'ai approché les limites de la mort, j'ai foulé le seuil de Proserpine. Au retour, j'ai traversé tous les éléments. Dans la profondeur de la nuit, j'ai vu briller le soleil. »

8.4.5 La Bible

- Genèse I.3 :

« Que la lumière soit. »

8.4.6 *Les textes gnostiques*

- *Pistis Sophia* (Ch. 147 ; section 2.3.5) :

> « Mais [l'âme] se questionnera de manière persistante au sujet des mystères de la Lumière jusqu'à ce qu'elle les trouve et, sur décision de la Vierge de Lumière, se voit capable de recevoir la Lumière pour toujours. »

- Le *Livre des Secrets de Jean* ([228] ; section 2.3.5) :

> « [L'Esprit] est la lumière incommensurable, sans mélange, sainte et pure, – Il est l'indicible parfait et incorruptible. Il n'est ni perfection, ni béatitude, ni divinité, mais une réalité supérieure à ces notions. Il n'est ni infini, ni limité, mais une réalité supérieure à ces notions. » (Nag Hammadi II, 3)
>
> « Seigneur ! Toutes les âmes seront donc sauvées dans la lumière pure ? » (Nag Hammadi II 25,16)

- *Évangile de Thomas* (§50 ; chapitre 3) :

> « Jésus disait :
> Si l'on vous demande : d'où êtes-vous ?
> Dites-leur :
> Nous sommes nés de la Lumière,
> là où la Lumière naît d'elle-même
> elle se tient droite
> et se révèle dans leur image. »

- *Évangile de Philippe* (§106 ; chapitre 3) :

> « L'Accomplissement rend l'Homme insaisissable et invisible.
> Si on le voyait on l'enfermerait dans les limites
> de ce qu'on peut voir.
> Pour connaître la grâce d'une véritable communion avec Lui,
> il faut se revêtir de claire lumière.
> Dans cette lumière nous verrons Sa lumière. »

8.4.7 *Les textes anciens de l'Inde*

- *Chandogya Upanishad* (III, 13, 7, cité par [223], pp. 147-148 ; chapitre 3) :

> « La lumière qui brille au-delà de ce ciel, au-delà de tout, dans les plus hauts mondes, au-delà desquels il n'y a pas

de plus hauts, est en vérité la même lumière qui brille à l'intérieur de l'homme. »

8.4.8 Hermès Trismégiste

« Si donc tu apprends à te connaître comme étant fait de vie et de lumière et que ce sont là les éléments qui te constituent, tu retourneras à la Vie » (note 7, chapitre 8).

En résumé, tant pour les chamans que pour les gnostiques ou les méditants bouddhistes, l'esprit décrit en tant que lumière ne constitue pas une métaphore, mais résulte d'une expérience intime de son essence ultime. La nature ultime de l'esprit est lumineuse ; c'est là l'explication la plus simple à ces convergences expérimentées non seulement dans toutes les traditions illustrées ci-dessus lors de méditations, mais aussi lors du passage de la vie à la mort dans le *bardo* de la Vérité en Soi, ou lors d'une EMP. En soi, cette identification de la nature ultime de l'esprit avec la lumière constitue *de facto* un pont entre l'esprit et la physique. À lui seul, l'existence de ce pont justifie de poursuivre l'effort d'introduire le concept d'esprit dans le champ de la physique. Et cette piste est probablement la plus sérieuse, puisque nous avons vu combien l'introduction de la conscience de l'observateur dans le champ de la mécanique quantique est sujet à discussion et à interprétations (section 8.2). Mentionnons également que lorsque la conscience de l'observateur se sépare de son mode de pensée imbibé par le mental pour entrer en méditation ou en état de mort provisoire, la nature spontanément lumineuse de l'esprit est susceptible de se manifester. Il en résultera une perte de conscience de la notion de temps, analogue à l'absence d'écoulement du temps pour un photon, particule de lumière, ainsi que le prévoit la relativité restreinte. Cette idée est discutée de manière approfondie par David Bohm dans son entretien avec Renée Weber ([374], pp. 86-93).

8.5 Vers un nouveau paradigme moins matérialiste où symétries et information jouent un rôle central

[...] it seems to me that a « fundamental » physical theory that lays claim to any kind of completeness at the deepest levels of

physical phenomena must also have the potential to accommodate conscious mentality.

Roger Penrose, *The Road to Reality – A complete Guide to the Laws of the Universe* [281], p. 1033

It is almost an absurd prejudice to suppose that existence can only be physical. As a matter of fact, the only form of existence of which we have immediate knowledge is psychic. We might well say, on the contrary, that physical existence is a mere inference, since we know of matter only in so far as we perceive psychic images mediated by the senses.

Carl Gustav Jung, *Psychology and Religion*, Volume 11 : West and East, Chapter 1, Routledge, 2014

Aujourd'hui, nous avons les sciences naturelles, mais nous n'avons plus une philosophie de la science. Depuis la découverte du quantum élémentaire, la physique a été contrainte de renoncer à l'orgueilleuse prétention de vouloir donner une explication théorique de la totalité du monde. Mais cette situation difficile peut contenir le germe de développements ultérieurs qui corrigeront la précédente orientation unilatérale pour se diriger vers une vision unitaire du monde, où la science n'est qu'une partie du tout.

Wolfgang Pauli, à propos d'une description unifiée de la conscience et de la matière (cité par [353], p. 82)

However, if one takes an even broader view, one realises that even [the Theory of Everything and the universe boundary conditions] would not really comprise a theory of everything either, since they do not specify what conscious experiences occur within the universe.

Don N. Page, *Mindless Sensationalism : A quantum framework for consciousness* [267]

Dans cette section, nous montrons comment les conclusions des sections qui précèdent nous conduisent vers un nouveau paradigme moins matérialiste où symétries et information jouent un rôle central. La discussion des sections 8.2-8.4 nous conduit à relier les concepts d'esprit-matière-lumière-énergie selon le schéma global de la figure 8.2, établi dans le contexte de l'ordre impliqué dérivé par Bohm et Hiley de l'interprétation de l'onde pilote de la mécanique quantique. L'*Unus Mundus* de Jung-Pauli serait dans ce schéma équivalent à l'ordre impliqué. Dans cet *Unus Mundus* agissent de manière unifiée la causalité (causalité habituelle pour le domaine de la matière, loi du karma pour le domaine de l'esprit), le libre arbitre (théorème de Conway-Kochen ; section 8.2), et l'algèbre des processus de Hiley (section 8.2). Selon ce principe unifié, et afin de respecter sa symétrie, il semble nécessaire d'invoquer l'existence d'une forme d'énergie associée à l'esprit, puisqu'il en existe associée à la lumière et à la matière. Il reste bien entendu à identifier cette forme d'énergie. Une possibilité en est la *prana* orientale (voir [98] pp. 150-151 comme déjà discuté à la section 4.9.3), un mot sanscrit qui possède beaucoup de sens apparentés (section 9.2), parmi lesquels « respiration », « souffle vital », « énergie », « esprit », et que la tradition *Dzogchen* [273] du bouddhisme tibétain a associé à *jnana* (conscience primordiale) pour en faire l'« énergie de la conscience primordiale » (*jnana-prana* ; voir la note 10 de la section 9.2 et [118] pp. 210-212).

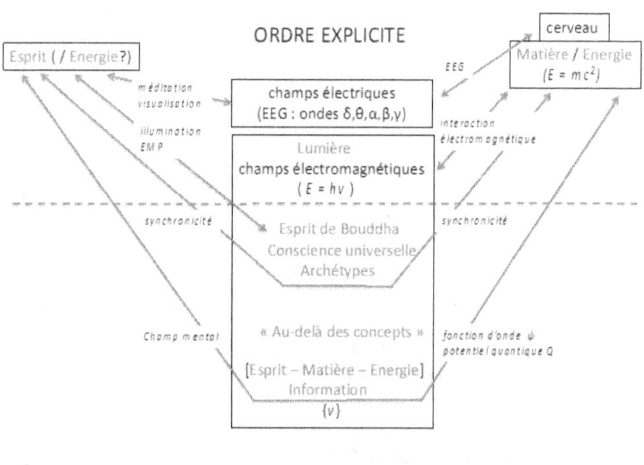

Figure 8.2 Tentative de schéma global illustrant les relations esprit-lumière-matière-énergie dans le contexte de l'ordre impliqué de Bohm-Peat. L'information peut être stockée par exemple sous la forme d'un ensemble de fréquences ν d'ondes électromagnétiques

(lumière). Méditation et visualisation peuvent à la fois conduire à l'identification de l'esprit avec la lumière et à la modification simultanée des fréquences des « ondes » caractérisant l'activité électrique du cerveau (δ, θ, α, β, γ, correspondant respectivement à des fréquences de 1 à 2 cycles/sec, 4 à 7 cycles/sec, 8 à 12 cycles/sec, 20 à 50 cycles/sec et au-dessus de 50 cycles/sec) mesurée par un électro-encéphalogramme (EEG). Ces ondes sont généralement associées à des activités cognitives et d'apprentissage ou de sommeil paradoxal (γ), des pensées en état de veille (β), à la relaxation (α), à la relaxation profonde (méditation, sommeil normal, créativité, intuition) voire à l'hypnose (θ), à l'activité des très jeunes enfants, au sommeil réparateur et au fort sentiment d'empathie et de compassion obtenu lors de méditations spécifiques (δ). L'« Esprit de Bouddha » ou *dharmakaya* (section 4.9.3) est la réalité ultime associée à l'information-omniscience. L'information est schématiquement associée à une collection de fréquences {ν}, comme dans l'analyse de Fourier d'un signal électromagnétique.

Même si la discussion qui suit ne répond pas directement à cette question de l'identification d'une possible forme d'énergie associée à l'esprit, l'étude du phénomène de micropsychokinèse (« micro-PK », déplacement ou perturbation du fonctionnement d'objets microscopiques sous l'effet de la pensée), s'il était avéré, constituerait une piste intéressante dans la voie de cette identification puisque ce phénomène doit impliquer un transfert d'énergie de l'esprit (?) vers l'objet perturbé ou déplacé afin de respecter la loi de conservation de l'énergie. À ce sujet, Pauli écrit dans *La science et la pensée occidentale* publié en 1956 ([275], p. 78) :

> L'ancienne question de savoir si, sous certaines conditions, l'état psychique de l'observateur pourrait influencer le déroulement de la nature matérielle extérieure n'a pas de place dans la physique d'aujourd'hui. La réponse était évidemment affirmative pour les anciens alchimistes. Au siècle dernier, un esprit critique tel que le philosophe Arthur Schopenhauer, excellent connaisseur et admirateur de Kant, a considéré dans son essai *Magnétisme animal et magie* que les effets dits magiques étaient largement possibles et il les a interprétés dans sa terminologie particulière comme des « influences directes de la volonté qui vont au-delà des limites de l'espace et du temps ». Sous cet angle, on ne peut pas dire que des raisons philosophiques *a priori* soient suffisantes pour refuser immédiatement de telles possibilités.

Pauli écrit en connaissance de cause, car nous voici à nouveau confrontés à l'ironie de l'histoire : il semble bien que ce père fondateur de la mécanique quantique, Prix Nobel de physique en 1945, fût particulièrement doué (bien involontairement) pour perturber la matière par l'esprit. Ces perturbations involontaires furent si fréquentes qu'à la longue elles devinrent célèbres auprès de ses collègues physiciens qui les qualifièrent d'« effet Pauli », comme nous l'avons déjà évoqué au chapitre 6. La seule présence de Pauli pouvait détraquer les instruments utilisés pour les expériences de laboratoire. Ces phénomènes pourraient être de type micro-PK, et étaient en tout cas en synchronisme avec son état psychique perturbé de l'époque. En 1928, la personnalité déjà instable de Pauli fut bouleversée par le suicide de sa mère, et peu après par la fin de son mariage qui n'avait duré que quelques semaines (c'est d'ailleurs pour surmonter ces épreuves que Pauli entreprit une thérapie avec Jung). Pauli s'adonnait de plus en plus à l'alcool avec lequel il essayait d'atténuer sa dépression qui débuta au cours de l'hiver 1931-1932. Cela le rendait souvent irascible. Un exemple bien connu et particulièrement significatif de l'« effet Pauli » est celui qui arriva dans le laboratoire de J. Franck à l'université de Göttingen [137]. Un jour, un appareillage compliqué qui avait parfaitement fonctionné les jours précédents, refusa de fonctionner. Franck alla jusqu'à écrire à Pauli à propos de cet épisode, riant même du fait que cette fois, Pauli ne pouvait être blâmé pour l'incident. Ce dernier répondit que le jour où l'appareil tomba en panne, il était en route pour Copenhagen afin de rendre visite à Niels Bohr, et son train fit halte en gare de Göttingen ce jour précis !

Plus récemment, de suspectes déviations par rapport aux attentes purement probabilistes de générateurs quantiques de nombres aléatoires (GQNAs), sous l'effet d'une prétendue influence de la pensée (dans le cadre du « Projet de Conscience Globale »), furent rapportées et analysées dans la littérature spécialisée [15,51,52,120,181,260,297,298,299, 321,377]. Si elles étaient avérées, ces déviations seraient probablement à considérer comme une variante de l'effet Pauli. Nous n'entrerons pas ici dans l'analyse critique de cette abondante littérature. Toutes ces histoires, y compris donc celles relatives aux possibles déviations des GQNAs sous influence mentale (dont la méthodologie fut ces dernières années très sensiblement améliorée), sont tellement déroutantes, notamment parce qu'elles convoient à première vue une suspicion de violation des principes de causalité et de conservation de l'énergie, que la tendance habituelle des physiciens est de ne leur attribuer aucun crédit. Leur argument est essentiellement celui-ci : ce n'est pas parce que la probabilité est faible de gagner au Loto que personne n'y gagne, voulant signifier par là que même des phénomènes très peu probables liés au hasard sont susceptibles de se produire si suffisamment de tirages sont réalisés. Fussent-elles fort improbables, les déviations des GQNAs peuvent toujours être attribuées au fait du seul hasard. Cette attitude « de l'autruche » n'est cependant ni très constructive, ni facteur de progrès ! Même si l'évidence statistique actuelle reste très controversée [15,51,52,120,299,377], une étude plus approfondie de l'effet possible de l'esprit sur la matière est certainement de mise, et un protocole possible en sera proposé au chapitre 10, selon les lignes directrices établies par Josephson et Rubik [186].

9. Convergences entre physique et bouddhisme : des visions de la réalité plus si différentes

La tradition du Bouddha est une tradition de recherche.

Khenpo Tsultrim, *Les deux réalités* [207], pp. 115-116

I have been deeply inspired by the laboratory-type approach that I find in Buddhism, with respect to the study of mind, self, and world.

Piet Hut, In: *Buddhism and Science: Breaking New Ground* [371], p. 414

Dans la réflexion menée jusqu'ici, nous avons constaté que des domaines d'études apparemment disjoints (tels la psychologie des profondeurs de Carl Jung et son étude des synchronicités, les expériences de mort provisoires, la réalisation de la nature de l'esprit et de la réalité par l'introspection méditative, l'existence de particules intriquées, l'équivalence masse-énergie et l'ontologie des champs-particules) menaient tous à la nécessité de revoir notre paradigme occidental sur la nature de la réalité, jusqu'ici considérée comme réductionniste, matérialiste et locale, avec comme corollaire l'émergence de l'esprit à partir de la matière. Dans le présent chapitre, nous allons développer les convergences qui sont apparues entre les concepts de la physique moderne et la philosophie bouddhiste de l'école *madhyamaka*. À l'instar de Werner Heisenberg qui, plongé dans son exploration des bizarreries de la physique quantique, se dit rassuré d'avoir réalisé, après une conversation avec le poète indien Rabindranath Tagore en 1929, que ces bizarreries paraissaient parfaitement naturelles à un esprit baigné par la culture orientale.

9.1 Méthodologie

Jusqu'ici, nous avons pris soin de présenter séparément les points de vue de la physique et du bouddhisme sur la nature de la réalité, puisque ces deux disciplines explorent des champs *a priori* différents, le champ intérieur des émotions et perceptions pour le bouddhisme et le champ extérieur des phénomènes matériels pour la physique.[1]

Quoique physique et bouddhisme aient tous deux recours à une approche expérimentale (la physique est la science expérimentale de la matière-énergie, le bouddhisme peut être considéré comme la science expérimentale de l'esprit), leur contexte culturel et leurs buts sont bien différents. Le but du bouddhisme est de nature sotériologique[2] : il vise à affranchir l'homme de ses souffrances causées par l'attachement à son ego et par la croyance en son existence intrinsèque (chapitre 4.9). Pour ce faire, les méthodes contemplatives du bouddhisme visent à *déconstruire* systématiquement l'illusion que nous nous faisons au sujet du monde extérieur, alors que la physique vise au contraire à *construire* une représentation objective de celui-ci. Ici à nouveau, nous simplifions à l'extrême, en nous plaçant dans une perspective réaliste. Quel peut bien, dans ces conditions, être l'intérêt

---

[1] Cette affirmation se place d'emblée dans un contexte réaliste, qui postule l'existence d'une réalité objective extérieure à l'observateur, ce qui comme nous l'avons vu à la section 7.1 ne va plus de soi dans le cadre de la physique contemporaine ; nous revenons à cette réserve essentielle un peu plus bas.

[2] Désigne une doctrine visant au salut de l'âme, même si dans le bouddhisme la notion d'âme est plus subtile que dans le christianisme par exemple (voir sections 1.3 et 2.1).

d'identifier des parallèles entre leurs deux visions du monde apparemment antagonistes ?

Le premier intérêt est précisément celui d'une relativisation de la démarche scientifique par la mise en évidence des influences culturelles qu'elle subit : plusieurs siècles de réflexion épistémologique nous ont en effet permis de réaliser que la démarche scientifique est complexe et qu'elle s'articule autour d'un modèle culturel (qui conduit par exemple à trouver naturel l'adhésion au paradigme réaliste ou matérialiste). De résultats d'expériences en théories pour en rendre compte, cette démarche seule ne conduit pas à une représentation du monde. Pour y arriver, il faut y ajouter un apport culturel sous la forme d'*a priori* philosophiques : se place-t-on selon un point de vue réaliste, positiviste, matérialiste, dualiste, etc., ainsi que nous les avons décrits au chapitre 4 ?

La science n'est jamais indépendante du contexte culturel qui l'a vue naître. À cet égard, A. Funkenstein [464] souligne par exemple qu'il n'est pas invraisemblable, au vu de l'étroite imbrication des disciplines à la Renaissance et au début du 17e siècle, que la science occidentale moderne doive aux théologies chrétiennes une part importante de ses progrès initiaux. Une bonne illustration en est la controverse opposant Leibniz à Newton au sujet de la conservation de la force vive (*vis viva,* ou mv^2 en termes modernes), qui constitue les prémisses de la loi de conservation de l'énergie. Selon la théologie de Leibniz, Dieu a créé un Univers dont le fonctionnement répond aux lois de perfection incluant cette loi de conservation de la force vive. Grâce à elle, dans le monde mécaniste de Leibniz, les processus naturels peuvent, après l'impulsion initiale, se poursuivre sans intervention d'aucun agent extérieur (divin en particulier). Newton au contraire s'oppose à ce monde-machine qui peut tourner indéfiniment sans intervention divine ([173] p. 283, [370] pp. 34-35). M. Bitbol ([371], p. 338) ajoute qu'« il convient [...] d'insister sur l'incomplétude manifeste des théories scientifiques sur la base de l'expérimentation seule, et sur le fait que, dans l'histoire de la science, cette incomplétude fut *de facto* comblée par des contraintes supplémentaires non-empiriques. Ces contraintes additionnelles furent rendues nécessaires par le besoin de cohérence entre les théories nouvelles et le substrat philosophique plus ancien dont les racines sont profondément ancrées dans le mode de vie occidental (partiellement religieux). »

Nous en arrivons donc à une conception de la relation entre science et religion très différente de celle qui est reconnue en général [...] Je prétends que le sentiment religieux cosmique est le mobile le plus fort et le plus noble de la recherche scientifique.

A. Einstein (*Comment je vois le monde)*, cité par R. Weber, *Dialogues avec des scientifiques et des sages* [374], p. 19

Ce point de vue selon lequel notre science occidentale est loin d'être imperméable aux influences philosophiques, voire métaphysiques, fut également souligné par B. d'Espagnat (chapitre 10 de [96]) et par M. Kuhlmann [213] (voir aussi la note 1 du chapitre 7). En d'autres termes, la « vision scientifique du monde » est toujours influencée par un contexte culturel, et pire encore pour les opposants de pareil « relativisme culturel », toute vision du monde, dès lors qu'elle dépasse le stade de la simple description empirique d'expériences, inclut des éléments métaphysiques et philosophiques. C'est le cas de Newton et d'Einstein dont les convictions philosophiques et/ou religieuses les conduisent à être profondément attachés au réalisme scientifique, c'est-à-dire à la conviction qu'il existe un monde extérieur indépendant de l'esprit humain mais qui lui serait néanmoins accessible.

Suivant ce point de vue, comme l'explique Michel Bitbol ([65], pp. 496-497), « bien des "paradoxes" de la physique quantique ayant leur origine dans un conflit entre ses prédictions et notre héritage de représentations, c'est seulement en distinguant soigneusement prédictions et héritage qu'on peut espérer s'affranchir des paradoxes. Or, quelle manière plus efficace y a-t-il d'accomplir cette distinction que d'envisager un point de vue culturel, qui, non seulement, soit radicalement autre, mais qui ait en outre pour dessein avoué de briser notre fascination pour *n'importe quelle* représentation héritée ? » Michel Bitbol fait ici implicitement référence à l'école bouddhiste de la voie médiane, le *madhyamaka* de Nâgârjuna, que nous avons décrite à la section 4.9.3, et qui déconstruit tout système conceptuel par la voie de la logique pure. Rappelons que le *madhyamaka* est la voie médiane entre le point de vue de l'existence d'une réalité extérieure absolue, indépendante de l'observateur, et le point de vue de l'absence de réalité. La voie médiane *madhyamaka* soutient au contraire l'absence de bien-fondé de toute affirmation au sujet de la réalité. La voie *madhyamaka* est donc celle du milieu entre éternalisme et nihilisme. Elle transcende les deux pôles de toutes nos conceptions dualistes : par exemple être et non-être, ou *samsara* (le cycle des existences conditionnées) et *nirvana* (la libération du cycle des existences). *Les stances fondamentales de la sagesse de la voie médiane* de Nâgârjuna est un traité de métaphysique qui s'appuie sur une solide rigueur logique basée sur l'utilisation du tétralemme (section 4.9.3). Tenant compte de la rigueur logique des raisonnements de la voie *madhyamaka*, il faut absolument abandonner l'idée selon laquelle le bouddhisme serait assimilable à une religion, donc à un mythe, donc à une croyance.

Bien que la réflexion de Nâgârjuna soit bien antérieure à la naissance de la science moderne en Occident, sa rigueur et sa logique lui confèrent une qualité unique dans la comparaison que nous projetons de réaliser dans ce chapitre, d'autant que la voie médiane, par sa dialectique déconstructrice, se donne pour objectif de démonter la consistance ontologique de *toute* représentation du monde. Comme le précise Michel Bitbol ([65], p. 495), « s'étant donné les moyens de libérer l'homme d'une réification des conceptions qui lui sont utiles pour s'orienter dans la vie courante, le thérapeute bouddhiste peut également aider le chercheur scientifique à se libérer d'une réification de ses propres entités théoriques, et le préparer ainsi à voir d'un œil neuf la signification et la motivation de son travail. »

Werner Heisenberg, l'un des pères fondateurs de la mécanique quantique, va dans le même sens lorsqu'il écrit ([163] pp. 10-11) :

> [...] les résultats obtenus par la physique moderne touchent effectivement à des concepts aussi fondamentaux que l'idée de réalité, celle d'espace et de temps, et cette confrontation peut conduire à une évolution entièrement nouvelle que nous ne pouvons encore prévoir. [...] C'est pour des raisons de ce genre qu'essayer de discuter les idées de physique moderne dans un lan-

> gage qui ne soit pas exagérément technique, étudier leurs conséquences philosophiques, les comparer avec certaines des traditions anciennes est une tâche que l'on peut considérer comme importante.

Michel Bitbol est plus acéré encore lorsqu'il écrit ([371], p. 354) :

> [Pareille comparaison] peut affaiblir les assises intellectuelles de ceux qui (près d'un siècle après la soi-disant disparition du scientisme) considèrent encore la science comme l'équivalent moderne des dogmes religieux du passé. Et plus important, cela peut aider ceux qui sont déjà engagés dans un processus de transformation à ne pas se laisser impressionner, sur un plan intellectuel, par les fables substantialistes de la majorité des physiciens. Et cela peut par-dessus tout leur donner des indices sur la manière d'intégrer les nombreuses strates de leur vie et de leur pensée dans notre culture contemporaine.

Malgré ces justifications pertinentes, les études consistant à identifier des parallèles entre physique et bouddhisme (dont les plus célèbres furent sans conteste *Le Tao de la physique* par F. Capra [62] et *Science et bouddhisme* [370] par A. Wallace, ou encore [236,237,267,350,371,373,380]) furent souvent critiquées de manière acerbe. Ces critiques eurent plusieurs origines. D'abord les matérialistes qui s'accrochent à leur vision du monde obsolète, comme souligné ci-dessus par M. Bitbol [voir aussi les sites https://rationalwiki.org/wiki/Quantum_woo et https://en.wikipedia.org/wiki/The_Tao_of_Physics]. Ensuite un certain nombre d'auteurs qui n'y voient qu'une simple coïncidence sémantique :

> *At the heart of the matter is Mr. Capra's methodology – his use of what seem to me to be accidental similarities of language as if these were somehow evidence of deeply rooted connections. Thus I agree with Capra when he writes, "Science does not need mysticism and mysticism does not need science but man needs both." What no one needs, in my opinion, is this superficial and profoundly misleading book.*
>
> Jeremy Bernstein, *Science observed* [31], pp. 333-340

Pour l'astrophysicien Trinh Xuan Thuan [341], c'est le bouddhisme qui sert à alimenter la fable d'une convergence de vues sur le réel entre la science et la spiritualité et cette convergence s'exprime par deux caractéristiques :

l'interdépendance (une chose ne peut être définie que par rapport à une autre) a été soulignée par Bouddha (les objets sont tous en relation, observation aussi vraie que banale et vague) et est observée dans la science (effet EPR, mouvement dans un repère galiléen, pendule de Foucault et sa dépendance vis-à-vis de la distribution de masse générale dans l'univers) ;

l'impermanence (rien n'est immuable, tout bouge, une observation là encore d'une banalité affligeante élevée au rang de vérité suprême) est reconnue dans le bouddhisme comme en physique (mouvements et apparitions de particules élémentaires).

Bref, à partir de notions d'une évidence extrême que n'importe quel enfant de cinq ans connaît sans avoir lu ni Bouddha ni Einstein, Trinh Xuan Thuan construit une parenté totalement factice.

Alexandre Hendoir, *La croisade de l'Université Interdisciplinaire de Paris contre le matérialisme*, In : Science & Pseudo-sciences n° 268, juillet-août 2005, disponible sur http://www.pseudo-sciences.org/spip.php?article421

M. Bitbol [65,371], avec son expertise de philosophe des sciences, a tenté de mieux comprendre les causes de cette flambée de critiques. Il affirme qu'une partie du discrédit académique à l'encontre du livre de Capra est liée à la croyance exagérée en la science en tant que seule source acceptable de vérité. En particulier, il y a généralement dans les milieux scientifiques une opposition farouche à toute tentative de légitimer les résultats obtenus par une démarche introspective, comme c'est le cas pour le corpus de connaissances bouddhistes. Nous ajouterons qu'il y a à cela une raison simple mais encore trop méconnue. La proposition suivante (erronément attribuée à Einstein[3]) la résume parfaitement :

---

[3] Les citations originelles d'Einstein, dont la proposition ci-dessus émane (dans Bob Samples, 1976, *The Metaphoric Mind : A Celebration of Creative Consciousness*, Addison-Wesley Publishing Company, Reading, Massachusetts, p. 26), sont « And certainly we should take care not to make the intellect our god; it has, of course, powerful muscles, but no personality. It cannot lead, it can only serve [...] » et « When I examine myself and my methods of thought I come to the conclusion that the gift of fantasy has meant

> L'esprit rationnel est un serviteur fidèle tandis que l'esprit intuitif est un don sacré. Nous avons créé une société qui honore le serviteur et qui a oublié le don.

En résumé, la pensée humaine peut fonctionner sur deux modes : le mode logico-déductif (encore appelé *rationnel*) et le mode intuitif (souvent injustement assimilé à *irrationnel),* comme nous le développerons au chapitre 10. Et ces deux modes possèdent des prévalences différentes dans des personnalités différentes. Une personne formée à la méthode scientifique aura (généralement) largement développé le mode logico-déductif au détriment du mode intuitif. Cette approche logico-déductive « scientifique » obtient des informations sur la nature par l'étude du monde extérieur, tandis que, au contraire, l'approche intuitive recueille des informations en se tournant vers l'intérieur. L'éducation reçue dans le monde occidental privilégie dès l'entrée à l'école primaire la pensée logico-déductive au détriment de la pensée intuitive. Certaines personnes cependant n'accrocheront pas à ce mode de pensée et resteront intuitives. Chez d'autres, pourtant rodées à la pensée logico-déductive, des accidents de la vie pourront rouvrir le canal intuitif. Et donc, en fonction de leur histoire personnelle, certains privilégieront l'approche scientifique tandis que d'autres privilégieront l'approche intuitive. Ceci explique les luttes virulentes que se livrent les défenseurs respectifs de ces modes de pensée. Nous pensons que ce combat n'a pas lieu d'être dès lors que l'on réalise que les deux chemins sont également dignes de confiance et d'intérêt. Les deux modes de pensée (intuitif et logico-déductif) sont présents chez chacun d'entre nous, mais à des degrés variables. Cependant seul le mode intuitif ouvre vers la spiritualité. Que faut-il entendre ici par spiritualité ? Nous en considérons ici le sens premier, à savoir le « contact avec l'esprit » de la tradition bouddhiste. Au travers notamment de l'*Uttara Tantra* (*Traité sur la Nature de Bouddha* [204]), cette tradition affirme

---

more to me than my talent for absorbing positive knowledge », citées par Maria Konnikova, dans *Scientific American,* 16 août 2012 (https://blogs.scientificamerican.com/literally-psyched/reclaiming-the-sacred-gift-a-postscript-on-humanities-and-science, consulté le 7 mars 2021). La référence de la première est A. Einstein, *Out of My Later Years* §43.

que l'Esprit de Bouddha, ou *jnana,* la sagesse et conscience primordiale non duelle qui constitue la nature ultime de notre esprit, réside en chacun de nous. Cependant, pour la plupart d'entre nous, cette conscience primordiale qui possède pourtant l'éclat du diamant est recouverte par des voiles d'ignorance pareils à des souillures opaques, de sorte que ce trésor enfoui nous reste caché. Selon l'intensité des voiles qui recouvrent ce diamant intérieur, la voie intuitive sera plus ou moins ouverte. Nous tenterons de mettre en évidence dans ce chapitre la convergence qui existe entre ces deux approches, celle, logico-déductive qui appréhende le monde extérieur, et celle, intuitive, qui appréhende le monde intérieur. Cette convergence est interpellante en ce qu'elle nous suggère l'unité de ces deux mondes (ou modes !) de connaissance [65], comme cela fut déjà évoqué au chapitre 8 dans le contexte de l'*Unus Mundus* et de l'*ordre impliqué.* C'est en ce sens que l'approche intuitive, souvent assimilée en Occident[4] à une approche irrationnelle, ne peut être considérée, comme le font souvent les « rationalistes », comme une voie dénaturant la science. Cette voie intuitive est *parallèle et complémentaire*[5] à l'approche scientifique ; elle n'y est nul-

---

[4] Et nous devrions préciser ici qu'en Europe (francophone particulièrement), la situation est de ce point de vue plus radicale encore que dans le monde anglo-saxon, qui a conservé des liens privilégiés avec le religieux – spirituel, liens que les « Lumières » en France ont totalement éradiqués. À titre illustratif, la très sérieuse série *Oxford Handbooks Online* propose dans son volume intitulé *The Oxford Handbook of Psychology and Spirituality* un article de G. Schwartz (professeur de psychologie à l'Université d'Arizona à Tucson) intitulé *Consciousness, Spirituality, and Postmaterialist Science : An Empirical and Experiential Approach* dans lequel il défend l'idée que la conscience n'est *pas* une propriété émergente du cerveau. Dans le monde francophone, la simple mention de ce fait ainsi que des termes *science post-matérialiste* déclenche l'ire des mouvements « rationalistes ». Ceux-ci auraient avantage à s'inspirer de la citation de Warren McCulloch placée en préface par Gary Schwartz : *Do not bite my finger ; look where I am pointing ! [Ne mordez pas mon doigt ; regardez plutôt là où il pointe !].*

[5] Comme indiqué au chapitre 6, il est amusant de remarquer que Pauli, Prix Nobel de physique en 1945, comme tous les grands créatifs, fut souvent aidé dans sa recherche en physique par des intuitions oniriques. Par ailleurs, dans son discours prononcé lors de la réception de son prix Nobel, Pauli dira à propos du principe d'exclusion (section 7.2.4) : « J'ai déjà souligné dans mes travaux originaux que je n'ai pas su fournir une explication logique au principe d'exclusion, ni de le déduire d'hypothèses plus générales » (cité par C. Bernardini [285], p. 30), comme quoi la voie logico-déductive ne constitue pas non plus la panacée, même en physique ! Aujourd'hui, cette

lement opposée. En effet, le mode intuitif, non-conceptuel, ouvre vers l'absorption méditative, qui est le seul moyen de parvenir à la réalisation de la nature ultime de l'esprit et à l'omniscience qui lui est associée. Et c'est cette réalisation qui amène notamment à la compréhension que tous les phénomènes sont interdépendants parce qu'ultimement vides d'existence propre (soit la notion de vacuité bouddhiste).

Une autre raison des critiques à l'encontre de l'ouvrage de F. Capra tient à l'incorrecte évaluation du niveau de rigueur du raisonnement des écoles philosophiques orientales, particulièrement celle du *madhyamaka*. Mais la critique la plus pertinente tient à la méthodologie généralement défaillante sous-jacente à cette comparaison entre physique et bouddhisme. En premier lieu, comme souligné ci-dessus, il peut être simpliste de voir des parallèles entre physique et bouddhisme sur la base de similitudes purement sémantiques. Peut-on par exemple considérer que le vide quantique de la physique est identique à la vacuité bouddhiste sur cette simple ressemblance sémantique ? Non bien sûr, car la ressemblance sémantique demande à être confirmée par une analyse plus approfondie, comme nous le ferons à la section 9.2.

En outre, les deux termes de la comparaison doivent être soigneusement définis, car, tant pour le bouddhisme que pour la physique, il convient de distinguer les faits (respectivement expériences méditatives et résultats d'expériences au laboratoire) des théories destinées à les expliquer (respectivement les quatre écoles philosophiques décrites à la section 4.9.3, et les différentes interprétations de la mécanique quantique, parfois incompatibles entre elles, décrites au chapitre 7, à savoir les interprétations de l'onde pilote, de Copenhagen, et l'interprétation relationnelle [315] pour ne citer que celles abordées dans le présent essai). Dans le premier cas (les écoles de pensée bouddhistes), nous avons insisté sur le fait qu'elles se distinguaient essentiellement par leur adaptation aux différentes personnalités humaines (et la

---

connexion spin – statistique se démontre à partir des axiomes généraux de la théorie quantique des champs, mais cette démonstration ne peut pas être expliquée en termes simples.

digression ci-dessus en relation avec les modes de pensée logico-déductif et intuitif, dont la prévalence relative varie fortement d'individu à individu, prend dans ce contexte tout son sens), puisque leur objectif est avant tout thérapeutique. Dans le second cas (les théories physiques), nous avons suggéré leur dépendance au contexte culturel d'une époque (et donc leur absence d'« objectivité » si l'on souhaite se placer dans une perspective réaliste). Selon le choix d'école effectué, la comparaison entre physique et bouddhisme est susceptible d'aboutir à des conclusions fort différentes. Pour ne prendre qu'un seul exemple, l'école particulariste est très proche de la physique classique (puisque toutes les deux prônent l'existence de particules et d'instants de conscience insécables), tandis que l'école de la voie du milieu (*madhyamaka*) amène à une conception du monde beaucoup plus complexe selon laquelle la réalité ultime n'est pas transposable en concepts. À l'inverse, quel terme de comparaison utiliser pour la comparaison entre physique et bouddhisme dès lors qu'une même théorie physique – la mécanique quantique – est sujette à nombre d'interprétations ? On peut opposer par exemple le *holisme ontologique* de l'interprétation bohmienne (sections 7.1.3 et 7.2.6 ainsi que [34], p. 7), pour lequel la réalité conventionnelle est la manifestation d'une réalité ultime sous-jacente, à la *mécanique quantique relationnelle* de Rovelli [315] (sections 7.1.4 et 7.1.5) selon laquelle les phénomènes ne prennent de sens que relativement les uns aux autres, sans nécessiter dès lors le recours à l'existence d'une « réalité objective ». La première s'inscrit dans un contexte purement réaliste alors que la deuxième ne fait nullement appel à ce cadre réaliste. B.A. Wallace pose très justement dans ces conditions la question suivante ([370], p. 14) : « Si en effet nous établissons la valeur du mysticisme à l'aune des théories physiques contemporaines, qu'en sera-t-il à l'avenir, lorsque ces théories seront tenues pour des erreurs du passé ? »

Face à ce problème, M. Bitbol ([371], p. 338) suggère donc d'« éviter la tentation de construire à partir de la science moderne une sorte de mythologie officielle et monolithique en vue de mettre en évidence ses analogies superficielles avec une mythologie populaire orientale » [le bouddhisme], mais au contraire d'identifier l'héritage culturel occidental insufflé dans les théories physiques, pour éventuellement amener le physicien à réaliser, comme le bouddhisme le suggère, que toute réalité ultime est inaccessible à la conceptualisation (section 9.5). Le bouddhisme n'est d'ailleurs pas le seul système ésotérique à l'affirmer, comme souligné par le dialogue entre Renée Weber et le Père Bede Griffiths ([374], pp. 270-271) qui trouve la même conclusion chez Thomas d'Aquin :

> R. WEBER : Il y a une tendance parmi les aspirants mystiques et méditatifs à considérer que la théologie tue – étouffe l'expérience mystique. Mais ce n'est pas forcément le cas selon vous.
>
> Père BEDE GRIFFITHS : Ce n'est pas forcément le cas. Saint Thomas d'Aquin lui-même a écrit cette *Summa Theologica* terriblement rationnelle, logique, et à la fin de sa vie, il a dit : « Tout ce que j'ai écrit m'apparaît bien vide en comparaison de ce que j'ai vu. » Puis ses disciples ont repris le système, ils ont répété l'ensemble du processus de rationalisation et de conception, et ils ont perdu le sens profond de sa pensée. C'est pour cela que vous devez dépasser les termes théologiques et vous diriger vers la source de l'expérience mystique qu'ils sont censés servir.

Notre analyse ne peut donc s'arrêter à la mise en évidence d'une convergence des voies d'approche contemplative et scientifique vers une même caractérisation du réel car ce projet même de caractériser et conceptualiser la réalité ultime est contraire aux traditions ésotériques, parmi lesquelles le *madhyamaka* bouddhiste ([34], p. 475). Comme nous le verrons aux sections 9.3 et 9.5 ci-dessous, le bouddhisme tantrique le plus avancé invite en effet le pratiquant à aller au-delà des concepts dans son travail de déconstruction des illusions perceptives afin d'atteindre la Réalité Ultime, comme le résume le fameux mantra du *sutra* du cœur[6] de la pensée bouddhiste :

---

[6] Ainsi appelé car il contient le cœur des enseignements de la *prajna paramita,* la perfection de la sagesse transcendante, qui consiste à appréhender parfaitement la vacuité de toute chose et de tout phénomène (ce qui ne veut pas dire leur non-existence, mais leur absence de caractère substantiel, fixe, permanent et existant isolément).

Gate, gate, paragate, parasamgate, bodhi soha

que l'on peut traduire par :

Allez [sur le chemin de l'accumulation, de la souffrance vers la libération de la souffrance],

allez [sur le chemin de la réalisation de la réalité ultime],

allez au-delà [sur l'autre rive, au-delà de la libération et du *nirvana*],

allez au-delà de l'au-delà [c'est-à-dire au-delà de la notion dualistique d'« au-delà », là où *samsara* et *nirvana* ne sont plus perçus comme distincts],

que la bouddhéité soit [là où la lumière de l'Illumination emplit tout l'espace].

Pour revenir à la méthodologie de la comparaison à venir dans ce chapitre, au lieu de comparer deux mythologies monolithiques dans une bijection figée, Bitbol propose donc plutôt de mettre en relation les deux approches du monde, bouddhiste et physique, afin que leur fertilisation mutuelle enrichisse nos vies dans leur ensemble, confrontées aujourd'hui à une atmosphère assez nihiliste ([65], pp. 483-484), résultant précisément de l'impasse matérialiste et réductionniste et de ses conséquences culturelles et morales telles l'individualisme forcené et l'hédonisme. Ce sera l'objet du chapitre 10. Les promesses offertes par cette approche syncrétique entre physique et bouddhisme sur le plan éthique sont résumées par Sa Sainteté le Dalaï-Lama [99] :

> [...] il m'est apparu progressivement évident que nos explications et nos théories sur le monde physique dans la pensée bouddhique traditionnelle sont restées rudimentaires en comparaison de celles de la science moderne. Mais, parallèlement, même dans les pays les plus fortement développés sur le plan scientifique, les êtres humains ont continué, c'est évident, à faire l'expérience de la souffrance, en particulier au niveau émotionnel et psychique. Si la science peut fortement contribuer à réduire la souffrance au niveau physique, nous ne pouvons toutefois commencer à affronter et à surmonter notre souffrance mentale qu'en cultivant les qualités du cœur et en transformant nos attitudes. En d'autres termes, l'amélioration des valeurs humaines

> fondamentales est indispensable à notre quête essentielle du bonheur. Dans la perspective du bien-être de l'humanité, on ne peut donc pas dire que la science et la spiritualité soient sans rapports. Nous avons besoin des deux pour soulager la souffrance aussi bien sur le plan physique que psychique.
>
> [...] Je pense [...] que la spiritualité et la science sont des démarches d'investigation différentes mais complémentaires. Elles ont un même objectif, majeur : la recherche de la vérité. En cela, chacune de ces deux disciplines a beaucoup à apprendre de l'autre, et, ensemble elles contribueront à élargir l'horizon des connaissances et de la sagesse humaines. Par leur dialogue, la science et la spiritualité répondront plus utilement aux besoins de l'humanité et amélioreront son bien-être, c'est du moins ce que j'espère.

Enfin, pour un physicien, la rencontre entre physique et spiritualité offre encore une autre promesse : le physicien, intéressé par une théorie qui tente de tout expliquer (la « Théorie du Tout » !), ne peut rester indifférent face à l'existence de la conscience dans l'univers, et tentera naturellement de lui trouver un cadre théorique, comme nous l'avons déjà suggéré à la section 8.5.

En conclusion à cette section introductive, nous pouvons donc résumer ainsi les deux pièges à éviter dans la comparaison qui s'annonce :

1. Dépasser le stade de la simple analogie sémantique par une analyse approfondie des éléments de convergence (faits expérimentaux, ou au contraire éléments d'interprétation de ces faits, avec possibles influences culturelles héritées biaisant l'interprétation, et possibles antagonismes entre théories, qu'elles soient physiques ou bouddhistes) ;

2. Reconnaître le quasi-antagonisme des objectifs des deux disciplines, sotériologique pour le bouddhisme, c'est-à-dire déconstructeur de la réalité illusoire pour le salut de l'Homme, et pour la physique au contraire, objectif modélisateur d'une réalité généralement considérée (dans sa vision réaliste) comme indépendante de l'observateur. Parallèlement, si l'on s'en tient à l'école *madhyamaka* de la voie médiane, l'approche boud-

dhiste est dialectique et conduit à la transcendance des concepts, tandis que la description physique du monde est forcément conceptuelle.

Gardant les deux précautions qui précèdent à l'esprit, nous examinerons la convergence entre physique et bouddhisme sur les aspects suivants : l'émergence de formes depuis le vide-vacuité (section 9.2), l'illusion de la réalité (section 9.3), l'interdépendance et les relations en tant qu'ontologie physique (section 9.4), et enfin la non-dualité transcendante (section 9.5).

9.2 Émergence de formes depuis le vide-vacuité

L'émergence de formes depuis le vide-vacuité est au cœur à la fois de la philosophie bouddhiste et de la théorie physique la plus avancée, la théorie quantique des champs (dont nous avons décrit les principales caractéristiques à la section 7.2.2).

Il convient cependant de remarquer d'emblée que ce qu'il est convenu de désigner traditionnellement en français par le mot « vacuité » (*sunyata*) est une notion bouddhiste subtile qui peut être comprise de multiples façons, d'autant que le terme « vacuité », utilisé ici pour des raisons de concision, n'en constitue pas la meilleure traduction. « Sagesse (*jnana*) capable de distinguer entre ce qui donne l'illusion d'être et ce qui est réellement » constitue probablement une meilleure traduction du terme sanscrit *sunyata*. Cette traduction met directement en lumière la première signification de *sunyata* qui est l'« absence d'existence intrinsèque des êtres sensibles (*no atman*) et des phénomènes (*no dharma*) ». Ce premier sens est assez éloigné de celui du vide de la physique quantique, duquel peuvent émerger les particules, comme nous l'avons décrit à la section 7.2.2, mais est en rapport direct avec la notion d'interdépendance, que nous décrirons à la section 9.4 et qui s'immisce largement dans les concepts de la physique contemporaine.

La vacuité bouddhiste peut s'interpréter également comme la source d'où émergent formes et pensées, et sur ce point rejoint le vide de la physique quantique, dont elle constitue le parallèle dans le domaine psychique. De la vacuité émergent toutes les manifestations perçues par notre conscience sensorielle. Ceci est bien exprimé par les vers suivants de la *Prière à la lignée du Mahamoudra* [206] :

> As is taught, the nature of thought is *dharmakaya* ;
>
> It is nothing whatsoever, yet arises as everything.
>
> To the meditator for whom all arises in unceasing play,
>
> Grant your blessings so that I realize *samsara* and *nirvana* as undivided.[7]

Ces vers sont des instructions de pratique pour la méditation *vipassana* (c'est-à-dire « vision pénétrante » ou « vue supérieure » ; tibétain *lhaktong*) qui permet d'examiner et de reconnaître la vacuité en développant notre capacité à voir clairement la nature des phénomènes [206]. La vacuité peut être reconnue par l'examen de notre esprit, et la réalisation que sa nature ultime est vide, car lorsque nous examinons l'esprit (non conceptuellement), nous ne trouvons rien. Bien que nous soyons conscients de l'apparition d'une pensée, lorsque nous l'examinons directement, nous ne trouvons rien, c'est-à-dire nous ne trouvons aucune entité substantielle (*It is nothing whatsoever*). Ce vers est donc plus facilement compréhensible en inversant l'ordre des propositions : *Bien que des pensées surviennent, elles ne sont rien.* La proposition *yet arises as everything* indique cependant que le mot « rien » ne doit pas être interprété dans le sens d'absence de qualités, puisque la vacuité constitue le fondement des qualités que nous recherchons dans les pensées, à savoir les qualités de l'Esprit de Bouddha. C'est là le sens de la strophe *It is nothing whatsoever, yet arises as everything*.

---

[7] Traduction des auteurs :

> Comme il est enseigné, la nature des pensées est le *dharmakaya* ;
> Elles ne sont rien, et pourtant elles se manifestent comme toute chose.
> Au méditant pour qui tout se manifeste en un jeu incessant,
> Accordez vos bénédictions afin que je réalise le *nirvana* et le *samsara* comme un.

Pour l'explication du concept *dharmakaya* (corps absolu ou corps de Bouddha), voir la section 4.9.3.

L'émergence de formes (dans le sens de « visions ») à partir de la vacuité est également très clairement décrite dans le *Bardo Thödröl* (*Le Livre Tibétain des Morts* [128]), mais au final, ces manifestations-visions ne sont pas différentes de l'émergence de pensées comme décrit ci-dessus. Au moment de la mort, lorsque la conscience fait face à la Claire Lumière (ou encore la Vérité en Soi, ou *dharmata*, ainsi qu'est appelée la nature fondamentale de l'Esprit), il se produit ceci ([128], p. 91) : « Ton Lama t'avait déjà présenté cette Claire Lumière ; et maintenant tu es sur le point de l'expérimenter dans sa Réalité de l'état intermédiaire de la Vérité en Soi, là où toutes choses sont comme le vide et le ciel sans nuages, et l'esprit nu et sans taches se compare à un vide transparent sans circonférence ni centre. » Et plus loin ([128], p. 103), le mourant est incité à penser ceci : « Hélas ! tandis qu'apparaît en moi l'état intermédiaire[8] de la Vérité en Soi, et que j'ai repoussé la peur et l'angoisse, il faut que je reconnaisse tout ce qui s'y élève comme étant mes propres projections. »

Si l'on se place du point de vue de la réalité absolue telle qu'enseigné par l'école de la Grande Perfection *Dzogchen* ([273], [372] pp. 163-165, [373] pp. 110-116), non seulement ces visions de l'état *post-mortem,* mais plus généralement tous les phénomènes de notre « réalité relative » apparaissent comme la manifestation de l'« espace absolu des phénomènes », qui transcende tous concepts, comme les notions d'existence et de non-existence, un et plusieurs, ou sujet et objet. Cet « espace absolu des phénomènes » est nommé *dharmadhatu* dans l'*Avatamsaka sutra* ou *Sutra de l'ornementation fleurie* [82]. Il s'agit de la réalité ultime non duelle perçue par les bouddha en *dharmakaya,* qui ont réalisé la nature illusoire des phénomènes, ont transcendé l'ego par la réalisation de la nature de l'esprit et ont surmonté les oppositions entre essence et phénomène, apparence et vacuité ainsi que celles déjà mentionnées ci-dessus. Selon le corpus d'enseignement de la Grande Perfection, le monde physique[9] (ou encore la « réalité relative », par opposition à la

---

[8] Voir le chapitre 1.2 pour une description plus détaillée des différents *bardo* (« états intermédiaires »), parmi lesquels celui de la Vérité en Soi (*dharmata*).
[9] Le monde physique que nous occupons est aussi appelé le monde du désir (*desire realm*) dans le vocable bouddhiste. Il existe également deux autres

« réalité ultime » du *dharmadhatu*) émerge de l'unité formée par cet espace absolu des phénomènes *dharmadhatu,* par la conscience primordiale (*jnana*) et par l'énergie indivisible (*jnana-prana*[10]) de l'espace et de la conscience[11]. Selon le *dharmadhatu,* l'espace n'est donc pas séparé de la conscience primordiale, non locale et atemporelle puisque l'espace absolu des phénomènes est imprégné non seulement de la conscience primordiale (*jnana*) mais aussi de l'énergie vitale infinie de cette conscience primordiale (*jnana-prana*). Et cette conscience primordiale est de plus habitée par une connaissance et une compassion illimitées. En résumé, on peut simplifier en affirmant que la réalité ultime est l'union de la vacuité (car les phénomènes ainsi que l'ego sont « vides d'existence propre ») et de la sagesse omnisciente et compatissante, même si toute affirmation au sujet de la réalité ultime ne peut être que réductrice, ne pouvant appréhender la réalité ultime qui se situe au-delà de tout concept (comme le soutient l'école *madhyamaka*, l'école de la voie médiane ; voir section 4.9.3) !

Comme conséquence de notre tendance à la réification, l'apparition des dualités qui en résulte fait que le *dharmadhatu* n'est pas perçu selon sa vraie nature, et la conscience primordiale (*jnana)* fait alors place à la conscience-substrat

---

émanations du *dharmadhatu* que sont le monde de la forme (*form realm*) et le monde des sans-formes (*formless realm*), ces derniers étant peuplés par des êtres ayant atteint sur la voie de l'Éveil un niveau beaucoup plus avancé que celui des êtres ordinaires que sont la plupart d'entre nous. Ces mondes peuvent également être décrits par les états d'esprit correspondants, qui peuvent être atteints par les méditations appropriées.

[10] Le terme sanscrit *prana* possède de nombreux sens parmi lesquels « respiration », « souffle vital », « énergie », « esprit », de sorte que ses significations dérivées sont variées, allant de « énergie vitale » ou énergie de la conscience elle-même à « souffle psychique » et par extension aux subtilités de la respiration. À propos de l'énergie vitale de cette conscience primordiale (*jnana-prana*), le lecteur intéressé pourra consulter le traité de Düdjom Lingpa (1835-1904), *The Vajra Essence : From the Matrix of Pure Appearances and Primordial Consciousness, a Tantra on the Self-Originating Nature of Existence* ([118], pp. 210-212).

[11] Voir sur ce point précis de l'unité de l'espace et de la conscience le témoignage de Paula Breymeier dans l'ouvrage *The Miraculous 16th Karmapa* ([225], pp. 255-257, repris à la section 9.5 ci-dessous), affirmant que, sur le plan de la réalité ultime, l'espace possède une existence absolue ultimement équivalente à la nature de l'esprit.

(*alaya vijnana* ou la huitième conscience ; voir section 4.9.3) dans laquelle apparaît le sens du soi, qui est appréhendé comme étant « ici » et « maintenant », et cette illusion du moi s'accompagne de l'illusion du monde extérieur « là-bas ». Nous en arrivons ainsi à comprendre l'origine de l'illusion de la réalité qui sera discutée à la section suivante 9.3.

Le *dharmadhatu* peut donc être considéré comme l'expression de la dimension ultime de la réalité d'où émergent espace, temps, énergie, matière et esprit, qui ne peuvent être dissociés sur le plan de la réalité ultime où ils s'interpénètrent. Fazang (643-712), un grand maître chinois de l'école *Avatamsaka*, expliqua l'interpénétration des concepts qui caractérise le *dharmadhatu* au moyen de l'analogie suivante (d'après [347]). Une bougie allumée est entourée d'un cercle de miroirs. La lumière centrale se réfléchit en chacun d'eux et chacune de ces lumières réfléchies se réfléchit elle-même dans chaque miroir, si bien qu'il y a ainsi un parfait jeu mutuel de lumières.

Le *dharmadhatu* possède donc des propriétés que l'on peut rapprocher de celles de la symétrie originelle de l'univers dans l'état du vide quantique, avant que celle-ci ne se brise et ne conduise à l'apparition des quatre interactions fondamentales différenciées (section 7.2.4). De la même manière, la brisure de la symétrie fondamentale du *dharmadhatu* conduit à l'apparition des dualités objet et sujet, existence et non-existence, apparences et vacuité, passé et futur (le *dharmadhatu* lui-même, étant au-delà du passé, du présent et du futur, est de ce fait aussi parfois nommé « le quatrième temps »). Selon ce point de vue, les réalités absolue et relative des phénomènes n'ont pas d'autre identité propre que celle des contextes cognitifs dans lesquels elles sont appréhendées. La réalité absolue est perçue dans le contexte cognitif du *dharmakaya* d'un bouddha, tandis que le contexte cognitif du niveau de réalité relative est celui d'un observateur « non éveillé » (au sens bouddhiste de ce terme) qui fait usage de ses capacités de perception duelle et de conceptualisation. Ses qualités de *perception* lui livrent des observations qui lui permettent de se situer dans l'espace-temps de la réalité relative, tandis que ses capacités de *conceptualisation* complètent le tableau cognitif par la formulation de théories permettant de rendre compte de ces observations. Le contexte cognitif du niveau de réalité relative est donc défini par les observations empiriques des phénomènes perçus combinées au système conceptuel et culturel dans lequel les théories sont formulées. « Cette démarche a pour conséquence de *mettre l'univers en mouvement*, mais relativement à un système de référence cognitif, » pour reprendre les propos de A. Wallace ([373], p. 111). Sans cette participation d'un agent perceptif (« l'observateur »), il n'y a pas de phénomènes et l'univers est statique. Ceci rejoint parfaitement le point de vue de la cosmologie quantique qui impose la présence d'un observateur afin de délivrer des prédictions non triviales dans un « univers en mouvement » (voir section 8.2). Les propos d'Andrei Linde [227] « Se pourrait-il que la conscience, tout comme l'espace-temps, possède ses propres degrés de liberté interne[12], et que négliger ceux-ci conduirait à une description de l'univers fondamentalement incomplète ? » trouvent également écho dans le *dharmadhatu* bouddhiste qui invite clairement les physiciens à intégrer la conscience à leur description (ultime) du monde. De plus, cette apparente dualité (pour les êtres non éveillés) entre réalités relative et ultime est à mettre en parallèle avec les ordres explicite et impliqué de Bohm et Hiley (section 7.1.3). Le *dharmadhatu*, l'ordre impliqué de Bohm-Hiley qui se trouve sous le joug de l'information et l'*Unus Mundus* de Jung et Pauli (section 8.5) sont très vraisemblablement une seule et même chose, comme nous l'avons souvent suggéré dans ces pages.

[12] A. Linde fait ici référence au fait que jusqu'à l'avènement de la relativité générale, l'espace-temps était considéré comme une entité indépendante de la matière, comme une grille qui, combinée à des horloges, constitue le cadre de la description des mouvements des particules de matière. L'espace-temps ne disposait pas de degrés de liberté internes. Il constituait juste un outil pour la description de la seule réalité que constituait le monde matériel. La situation changea radicalement avec l'avènement de la relativité générale, puisque désormais espace-temps et matière devenaient interdépendants, la présence de matière causant une déformation de l'espace-temps. De plus, des degrés de liberté internes sont apparus sous la forme des ondes gravitationnelles, se propageant dans l'espace-temps indépendamment de la présence ou non de matière. Dès lors, il n'y a plus lieu de se demander ce qui de la matière ou de l'espace-temps est le plus fondamental. L'idée sous-jacente que A. Linde veut transmettre ici est que les perceptions et la conscience qui les accompagnent pourraient être l'analogue de l'espace-temps dans la comparaison ci-dessus, et constituer un élément essentiel pour une description complète de l'univers.

En conclusion, il est donc possible d'affirmer que la vacuité bouddhiste manifeste toutes choses, et cette propriété est réminiscente des potentialités du vide quantique, que nous avons décrites à la section 7.2.2. En effet, ces potentialités du vide – et en particulier l'apparition de « particules-virtuelles », voire même la génération de l'univers dans son ensemble (section 6.5 de [3], et E. Gunzig dans [65], p. 5) ! – peuvent être considérées comme un attribut de l'espace, renforçant ainsi la similitude avec le *dharmadhatu* bouddhiste.

9.3 L'illusion de la réalité

Tout d'abord, leur dit-il en appuyant sur les mots, il vous faut comprendre que le goéland n'est que l'image d'une liberté sans limites créée par le Grand Goéland et que votre corps perceptible, d'un bout de l'aile à l'autre, n'existe que dans votre conscience !

Richard Bach, *Jonathan Livingston le goéland* [17], p. 87

« The Matrix is everywhere. [...] It is the world that has been pulled over your eyes to blind you from the truth. »

Cité par *Matrix machine philosophique*, Alain Badiou *et al.*, Paris, Ellipses, 2003, p. 34

[Selon] la perspective centriste [...], rien de ce qui existe n'a de nature intrinsèque ou d'identité. Comment alors existent les choses ? Vu sous cet angle, toutes les entités sont prises dans des rapports de dépendance et n'existent pas sur un mode autonome qui suffirait à les définir. L'existence même des phénomènes dépend du pouvoir de l'esprit et d'une désignation établie par convention, étant entendu que l'esprit lui aussi n'a qu'une identité conventionnelle.

A. Wallace, *Science et bouddhisme – À chacun sa réalité* [370], p. 173

Nous croyons vivre dans un monde matériel constitué de trois dimensions spatiales et d'une dimension temporelle, mais nous ne concevons la réalité qu'à travers nos propres perceptions. Or la physique quantique nous prouve qu'elles sont trompeuses : la réalité ultime ne peut en aucune façon correspondre au monde tel que nous le connaissons. Elle serait plus de l'ordre de l'esprit que de la matière, et notre cons-

cience, loin d'être un épiphénomène, serait la projection de la nature même de ce qui est.

H.P. Stapp, *Le monde quantique et la conscience* [340], 4e de couverture

L'affirmation qui constitue le titre de la présente section est certainement l'une des plus difficiles à admettre, à moins de réaliser qu'elle tire son origine de l'attachement à notre ego, comme cela fut suggéré à la section précédente (voir aussi la section 4.9.1). Comme conséquence de notre tendance à la réification (c'est-à-dire à attribuer une existence indépendante aux objets que nous percevons), l'apparition des dualités qui en résulte (en particulier la dualité sujet-objet) fait que le *dharmadhatu*, l'espace absolu des phénomènes, n'est pas perçu selon sa vraie nature. En particulier, la conscience primordiale (*jnana)* fait alors place à la conscience-substrat *alaya vijnana* par laquelle apparaît l'illusion du moi qui entraîne l'illusion du monde extérieur. C'est donc *in fine* la dualité sujet-objet qui nous pousse à croire en une réalité extérieure indépendante de l'observateur. Cette idée fut cependant centrale dans le développement de la physique, et on pourrait même aller jusqu'à affirmer que le concept philosophique de « réalisme » (section 4.6) en constitue ses racines, comme en témoignent les citations d'Einstein rapportées à la section 7.1. Pourtant, comme nous l'avons suggéré aux sections 7.1.4-7.1.5, le réalisme physique (soit l'existence d'une réalité objective) est aujourd'hui mis à mal par les expériences sur les particules intriquées[13], au point que les physiciens commencent à douter du bien-fondé du réalisme physique. Andrei Linde [227] écrit par exemple :

[13] Par ailleurs, dans le domaine de la cosmologie, à l'autre extrémité des échelles de longueur vis-à-vis de la mécanique quantique, est apparue une théorie absolument surprenante, celle du « principe holographique » [28,345]. Celui-ci (qui n'est encore aujourd'hui qu'une conjecture, brièvement évoquée ci-dessus à la note 6 de la section 8.3) suggère que notre apparente « réalité » tri-dimensionnelle ne serait en fait que la projection holographique de la réalité ultime bi-dimensionnelle située sur la frontière de l'univers. La réalité ultime serait donc localisée sur la plaque holographique tandis que notre réalité apparente ne serait que le déploiement à trois dimensions spatiales de cet hologramme-réalité-ultime encodé dans une surface à deux dimensions spatiales.

> [Jusqu'ici la physique et les neurosciences considéraient] la conscience comme une propriété émergente de la matière et comme un outil permettant de décrire le monde de la matière. Mais rappelons-nous que notre connaissance du monde commence non pas avec la matière mais avec nos perceptions. [... Nous] n'avons besoin d'aucune preuve de leur existence, parce que ces perceptions font partie de nous-mêmes ; tout le reste est une théorie. Ensuite nous découvrons que ces perceptions obéissent à certaines lois, qui peuvent être formulées de manière commode en supposant qu'il existe une réalité sous-jacente à nos perceptions. Ce modèle du monde de la matière obéissant aux lois de la physique est à ce point couronné de succès que bientôt nous oublions notre point de départ et affirmons que la matière est la seule réalité, et que les perceptions ne sont rien d'autre qu'une qu'un outil utile afin de décrire le monde matériel. Cette hypothèse est presque aussi naturelle (et peut-être aussi également fausse) que [...] l'hypothèse que l'espace ne constitue qu'un outil mathématique pour décrire la matière[14]. Nous substituons donc la *réalité* de nos perceptions par la *théorie* couronnée de succès d'un monde matériel possédant une existence indépendante. Et cette théorie est à ce point couronnée de succès que nous ne réfléchissons presque plus jamais à ses limitations.

Sur la question de l'illusion de la réalité des phénomènes, même les neurosciences s'accordent aujourd'hui pour reconnaître que nous sommes jusqu'à un certain point les créateurs de notre réalité, puisque les perceptions sont intensément structurées par nos attentes et notre expérience passée (voir la discussion au sujet des illusions d'optique à la section 5.1 ; aussi [380] pp. 142-145). Cette « expérience passée » peut même impliquer notre niveau de développement spirituel : l'histoire d'Asanga et du bouddha Maitreya présentée à la section 4.9.3 illustre sous la forme d'une parabole le fait que la perception de la réalité dépend entièrement du niveau de développement spirituel de l'individu. À ce titre, une question importante qui se pose souvent est celle-ci : si le monde des phénomènes est illusoire, comment se fait-il que ceux-ci soient partagés par l'ensemble

---

[14] Voir la note 12 ci-dessus.

des individus d'une collectivité expérimentant les mêmes événements, ce partage étant d'ailleurs (paradoxalement) ressenti comme un signe d'objectivité de la situation vécue ? A. Wallace fournit la réponse à cette question essentielle ([370], pp. 221-222, voir aussi section 1.3) :

> Le bouddhisme tibétain affirme que les acquis d'expérience relatifs à l'environnement sont rendus possibles par l'activation – ou la *maturation* – de traces imprimées sur le continuum mental individuel par les actions de vies antérieures. Ces traces sont parfois comparées à des *graines karmiques,* car c'est d'elles que naît le monde dont chacun de nous a l'expérience. Certaines de nos actions sont accomplies dans une solitude relative, d'autres en participation avec autrui. Lorsque les traces correspondant à ces actions sont activées, nous vivons respectivement les événements de manière individuelle ou en commun avec d'autres. En bref, l'action en participation s'ouvre sur une expérience collective, alors que l'action individuelle solitaire ouvre sur une expérience singulière.
>
> Pour mieux saisir le sens profond de cette théorie, il faut se souvenir que les formes individuelles de conscience primordiale sont de même nature que la conscience primordiale qui imprègne l'existence tout entière. Chacune des graines karmiques placées sur la conscience discrète d'un individu l'est également sur la conscience primordiale partout présente. Autrement dit, si plusieurs individus se trouvent dans des conditions favorables à la maturation de telle ou telle graine, ils vivront une expérience commune. Imaginons qu'un millier de personnes partagent l'expérience d'un même environnement ; ces gens peuvent être comparés à autant de lampes, et l'environnement qu'ils découvrent ensemble à la lumière que chacun dégage individuellement. Si l'un d'eux vient à mourir, ses traces karmiques cessent d'être activées ; pour en rester à notre image, c'est comme si une lampe s'éteignait. Mais la lumière produite par toutes les autres lampes n'en continue pas moins de briller, autrement dit l'environnement que partagent les 999 autres personnes leur apparaît toujours. En revanche, quand les traces karmiques de l'ensemble des participants cessent d'être activées, l'environnement qui leur était commun s'efface. [...] Les événements qui s'offrent à notre expérience dépendent de notre conditionnement conceptuel. Et bien des contemplatifs bouddhistes ont pu vérifier que la to-

> tale suppression de la tendance à la conceptualisation provoquait la dissipation des apparences ; seul le vide ontologique s'offre à l'expérience.

À propos de l'illusion de la réalité, le point de vue bouddhiste (et plus précisément celui de l'école centriste de la voie du milieu *madhyamaka*) est bien résumé par A. Wallace ([370], pp. 158, 162) :

> S'agissant de la physique, le réalisme affirme que les entités matérielles existent indépendamment de l'esprit, et l'idéalisme soutient qu'elles sont de même nature que lui. La position centriste réfute ces deux assertions en déclarant que la dichotomie qui sépare le physique du psychique n'existe que par convention. C'est sur la base de l'expérience ordinaire que nous identifions les phénomènes physiques et psychiques, ainsi que les distinctions établies entre les uns et les autres. [...] [Dans le cadre de l'approche centriste,] ce que nous cherchons à définir, ce n'est pas une théorie à même de cartographier exactement une réalité extérieure objective et autonome, mais un système valide par convention en ce sens qu'il nous rend intelligibles des phénomènes reconnus par convention.

Cette position centriste diffère subtilement de celle de A. Linde exprimée ci-dessus, et s'approche de celle défendue par Michel Bitbol, dans son essai *Physique et Philosophie de l'Esprit* [33], qui invite à ne pas s'accrocher à une théorie donnée, pour les raisons longuement discutées à la section 9.1 ci-dessus.

En conclusion, la position bouddhiste schématisée ci-dessus peut aider le physicien à abandonner le point de vue réaliste dans sa description du monde, comme semblent l'exiger les expériences rappelées plus haut. Le réalisme reste cependant tenace puisqu'il constitue la racine historique de la science physique. Le raisonnement bouddhiste expliquant l'origine de la nature illusoire de la réalité conventionnelle, tel qu'il vient d'être exposé, est pourtant parfaitement logique, établissant le lien entre illusion de la réalité conventionnelle et vacuité ultime, l'une faisant place à l'autre à mesure du progrès sur la voie de l'Éveil. Et cette relation entre réalité conventionnelle et réalité ultime fait la place belle à l'interdépendance, que nous abordons à la section suivante 9.4.

9.4 L'interdépendance

Si j'essayais d'exprimer en mots la vérité essentielle révélée par l'expérience mystique, ce serait celle-ci. Nos esprits ne sont pas séparés du monde et les sensations que nous avons de contentement et de mélancolie ainsi que nos autres sentiments plus profonds ne sont pas de nous seuls, mais sont des aperçus de réalité transcendant les limites étroites de notre conscience particulière.

Sir A. Eddington, cité par Alan H. Batten, Quarterly Journal of the Royal Astronomical Society, Vol. 35, pp. 249-270, 1994

Comme nous l'avons déjà exposé dans les sections qui précèdent, la vacuité est, selon la philosophie bouddhiste, la nature ultime de toutes choses, puisque rien dans la réalité conventionnelle ne possède d'existence intrinsèque. Il en résulte que toute chose ne tire son existence que de son interdépendance avec d'autres choses : en bref, toute chose ne peut exister qu'au travers de relations, comme le propose également la physique et son ontologie de la matière et de l'espace (section 7.2). L'interdépendance constitue donc le fondement de la réalité : de l'interdépendance découle en effet l'absence d'existence intrinsèque, et de là dérive la vacuité, dont la réalisation procure l'Éveil.

Parmi tous les concepts de la pensée bouddhiste dont on retrouve des analogues dans la physique contemporaine, l'interdépendance est sans conteste le concept le plus présent. Il s'y manifeste en effet sous les diverses formes suivantes (section 7.2.5) : celle de l'importance des *symétries,* celle de la *non-localité,* celle de *comportements cohérents pour un ensemble de particules,* ainsi que sous la forme de la *définition relationnelle* de la matière et de l'espace, sous la forme du *principe de moindre action,* ou encore dans *l'interprétation relationnelle de la mécanique quantique.* Dans tous les cas, la raison de ce comportement interdépendant au sein de la physique nous est inconnue, sinon qu'il suggère l'existence d'un niveau de réalité plus profond, comme nous le soulignons au cas par cas dans la suite, en faisant le parallèle avec le bouddhisme le cas échéant.

9.4.1 Définition relationnelle de la matière et de l'espace

Nous avons longuement argumenté à la section 7.2 que matière et espace semblent dans la physique d'aujourd'hui (en tout cas dans le cadre des théories de gravitation quantique à boucles ; selon [316], pp. 67-68 et section 7.2.5) trouver leur meilleure définition dans une formulation relationnelle. L'espace en tant qu'entité servant de décor aux phénomènes comme le concevait Newton ne semble pas compatible avec la théorie de la gravitation quantique à boucles. En gravitation quantique, les boucles sont les quanta de champ gravitationnel et ce sont leurs relations qui constituent l'espace. La définition physique de l'espace semble donc elle aussi recourir aux notions de relation et d'interdépendance si centrales dans le bouddhisme. Cependant, au-delà de cette analogie de façade, la confrontation de l'ontologie du concept d'espace entre physique et bouddhisme révèle quelques divergences, quoique le sujet soit difficile et la confrontation par conséquent délicate.

Pour commencer, les diverses écoles bouddhistes ont des points de vue différents quant à la nature de l'espace. Pour l'école *svatantrika* de la voie du milieu *(madhyamaka svatantrika*; figure 4.3), l'espace participe à la réalité ultime. Au contraire, pour l'école *madhyamaka prasangika* qui refuse toute assertion, la réalité ultime est au-delà de tout concept. Quant au texte *L'émergence en la foi dans l'Absolu* que nous avons présenté à la section 4.9.3 et qui appartient à la voie du Grand Véhicule (*mahayana*), il précise que « [L'espace] n'a ni existence ni réalité. C'est un terme en opposition à la réalité. Nous disons seulement que ceci ou cela est visible de manière à être capable de les distinguer ». Nous constatons que cette fois, ce sont les écoles bouddhistes qui présentent des points de vue différents sur une question donnée (quoique le terme « espace » dans son acception bouddhiste ne fut pas précisément défini dans ce qui précède, au contraire de ce qui va suivre). Cependant, comme cela fut expliqué plus haut, ces différents points de vue doivent se comprendre dans le contexte sotériologique des différentes écoles bouddhistes, adaptées aux divers niveaux de maîtrise spirituelle et aux diverses variétés de personnalité des pratiquants.

Les difficultés épinglées ci-dessus trouvent clairement leur origine dans une définition insuffisamment précise du concept d'espace, une parfaite illustration de l'un des dangers (à savoir la similitude sémantique) de cette confrontation souligné en introduction à ce chapitre (section 9.1). Malgré des dénominations semblables (au moins en français), les concepts d'espace en physique et dans le bouddhisme sont susceptibles d'évoquer des niveaux de réalité différents. L'espace de la physique peut être soit celui dans lequel nous observons les phénomènes (au sens de l'espace absolu newtonien ; ce serait dans ce contexte en quelque sorte la scène sur laquelle se déroule le théâtre illusoire des phénomènes), soit l'espace émergeant de relations entre quanta de la gravitation quantique à boucles (il s'agit dans ce contexte d'un niveau de description beaucoup plus profond), tandis que dans le bouddhisme, la notion d'espace peut être associée au concept de *dharmadhatu*, soit l'« espace absolu des phénomènes », décrit à la section 9.2. Le concept de *dharmadhatu* est incontestablement plus riche que celui de l'espace même dans la physique contemporaine, quoique cette unité primordiale de l'espace, de la conscience et de l'énergie puisse être rapprochée de l'ordre impliqué, que ce soit dans le contexte bouddhiste ([373], p. 110) ou dans celui de l'interprétation métaphysique de la mécanique quantique selon Bohm, Peat et Hiley ([47] ; aussi figure 8.2).

9.4.2 Le principe de moindre action ou principe hamiltonien

Dans la description du monde que propose l'Occident contemporain, le rôle joué par le principe hamiltonien de moindre action (section 7.2.6) est central, puisque ce dernier constitue la pierre angulaire de la théorie quantique (cet aspect ne fut pas évoqué dans la brève introduction à la mécanique quantique présentée au chapitre 7, qui se limita à l'équation de Schrödinger, mais le lecteur intéressé trouvera cette approche hamiltonienne dans n'importe quel traité – voir la liste de références présentée en avant-propos). Il est possible de donner une description qualitative simple du principe de moindre action. Ce principe constitue en réalité une généralisation à l'ensemble de la mécanique d'un principe déjà connu en optique, à savoir le *principe de moindre temps,* ou principe de Fermat (1650). Il exprime le fait que, de tous les chemins possibles allant d'un point à un autre, la lumière emprunte celui qui requiert la durée la plus courte. Ce principe permet d'expliquer de manière très simple les lois optiques de la réflexion et de la réfraction. Le principe de moindre action est sensiblement le même que le principe de moindre temps, à condition de remplacer la durée par l'action, cette dernière étant liée à l'énergie du système. Exprimée de cette manière, l'évolution d'un système mécanique est donc gouvernée par un principe de globalité, puisque la notion d'intégrale minimale suggère un processus d'exploration de tous les possibles. Quoique cette formulation soit équivalente à celle de Newton, elle et elle seule est généralisable à la formulation quantique, ce qui atteste de sa prévalence. Mais ce principe de globalité souligne également l'importance de l'interdépendance dans la description de la réalité et suggère en outre l'existence d'un principe holistique à l'œuvre dans la nature.

9.4.3 Les symétries

Les symétries sont omniprésentes en physique, comme nous l'avons vu à la section 7.2.4. Une symétrie est présente lorsqu'une propriété est invariante sous une certaine transformation : par exemple, le cube ne change pas d'apparence après une rotation de 90° selon un axe centré sur une face et perpendiculaire à celle-ci (figure 7.16).

Les symétries sont mentionnées ici car elles traduisent en quelque sorte une forme d'interdépendance ; en l'occurrence, les symétries relient différents aspects d'un même objet. Elles établissent le lien sous-jacent aux apparences variées d'un même objet. Elles constituent également le signe d'une réalité située à un niveau plus profond que la réalité habituellement perçue, comme nous le soulignerons plus bas dans la discussion consacrée à la non-localité.

Une symétrie particulièrement pertinente pour notre propos est celle qui concerne l'échange de particules indissociables au sein d'un ensemble. Dans le cas où les particules possèdent un spin demi-entier[15] (on parle alors de « fermions »), cette symétrie d'échange est associée au principe d'exclusion de Pauli. Au niveau des particules élémentaires, le monde est donc régi par une espèce de danse des contraires (symétrie et antisymétrie). Mais il n'y a pas de force, au sens physique du terme, associée à cette propriété d'(anti)symétrie [132,305]. Par exemple, dans le contexte du principe d'exclusion, l'exclusion entre particules identiques n'est en aucun cas le résultat d'une force ; par conséquent, ce principe d'exclusion ne relève pas du principe de causalité. Il relève au contraire d'une symétrie d'échange des particules prises dans leur ensemble. Puisqu'il n'y a pas de causalité impliquée ici, ce serait plutôt une sorte de synchronicité qui lie simultanément toutes les particules. Le principe d'exclusion est en physique l'un des plus aptes à suggérer l'existence d'une réalité plus profonde, au niveau de laquelle cette synchronicité apparaîtrait parfaitement naturelle. Ce n'est sans doute pas un hasard si c'est Pauli qui joua un rôle essentiel dans l'identification de ces principes – on se souviendra que Pauli aida Jung à analyser les implications du concept de synchronicité (chapitre 6) ! Une situation similaire se présenta dans l'histoire de l'astronomie, et la description que nous en faisons ci-dessous permettra au lecteur de saisir où se cachent les indices en faveur de l'existence d'un niveau de réalité plus profond. Dans la description géocentrique du système planétaire par le modèle de Ptolémée (~100 - ~170), des coïncidences devaient être imposées aux positions des planètes extérieures (Mars, Jupiter et Saturne) sur leur épicycle, comme expliqué dans la légende de la figure 9.1, afin de reproduire les apparences, à savoir les mouvements apparents des planètes observées depuis la Terre. Ce sont probablement ces coïncidences qui poussèrent Copernic à pressentir l'existence d'un niveau plus profond de description du système planétaire, à savoir le modèle héliocentrique (à cette époque, aucun fait d'observation nouveau

---

[15] Pauli a montré que bosons et fermions diffèrent par le nombre quantique de spin. Le spin peut être assimilé à une mesure de la rotation de la particule sur elle-même – une analogie empruntée à la physique classique dont la validité est cependant limitée (voir la note 3 du chapitre 7). Les fermions possèdent un spin demi-entier tandis que les bosons ont un spin entier (section 7.2.4).

n'imposait pourtant l'abandon du paradigme géocentrique). À ce niveau plus profond, ces coïncidences possèdent une explication simple et naturelle : le lien apparent entre les positions des planètes extérieures sur leur épicycle dans le cadre géocentrique n'est que le reflet de la position de la Terre sur son orbite autour du Soleil dans le cadre héliocentrique ! En effet, dans le modèle géocentrique, l'épicycle des planètes extérieures traduit en fait le mouvement orbital de la Terre autour du Soleil. Par conséquent, puisqu'il y a une et une seule position pour la Terre sur son orbite héliocentrique à un instant donné, toutes les planètes extérieures doivent forcément occuper la même position sur leur épicycle dans le contexte du modèle géocentrique. Dans la description au niveau plus profond, à savoir la description héliocentrique, ces coïncidences s'expliquent donc naturellement, et la description à ce niveau n'a plus recours à ces coïncidences, puisque la notion même d'épicycle s'efface purement et simplement !

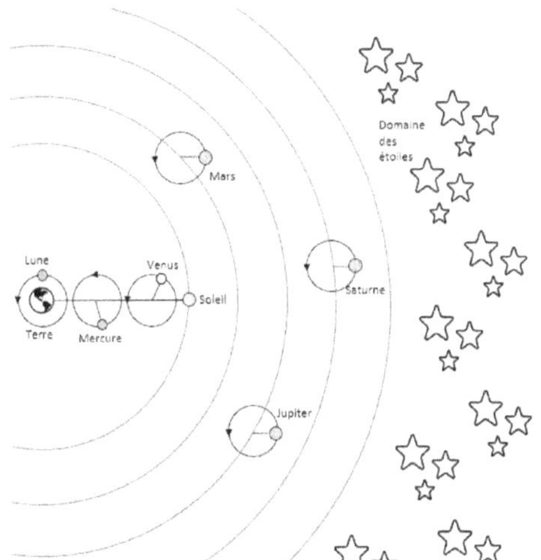

Figure 9.1 Le modèle géocentrique de Ptolémée du système planétaire. Chaque planète parcourt un petit cercle appelé épicycle, dont le centre parcourt un grand cercle appelé déférent. Remarquer la coïncidence des positions des planètes extérieures (Mars, Jupiter, Saturne) sur leur épicycle, toutes situées dans la même direction que celle du Soleil par rapport à la Terre. Re-

marquer également l'alignement du centre des épicycles des planètes intérieures (Mercure, Venus) sur la direction solaire.

L'organisation quantique globale de la matière, selon les propriétés de symétrie ou d'antisymétrie de leur fonction d'onde globale, comme décrit ci-dessus, laisse supposer une fois de plus qu'il existe un niveau d'organisation supérieur global ou holistique. Et il est important de souligner, en relation avec les mises en garde épistémologiques présentées à la section 9.1, que les arguments physiques conduisant à cette conclusion – notamment les symétries globales d'échange – sont des faits de la nature, indépendantes des théories.

9.4.4 La non-localité ou l'ontologie des relations ?

La non-localité en physique moderne constitue un exemple de concept *interprétant* les faits expérimentaux eux-mêmes. Sa mise en parallèle avec le concept bouddhiste d'interdépendance est donc délicate, comme nous le soulignions dans la section 9.1. Nous avons décrit en détail l'apparition de la non-localité en physique à la section 7.1.2 (voir aussi [68]), comme interprétation du comportement des paires de particules intriquées face au processus de mesure. Or, comme le souligna Bernard d'Espagnat [96], la perte de la localité n'est pas obligatoire dans ce contexte, puisque la localité peut être conservée à condition d'abandonner le réalisme. Nous avons en effet largement discuté à la section 7.1.5 le fait que l'existence de particules intriquées met le physicien face à l'alternative d'abandonner soit la localité, comme proposé par l'interprétation de l'onde pilote de la mécanique quantique, soit d'abandonner le réalisme, comme proposé par l'interprétation relationnelle de la mécanique quantique. Il apparaît pourtant que, quelle que soit la branche de l'alternative choisie, un lien avec l'interdépendance bouddhiste peut être dégagé. C'est évident dans le contexte de l'interprétation relationnelle de la mécanique quantique, qui met précisément l'accent sur les relations entre phénomènes, c'est-à-dire leur interdépendance. Dans le contexte de l'onde pilote (section 7.1.3), nous avons de même souligné que le potentiel quantique apparaissant dans cette théorie apporte à la particule l'information relative à son environnement qui la guide en conséquence. Donc dans ce contexte interprétatif de la mécanique quantique également, l'interdépendance est présente puisqu'une particule élémentaire y apparaît reliée à l'ensemble de son environnement au travers du potentiel quantique.

9.5 La non-dualité transcendante

J'ai traversé le mur de l'illusion. Je me suis retrouvée dans la vraie réalité. J'ai vu comment on projetait notre réalité, comment on la créait. Pourquoi il y a la matière, pourquoi il y a séparation, pourquoi on est là, qu'est ce qu'on vient vivre. Que cette séparation est une illusion qui nous permet de nous séparer en deux pour s'expérimenter, parce que si on est « un », on ne peut pas s'expérimenter. Alors j'ai compris l'ombre et la lumière, la dualité. Pour moi, ça a été une guérison. Je n'ai plus l'impression d'être séparée. Je n'ai plus peur. Je ne me sens plus seule. La souffrance, c'est d'être dans l'illusion de la séparation [...]

Témoignage d'état modifié de conscience, rapporté par [110], p. 341

La non-dualité exprime que deux aspects de la réalité, apparemment différents, sont en réalité deux facettes d'une même entité sous-jacente. Alors que Descartes avait basé sa méthodologie scientifique sur la dualité observateur-système observé, méthode qui fut adoptée pendant trois siècles et qui conduisit aux succès de la science matérialiste, avec la mécanique quantique au contraire, nous touchons aux limites de cette méthode d'investigation de la nature. L'interaction inévitable entre le système observé et l'observateur, lors du processus de mesure, perturbe fortement le système lorsque celui-ci est microscopique. Cette interaction est la base même de la mesure, qui elle-même se situe au cœur de la mécanique quantique (du moins dans son interprétation traditionnelle de Copenhagen), via le processus dit de réduction de la fonction d'onde (voir l'encadré V « Le chat de Schrödinger » à la section 7.1.3). La réduction de la fonction d'onde est le fondement de l'interprétation canonique de la mécanique quantique par l'école de Copenhagen. Comme nous l'avons longuement discuté à la section 7.1.3, cette interprétation canonique n'est pas sans poser des problèmes, au point que des interprétations alternatives furent développées, parmi lesquelles la théorie de l'onde pilote nous est apparue fort intéressante sur le plan métaphysique, comme nous l'avons discuté tout au long de cet essai. Il n'y a en effet dans ce contexte ni opération mystérieuse (comme l'était la réduction de la fonction d'onde dans l'interprétation de Copenhagen) ni de réelle dualité observateur - système observé, qui accorderait un statut privilégié à l'observateur. L'élimination de cette dualité observateur - système rejoint donc le sort réservé à toutes les autres paires duales (onde-particule, matière-énergie...) rencontrées jusqu'ici (section 7.2) qui se sont révélées être mieux décrites en termes de *non-dualités*. En effet, les deux composantes de chacune de ces paires se sont avérées être deux facettes d'une même entité sous-jacente. Comme pour le cas de la non-localité, l'analyse ci-dessus pourrait être critiquée dans la mesure où elle se fonde une interprétation spécifique de la mécanique quantique. Cependant, à nouveau, la situation est semblable si l'on opte plutôt pour l'interprétation relationnelle de la mécanique quantique, puisque l'observateur y perd également le statut privilégié que lui accordait l'interprétation de Copenhagen. Puisque nous avons longuement justifié dans cet essai la nécessité d'abandonner l'interprétation de Copenhagen, on est dès lors en droit de conclure que la « non-dualité[16] » apparaît centrale dans la physique contemporaine.

Il en va de même pour de nombreux mouvements philosophiques et courants mystiques qui placèrent la non-dualité au cœur de leur enseignement : l'école *Advaita-Vedânta* de l'Inde ancienne, le bouddhisme du grand véhicule et du véhicule de diamant, les gnostiques, les soufistes[17], et enfin plus près de nous, Carl G. Jung, au travers de sa découverte des synchronicités, qui lient le monde intérieur, celui de la conscience, au monde extérieur, celui de la physique. Dans les pages qui suivent, nous rappelons brièvement la place jouée par la non-dualité dans chacun de ces courants philosophiques.

L'une des six écoles de l'ancienne philosophie spéculative de l'Inde ancienne nous intéresse particulièrement ici : il s'agit de l'*Advaita-Vedânta* dont le grand maître Shankara

---

[16] Même si ces « non-dualités » sont dénommées « dualités » dans le contexte de la physique !

[17] Le soufisme est la voie mystique de l'islam.

(vers 788-850) prônait la non-dualité (*a-dvaita*), signifiant l'identité pure et simple du soi interne (*âtman*, racine sanscrite du mot français *âme*) et de l'absolu (*brahman*). L'une des conséquences de cette thèse est en particulier le caractère factice de la distinction entre les êtres, lesquels ne constituent en réalité qu'une seule et même entité, reliée à l'absolu. Cette non-dualité peut être perçue par la méditation. En ce sens, l'*Advaita-Vedânta* est donc aussi une voie de connaissance, une gnose. L'idée de non-dualité fut déjà défendue préalablement par les *Upanishads* (en particulier par la *Chândogya Upanishad*, dont il fut question à la section 2.2 ; voir en particulier la brève citation extraite de cette *Upanishad* au début du chapitre 3 qui illustre l'identité de l'homme et de l'absolu). Émanant du lointain passé de l'Inde, cette idée de non-dualité influença pourtant encore considérablement la plupart des grands penseurs indiens du 20e siècle (Râmakrishna, Sri Aurobindo...). De toutes les écoles philosophiques de l'Inde ancienne, c'est la seule qui soit demeurée vivante jusqu'à aujourd'hui.

Au sein du bouddhisme (du grand véhicule et du véhicule de diamant à tout le moins), la (non-) dualité occupe une place essentielle. Elle s'y décline en plusieurs versions qui, au niveau ultime, se révèlent en fait équivalentes les unes aux autres. La plus simple est la dualité moi-les autres. Cette dualité est présente dans notre mode de fonctionnement habituel dans lequel nous ressentons et expérimentons notre individualité et notre différence par rapport aux autres. Cependant, l'analyse bouddhiste de notre fonctionnement mental, comme présenté aux sections 4.9.1 et 9.3, conclut que ce mode de fonctionnement, centré sur l'ego, conduit nécessairement au développement de toutes les afflictions mentales (jalousie, orgueil, etc.) et avec elles à l'accumulation de mauvais karma. Cependant, dès lors que la dualité moi-les autres disparaît, alors disparaît le karma de l'individu, puisque le karma bouddhiste est lié à notre perception duale du monde. Du point de vue bouddhiste, la disparition du karma signifie la sortie du monde de la réalité relative (celui du *samsara*, le cycle des morts et renaissances), et par voie de conséquence, l'entrée dans le monde de la réalité ultime. La non-dualité appelle une compréhension plus riche de la réalité, car elle nécessite de transcender les concepts, par définition limités par le vocabulaire, et par conséquent la non-dualité doit être « expérimentée » ou saisie directement par des méthodes méditatives permettant une appréhension non conceptuelle. C'est le thème enseigné par Padmasambhava dans son ouvrage *Self-liberation through seeing with naked awareness*[18], qui indique que la réalisation de la présence éveillée (*awareness*) dénuée de concept et de saisie, c'est-à-dire une conscience nue (au sens non-duelle) est la voie vers la liberté mentale et la fin de la souffrance, soit l'Éveil.

La non-dualité joue un rôle important dans les mouvements gnostiques également (chapitre 3), comme l'indique cet extrait de l'*Évangile de Philippe* (§ 10 [222]) où l'on peut deviner ce même lien entre la réalité ultime et la non-dualité :

> Lumières et ténèbres, vie et mort, droite et gauche, sont frères et sœurs,
> Ils sont inséparables.
> C'est pourquoi la bonté n'est pas seulement bonne,
> la violence seulement violente, la vie seulement vivifiante,
> la mort seulement mortelle...
> Tout ce qui est composé sera décomposé
> et retournera à son Origine ;
> mais ceux qui se sont éveillés à la Réalité
> sans commencement ni fin connaissent l'incréé, l'éternel.

La pensée gnostique établit cependant ses fondements sur une dualité fondamentale : celle d'un démiurge gouvernant le monde inférieur des ténèbres dans lequel résident les hommes n'ayant pas accompli la gnose, et un monde supérieur de lumières sur lequel règne le vrai Dieu. En effet, comme nous l'avons déjà écrit aux sections 3.3 et 3.4, devant l'imperfection du monde et le mal qui y existe, le gnosticisme refuse de croire en effet que Dieu ait pu engendrer ce mal, d'où l'existence nécessaire d'un dieu mauvais, ou au moins imparfait et limité, le démiurge. Mais il convient pour l'adepte de transcender cette dualité-là pour accéder à la fusion avec le vrai Dieu, comme l'indique cet autre extrait de

---

[18] Disponible sur le site http://www.fodian.net/world/zzgse.html

l'*Évangile de Philippe* (§69 [222]), semblable à la maxime centrale de l'hermétisme (note 7 de la section 8.3) :

> Celui à qui les choses cachées appartiennent
> est au-delà de tous les contraires.
> Il est juste de dire que le dedans et le dehors sont un.

En ce sens, la pensée gnostique rejoint exactement le bouddhisme, et ce parallèle est également manifeste dans la citation qui suit (*Évangile de Philippe*, § 11 [222]) :

> Les mots que nous mettons sur les réalités terrestres
> entraînent l'illusion,
> ils détournent le cœur de ce qui est Réel
> vers ce qui n'est pas Réel.
> Celui qui entend le mot « Dieu » ne saisit pas le Réel
> mais une illusion ou une image du Réel.
> De même, les mots Père, Fils, Saint-Esprit, Vie, Lumière,
> Résurrection, Église, tous ces mots ne disent pas la Réalité ;
> nous le comprendrons le jour où nous aurons fait l'expérience du Réel.

Comme nous l'avons écrit en débutant cette section consacrée à la non-dualité, cette notion d'expérimenter le réel, ou plus exactement de ne faire qu'un avec lui, qui est associée à ce sentiment de non-dualité, n'est pas l'apanage des seuls chrétiens gnostiques ou des méditants bouddhistes avancés ; c'est le propre de la plupart des expériences mystiques, et c'est également une sensation souvent rapportée par les expérienceurs EMP, comme indiqué par la citation en frontispice de la présente section. Ce témoignage est remarquable car sa dernière phrase constitue un résumé magnifique de l'enseignement bouddhiste : la souffrance du *samsara* est le résultat d'une illusion, celle de la dualité, de la séparation entre notre ego et celui des autres.

Une autre non-dualité bouddhiste est celle de la vacuité et de la forme : selon les apparences du monde relatif, la vacuité est sans forme, et ce qui possède forme n'est pas vacuité ; et pourtant le sutra du cœur de la perfection de la sagesse transcendante (sanscrit *prajna paramita sutra*) enseigne que forme et vacuité sont identiques : « La forme est vacuité, la vacuité elle-même est forme ; la forme n'est pas différente de la vacuité ; la vacuité n'est pas différente de la forme. » Cette non-dualité, pleinement comprise, est synonyme d'Éveil par la réalisation de la *prajna paramita,* la sagesse primordiale transcendante, et de son union avec la vacuité. Le bouddhisme *mahayana* du grand véhicule soutient encore la non-dualité *samsara-nirvana* (voir l'expression du *sutra* du cœur à la fin de la section 9.1), puisqu'au niveau ultime, toutes ces dualités deviennent sans objet, parce que la nature ultime de tous les phénomènes est vacuité. Enfin, et ce n'est pas le moins important, le bouddhisme, dans le texte *L'émergence de la Foi en l'Absolu* de Paramartha (499-569) présenté à la section 4.9.3, exprime clairement la non-dualité matière-esprit ! Les textes et pratiques bouddhistes plus récents, et plus particulièrement ceux de la Grande Perfection *(Dzogchen)* [273], visent à réaliser l'unité fondamentale de l'espace, de la conscience et de l'énergie, comme étant la nature ultime de la réalité, et donc aussi de l'esprit (section 9.2). Düdjom Lingpa, détenteur de la lignée de la Grande Perfection au 19e siècle, nomme ce concept difficile la « base » et il le définit de la sorte ([118], p. 255, traduction des auteurs) : « Cette base est présente dans l'esprit de tous les êtres sensibles, mais elle est étroitement muselée par la conception dualiste ; celle-ci est dès lors ressentie comme externe, ferme et solide. Ceci est comme l'eau, dont l'état naturel est fluide, mais qui gèle et se solidifie au contact d'un vent froid. C'est suite à la conception dualiste différenciant entre sujets et objets que la base, qui est naturellement libre, devient gelée en tant qu'apparence des choses. »

Une réalisation très personnelle de ces concepts sur la nature de l'espace et de l'esprit est présentée par Paula Breymeier dans l'ouvrage *The Miraculous 16th Karmapa* ([225], pp. 255-257) :

> Je vivais seule dans une cabane de montagne près de Boulder, Colorado, à 20 minutes de la route la plus proche. Le Karmapa vint à Boulder pour donner des enseignements à Karma Dzong, le centre de Trungpa Rimpoche et je quittai ma cabane de retraite pour le voir.
>
> Les étoiles étaient spécialement brillantes la nuit lorsque je les regardais depuis ma cabane puisque j'étais si loin de toute ville. Je sortais donc souvent pour admi-

rer le ciel scintillant et m'émerveiller à la vue des étoiles. La question de savoir comment une si vaste étendue puisse exister m'est souvent venue à l'esprit. Comment pareil éclat, paraissant si petit alors qu'en réalité il est si vaste, et qui soit si lointain à la fois dans l'espace et le temps, peut-il faire partie de notre monde ? Le Karmapa était la seule personne que j'aie jamais rencontrée me paraissant avoir la connaissance-sagesse pour expliquer le mystère de l'univers. Une rencontre avec un petit groupe d'étudiants afin de répondre à leurs questions offrait une parfaite opportunité de lui demander d'expliquer cette énigme, quoique je me sentis très stupide et embarrassée d'évoquer pareille chose face à tous ces gens intelligents qui posaient des questions sophistiquées au sujet du Dharma. Je décidai donc de lui poser ma question mentalement, sans la formuler oralement.

À un moment, il me regarda et sans un mot répondit à ma question. Il me révéla la vaste étendue de l'esprit et la vérité indiscutable de la non-dualité. Il me montra comment l'espace non-né et l'éclat de l'univers sont mon propre esprit. Il me montra que les préoccupations et l'insatisfaction avec lesquelles j'avais empli mon esprit masquaient qui j'étais vraiment. Il me montra que j'avais en réalité raté la réalité de ma vie en me focalisant sur ces pensées et en remplissant ensuite ce que je pensais être les vides dans ma vie. Je ressentis que la vie que je vécus jusqu'ici, avant de découvrir ma vraie nature, était un mensonge. J'étais dévastée.

Le Karmapa termina son enseignement et quitta la pièce. Après qu'il soit parti, je courus hors de l'immeuble, les yeux emplis de larmes, [...] engourdie par le désespoir causé par la réalisation de ma propre ignorance et par ma vie gaspillée. Après quelque temps, je me calmai et retournai vers l'immeuble, mon esprit vide et dépouillé. Je ne savais plus comment je pouvais ne fût-ce que continuer à exister avec un tel vide intérieur. Alors que je pénétrais dans l'immeuble, le Karmapa en sortait, grand et royal, avec son entourage qui le suivait. Il me regarda alors que je m'appuyais contre le mur, reculant devant sa présence éclatante et magistrale. Sans altérer sa foulée, il instilla dans mon cœur la parfaite confiance d'avancer dans la vie sans aucun point de référence pour la pensée. Qu'il

> était possible d'être comme il était, totalement plein mais sans rien de quoi dépendre.

Remarquablement, on peut trouver trace de la thèse de la non-dualité (entre l'Absolu et l'individu) également dans le message du Nouveau Testament chrétien (voir en particulier la discussion de l'Épître aux Colossiens de Paul dans la note 3 de la section 3.1, ou encore [98] p. 217). Cependant, malgré sa présence dans le Nouveau Testament chrétien, cette idée très ancienne de non-dualité, défendue également chez les néo-platoniciens comme Plotin ([178], [351] pp. 25-27), finit par disparaître d'Europe sous la pression de la religion chrétienne en plein essor. Elle subsista cependant au sein de la culture arabe, et particulièrement dans la pensée de Ibn Abdullah Ibn Sina (Avicenne ; 980-1037) et de Ibn 'Arabî (1165-1240), le maître soufi andalou. Ce dernier défend l'idée que, quoique la raison humaine sait pertinemment que Dieu est absolument incomparable avec les choses, pourtant l'imagination créatrice, facteur de développement spirituel, fait percevoir la ressemblance – voire l'unité – de Dieu et des choses, en ce y compris l'homme.

Il est temps à présent de tenter une conclusion à propos du rôle central joué par les non-dualités dans le bouddhisme et la physique. On pourrait être tenté au premier abord de conclure que cette convergence ne constitue qu'une homonymie sans fondement. Cette conclusion ne semble pas de mise, cependant. En effet, le message général qui se dégage de notre étude – à savoir l'unité qui semble exister au niveau ultime entre matière et esprit – implique forcément une convergence entre les conclusions de la physique et du bouddhisme, puisque la première est la science de la matière et le second est la science de l'esprit. La reconnaissance de cette convergence entre physique et bouddhisme est, somme toute, une relative nouveauté (voir cependant notre discussion de la section 9.1), et il est d'ailleurs loin d'être acquis que celle-ci sera facilement reconnue par la communauté des physiciens. Le physicien Henry Stapp [337] attribue l'origine de cette difficile reconnaissance au fait que nos programmes éducatifs occidentaux destinés aux classes du cycle primaire enseignent encore une vision du monde mécaniste et locale inspirée par la physique classique. Il écrit : « ces fausses idées mécanistes inculquées à des esprits tendres à un âge précoce sont difficiles à déloger ensuite. [...] Le progrès de la science est inhibé par l'imprégnation des jeunes esprits par une fausse idée au sujet de la nature de la Nature. » Par ailleurs, si la non-dualité s'érige en mode d'existence ultime de toutes choses, en toute logique, la non-dualité matière-esprit devrait également émerger comme une évidence incontournable. Et, à titre de corollaire (mais un corollaire fort important), nous pensons que le Graal de la physique contemporaine, la Théorie du Tout unifiant les quatre interactions fondamentales régissant la matière, usurpera son nom tant qu'elle n'inclura pas également l'esprit, comme mentionné par Don Page en frontispice de la section 8.5. Cependant, toute théorie étant d'office de nature conceptuelle, cette Théorie du Tout ne serait, au final, pas en mesure d'appréhender la réalité ultime non-conceptuelle, nous forçant donc à adhérer à la conclusion de l'étude de Déthiollaz et Fourrier sur les états modifiés de conscience ([110], p. 322) :

> Une formule mathématique ne sera jamais la Réalité [ultime]. Seule la conscience dépouillée du mental peut y pénétrer. Il s'agit d'un vécu et non d'une prospection intellectuelle. C'est en cela que réside la limite véritable de la science [...] Un scientifique ne pourra jamais totalement appréhender la « Réalité ultime », à moins de lâcher ses « équations » et d'entrer dans les ressentis qu'elles peuvent néanmoins faire résonner au fond de lui [...].

Cette affirmation appelle une réflexion sur la pratique et la méthodologie scientifiques, et plus généralement, sur la complémentarité entre nos deux modes de pensée (intuitif et logico-déductif) : comment généraliser la méthode scientifique afin de lui permettre d'aborder des questions intimement connectées à l'observateur (au sens cartésien de ce terme) ? Est-il possible d'accorder légitimité et objectivité « scientifiques » aux résultats obtenus par la pensée intuitive ? Le dernier chapitre est consacré à ces questions.

10. Symphonie pour un nouveau monde

Si nous cherchons des sources scientifiques d'information à propos des expériences hors du corps, nous n'en trouverons quasiment aucune. Les scientifiques ont largement ignoré ces phénomènes. La situation est semblable à celle de la littérature relative aux perceptions extra-sensorielles. Des phénomènes comme la télépathie, la clairvoyance, la précognition et la psychokinésie sont « impossibles » dans le cadre de la vision physique actuelle du monde. Puisque ces phénomènes ne peuvent se produire, la plupart des scientifiques ne prennent pas la peine de prendre connaissance des évidences indiquant qu'ils se produisent. Et donc, n'ayant pas connaissance des évidences, leur croyance en l'impossibilité de tels phénomènes n'en est que renforcée. Ce type de raisonnement circulaire entretenant son confortable système de croyances propres n'est en aucune manière l'apanage des scientifiques, mais il en a résulté un très faible intérêt pour la recherche scientifique en matière de perception extra-sensorielle ou d'expériences hors du corps.

Robert A. Monroe, *Journeys out of the body* [251], p. 7

La grande force de la science est qu'elle est ancrée dans l'expérience réelle. La grande faiblesse de la science contemporaine est qu'elle n'admet que certains types d'expériences comme légitimes.

David Bohm, cité par Russell Targ & Jane Katra, *Miracles of Mind*, New World Library, Novato (Californie), 1998, p. 273

À ce point, notre analyse nous a amenés à défendre un point de vue déjà adopté par Pauli, Bohm et Jung : physique et spiritualité sont deux voies d'accès à première vue distinctes (puisque la première explore le monde – externe à l'observateur – de la matière, tandis que la seconde explore le monde – interne à l'observateur – de l'esprit) vers une réalité unique. La thèse qu'avec ces auteurs nous avons défendue est que les mondes de la matière et de l'esprit sont ultimement identiques. Par le mot « ultimement », il faut comprendre « après la transcendance des dualités qui composent la réalité illusoire », comme nous l'avons souligné au chapitre précédent. Cette « réalité illusoire » nous est délivrée par nos perceptions, réalité illusoire engendrée par l'illusion suprême, celle de l'existence d'un ego ! Mais transcender cette illusion permet d'accéder à l'Ultime. La spiritualité (depuis bien longtemps) et la physique (depuis peu par l'avènement de la mécanique quantique et de son lot de bizarreries comme la perte de la localité ou du réalisme) nous montrent toutes deux la voie qu'il est nécessaire d'emprunter pour transcender les dualités apparentes, et accéder ainsi à l'Ultime. C'est en ce sens qu'il faut comprendre les convergences entre physique et bouddhisme mises en évidence au chapitre précédent.

Nous avons tout au long de cet ouvrage insisté sur l'existence de deux modes d'étude possible de notre environnement. Le premier mode est celui de la science qui explore le monde extérieur au moyen de la méthode logico-déductive expérimentale. Le deuxième mode est celui de la spiritualité qui explore le monde interne au moyen de la méthode méditative et introspective. Ce que nous avons tenté de montrer, suivant en cela Jung et Pauli et leur exploration des synchronicités, est que les résultats de ces explorations sont étonnamment convergents. Comme si à l'instar du serpent Ouroboros, le monde intérieur rejoignait le monde extérieur[1], ce monde extérieur que la physique n'arrive plus à décrire selon le paradigme du réalisme proche, selon l'expression de d'Espagnat [96], et que les physiciens Bohm et Peat [47] suggèrent de décrire au contraire comme la face visible mais illusoire d'une réalité ultime sous-jacente. La réalité ultime qui se trouve par-dessous la réalité illusoire délivrée par nos sens est la nature de notre esprit (l'« Esprit de Bouddha » ; figure 5.4). C'est à ce même niveau ultime que se situe l'origine des synchronicités et des non-dualités décrites aux sections 6 et 9.5, respectivement.

The greatest proof of the existence of any particular phenomenon is consistency through repeated observations.

Robert A. Monroe, *Journeys out of the body* [251]

On doit rester sceptique à propos de ces choses jusqu'à ce qu'on les expérimente soi-même directement.

John Lilly, *Center of the cyclone* [226], p. 74

À ce stade se pose bien évidemment la *question de la preuve*, cruciale s'il en est : comment prouver la validité de la thèse défendue ci-dessus ? Nous ne pouvons le faire avec la méthode cartésienne usuelle, puisque l'indépendance par rapport à l'observateur n'est pas garantie *a priori* dans le contexte de l'exploration de notre monde intérieur ! À moins que la répétition de la même expérience méditative sur de nombreux méditants et l'obtention par tous ceux-ci du même résultat (par exemple la méditation-visualisation du feu intérieur *g-Tum-mo* décrite à la section 8.1 et l'augmentation consécutive de la température corporelle [210]) ne constituent une alternative valable à l'indépendance à l'observateur et à la reproductibilité exigées par la méthode cartésienne ? Cette voie est explorée par B. Alan Wallace au *Santa Barbara Institute for Consciousness Studies* [372,373], qui note par exemple que les progrès réalisés par les pratiquants de la méthode de la *Grande Perfection* (ou

[1] À rapprocher de l'affirmation « Ce qui est en bas est comme ce qui est en haut, et ce qui est en haut est comme ce qui est en bas » extraite de la *Table d'émeraude* [165], le texte central de l'hermétisme (voir aussi la note 7 du chapitre 8).

Dzogchen, le cœur du bouddhisme tantrique de l'école Nyingma ; section 4.9.3 [273]) sont objectivables par les modifications de la nature de leurs rêves, qui deviennent immergés dans la Claire Lumière de la conscience primordiale ([118], p. 261).

Il y a une autre forme de *preuve* qui apparaît par ailleurs aux pratiquants, c'est l'*intime conviction.* Cette preuve-là est à l'opposé de la précédente : elle est par nature subjective et personnelle. Mais elle nous semble pourtant très importante également. Quiconque a pratiqué suffisamment la méditation aura certainement pu constater que celle-ci ouvre de nouveaux canaux d'exploration. On pourrait regrouper ceux-ci sous le vocable *intuition* et *lâcher-prise.* L'intuition, qui se développe (chez les pratiquants qui n'en étaient pas spécialement pourvus) comme résultat de la méditation, offre alors un canal efficace pour approcher cette réalité sous-jacente dont il est question ci-dessus.

La difficulté liée à l'absence de preuve objective dans l'exploration des niveaux de réalité cachés est bien décrite par les doutes qui assaillent un apprenti chaman quant au rôle joué par sa propre imagination lors des interactions avec son animal de pouvoir (le loup) qui l'aide à explorer ces réalités cachées. Mais la solution proposée pour combattre ce doute est intéressante également ([332], pp. 127-128) :

> – Et si tout cela n'était dû qu'à votre imagination ? Après tout, même s'il vous rassure, même si vous avez l'impression que c'est lui qui vous aide, ce loup n'est peut-être qu'une simple création de votre esprit… Qu'est-ce qui vous prouve le contraire ?
>
> – Rien ! Pour être très franc, ce doute m'habite tout le temps. Car c'est vrai, tout cela est assez irrationnel… C'est de l'ordre du ressenti et de la confiance. Oui, je doute de savoir si c'est mon imagination qui construit tout ça, mais un jour j'ai pris la décision de ne plus m'occuper du doute. Il est là, j'observe qu'il y a doute mais je ne m'en préoccupe pas. Le doute ne m'empêche pas de pratiquer, d'avancer. La question qui se pose est celle de savoir ce qui, dans notre vécu, est lié au mental, à l'imagination, mais dans le chamanisme on considère que nous sommes créateurs, et que nous créons notre réalité… D'ailleurs, certains moments sont tellement forts que le doute est balayé, comme lorsque je sens soudain sa présence alors que

> je suis dans tout autre chose. Ou lorsque je constate qu'une volonté autre que la mienne entre en jeu.

Sur ce chemin de la découverte des mondes intérieur et extérieur, les êtres ne sont pas égaux, certains y sont plus avancés que d'autres. Certains ont fait tomber plus de barrières matérialistes que d'autres. Certains sont plus habitués à utiliser leur intuition, ou au contraire leur pensée logico-déductive, que d'autres. Et sont donc plus ou moins avancés sur l'une ou l'autre des deux voies. L'idéal est d'avancer simultanément sur les *deux* voies afin d'atteindre l'Éveil décrit par ailleurs comme l'union de la sagesse et de la compassion.

L'importance de l'intuition et l'inégalité des êtres sur le chemin de la réalisation ont été soulignées par le Dalaï-Lama ([98], p. 111). À propos de la réceptivité à la pratique spirituelle, le Dalaï-Lama signale que les écritures bouddhiques mentionnent trois catégories d'individus. En premier lieu, les individus les plus réceptifs à une pratique spirituelle sont ceux qui ne sont pas uniquement doués sur le plan intellectuel, mais qui possèdent également la sagesse et la foi en le but à atteindre (à savoir, dans le contexte bouddhiste du petit véhicule par exemple, le contrôle de l'esprit et des émotions qui l'habitent). Dans un deuxième groupe, on trouve les individus pas forcément doués d'une intelligence supérieure, mais qui possèdent un appui inébranlable en la foi (du but à atteindre). La troisième catégorie – la moins réceptive à la pratique spirituelle – regroupe les individus qui, bien qu'ils puissent être fort intelligents, sont toujours sceptiques et rongés par le doute. Ils ont tendance à se montrer hésitants et peinent à se fixer un but. L'intelligence dont il est question ici est celle qui permet d'arrimer la foi en le but à atteindre sur une conviction basée sur un raisonnement solide. Une telle conviction est ferme parce que l'individu a pu se convaincre de la validité de l'idée en laquelle il a posé sa foi. Et cette conviction est par conséquent un moteur puissant de l'action. C'est pourquoi le bouddhisme affirme que l'intelligence est très importante dans le cheminement spirituel. Dans la tradition bouddhiste, l'intelligence et l'intuition se soutiennent mutuellement : quand la foi et l'intuition sont soutenues par une puissante conviction, fruit de la réflexion et de l'investigation intérieure, elles sont vraiment indéfectibles. Un proverbe tibétain résume ceci en affirmant qu'« une personne dont la foi n'est pas enracinée dans la raison ressemble à un torrent que l'on peut diriger n'importe où » ([98], p. 112).

Dans ce contexte, rappelons le cas Pauli. Il fut l'un des bâtisseurs de l'interprétation de Copenhagen de la mécanique quantique et parallèlement accorda une très grande importance à l'élucidation du rôle de la conscience dans l'univers. Physicien de génie, il était capable d'écouter son intuition, et sans doute pour cette raison précisément, il était l'acteur principal du fameux « effet Pauli », une espèce d'effet de psychokinèse (voir chapitre 6 et section 8.5), et était coutumier de rêves à fort contenu symbolique susceptibles de faire avancer sa recherche en physique (figure 6.1) ! Comme si le fait d'être ouvert à ces questions favorisait leur irruption...

Un témoignage illustrant ce point de vue est rapporté par John Blofeld ([40], p. 172), à propos des pratiques préliminaires à la voie tantrique du *Mahamoudra* [201] :

> Un novice récemment initié qui se prépare à commencer sa première *sadhana*[2] se voit ordinairement donner cinq ou six exercices préliminaires qu'il ne doit pas accomplir moins de *cent mille* fois chacun. S'il y travaille tous les jours de l'aube à la nuit, il pourra les terminer en moins de deux ans, ce qui est la période minimum pour ce que l'on peut appeler la formation élémentaire. [...] La plupart des exercices peuvent être finis en quelques minutes, mais les accomplir cent mille fois nécessite au total un effort prodigieux. À première vue, ils paraîtront peut-être mécaniques, ennuyeux et stériles, ce qui est tout à fait trompeur. On ne peut les exécuter mécaniquement, car ceci reviendrait à ne pas les faire du tout : on ne les trouvera pas ennuyeux parce qu'ils mèneront bientôt à la contemplation mystique qui devient une joie : et loin d'être stériles, ils constituent le premier assaut contre les barrières de la perception sensorielle défectueuse qui cache au disciple le mystère sacré qu'il désire tellement contempler. Par contre, un chercheur scientifique qui ne croit pas au but mais souhaite maîtriser la pratique pour en évaluer ses résultats psychologiques trouvera ces préliminaires

[2] Pratique méditative de visualisation d'une déité.

> non seulement d'un ennui intolérable, mais aussi stériles : car sans une foi ardente, ils seront forcément mécaniques et donc infructueux.

Des conclusions semblables sont rapportées par des personnes qui sont, semble-t-il, investies de capacités psychiques hors norme[3], comme l'illusionniste Ranky ([302], p. 146) : « Cette clairvoyance spontanée, je la connais aussi. Le phénomène parapsychologique est très subtil, aléatoire. Une approche un peu trop rationnelle, vouloir trop comprendre ce qui nous arrive, par exemple, fait disparaître ces facultés. C'est ce que ne comprennent pas certaines personnes, notamment des scientifiques qui veulent tester les capacités des vrais mediums. Le sujet psi ne peut pas s'installer derrière des appareils de contrôle à une heure déterminée et produire des effets sur commande un quart d'heure plus tard. » Ou la médium Allison DuBois ([117], p. 122) : « De nombreux sceptiques affirment que si les extralucides refusent de les rencontrer, c'est parce qu'ils redoutent de voir leurs faiblesses mises au jour. Rien n'est moins vrai. La vérité, c'est que les incrédules dégagent en général une énergie néfaste. Peu importent les informations collectées par le voyant, ces sceptiques-là ne feront que nier, nier et nier encore. C'est comme si nous nous frappions la tête contre un mur. Pourquoi perdre notre temps et nos forces à côtoyer de tels individus ?[4] » Certes, ce genre d'arguments peut rapidement tourner au dialogue de sourds entre les deux camps, car ni l'un ni l'autre de ces arguments ne sont véritablement étayés. Cependant, on notera que l'argument d'Allison DuBois est lui aussi dans le lâcher-prise : l'efficacité

[3] Dans son ouvrage ([302], p. 14), l'illusionniste Ranky écrit : « Avec cette spontanéité propre aux enfants, j'annonçais un événement et celui-ci se produisait. Je le faisais sans réfléchir, sans le vouloir et sans savoir si c'était bien ou mal, utile ou non, ou encore normal. Cela faisait partie de ma vie. »

[4] C'est l'occasion de mentionner ici que la *Central Intelligence Agency* (CIA), l'agence de renseignements américaine, a cru utile d'investir dans un programme de collecte d'informations par des voies extra-sensorielles (programme connu sous le nom de STARGATE), dans le cadre d'un programme expérimental d'abord, opérationnel ensuite. Certains de ces résultats sont à présent déclassifiés et ont été décrits avec beaucoup d'honnêteté intellectuelle par l'un des directeurs de ce projet, H.E. Puthoff [295]. Les résultats présentés sont à tout le moins interpellants (voir par exemple la citation de Puthoff présentée au chapitre 8.1).

de ces méthodes impose l'ouverture d'esprit du récepteur-consultant. Notre mental analytique, logico-déductif, doit donc être abandonné lorsqu'il s'agit de s'ouvrir à l'esprit agissant sur le corps, sans pour autant rien espérer, dans la tradition du non-attachement bouddhiste : *s'ouvrir, sans rien attendre* !

Plus généralement, quelle méthode de recherche proposer qui puisse examiner la conscience avec rigueur tout en éliminant les obstacles de la méthode cartésienne classique (et particulièrement la difficile reproductibilité et l'impossible indépendance par rapport à l'observateur) ? Cette question fut discutée par B.A. Wallace (chapitre 6 de [373]), le directeur-fondateur du *Santa Barbara Institute for Consciousness Studies*, qui vise à faire progresser la connaissance scientifique de la nature intime de l'esprit. Wallace propose un protocole strict pour l'inclusion dans le corpus scientifique de connaissances obtenues via la méditation ou l'introspection. Ce protocole combine méditants bien entraînés et enquêteurs les interrogeant sur leurs expériences : dès lors qu'un certain nombre de méditants rapportent aux enquêteurs des expériences similaires (par exemple les caractéristiques de divers états modifiés de conscience, comme le fit – mais en solitaire – Lilly dans l'ouvrage [226]), il peut être considéré que ces expériences décrivent une caractéristique constitutive de la conscience humaine. Néanmoins, ce type d'investigations se heurte, plus encore que l'investigation de phénomènes physiques inanimés, au problème de la fraude : l'enquêteur doit en effet s'assurer que les divers méditants ne communiquent pas entre eux.

John Blofeld ([40], p. 72) exprime ceci parfaitement lorsqu'il écrit : « [...] les états de conscience dus à la maladie ou à l'imagination se reconnaissent par l'infinie variété du contenu de la pensée ou du rêve, tandis que les descriptions d'expériences mystiques authentiques révèlent une unanimité frappante, surtout si l'on tient compte des différences de forme imposées par les circonstances. Ces descriptions font généralement état de perceptions telles qu'une éclatante lumière sans couleur, une inexprimable félicité (précédée parfois de l'agonie de l'esprit) et, surtout, une perception de l'unité qui imprègne tout et en laquelle la dualité de sujet et objet, d'adorateur et adoré, disparaît totalement. »

Clairement, une méthodologie nouvelle doit être développée afin de valider les résultats de l'investigation de la conscience par l'introspection et la méditation avec la même rigueur que celle offerte par la méthode cartésienne dans l'étude du monde extérieur à l'observateur. Un colloque sur le thème de pareille « nouvelle méthode scientifique », intitulé *Athens Symposium on Science and Consciousness* [186], fut organisé en 1992, et ses conclusions proposent non seulement une méthode d'investigation de la conscience en 11 points, mais aussi une extension du concept de science vers une « science étendue ». Nous reproduisons ici *in extenso* ces conclusions, résultat d'une longue réflexion lors de ce colloque ([186], traduction française des auteurs, reproduit avec la permission de B. Josephson) :

> (1) L'étude de la conscience ne peut se limiter à en donner seulement des définitions mais doit inclure des descriptions de son mode d'opération. Les phénomènes de la conscience devraient être étudiés dans leur aspect d'expérience vécue subjective plutôt qu'exclusivement en termes de données objectives (comme c'est le plus souvent le cas dans le cadre de la psychologie cognitive). En conséquence, il est nécessaire d'étendre le concept de ce que constitue la science à la connaissance ou la quête de la connaissance.
>
> (2) Cette « science étendue » est en principe envisagée comme un continuum d'activités s'étendant de la science [physique] comme elle est pratiquée aujourd'hui jusqu'aux sciences humaines et aux arts, en y incluant si possible les intuitions obtenues par des pratiques religieuses ou spirituelles. La « science étendue » contiendra explicitement la conscience dans ses dimensions multiples, incluant la créativité ; l'usage de symboles, mythes et métaphores ; le rôle du féminin ; la perspective historique ; et les aspects multi-culturels.
>
> (3) Beaucoup de dualités artificielles devront être transcendées par la science étendue. Ces dualités ou divisions doivent leur origine à la fois à la science contemporaine et au paradigme dominant, et incluent la division entre nous-mêmes et la nature, entre le corps et l'esprit, entre

l'esprit et la matière, entre le féminin et le masculin, entre l'observateur et le système observé, entre la science et les valeurs, entre logique inductive et déductive, et entre science et philosophie. En particulier, la science ne peut être séparée de la philosophie, parce que la philosophie contribue toujours à soutenir la pensée.

(4) Nous devons remplacer la fragmentation que le réductionnisme implique par des principes de complémentarité et d'intégration, remplacer un mode de pensée « soit / soit » par un autre qui soit gouverné par « tous les deux / et ». La notion conventionnelle d'une causalité locale et physique doit être élargie afin d'inclure des réseaux de causation, d'interdépendance non locale et de corrélations. Le monde a souffert de l'approche fragmentaire conventionnelle, son intégrité a été violée par la considération de ses parties seulement, perdant ainsi de vue sa globalité. À nouveau, il faut reconnaître que pas un seul langage ou approche ne peuvent appréhender la richesse ou le caractère élusif de la nature ; pour cette raison, la science étendue doit être ouverte aux approches nouvelles et multiples.

(5) Alors que la science fut conventionnellement considérée comme une entreprise objective menant à la connaissance de la véritable nature de la réalité, nous devons modifier notre conception de la science et considérer que les points de vue qu'elle offre dépendent du contexte et que toutes les approches de la réalité sont influencées par des valeurs [culturelles]. Il nous faut examiner attentivement les limites de l'approche scientifique, de sa vérification et de ses théories. Il convient également de trouver une place dans notre vision du monde pour la connaissance personnelle obtenue par introspection. L'importance de l'intuition comme facteur contribuant à l'avancement des connaissances doit être pleinement reconnue. Le langage lui-même peut fournir un moyen efficace d'exploration quasi-objective de ce qui fut précédemment considéré comme purement subjectif.

(6) La science étendue développera son champ d'action au-delà de l'approche conventionnelle pour inclure les attributs qualitatifs d'être et de sensation, et soulignera l'importance de la qualité autant que de la quantité. Le champ de l'information scientifique doit s'étendre afin d'inclure l'anecdotique ainsi que les aspects plus ténus de la nature. Des méthodes de codification et d'utilisation de pareilles informations « molles » doivent être développées. Il conviendra de reconnaître et d'accepter que les points de vue obtenus dans le cadre de la science étendue occupent un domaine qui se situe entre l'ignorance et la connaissance précise.

(7) Une attitude radicalement différente doit être cultivée dans la pratique de la nouvelle science. L'ancienne humilité (humus = la terre, donc humilité = proche de la terre), l'admiration, l'émerveillement, et le plaisir d'étudier le cosmos doivent être restaurés, car ceux-ci constituent le début de toute science. Ceux-ci sont cruciaux afin de restaurer une révérence pour la nature. Nous sentons que l'attitude qui domine actuellement en science est l'arrogance, qui a engendré le dogmatisme et le scientisme. En pratiquant la science, nous devrions laisser les phénomènes s'exprimer d'eux-mêmes, plutôt que d'imposer nos hypothèses aux phénomènes. Il convient d'insister sur l'importance de l'attitude du scientifique envers son travail, sur ses idées préconçues, et sur ses motivations profondes. Des effets, quoique subtils, de l'expérimentateur sur l'expérience doivent être anticipés et examinés ; de la sorte un auto-examen de la part de l'expérimentateur doit être inclus dans le processus scientifique de manière à en rendre les descriptions plus complètes.

(8) Il y a un rôle novateur pour les collectifs scientifiques dans la nouvelle science. Une créativité de groupe nouvellement émergente doit être cultivée, celle-ci mettant peut-être en œuvre un « esprit de groupe » qui implique camaraderie et coopération pour la résolution de problèmes et qui s'ajoute à la créativité de l'individu. De la sorte, la puissance d'un groupe harmonieux doit

être reconnue comme complémentaire à l'individualisme traditionnel de l'Occident.

(9) Toute étude au sujet de la conscience doit reconnaître l'unité corps-esprit, et de la sorte ne pas perdre de vue la globalité inhérente à une personne. Le point de vue holistique, contrastant avec l'alternative cartésienne pourtant couronnée de succès – il faut le reconnaître – d'une séparation corps-esprit placée dans le cadre de principes largement réductionnistes, semble essentielle afin d'étudier la conscience dans sa totale subtilité et afin d'explorer sa profonde interdépendance avec le monde physique.

(10) Les fondations et limitations de la science contemporaine devraient être enseignées à (et comprises par) tous les acteurs scientifiques. Quoique le caractère unique à la fois des individus et des groupes puisse présenter des difficultés pour la formalisation d'une science de la conscience, les études de la conscience doivent cependant être considérées comme ayant le même statut que les sciences physiques.

(11) La nouvelle science, en tant que science possédant une conscience, sera attentive à ses conséquences sur l'individu, la société, et le monde dans son ensemble : c'est une science respectant l'intégrité à la fois de l'individu et de la planète, et qui doit être convertible en actions. La valeur potentielle en faveur de la discipline dans son ensemble ne doit pas être compromise par la poursuite de buts plus limités. Au niveau personnel, la nouvelle science devrait aider les gens à se comprendre eux-mêmes ainsi que leur place dans la nature. Elle devrait également faciliter le développement de processus empathiques qui aident la compréhension mutuelle et augmentent la signification de la vie pour les individus et la société.

Tous ces points appellent un changement considérable dans l'idéologie et la méthodologie de la science contemporaine. Ils présument un glissement considérable de la conscience à la fois au sein de la communauté scientifique et de la société.

Les pistes dégagées ci-dessus constituent un premier pas dans la direction d'un changement méthodologique bien nécessaire permettant d'étendre la méthode rigoureuse jusqu'ici utilisée pour l'étude du monde extérieur à l'investigation introspective et méditative de la conscience. Ces pistes accordent à nouveau de l'importance aux méthodes d'investigation du monde et de la conscience liées au canal intuitif plutôt qu'au canal logico-déductif à l'œuvre au sein de la méthode cartésienne. Cette nouvelle méthode d'investigation présentée dans les conclusions du colloque d'Athènes permet en particulier l'analyse des états modifiés de conscience de type mystique, dans le cadre de la « psychologie transpersonnelle » ou « psychologie spirituelle » sur laquelle nous ne nous étendrons pas ici. Le lecteur intéressé par ces questions pourra trouver plus de détails dans l'ouvrage [54].

Enfin, une dernière recommandation essentielle est la suivante. Dans ce processus de développement de la pensée intuitive, qui conduit à la maîtrise du concept de vacuité, il est très important que se développe simultanément une solide assise éthique. Sans quoi, la vacuité sans l'éthique peut conduire au nihilisme, source de dangereuses dérives. En effet, une mauvaise interprétation de la vacuité pourrait conduire à la déduction fallacieuse que puisque rien ne possède d'existence intrinsèque, alors tout est permis. Ainsi que l'écrit John Blofeld dans *Le bouddhisme tantrique du Tibet* ([40], p. 76) :

> Utilisée à tort, une telle science de moyens habiles et délicatement équilibrés causerait un mal irréparable ; les puissantes techniques de maîtrise de l'esprit qui seraient employées sans la direction d'un maître pourraient entraîner la folie ; et mal appliquées, les techniques qui hâtent la Libération en transmuant la force engendrée par les passions pourraient facilement mener à la débauche. Il en résulterait toutes sortes de maux et d'excès, et donc exactement le contraire de la négation de l'ego. C'est pourquoi il est dit : *« En entrant dans la voie tantrique, vous êtes sûr de vous diriger vers l'État-de-Bouddha – ou vers Avici, le pire des enfers ! »*

Enfin, il est important de souligner que la démarche qui consiste à utiliser le mode de pensée intuitif n'est nullement

« anti-scientifique ». En effet, lorsque Carlo Rovelli parle de sa quête de la théorie de la gravitation quantique ([316], p. 68), il explique : « La base même de la science est donc la pensée critique : la conscience forte que nos visions du monde sont toujours partielles, subjectives, imprécises, provinciales et simplistes. Il faut sans cesse chercher à comprendre mieux. À ouvrir les horizons. À trouver un point de vue plus large. Cela n'est ni commode ni naturel car, d'une certaine façon, nous sommes prisonniers de nos pensées. Il est par définition impossible de sortir de notre propre pensée. On ne peut pas la regarder de dehors et la modifier. » Et pourquoi pas, justement, grâce à la pensée intuitive, introspective, méditative, qui nous offre précisément cet outil du *regard extérieur* qu'appelle de ses vœux Carlo Rovelli ? La créativité scientifique de Pauli semble s'être largement appuyée sur cette approche intuitive, voire onirique ([275] p. 163) : « En regard d'autres activités de l'esprit humain, les mathématiques et les sciences de la nature se distinguent par le fait qu'elles peuvent être enseignées et soumises à l'épreuve de l'expérience. À vrai dire, ces deux caractéristiques demandent à être définies de façon plus développée et, en un sens, plus critique. Elles s'enseignent : j'entends par là que des raisonnements et des résultats peuvent être communiqués, et qu'ainsi se constitue une tradition évolutive, l'acquisition de savoirs déjà acquis requérant un effort intellectuel d'une tout autre nature que la découverte d'un savoir nouveau. Dans le cas de cette dernière, l'élément d'irrationalité créatrice intervient de façon beaucoup plus essentielle que dans celle-là ».

Rovelli finalement conclut lui aussi ([316], pp. 71-72), à l'instar des citations d'Einstein de la note 3 du chapitre 9 : « Cette aventure [de la science] ne se base pas uniquement sur la simple rationalité. La rationalité, c'est ce qui est nécessaire pour formaliser la démarche. Mais au départ, toutes les grandes découvertes ont été des intuitions. » Et rappelons la conclusion similaire atteinte par Déthiollaz et Fourrier à l'issue de leur étude des états modifiés de conscience ([110], p. 322), déjà mentionnée à la section 9.5 : « Une formule mathématique ne sera jamais la Réalité. Seule la conscience dépouillée du mental peut y pénétrer. Il s'agit d'un vécu et non d'une prospection intellectuelle. C'est en cela que réside la limite véritable de la science [...] Un scientifique ne pourra jamais totalement appréhender la "Réalité ultime", à moins de lâcher ses "équations" et d'entrer dans les ressentis qu'elles peuvent néanmoins faire résonner au fond de lui [...] »

La citation ci-dessus va plus loin, en cela qu'elle incite à transcender même la dualité pensée intuitive-pensée conceptuelle, afin de pénétrer la réalité ultime par le vécu et le ressenti. Cette réalité ultime transcendante est celle que réalisera le pratiquant bouddhiste en atteignant l'Éveil :

Le manas [esprit] [*possède une double nature, puisqu'il*] *[...] participe aussi bien de la conscience empirique-intellectuelle que de la conscience universelle (intuitive) [...]*

Dans le Mahayana-Sraddhotpada-Sastra[5]*, il est dit : « L'esprit (manas) a deux portes par lesquelles sortent ses activités ; l'une* [la pensée intuitive] *conduit à la réalisation de la pure nature spirituelle*[6]*, l'autre* [la pensée logico-déductive] *à la multiplicité des apparitions et disparitions, de la vie et de la mort. – Mais quelle est la pure nature de l'esprit ? C'est la suprême clarté et unité, la tout-enveloppante Totalité, la quintessence de la réalité. La nature de l'esprit n'appartient ni à la mort ni à la renaissance ; elle est incréée et impérissable. Les concepts de l'esprit conscient sont, du fait de fausses représentations, individualisés et différenciés. Si l'esprit pouvait se dégager de la pensée qui différencie, il n'y aurait plus de pensées arbitraires d'où pourraient naître des formes phénoménales, des existences et conditions (illusoires). [...] Dans la pure nature de l'esprit il n'y a rien qui puisse être nommé ou saisi. Nous nous servons des mots uniquement pour nous libérer des mots, jusqu'à ce que nous pénétrions dans la pure et silencieuse nature de notre essence. »*

Lama Anagarika Govinda, *Les fondements de la mystique tibétaine*, Albin Michel, Paris, 1960, pp. 106-107

---

[5] Le *Mahayana Sraddhotpada Sastra* est aussi connu sous le nom *The awakening of faith in Mahayana*. Voir la note 35 de la section 4.9.3.

[6] La huitième conscience ou conscience-base, *alaya vijnana,* devenant la pure conscience *amala vijnana* (ou simplement *jñana*) lors de l'Éveil [Note des auteurs].

Bibliographie

[1] Adamatzky A., « Slime mould computes planar shape », *International Journal of Bio-Inspired Computations*, Vol. 4, 2012, pp. 149-154.

[2] Aharonov Y., Vaidman L., « Properties of a quantum system during the interval between two measurements », *Phys. Rev. A*, Vol. 41, 1990, p. 11.

[3] Aitchison I.J.R., « Nothing's plenty – The vacuum in modern quantum field theory », *Contemporary physics*, Vol. 26 No. 4, 1985, pp. 333-391.

[4] Albrecht-Buehler G., « Is cytoplasm intelligent too? », *Cell Muscl. Motil.*, Vol. 6, 1985, pp. 1-21.

[5] Alcock J.E., « Psychology and near-death experiences », *Skeptical Inquirer*, Vol. 3, No. 3, 1979, pp. 25-41.

[6] Dr Alexander E., *La preuve du paradis*, Paris, Guy Trédaniel, 2003.

[7] Allix S., *La mort n'est pas une terre étrangère*, Paris, Albin Michel, 2009.

[8] Allix S., *Lorsque j'étais quelqu'un d'autre*, Paris, Mamaéditions, 2017.

[9] Allix S., *Après... Quand l'au-delà nous fait signe*, Paris, Albin Michel, 2018.

[10] Allix S., Bernstein P. (éds), *Expériences extraordinaires – Le Manuel clinique*, Paris, InterEditions, 2013.

[11] Alvarado C.S., « Out-of-body experiences », in *Varieties of anomalous experience: Examining the scientific evidence*, American Psychological Association, 2000.

[12] Arndt M., Nairz O., Vos-Andreae J. *et al.*, « Wave–particle duality of C60 molecules », *Nature, Vol.* 401, 1999, pp. 680-682.

[13] Aspect A., Dalibard J., Roger G., « Experimental test of Bell's inequalities using time-varying analyzers », *Phys. Rev. Letters*, Vol. 49, 1982, pp. 91-94.

[14] Atlan M., Pol-Droit R., *Humain – Une enquête philosophique sur ces révolutions qui changent nos vies*, Paris, Flammarion, 2012.

[15] Atmanspacher H., « Scientific research between orthodoxy and anomaly », *Journal of Scientific Exploration*, Vol. 23, 2010, pp. 273-298.

[16] Atmanspacher H., Fuchs C.A. (éds), *The Pauli-Jung conjecture and its impact today*, Exeter, Imprint Academic, 2014.

[17] Bach R., *Jonathan Livingston le Goéland*, Paris, Flammarion, 1973.

[18] Bailly S., « L'intrication quantique confirmée par une expérience de Bell sans faille », *Pour la Science*, 29 octobre 2015. Disponible sur Internet : www.pourlascience.fr/sd/physique/lintrication-quantique-confirmee-par-une-experience-de-bell-sans-faille-12185.php

[19] Baluska F., Levin M., « On having no head: Cognition throughout biological systems », *Frontiers in psychology*, Vol. 7, 2016, article 902.

[20] Baré F., Duplat G., *Particules de vie, conversations avec François Englert*, Bruxelles, La Renaissance du Livre, 2014.

[21] Barnstone W., Meyer M., *The Gnostics and their Scriptures*, Boston, Shambala Publications, 2008.

[22] Barrow J.D., Tipler F.J., *The Anthropic Cosmological Principle*, New York, Oxford University Press, 1986.

[23] Baudoux V. Dr, *Divine sexualité : Le corps... une porte vers l'âme*, Saint-Sauveur (Québec), Marcel Broquet la nouvelle édition, 2011.

[24] Beauregard M., « The primordial psyche », *Journal of consciousness studies*, Vol. 21, 2014, pp. 132-157.

[25] Beck F., « Quantum brain dynamics and consciousness », in van Loocke P., *The Physical Nature of Consciousness*, Amsterdam, John Benjamins, 2001, pp. 83-116.

[26] Beck F., Eccles J.C., « Quantum aspects of brain activity and the role of consciousness », *Proceedings of the National Academy of Sciences*, Vol. 89, 1992, pp. 11357-11361.

[27] Beck F., Eccles J.C., « Quantum processes in the brain: a scientific basis of consciousness », *Cognitive Studies*, Vol. 5, No. 2, 1998, pp. 95-109.

[28] Bekenstein J., « Information in the holographic universe », *Scientific American*, numéro spécial 17, juillet 2012, pp. 66-73.

[29] Bell J.S., « On the Einstein-Podolsky-Rosen paradox », *Physics*, Vol. 1, 1964, pp. 195-200.

[30] Benson H., Lehmann J.W., Malhotra M.S. *et al.*, « Body temperature changes during the practice of g Tum-mo yoga », *Nature*, Vol. 295, 21 janvier 1982, pp. 234-236.

[31] Bernstein J., *Science Observed*, New York, Basic Books, 1982.

[32] *Bhagavad-Gîta (La –), Le grand classique de l'hindouisme*, Paris, Châtelet, 2011.

[33] Bitbol M., *Physique et philosophie de l'esprit*, Paris, Flammarion, 2000.

[34] Bitbol M., « La théorie quantique et la surface des choses – Zen et physique contemporaine », in Orimo Y., *Dôgen, Shôbôgenzô*, Vol. 5, Vannes, Sully, 2011.

[35] Blackmore S., « Near-death experiences: In or out of the body? », *Skeptical Inquirer*, Vol. 16, No. 1, 1991, pp. 34-45.

[36] Blackmore S., *Dying to live*, Prometheus Books, 1993.

[37] Blanke O., « Out of body experiences and their neural basis », *British Medical Journal*, Vol. 329, 2004, pp. 1414-1415.

[38] Blanke O., Ortigue S., Landis T. *et al.*, « Stimulating illusory own-body perceptions », *Nature*, Vol. 419, 2002, pp. 269-270.

[39] Blavatsky H.P., *Isis dévoilée : Clef des mystères de la science et de la théologie anciennes et modernes*, Tome 1, Paris, Éditions théosophiques, 1913.

[40] Blofeld J., *Le bouddhisme tantrique du Tibet*, Paris, Seuil, coll. « Points-sagesses », 1976.

[41] Bohm D., *Quantum Theory*, New Jersey, Prentice-Hall, 1951.

[42] Bohm D., « A suggested interpretation of the quantum theory in terms of "hidden" variables », *Physical Review*, Vol. 85, 1952, p. 166 (I) et p. 180 (II).

[43] Bohm D., *Causality and chance in modern physics*, London, Routledge & Kegan, 1957.

[44] Bohm D., *La plénitude de l'univers*, Monaco, Éditions du Rocher, 1987.

[45] Bohm D., « A new theory of the relationship of mind and matter », *Philosophical Psychology*, Vol. 3, No. 2, 1990, pp. 271-286.

[46] Bohm D., Hiley B.J., *The Undivided Universe: An Ontological Interpretation of Quantum Theory*, London, Routledge & Kegan, 1995.

[47] Bohm D., Peat D.F., *La Conscience et l'Univers*, Monaco, Rocher, 2003.

[48] Bokar Rimpoché, *Chenrézi, clés pour la méditation des divinités*, Saint-Cannat, Claire Lumière, 2007.

[49] Borgès J. L., *Discussion*, Paris, Gallimard, coll. « Du monde entier », 1957.

[50] Born M., *Albert Einstein, Hedwig und Max Born, Briefwechsel 1916-1955*, München, Nymphenburger Verlagshandlung, 1969.

[51] Bösh H., Steinkamp F., Boller E., « Examining psychokinesis: The interaction of human intention with random number generators. A meta-analysis », *Psychological Bulletin*, Vol. 132, 2006, pp. 497-523.

[52] Bösh H., Steinkamp F., Boller E., « In the eye of the beholder: Reply to Wilson and Shadish (2006) and Radin, Nelson, Dobyns, and Houtkooper (2006) », *Psychological Bulletin*, Vol. 132, 2006, pp. 533-537.

[53] Bowman C., *Children's past lives*, New York, Bantam Books, 1997.

[54] Braude W.G., Anderson R., *Transpersonal research methods for the social sciences: Honouring human experience*, Thousand Oaks (California), SAGE Publications, 1998.

[55] Brefczynski-Lewis J.A., Lutz A., Schaefer H.S. *et al.*, « Neural correlates of attentional expertise in long-term meditation practitioners », *Proceedings of the National Academy of Sciences*, Vol. 104, No. 27, 3 July 2007, pp. 11483-11488.

[56] Brent S.B., « Deliberately induced, pre-mortem, out-of-body experiences: An experimental and theoretical approach », in Kastenbaum B., *Between life and death*, New York, Springer, 1979, pp. 89-123.

[57] Buddhaghosa, *La voie de la purification (Visuddhimagga)*, Berkeley, Shambala Publications, 1976.

[58] Bukowski A. S.J., « La réincarnation selon les Pères de l'Église », *Gregorianum*, Vol. 9, 1928, pp. 65-91.

[59] Byers-Brown W., *Wolfgang Pauli – Physicien et rêveur,* leçon donnée au Medical and Scientific Network, 13 avril 1980, Londres.

[60] Cambefort Y., « Le scarabée dans l'Égypte ancienne. Origine et signification du symbole », *Revue de l'histoire des religions*, Vol. 204, 1987, pp. 3-46. Disponible sur Internet : www.persee.fr/doc/rhr_0035-1423_1987_num_204_1_2203

[61] Campbell J. (with Moyers B.), *The power of myth*, Anchor Books, 1991.

[62] Capra F., *Le Tao de la Physique*, Paris, Tchou, 1979.

[63] Caudron F., Barral Y., « A super-assembly of Whi3 encodes memory of deceptive encounters by single cells during yeast courtship », *Cell, Vol.* 155, 2013, pp. 1244-1257.

[64] Caudron F., Barral Y., « Mnemons: encoding memory by protein super-assembly », *Microbial Cell*, Vol. 1, No. 3, 2014, pp. 100-102.

[65] Cazenave M. (éd.), *De la science à la philosophie : Y-a-t-il une unité de la connaissance ?*, Paris, Albin Michel, 2005.

[66] Cazenave M., *Jung revisité II. Jung et le religieux*, Paris, Entrelacs, 2012.

[67] Cerf M., Thiruvengadam N., Mormann F., *et al.*, « On-line, voluntary control of human temporal lobe neurons », *Nature,* Vol. 467, 2010, pp. 1104-1108.

[68] Cerf N., « L'intrication de particules, ou quand Einstein contribue malgré lui à la physique quantique », *The Conversation*, 13 mai 2020. Disponible sur Internet : theconversation.com/lintrication-de-particules-ou-quand-einstein-contribue-malgre-lui-a-la-physique-quantique-133000

[69] Chabris C., Simons D., *The invisible gorilla and other ways our intuition deceives us*, Crown Publishing Group, 2010.

[70] Chalmers D.J., « Facing up to the problem of consciousness », *Journal of Consciousness Studies*, Vol. 2, 1995, pp. 200-219.

[71] Chalmers D.J., *The conscious mind: In search of a fundamental theory*, Oxford, Oxford University Press, 1997.

[72] Chambon O., Belvie W., *Expériences extraordinaires autour de la mort : Réflexion d'un psychiatre sur la science et l'au-delà*, Paris, Guy Trédaniel, 2012.

[73] Chand D., *The Yajur Veda*, Hoshiarpur, Devi Chand, 1959. Disponible sur Internet : archive.org/stream/yajurveda029670mbp/

[74] Changeux J.-P., Connes A., *Matière à pensée*, Paris, Odile Jacob, coll. « Points », 1992.

[75] Changeux J.-P., *L'homme neuronal*, Paris, Fayard, 1983.

[76] Dr Charbonier J.-J., *La médecine face à l'au-delà*, Paris, Guy Trédaniel, 2010.

[77] Dr Charbonier J.-J., *Les 7 bonnes raisons de croire à l'au-delà*, Paris, Guy Trédaniel, 2012.

[78] Chögyam Trungpa, *L'aube du tantra*, Paris, Albin Michel, 1982.

[79] Chögyam Trungpa, *Tantra – La voie de l'ultime*, Paris, Seuil, 1996.

[80] Churchland P.M., *Matter and Consciousness*, Cambridge (Massachusets), MIT Press, 1984.

[81] Churchland P.M., « Eliminative materialism and the propositional attitudes », *Journal of Philosophy*, Vol. 78, 1981, pp. 67-90.

[82] Cleary T., *The Flower Ornament Scripture: A translation of the Avatamsaka Sutra*, Boulder, Shambhala, 1993.

[83] Cleeremans A., « Science et conscience », *La Recherche*, Vol. 353, mai 2002, p. 87.

[84] Cohen-Tannoudji G., Spiro M., *Le boson et le chapeau mexicain*, Paris, Folio essais, 2013.

[85] Cohn-Sherbok D., *A Dictionary of Kabbalah and Kabbalists*, Impress Books, 2011.

[86] Coleman D., *The Buddha on meditation and higher states of consciousness*, Sri Lanka, Buddhist Publication Society (The Wheel Publication Nos. 189/190), 1973.

[87] Conway J.H., Kochen S., « The free will theorem », *Foundations of Physics*, Vol. 36, No. 10, 2006, pp. 1441-1473.

[88] Conze E., « Buddhism and Gnosis », in *The Origins of gnosticism,* E.J. Brill publisher, 1970.

[89] Cornu P., « La signification de la mort dans le bouddhisme », *Connaissance des Religions,* Vols 61-64, janvier-décembre 2000. Disponible sur https://bouddhismes.net/index.php?option=com_content&view=article&id=112:la-signification-de-la-mort-dans-le-bouddhisme&catid=15&Itemid=131

[90] Costa de Beauregard O., In: Bell's theorem, quantum theory, and conceptions of the universe, eds. M. Kafatos, Dordrecht, Kluwer, 1989.

[91] Couder Y., Boudaoud A., Protière S., *et al.*, « Walking droplets, a form of wave-particle duality at macroscopic scale? », Europhysics News, Vol. 41, 2010, pp. 14-18.

[92] Couder Y., Fort E., « Single-particle diffraction and interference at a macroscopic scale », Physical Review Letters, Vol. 97, 154101, 2006.

[93] Couder Y., Fort E., « Probabilities and trajectories in a classical wave-particle duality », *Journal of Physics Conference Series,* Vol. 361, 012001, 2012.

[92] Couder Y., Protière S., Fort E., *et al.*, « Dynamical phenomena: Walking and orbiting droplets », *Nature,* Vol. 437, 2005, p. 208.

[95] Craddock T.J.A., Friesen D., Mane J., *et al.*, « The feasibility of coherent energy transfer in microtubules », *Journal of The Royal Society Interface*, Vol. 11, 20140677, 2014.

[96] d'Espagnat B., *À la Recherche du Réel – Le regard d'un physicien,* Paris, Gauthier-Villars, coll. « Presses Pocket, Agora », 3e édition revue et augmentée, 1991.

[97] d'Espagnat B., *Traité de physique et de philosophie*, Paris, Fayard, 2002.

[98] Sa Sainteté le Dalaï-Lama, *Le Dalaï-Lama parle de Jésus. Une perspective bouddhiste sur les enseignements de Jésus*, Paris, J'ai Lu, 2000.

[99] Sa Sainteté le Dalaï-Lama, *Initiation au bouddhisme tibétain*, Paris, Presses du Châtelet, 2011.

[100] David-Néel A., *Mystiques et magiciens du Tibet*, Paris, Plon Pocket, 1929.

[101] Dean S.R., Plyer Jr. C.O., Dean M.L., « Should psychic studies be included in psychiatric education? An opinion survey », *American Journal of Psychiatry*, Vol. 137, No. 10, October 1980, pp. 1247-1249.

[102] de Broglie L., « La mécanique ondulatoire et la structure atomique de la matière et du rayonnement », *Journal de Physique,* Vol. 5, 1927, pp. 225-241.

[103] de Broglie L., in *Rapport au Ve Congrès de Physique Solvay*, Paris, Gauthier-Villars, 1930.

[104] de Duve C., *Poussière de vie*, Paris, Fayard, 1996.

[105] Deeke L., Grötzinger B., Kornhuber H.H., « Voluntary finger movements in man: cerebral potentials and theory », *Biol. Cybernetics*, Vol. 23, 1976, p. 99.

[106] Deligné A., *L'Emprise des âmes*, Paris, Exergue, 2013.

[107] Délog Dawa Drolma, *Voyage au-delà de la mort*, Saint-Cannat, Claire Lumière, 1999.

[108] Dennett D., *The intentional stance*, Cambridge (Massachusetts), MIT Press, 1978.

[109] Descartes R., *Discours de la méthode*, Paris, Classiques Larousse, 1934.

[110] Déthiollaz S., Fourrier C.C., *États modifiés de conscience – NDE, OBE et autres expériences aux frontières de l'esprit*, Lausanne, Favre, 2011.

[111] Déthiollaz S., Fourrier C.C., Klotz J., *Voyage aux confins de la conscience : Dix années d'exploration scientifique des sorties hors du corps : le cas Nicolas Fraisse*, Paris, Guy Trédaniel, 2016.

[112] Diels H., Kranz W., *Die Fragmente der Vorsokratiker*, Berlin, Weidmann, 1960-1961.

[113] Diogène Laërce, *Vies et doctrines des philosophes de l'antiquité*, Paris, Charpentier, 1847. Disponible sur Internet : remacle.org/bloodwolf/philosophes/laerce/table.htm

[114] Donnet D., « Aux sources préchrétiennes de l'Occident : Aspects de la réincarnation dans la pensée grecque », in Servais P., *La mort et l'au-delà, Rencontre Orient-Occident,* Louvain-la-Neuve, 1999, pp. 285-317. Disponible sur Internet : bcs.fltr.ucl.ac.be/fe/01/Reincar.html

[115] Donnet D., *Doctrines grecques et interrogations actuelles : La réincarnation*, Louvain-la-Neuve, Artel, 1984.

[116] Dubant B., Marguerie M., *Castaneda – La voie du guerrier*, Paris, Guy Trédaniel, Paris, 2009.

[117] DuBois A., *Nos proches ne meurent jamais*, Paris, J'ai Lu – Presses du Châtelet, 2007.

[118] Düdjom Lingpa, *The Vajra essence: From the matrix of pure appearances and primordial consciousness, a Tantra on the self-originating nature of existence*, Alameda (California), Mirror Wisdom, 2004.

[119] Eccles J.C., « Do mental events cause neural events analogously to the probability fields of quantum mechanics? », *Proceedings of the Royal Society of London, Series B*, Vol. 227, 1986, pp. 411-428.

[120] Ehm W., « Meta-analysis of mind-matter experiments: A statistical modelling perspective », *Mind & Matter*, Vol. 3, No. 1, 2005, pp. 85-132.

[121] Einstein A., Podolsky B., Rosen N., « Can quantum-mechanical description of physical reality be considered complete? », *Physical Review*, Vol. 47, 1935, pp. 777-780.

[122] Einstein A., « Quanten-Mechanik und Wirklichkeit », *Dialectica*, Vol. 2, 1948, pp. 320-324. (Traduction anglaise publiée après la lettre 88 dans Born, 1969 [50]).

[123] Eliade M., « Le problème du chamanisme », *Revue de l'histoire des religions*, Vol. 131, No. 1-3, 1946, pp. 5-52.

[124] Engel G.S., Calhoun T.R., Read E.L., *et al.*, « Evidence for wavelike energy transfer through quantum coherence in photosynthetic systems », *Nature*, Vol. 446, 2007, pp. 782-786.

[125] Engmann B.., *Near-death experiences. Heavenly insight or human illusion?,* Switzerland, Springer, 2014.

[126] Enz C.P., *Of Matter and Spirit*, Singapore, World Scientific, 2009.

[127] Esfeld M., « Ontic structural realism and the interpretation of quantum mechanics », *European Journal for the Philosophy of Science*, Vol. 3, 2013, pp. 19-32.

[128] Evans-Wentz W.Y., *The Tibetan Book of the Dead*, Oxford, Oxford University Press, 1927 [paperback edition, 1960]. Une version française est : *Bardo Thödröl, Le Livre Tibétain des morts*, Paris, Dervy, 1991.

[129] Flavius Josèphe, *La guerre des Juifs*, Paris, Les Belles Lettres, 1980.

[130] Flew A., *A Dictionary of Philosophy*, New York, St Martin's Press, 1984.

[131] Forman R. K., « An emerging new model for consciousness : The consciousness field model », in Walach H., Schmidt S., Jonas W.B., *Neuroscience, Consciousness, and Spirituality*, Berlin, Springer, 2011, pp. 279-288.

[132] French S., Rickles D., « Understanding permutation symmetry », in Brading K., Castellani E., *Symmetries in physics : Philosophical reflections*, Cambridge, Cambridge University Press, 2003, pp. 212-138. Disponible sur Internet : arxiv.org/pdf/quant-ph/0301020v1.pdf

[133] Frescura F.A.M., Hiley B.J., « The implicate order, algebras, and the spinor », *Foundations of Physics*, Vol. 10, 1980, pp. 7-31.

[134] Friston K., Levin M., Sengupta B., *et al.*, « Knowing one's place: a free-energy approach to pattern regulation », *Journal of the Royal Society Interface*, Vol. 12, 20141383, 2015.

[135] Frölich H., « Long-range coherence and energy storage in biological systems », *International Journal of Quantum Chemistry*, Vol. II, 1968, pp. 641-649.

[136] Fröhlich H., « Theoretical physics and biology », in Frölich H., *Biological coherence and response to external stimuli*, Berlin, Springer, 1988.

[137] Gamov G., *Thirty years that shook physics: The story of quantum mechanics*, London, Dover, 1986.

[138] Gampopa Seunam Rinchen, *Le Précieux ornement de la libération*, Paris, Cerf, 1999.

[139] Ghirardi G., « The interpretation of quantum mechanics: where do we stand? », *J. Phys. Conf. Ser.*, Vol. 174, 012013, 2009. Disponible sur Internet : https://iopscience.iop.org/article/10.1088/1742-6596/174/1/012013

[140] Gieser S., *The innermost kernel: Depth psychology and quantum physics. Wolfgang Pauli's dialogue with C.G. Jung*, Berlin, Springer, 2005.

[141] Gisin N., *L'impensable hasard – Non-localité, téléportation et autres merveilles quantiques*, Paris, Odile Jacob Science, 2012.

[142] Goldstein S., Tausk D.V., Tumulka R., *et al.*, « What does the free will theorem actually prove? », *Notices of the American Mathematical Society*, Vol. 57, No. 11, 2010, pp. 1451-1453.

[143] Gondran M., Gondran A., *Mécanique quantique – Et si Einstein et de Broglie avaient aussi raison ?*, Paris, Éditions Matériologiques, 2014.

[144] Greene B., *La magie du cosmos – L'espace, le temps, la réalité : tout est à repenser*, Paris, Robert Laffont, 2005.

[145] Greenhouse H. B., *The astral journey*, New York, Avon, 1974.

[146] Gregory R.L., *The Oxford Companion to the Mind*, Oxford, Oxford University Press, 1987.

[147] Gremiaux A., Yokawa K., Mancuso S., *et al.*, « Plant anesthesia supports similarities between animals and plants: Claude Bernard's forgotten studies », *Plant Signal. Behav.*, Vol. 9, e27886, 2014.

[148] Grey M., *Return from death: An exploration of the near-death experience*, London, Arkana, 1985.

[149] Grundler W., Keilmann F., « Sharp resonances in yeast growth proved nonthermal sensitivity to microwaves », *Phys. Rev. Letters*, Vol. 51, 1983, pp. 1214-1216.

[150] Guesné J., *Le grand passage*, Paris, J'ai Lu, 2009.

[151] Guirdham A., *Les Cathares et la réincarnation*, Paris, Payot, 2005.

[152] Gupta L.D., Shama N.R., Mathur T. C., *An inquiry into the case of Shanti Devi*, Delhi, International Aryan League, 1936.

[153] Guyénot L., *Les Avatars de la réincarnation*, Paris, Exergue, 2001.

[154] Haas A.M., « Der Lichtsprung des Gottheit », in Sonderegger S., Haas A., Burger H., *Typologia Litterarum Festschrift für Max Wehrli*, Zürich, Atlantis, 1969.

[155] Hadamard J., *Essai sur la psychologie de l'invention dans le domaine mathématique*, Paris, Gauthier-Villars, 1975.

[156] Hameroff S.R., Penrose R., « Consciousness in the universe – A review of the 'Orch OR' theory », *Physics of Life Reviews*, Vol. 11, 2014, pp. 39-78.

[157] Hameroff S.R., Watt R.C., « Do anesthetics act by altering electron mobility? », *Anesthesia and analgesia*, Vol. 62, 1983, pp. 936-940.

[158] Hansen-Løve L., « Positivisme », in *La Philosophie de A à Z*, Paris, Hatier, 2009, p. 355.

[159] Harner M., *The Way of the Shaman*, New York, HarperOne, 1990.

[160] Hastings J., *Encyclopedia of religion and ethics*, Édimbourg, T. & T. Clark, 1921. Disponible sur Internet : archive.org/details/encyclopaediaofr12hastuoft

[161] Head, J., Cranston S.L., *Le Livre de la réincarnation – Le Phénix et le mystère de sa renaissance*, Paris, Le Livre de Poche, 1991.

[162] Heisenberg W., « Mehrkörperprobleme und Resonanz in der Quantenmechanik », *Zeitschrift für Physik*, Vol. 38, 1926, pp. 411-426.

[163] Heisenberg W., *Physique et philosophie – La science moderne en révolution*, Paris, Albin Michel, coll. « Sciences d'aujourd'hui », 2000.

[164] Hermann L., « Eine Erscheinung simultanen Contrastes », *Pflügers Archiv für die gesamte Physiologie*, Vol. 3, 1870, pp. 13-15.

[165] Hermès Trismégiste (préface de Didier Kahn), *La Table d'Émeraude*, Paris, Les Belles Lettres, 2002.

[166] Hiley B.J., « Mind and matter: Aspects of the implicate order described through algebra », in Pribam K.H., King J., *Learning as self-organisation*, New Jersey, Lawrence Erlbaum Associates, 1996, pp. 569-586.

[167] Hiley B.J., « From the Heisenberg picture to Bohm: A new perspective on active information and its relation to Shannon information », in Khrennikov A., *Proceedings of the conference on quantum theory: reconsiderations of foundations*, Växjö (Suède),Växjö University Press, 2002, pp. 141-162.

[168] Hiley B.J., Monk N., « Quantum phase space and the discrete Weyl algebra », *Modern Physics Letters A*, Vol. 8, 1993, pp. 3625-3633.

[169] Hiley B.J., Pylkkanen P., « Can mind affect matter via active information? », *Mind & Matter*, Vol. 3, No. 2, 2005, pp. 7-27.

[170] Hoffman D., *Visual intelligence – How we create what we see*, New York, W. W. Norton & Company, 2000.

[171] Hoffman D., *The case against reality: Why evolution hid the truth from our eyes*, New York, W. W. Norton & Company, 2019.

[172] Hofstader D.R., *Gödel, Escher, Bach: An eternal golden braid*, Sussex, Harvester, 1979.

[173] Holton G., *Introduction to concepts and theories in physical science*, 2e ed., Reading (Massachusetts), Addison-Wesley, 1973.

[174] Honderich T., in Blakemore C., Greenfield S., *Mindwaves: Thoughts on Intelligence, Identity and Consciousness*, Oxford, Blackwell, 1989, pp. 445-458.

[175] Howard D., « Einstein on locality and separability », *Studies in History and Philosophy of Science*, Vol. 16, 1985, pp. 171-201.

[176] Hughes V.W., Robinson H.G., Beltran-Lopez V., « Upper limit for the anisotropy of inertial mass from nuclear resonance experiments », *Physical Review Letters*, Vol. 4, 1960, p. 342.

[177] Humphrey M., Pancella P., Berrah N., *Physique quantique – Le guide de référence*, Paris, Guy Trédaniel, 2019.

[178] Inge R.W., *The philosophy of Plotinus*, London, Longmans Green, 1948.

[179] Irénée de Lyon, *Contre les hérésies (La fausse gnose démasquée et réfutée)*, Paris, Librairie Bloud et Cie, 1905. Disponible sur Internet : remacle.org/bloodwolf/eglise/irenee/table.htm

[180] Izutsu T., « Matière et conscience dans les philosophies orientales », *Science et conscience – Les deux lectures de l'Univers (Colloque de Cordoue)*, Paris, Stock et France-Culture, 1980, pp. 353-366.

[181] Jahn R.G., Dunne B.J., *Margins of Reality*, Princeton (New Jersey), ICRL Press, 1987.

[182] James W., *Human immortality*, Boston, Houghton-Mifflin, 1977 (édition originale en 1898).

[183] Jean-Paul II, *Lettre apostolique Tertio millenio adveniente*, 14 novembre 1994. Disponible sur Internet : www.vatican.va/

content/john-paul-ii/en/apost_letters/1994/documents/hf_jp-ii_apl_19941110_tertio-millennio-adveniente.html

[184] Jean-Paul II, *Audience générale du mercredi 4 novembre 1998*. Disponible sur Internet : w2.vatican.va/content/john-paul-ii/fr/audiences/1998/documents/hf_jp-ii_aud_04111998.html

[185] Jonas H., *The gnostic religion*, Boston, Beacon Press, 1958.

[186] Josephson B., Rubik B., « The challenge of consciousness research », *Frontier Perspectives, Vol.* 3, No. 1, 1992, pp. 15-19. Disponible sur Internet : www.tcm.phy.cam.ac.uk/~bdj10/mm/articles/athens.pdf

[187] Jovanovic P., *Le mensonge universel*, Paris, Le Jardin des Livres, 2013.

[188] Jung C.G., *Types psychologiques*, Genève, Georg, 1950.

[189] Jung C.G., *Über das Phänomen des Geistes in Kunst und Wissenschaft* (*Œuvres complètes*, Vol. 15), Olten, Walter-Verlag, 1971.

[190] Jung C.G., *Briefe* (Troisième volume, 1956-1961), Olten, Walter-Verlag, 1973.

[191] Jung C.G., *Dreams*, Princeton, Princeton University Press, Bollingen Series, 1974.

[192] Jung C.G., *Psychology and Religion*, Yale, Yale University Press, 1977.

[193] Jung C.G., *« Ma vie » Souvenirs, rêves et pensées*, Paris, Gallimard, coll. « Témoins », 1977.

[194] Jung C.G., *Aion*, Paris, Albin Michel, 1981.

[195] Jung C.G., *Über die Grundlagen der analytischen Psychologie* (*Œuvres complètes*, Vol. 18), Olten, Walter-Verlag, 1981.

[196] Jung C.G., « Synchronizität als ein Prinzip akausaler Zusammenhänge », in Jung C.G., Pauli W., *Naturerklärung und Psyche*, Zürich, Rascher Verlag, 1952, pp. 1-107. Disponible en version française comme *Synchronicité et Paracelsica*, Paris, Albin Michel, 1988.

[197] Jung C.G., « Les Sept sermons aux morts (VII sermones ad mortuos) », in *La vie symbolique*, Paris, Albin Michel, 1989.

[198] Jung C.G., *The Archetypes and the Collective Unconscious*, London, Routledge, 1991.

[199] Kalou Rimpoché, *Enseignements bouddhistes*, Bruxelles, Kunchab+, 2010.

[200] Kant I., *Critique de la raison pure* (Œuvres Philosophiques I), Paris, Gallimard, coll. « Bibliothèque de la Pléiade », 1980.

[201] IXe Karmapa Ouang Tchouk Dordjé, *Le Mahamoudra qui dissipe les ténèbres de l'ignorance*, La Boulaye (France), Marpa, 1996.

[202] Kasser R., Meyer M., Wurst G., *L'Évangile de Judas*, Paris, Flammarion, coll. « Champs classiques », 2006.

[203] Khenchen Thrangu Rimpoché, *Journey of the Mind : Putting the teachings on the bardo into effective practice during this life*, in Shenpen Ösel, V. 2, No. 3, December 1998. Disponible sur Internet : www.rinpoche.com/teachings/journey.pdf

[204] Khenchen Thrangu Rimpoché, *The Uttara Tantra: A Treatise on Buddha Nature*, Delhi, Sri Satguru Publications, 2001.

[205] Khenchen Thrangu Rimpoché, *Le traité des 5 sagesses et des 8 consciences*, Saint-Cannat, Claire Lumière, 2007.

[206] Khenchen Thrangu Rimpoché, *The Mahamudra Lineage Prayer: A Guide to Practice*, Boulder, Snow Lion – Shambala, 2018.

[207] Khenpo Tsultrim, *Les deux réalités*, Bruxelles, Kunchab+, 2009.

[208] Klein E., *Petit voyage dans le monde des quanta*, Paris, Flammarion, coll. « Champs sciences », 2016.

[209] Kocsis S., Braverman B., Ravets S., *et al.*, « Observing the average trajectories of single photons in a two-slit interferometer », *Science*, Vol. 332, 2011, pp. 1179-1183.

[210] Kozhevnikov M., Elliott J., Shephard J., *et al.*, « Neurocognitive and Somatic Components of Temperature Increases during g-Tummo Meditation: Legend and Reality », *PLOS ONE*, Vol. 8, e58244, 2013. Disponible sur Internet : journals.plos.org/plosone/article?id=10.1371/journal.pone.0058244

[211] Kragh H., « An anthropic myth : Fred Hoyle's carbon-12 resonance level », *Archive for History of Exact Sciences*, Vol. 64, No. 6, 2010, pp. 721-751.

[212] Kuhlmann M., « Quantum field theory », *Stanford Encyclopedia of Philosophy*, 2012. Disponible sur Internet : plato.stanford.edu/archives/win2012/entries/quantum-field-theory/

[213] Kuhlmann M., « Particules et champs sont-ils réels ? », *Pour la Science, Vol.* 432, octobre 2013, p. 56.

[214] Kumar M., *Le grand roman de la physique quantique*, Paris, Flammarion, coll. « Champs sciences », 2012.

[215] Lacarrière J., *Les gnostiques*, Paris, Albin Michel, coll. « Spiritualités vivantes », 1994.

[216] Lambrecht A., « The Casimir effect: a force from nothing », *Physics World*, Institute of Physics Publishing, September 2002.

[217] Landaw J., Bodian S., *Le bouddhisme pour les nuls*, Paris, First, 2007.

[218] Lang K.C., « Via negativa in mahayana buddhism and gnosticism », *Eastern Buddhist Society*, Vol. 14, No. 1, 1981, pp. 43-60.

[219] Dr Laureys S., *Un si brillant cerveau –Les états limites de conscience*, Paris, Odile Jacob, 2015.

[220] Leibniz G., « Monadology », in Ariew R., Garber D., *G. W. Leibniz: Philosophical Essays*, Indianapolis, Hackett Publishing Company, 1989.

[221] Leiniger B., Leiniger A., *Réincarné*, Paris, Dervy, 2014.

[222] Leloup J.-Y., *L'Évangile de Philippe*, Paris, Albin Michel, coll. « Spiritualités vivantes », 2003.

[223] Leloup J.-Y., *L'évangile de Thomas*, Paris, Albin Michel, coll. « Spiritualités vivantes », 1986.

[224] *Le monde quantique – Les nouvelles frontières de la physique*, Les dossiers de La Recherche, Vol. 29, novembre 2007, p. 20.

[225] Levine N. (éd.), *The miraculous 16th Karmapa – Incredible encounters with the black crown buddha*, Arcidosso (Italy), Shang Shung, 2013.

[226] Lilly J.C., *Center of the Cyclone – Looking into inner space*, Oakland (California), Ronin Publishing, 1972.

[227] Linde A., « Inflation, quantum cosmology, and the anthropic principle », in Barrow J.D., Davies P.C.W., Harper C.L. Jr., *Science and ultimate reality – Quantum theory, cosmology and complexity*, Cambridge, Cambridge University Press, 2004, pp. 426-458.

[228] *Livre des secrets de Jean (Le –)*, Bibliothèque de Nag Hammadi. Disponible sur Internet : www.naghammadi.org/traductions/textes/livres_secrets_jean.asp. Le site www.gnosis.org/naghamm/apocjn-meyer.html présente une traduction anglaise littéraire de Meyer publiée à l'origine dans [21].

[229] Long H.S., *A study of the doctrine of metempsychosis, from Pythagoras to Plato*, Princeton, 1948.

[230] Longueville H. (Dean) Mansel, *The gnostic heresies of the first and second centuries*, London, John Murray, 1875. Disponible sur Internet : ia802704.us.archive.org/23/items/gnosticheresies00mansrich/gnosticheresies00mansrich.pdf

[231] Lönnerstrand S., *Shanti Dévi, l'enfant réincarnée*, Paris, Pocket, 1999.

[232] Lutz A., Greischar L.L., Rawlings N.B., *et al.*, « Long-term meditators self-induce high-amplitude gamma synchrony during mental practice », *Proceedings of the National Academy of Sciences*, Vol. 101, No. 46, 8 November 2004, pp. 16369-16373.

[233] MacConnell J.V., Jacobson A.L., Kimble D.P., « The effects of regeneration upon retention of a conditioned response in the planarian », *Journal of Comparative and Physiological Psychology*, Vol. 52, 1959, pp. 1-5.

[234] Maharishi Mahesh Yogi, *La science de l'être et l'art de vivre : La méditation transcendantale*, Lausanne, Favre, 2012.

[235] Maître Eckhart, *Être Dieu en Dieu*, Paris, Points Sagesses, 2008.

[236] Mansfield V., *Synchronicity, science, and soul-making*, Chicago, Open Court, 1995.

[237] Mansfield V., *Tibetan buddhism and modern physics – Toward a union of love and knowledge*, West Conshohocken (Pennsylvania), Templeton Foundation Press, 2008.

[238] Margenau H., *The miracle of existence*, Woodbridge (Connecticut), Ox Bow Press, 1984.

[239] Marshall I.N., « Consciousness and Bose-Einstein condensates », *New Ideas in Psychology*, Vol. 7, 1989, pp. 73-83.

[240] Martin M., « Le matin des Hommes-Dieux : Étude sur le chamanisme grec. I. Éléments chamaniques dans la mythologie grecque et II. Les "chamans grecs" », *Folia Electronica Classica* (Louvain-la-

Neuve), Vol. 8, juillet-décembre 2004. Disponible sur Internet : bcs.fltr.ucl.ac.be/FE/08/mytho.html et bcs.fltr.ucl.ac.be/FE/08/chamans.html

[241] Mather J.C., Cheng E.S., Cottingham D.A., *et al.*, « Measurement of the cosmic microwave background spectrum by the COBE FIRAS instrument », *The Astrophysical Journal*, Vol. 420, 1994, pp. 439-444.

[242] Maudlin T., *Quantum non-locality and relativity*, Cambridge, Blackwell, 1994.

[243] Maudlin T., « Discussion: Why Bohm's theory solves the measurement problem », *Philosophy of Science*, Vol. 62, 1995, pp. 479-483.

[244] McKemmish L.K., Reimers J.R., McKenzie R.H., *et al.*, « Penrose-Hameroff orchestrated objective-reduction proposal for human consciousness is not biologically feasible », *Physical Review E*, Vol. 80, 021912, 2009.

[245] Meier C.A. (éd.), *Wolfang Pauli und Carl Gustav Jung. Ein Briefwechsel 1932-1958*, Berlin, Springer, 1992.

[246] Mermin N.D., « Is the moon there when nobody looks? Reality and the quantum theory », *Physics Today*, avril 1985, pp. 38-47.

[247] Merton T., *Réflexions d'un spectateur coupable*, Paris, Albin Michel, 1970.

[248] Messiah A., *Mécanique quantique*, Paris, Dunod, 1995.

[249] Meuli K., « Scythica », *Hermes,* Vol. 70, 1935, pp. 121-176.

[250] Meyer M.W. (éd.), *The ancient mysteries – A sourcebook of sacred Texts*, Philadelphia, University of Pennsylvania Press, 1999.

[251] Monroe R.A., *Journeys out of the body*, New York, Broadway books, 2001.

[252] Moody R. Dr, *La vie après la vie*, Paris, Robert Laffont, 1976.

[253] Moody R. Dr, *Lumières nouvelles sur la vie après la vie*, Paris, J'ai Lu, 1981.

[254] Moody R. Dr, *Témoins de la vie après la vie : Une enquête sur les expériences de mort partagée,* Paris, Robert Laffont, 2010.

[255] Müller M., *Sacred Books of the East*, Vol. 15, 1884. Disponible sur Internet : www.sacred-texts.com/hin/sbe15/sbe15075.htm

[256] Mullin G.H., *The Six Yogas of Naropa*, Ithaca, Snow Lion Publications, 1996.

[257] Nâgârjuna, *Traité du milieu* (Mâdhyamaka-shâstra, ou Mûlamadhyamaka-kârikâ), Paris, Seuil, coll. « Points/Sagesses », 1995.

[258] Nakagaki T., Yamada H., Toth A., « Maze-solving by an amoeboid organism », *Nature*, Vol. 407, 2000, p. 470.

[259] Nakagaki T., Kobayashi R., Nishiura Y., *et al.*, « Obtaining multiple separate food sources: Behavioural intelligence in the Physarum plasmodium », Proceedings of the Royal Society B: Biological Sciences, Vol. 271, 2004, pp. 2305-2310.

[260] Nelson R.D., *Tous connectés – L'émergence d'une conscience mondiale,* Massot, 2020.

[261] Ninio J., Stevens K.A., « Variations on the Hermann grid: an extinction illusion », *Perception*, Vol. 29, 2000, pp. 1209-1217.

[262] Olivelle P., *The Upanishads*, Oxford, Oxford University Press, 1998.

[263] Oreskes N., Conway E.M., *Les marchands du doute*, Le Pommier, 2014.

[264] Orme-Johnson D., Dillbeck M.C., Wallace R.K., *et al.*, « Intersubject EEG coherence: Is consciousness a field? », *International Journal of Neuroscience*, Vol. 16, 1982, pp. 203-209.

[265] *Orphée. Poèmes magiques et cosmologiques*, Paris, Les Belles Lettres, coll. « Aux sources de la tradition », 1993.

[266] Ortoli S., Pharabod J.-P., *Métaphysique quantique – Les nouveaux mystères de l'espace et du temps*, Paris, La Découverte, 2011.

[267] Don N. Page, « Mindless sensationalism: A quantum framework for consciousness », in Smith Q., Jokic A., *Consciousness: New Philosophical Essays*, Oxford, Oxford University Press, 2002. Disponible sur Internet : arXiv:quant-ph/0108039

[268] Pagels E., *The Gnostic Gospels*, New York, Random House, 1979.

[269] Panitchayangkoon G., Hayes D., Fransted K.A., *et al.*, « Long-lived quantum coherence in photosynthetic complexes at physiological temperature », *Proceedings of the National Academy of Sciences*, Vol. 107, 2010, pp. 12766-12770.

[270] Parnia S., *Erasing death: The science that is rewriting the boundaries between life and death*, New York, HarperOne, 2014.

[271] Parnia S., Spearpoint K., Fenwick P.B., « Near-death experiences, cognitive function and psychological outcomes of surviving cardiac arrest », *Resuscitation*, Vol. 74, 2007, pp. 215-221.

[272] Parnia S., Spearpoint K., de Vos G., *et al.*, « AWARE – AWAreness during REsuscitation – A prospective study », *Resuscitation*, Vol. 85, 2014, pp. 1799-1805. Disponible sur Internet : dx.doi.org/10.1016/j.resuscitation.2014.09.004

[273] Patrul Rimpoché, *Le chemin de la grande perfection*, Saint-Léon-sur-Vézère (France), Padmakara, 1997.

[274] Pauli W., « The connection between spin and statistics », *Physical Review, Vol.* 58, 1940, pp. 716-722.

[275] Pauli W., « Die Wissenschaft und das abendländische Denken » [La science et la pensée occidentale], in Göhring M., *Europa – Erbe und Aufgabe. Internationaler Gelhrtenkongress,* Wiesbaden, Steiner, 1956, pp. 71-79.

[276] Pauli W., *Physique moderne et philosophie*, Paris, Albin Michel, coll. « Sciences », 1999.

[277] Pauli W., *Le cas Kepler*, Paris, Albin Michel, coll. « Sciences », 2002.

[278] Peat F.D., *Synchronicity – The bridge between matter and mind,* Toronto, Bantam Books, 1987.

[279] Penrose R., *The Emperor's new mind*, Oxford, Oxford University Press, 1989.

[280] Penrose R., *Shadows of the mind – A search for the missing science of consciousness*, Oxford, Oxford University Press, 1994.

[281] Penrose R., *The road to reality – A complete guide to the laws of the universe*, London, Jonathan Cape, 2004.

[282] Penrose R., Hameroff S., Stapp H.P., *et al.*, *Consciousness and the universe: Quantum physics, evolution, brain & mind*, Cambridge (USA), Cosmology Science Publishers, 2011.

[283] Petersen A., « The philosophy of Niels Bohr », *Bulletin of the atomic scientists*, Vol. 19, 1963, pp. 8-14.

[284] Philippidis C., Dewedney C., Hiley B.J., « Quantum interference and the quantum potential », *Nuovo Cimento*, Vol. B 52, 1979, pp. 15-28.

[285] *Physique quantique (La –)*, Dossier Pour la Science, juin 1994.

[286] Pinchard A., « To heal the soul: The Derveni papyrus and Indo-Iranian soteriology », Contribution au *6th International Vedic Workshop*, 2012.

[287] Poincaré H., « L'invention mathématique », *L'enseignement mathématique*, Vol. 10, 1908, pp. 357-371. Disponible sur Internet : henripoincarepapers.univ-lorraine.fr/chp/hp-pdf/hp1908em.pdf

[288] Pommaret F., *Les revenants de l'au-delà dans le monde tibétain*, Paris, Éditions du CNRS, 1989.

[289] Poncelet C., *Le chamane intérieur*, Paris, Véga, 2016.

[290] Postel J.-P., *La mort a-t-elle un sens ? Itinéraire d'un anesthésiste*, S17 Production Livre, 2013.

[291] Prestag J.D., Bollinger J. J., Itano W.M., *et al.*, « Limits for spatial anisotropy by use of nuclear-spin-polarized 9Be+ ions », *Physical Review Letters*, Vol. 54, 1985, p. 2387.

[292] Primäs H., « Synchronizität und Zufall », *Zeitschrift für Parapsychologie und Grenzgebiete der Psychologie*, Vol. 38, No. 1/2, 1996, pp. 61-91. Traduction française « Synchronicité et hasard » disponible sur Internet : www.metapsychique.org/Synchronicite-et-Hasard.html

[293] Protière S., Couder Y., Boudaoud A., « Particle–wave association on a fluid interface », *Journal of Fluid Mechanics*, Vol. 554, 2006, pp. 85-108.

[294] Puech H.-C., *En quête de la gnose* (tome I), Paris, Gallimard, 1978.

[295] Puthoff H.E., « CIA-initiated remote viewing program at Stanford Research Institute », *Journal of Scientific Exploration*, Vol. 10, 1996, pp. 63-76.

[296] Quiroga R.Q., Reddy L., Kreiman G., Koch G., *et al.*, « Invariant visual representation by single neurons in the human brain », *Nature*, Vol. 7045, 11021107, 23 June 2005.

[297] Radin D., *The conscious universe*, New York, HarperOne, 1997.

[298] Radin D., Nelson R., « Evidence for consciousness-related anomalies in random physical systems », *Foundations of Physics*, Vol. 19, 1989, pp. 1499-1514.

[299] Radin D., Nelson R., Dobyns Y., *et al.*, « Reexamining psychokinesis: Comment on the Bösch, Steinkamp and Boller (2006) meta-analysis », *Psychological Bulletin*, Vol. 132, 2006, pp. 529-532.

[300] Raine K., *Blake and the New Age*, New York, Routledge, 2011.

[301] Raine K., « Science et imagination chez William Blake », *Science et conscience – Les deux lectures de l'Univers (Colloque de Cordoue)*, Paris, Stock et France-Culture, 1980, pp. 353-366.

[302] Ranky, *Le paranormal de mes yeux vu...*, Paris, TrajectoirE, 2006.

[303] Rasmussen K., « Intellectual Culture of the Iglulik Eskimos », *Report of the Fifth Thule Expedition 1921-1924*, Vol. 7, No. 1, Copenhagen, Gyldendalske Boghandel, Nordisk Forlag, 1929.

[304] Reeves, H. Cazenave M., Solié P., *et al.*, *La synchronicité, l'âme et la science*, Paris, Albin Michel, coll. « Spiritualités », 1995.

[305] Reichenbach H., *The Direction of Time*, Berkeley, University of California Press, 1956.

[306] Reid C.R., Latty T., Dussutour A., *et al.*, « Slime mold uses an externalized spatial "memory" to navigate in complex environments », *Proceedings of the National Academy of Sciences*, Vol. 109, No. 43, 2012, pp. 17490-17494.

[307] Reimers J.R., McKemmish L.K., McKenzie R.H., *et al.*, « Weak, strong, and coherent regimes of Fröhlich condensation and their applications to terahertz medicine and quantum consciousness », *Proceedings of the National Academy of Sciences*, Vol. 106, 2009, pp. 4219-4224.

[308] *Rig Veda*, Forgotten Books, 2008. Disponible sur Internet : www.sacred-texts.com/hin/rigveda

[309] *Rig Veda*, Paris, Bibliothèque internationale universelle, coll. « Monde ancien, civilisation orientale I, poésie lyrique I », 1870. Disponible sur Internet : archive.org/details/mondeanciencivil01languoft

[310] Ring K. Dr, *En route vers oméga*, Paris, Robert Laffont, 1991.

[311] Ring K. Dr, *Sur la frontière de la vie*, Paris, Robert Laffont, 1992.

[312] Ritchie G., *Return from tomorrow*, Grand Rapids, Chosen Books of the Zondervan Corp., 1978.

[313] Roland P., *Reincarnation – Remarkable stories of people who recall past lives*, London, Arcturus Publishing Limited, 2008.

[314] Rosen J., *Symmetry rules – How science and nature are founded on symmetry*, Berlin, Springer, coll. « The Frontiers », 2008.

[315] Rovelli C., « Relational quantum mechanics », *International Journal of Theoretical Physics*, Vol. 35, 1996, pp. 1637-1678.

[316] Rovelli C., *Et si le temps n'existait pas ? Un peu de science subversive*, Paris, Dunod, 2012.

[317] Ruyer R., *La gnose de Princeton*, Paris, Fayard, 1974.

[318] Sahu S., Ghosh S., Hirata K., *et al.*, « Multi-level memory-switching properties of a single brain microtubule », *Applied Physics Letters*, Vol. 102, 123701, 2013.

[319] Scarani V., *Initiation à la physique quantique : La matière et ses phénomènes*, Paris, Vuibert, 2016.

[320] Schilpp P. A. (éd.), *Albert Einstein, Philosopher-scientist*, New York, Tudor, 1949.

[321] Schmidt H., « Observation of a psychokinetic effect under highly controlled conditions », *Journal of Parapsychology*, Vol. 57, 1993, pp. 351-372.

[322] Schooler J.W., Hunt T., Schooler J.N., « Reconsidering the metaphysics of science from the inside out », in Walach H., Schmidt S., Jonas W.B., *Neuroscience, consciousness and spirituality*, Berlin, Springer, 2011, pp. 157-194.

[323] Schrödinger E., *L'esprit et la matière*, Paris, Points Sciences, 2011.

[324] Schwaninger J., Eisenberg P.R., Schechtman K.B., *et al.*, « A prospective analysis of near-death experiences in cardiac arrest patients », *Journal of near-death studies*, Vol. 20, 2002, pp. 215-232.

[325] Dr Schwartz G., « Consciousness, spirituality, and postmaterialist science: An empirical and experiential approach », in Miller L.J., *The Oxford Handbook of Psychology and Spirituality*, Oxford, Oxford University Press, 2012.

[326] Sciama D.W., « On the origin of inertia », *Monthly Notices of the Royal Astronomical Society*, Vol. 113, 1953, pp. 34-42.

[327] Shimizu F., Shimizu K., Takuma H., « Double-slit interference with ultracold metastable neon atoms », *Physical Review A*, Vol. 46, R17, 1992.

[328] Shomrat T., Levin M., « An automated training paradigm reveals long-term memory in planarians and its persistence through head regeneration », *The Journal of Experimental Biology*, Vol. 216, 2013, pp. 3799-3810.

[329] Smerlak M., Rovelli C., « Relational EPR », *Foundations of Physics*, Vol. 37, 2007, pp. 427-445.

[330] Smith M., *The rediscovery of gnosticism*, Leiden, E.J. Brill, 1981.

[331] Smith P., Jones O.R., *The Philosophy of Mind*, Cambridge, Cambridge University Press, 1986.

[332] Socquet S., *Qui sont les anges gardiens ?*, Paris, La Martinière, 2015.

[333] Sogyal Rimpoché, *Le livre tibétain de la vie et de la mort*, Paris, Table Ronde, 1993.

[334] Sombrun C., *Journal d'une apprentie chaman*, Paris, Albin Michel, 2002.

[335] Squires E., *Conscious mind in the physical world*, Bristol and Philadelphia, Institute of Physics Publishing, 1990.

[336] Sri Aurobindo, *The Secret of the Veda* (Vol. 15 of The Complete Works of Sri Aurobindo), Puducherry, Sri Aurobindo Ashram trust, 1998.

[337] Stapp H.P., « Future visions », *Metanexus* (www.metanexus.net), 21 August 2000.

[338] Stapp H.P., *Mind, matter and quantum mechanics*, Berlin, Springer, 2009.

[339] Stapp H.P., *Mindful universe – Quantum mechanics and the participating observer*, Berlin, Springer, 2011.

[340] Stapp H.P., *Le monde quantique et la conscience,* Paris, Dervy, 2016.

[341] Staune J. (sous la direction de –), *Science et quête de sens*, Paris, Presses de la Renaissance, 2005.

[342] Stenger V., *The fallacy of fine-tuning: Why the universe is not designed for us?*, Amherst, Prometheus Books, 2011.

[343] Stevenson I., *Twenty cases suggestive of reincarnation*, New York, American society for psychical research, 1966.

[344] Stevenson I., *Children who remember their past lives: A question of reincarnation*, Charlottesville, The University Press of Virginia, 1987.

[345] Susskind L., *Trous noirs – La guerre des savants*, Paris, Gallimard, coll. « folio essais », 2012.

[346] Susskind L., Friedman A., *Mécanique quantique – Le minimum théorique*, Lausanne, Presses polytechniques et universitaires romandes, 2015.

[347] Suzuki D.T., *Essais sur le bouddhisme Zen*, Paris, Albin Michel, 2003.

[348] Swinburne R., « The Structure of the Soul », in Peacocke A., Gillett G., *Persons and Personality*, Oxford, Blackwell, 1987, pp. 33-55.

[349] Tai Situpa (The 12th Khentin –), *Mahamudra teachings*, Auckland (New Zealand), Zhyisil Chokyi Ghatsal Publications, 2001.

[350] Talbot M., *Mysticism and the new physics*, London, Penguin books, 1993.

[351] Taleb M., *Nature vivante et âme pacifiée*, La Bégude de Mazenc, Arma Artis, 2014.

[352] Targ R., *The reality of ESP – A physicist's proof of psychic abilities*, Wheaton (Illinois, USA), Quest Books, 2012.

[353] Teodorani M., *Synchronicité – Le rapport entre physique et psyché de Pauli et Jung à Chopra*, Cesena (Italie), Macro, 2010.

[354] Thich Nhat Hanh, *Le cœur des enseignements du Bouddha*, Paris, Pocket, 2000.

[355] Travis F.T., Orme-Johnson D.W., « Field model of consciousness: EEG coherence changes as indicators of field effects », *International Journal of Neuroscience*, Vol. 49, 1989, pp. 203-211.

[356] Trent-Von Haesler N., Beauregard M., « Near-death experiences in cardiac arrest : Implications for the concept of non-local mind », *Archives of Clinical Psychiatry*, Vol. 40, No. 5, 2013, pp. 197-202.

[357] Tsélé Natsok Rangöl, *Le Miroir des Bardos*, Bruxelles, Dharmachakra, 1992.

[358] Ungar G., « Molecular coding of memory », *Life Sciences,* Vol. 14, 1974, pp. 595-604.

[359] Van Eersel P., *La source noire – Révélations aux portes de la mort*, Paris, Le Livre de Poche (Grasset), 1986.

[360] Van Eersel P., *Réapprivoiser la mort – Nouvelles recherches sur l'expérience de mort imminente*, Paris, Albin Michel, 1997.

[361] Van Eersel P. (éd., collectif), *Enquête sur la réincarnation*, Paris, Albin Michel, 2009.

[362] Van Lommel P., Van Wees R., Meyers V., *et al.*, « Near-death experience in survivors of cardiac arrest: A prospective study in the Netherlands », *Lancet*, Vol. 358, 2001, pp. 2039-2045.

[363] Van Lommel P., « Endless Consciousness: A concept based on scientific studies of near-death experiences », in Walach H., Schmidt S., Jonas W.B., *Neuroscience, consciousness and spirituality*, Berlin, Springer, 2011, pp. 207-227.

[364] Varela F. J. (éd.), *Dormir, rêver, mourir – Explorer la conscience avec le Dalaï-Lama*, Paris, NiL, 1998.

[365] Várlaki P., Rudas I.J., « Twin concept of fine structure constant as the "Self Number-Archetype" in Perspective of the Pauli-Jung Correspondence, Part I : Observation, Identification and Interpretation », *Acta Polytechnica Hungarica*, Vol. 6, 2009, pp. 77-108.

[366] Vasconcellos A.R., Vannucchi F.S., Mascarenhas S., *et al.*, « Frölich condensate: Emergence and synergetic dissipative structures in information-processing biological and condensed-matter systems », *Information*, Vol. 3, 2012, pp. 601-620.

[367] Vladimirov N., Sourjik V., « Chemotaxis: how bacteria use memory », *Biological Chemistry*, Vol. 390, 2009, pp. 1097-1104.

[368] Von Meyenn K., *Wolfgang Pauli: Wissenschaftlicher Briefwechsel*, Berlin, Springer, 1993.

[369] von Neumann J., *Mathematisch Grundlagen der Quantenmechanik*, Berlin, Springer, 1932.

[370] Wallace B.A., *Science et bouddhisme – À chacun sa réalité*, Paris, Calmann-Lévy, 1998.

[371] Wallace B.A. (ed.), *Buddhism and Science: Breaking new grounds*, New York, Columbia University Press, coll. « Columbia series in science and religion », 2003.

[372] Wallace B.A., *Contemplative science – Where buddhism and neuroscience converge*, New York, Columbia University Press, 2007.

[373] Wallace B.A., *Hidden dimensions – The unification of physics and consciousness*, New York, Columbia University Press, 2007.

[374] Weber R., *Dialogues avec des scientifiques et des sages*, Monaco, Rocher, coll. « L'esprit et la matière », 1988.

[375] Weiss B.L. Dr, *De nombreuses vies, de nombreux maîtres : L'histoire véritable d'un éminent psychiatre, de sa jeune patiente et de leur découverte de l'au-delà*, Paris, J'ai Lu, coll. « Aventure Secrète », 2015.

[376] Whitehead A.N., *Processus et réalité*, Paris, Gallimard, 1929.

[377] Wilson D.B., Shadish W.R., « On blowing trumpets to the tulips: To prove or not to prove the null hypothesis – Comment on Bösch,

Steinkamp and Boller (2006) », *Psychological Bulletin*, Vol. 132, 2006, pp. 524-528.

[378] Wittgenstein L., *Tractatus Logico-Philosophicus*, Londres, Routledge & Kegan Paul, 1922.

[379] *Yajurveda (The Texts of the White –)*, édition révisée et augmentée par Munshiram Manoharlal Publishers, 1987. Disponible sur Internet : www.sacred-texts.com/hin/wyv/wyvbk35.htm

[380] Zajonc A. (ed.), *The new physics and cosmology: Dialogues with the Dalaï-Lama*, New York, Oxford University Press, 2004.

[381] Zeilinger A., « Why the quantum? "It" from "Bit"? A participatory universe? Three far-reaching challenges from John Archibald Wheeler and their relation to experiment », in Barrow J.D., Davies P.C.W., Harper C.L. Jr., *Science and the ultimate reality – Quantum theory, cosmology and complexity*, Cambridge, Cambridge University Press, 2004.

[382] Zeilinger A., « What is the message of the quantum? », *Nature*, Vol. 438, 8 December 2005, p. 743.

[383] Zhu L., Aono M., Kim S.J., *et al.*, « Amoeba-based computing for traveling salesman problem: long-term correlations between spatially separated individual cells of Physarum polycephalum », *Biosystems*, Vol. 112, 2013, pp. 1-10.

[384] Ziegler J., *Le capitalisme expliqué à ma petite fille (en espérant qu'elle en verra la fin)*, Paris, Seuil, 2018.

[385] Zohar D., Marshall I.N., *The quantum society. Mind, physics and a new social vision*, London, Bloomsbury, 1994.

Crédit des illustrations

Figure 0.1 inspirée de la figure 15.1 de [297]

Figure 1.1 Crédit ShahJahan sur https://commons.wikimedia.org/wiki/File:Chenrezigthangka.jpg. Ce fichier possède une licence Creative Commons Attribution-Share Alike 3.0 Unported (https://creativecommons.org/licenses/by-sa/3.0/deed.en)

Figure 4.1 Crédit https://commons.wikimedia.org/wiki/File:Cmbr.svg

Figure 4.2 Crédit http://upload.wikimedia.org/wikipedia/commons/d/df/Dharma_Wheel.svg

Figure 4.3 Adapté de Khenpo Tsultrim, *Les deux réalités* [207], p. 23

Figure 5.1 Crédit Wikimedia Commons [File : Rotating snakes peripheral drift illusion.svg, drawn by CMG Lee based on design by Kitaoka Akiyoshi. This file is licensed under the Creative Commons Attribution-Share Alike 3.0 Unported https://creativecommons.org/licenses/by-sa/3.0/deed.en]

Figure 5.2 Images créées par Adrian Pingstone, sur base de l'original créé par Edward H. Adelson. [Wikipedia creative commons et http://persci.mit.edu/gallery/checkershadow]. Voir aussi https://www.facebook.com/MatiereGriseRTBF/videos/lillusion-dadelson-/794622581295877/

Figure 5.3 selon [261] et Akiyoshi Kitaoka pour le design. Figure reproduite avec permission de Akiyoshi Kitaoka (http://www.ritsumei.ac.jp/~akitaoka/index-e.html)

Figure 5.4 Crédit pour l'image du Bouddha : https://commons.wikimedia.org/wiki/File:Seokguram_Buddha.JPG

Figure 6.1 adaptée de la figure de Gieser ([140], p. 189) elle-même adaptée du dessin de W. Byers-Brown ([59] ; aussi Peat [278], p. 19 ; https://vimeo.com/46691660)

Figure 7.2 d'après la figure 11.5 de [381]

Figure 7.3 inspirée de la figure 1 de Mermin [246]

Figure 7.5 Crédit : Akira Tonomura, Hitachi Ltd., http://www.hitachi.com/rd/portal/research/em/doubleslit.html et https://commons.wikimedia.org/wiki/File : Double-slit_experiment_results_Tanamura_2.jpg, licence Creative Commons Attribution-Share Alike 3.0 Unported

Figure 7.6 reproduite avec permission de EDP Sciences ; Crédit : [91] Walking droplets, a form of wave-particle duality at macroscopic scale ? Y. Couder, A. Boudaoud, S. Protière, E. Fort, Europhysics News Vol. 41, No. 1, 2010, pp. 14-18 http://dx.doi.org/10.1051/epn/2010101

Figure 7.7 Crédit https://commons.wikimedia.org/wiki/File:Doppelspalt.svg (domaine public), inspiré de *The Undivided Universe*, Bohm et Hiley [46]

Figure 7.10 Crédit Wikimedia commons, Fichier Schrodingers cat.svg, licence CC BY-SA 3.0 (https://creativecommons.org/licenses/by-sa/3.0/)

Figure 7.13 Crédit Figure 1, Smith *et al.*, 2007, The Astrophysical Journal, 666, 1116-1128 [https://ui.adsabs.harvard.edu/link_gateway/2007ApJ...666.1116S/doi:10.1086/519949], © American Astronomical Society, reproduit avec permission

Figure 7.15 Crédit https://en.wikipedia.org/wiki/File:Casimir_plates.svg, licence Creative Commons Attribution-Share Alike 3.0 Unported

Figure 7.18 ESA/Planck ; Anne Mette Frejsel *et al.*, Journal of Cosmology and Astroparticle Physics 1306, 5 (2013, arXiv:1305.4033)

Figure 8.1 Crédit https://commons.wikimedia.org/wiki/File:Vajrayogini_from_Thangka.jpg

Index

Table des matières

www.ingramcontent.com/pod-product-compliance
Lightning Source LLC
LaVergne TN
LVHW010645051026
849532LV00001B/178
* 9 7 8 2 8 0 6 1 0 6 2 8 5 *